步步图解 物业与家装电工技能

布线、规划、设备检修，面面俱到

分解图 直观学 易懂易查
看视频 跟着做 快速上

双色印刷

韩雪涛 主编
吴瑛 韩广兴 副主编

机械工业出版社
CHINA MACHINE PRESS

本书全面系统地讲解了物业电工与家装电工的专业知识和实操技能。为了确保图书的品质和特色，本书对物业电工与家装电工的知识体系进行了系统的梳理，将国家职业资格标准和行业培训规范融入到了图书的教学体系中。具体内容包括：电工安全与急救、物业及家装电工基础、电工仪表和工具的使用、电气线材与电气部件、线路的加工连接、电气线路的敷设、供配电线路的规划与施工、室内常用电气设备安装、家庭照明控制线路的规划与施工、公共照明控制线路的规划与施工、楼宇对讲系统的规划与施工、小区广播与安防系统的规划与施工、有线电视及通信系统的规划与施工及电梯维护与检修。

本书可供电工技术入门人员、电子技术入门人员及维修技术入门人员学习使用，也可供相关职业院校师生和相关电工电子技术爱好者阅读。

图书在版编目（CIP）数据

步步图解物业与家装电工技能/韩雪涛主编. —北京：机械工业出版社，2021.5

ISBN 978-7-111-67781-9

Ⅰ.①步… Ⅱ.①韩… Ⅲ.①建筑安装-电工-图解②住宅-室内装修-电工-图解 Ⅳ.①TU85-64

中国版本图书馆 CIP 数据核字（2021）第 048502 号

机械工业出版社（北京市百万庄大街 22 号 邮政编码 100037）
策划编辑：任 鑫 责任编辑：闾洪庆
责任校对：张 薇 封面设计：王 旭
责任印制：常天培
北京铭成印刷有限公司印刷
2021 年 7 月第 1 版第 1 次印刷
148mm×210mm · 10.875 印张 · 353 千字
标准书号：ISBN 978-7-111-67781-9
定价：45.00 元

电话服务
客服电话：010-88361066
010-88379833
010-68326294

网络服务
机 工 官 网：www.cmpbook.com
机 工 官 博：weibo.com/cmp1952
金 书 网：www.golden-book.com
机工教育服务网：www.cmpedu.com

前言

近几年，随着城乡建设步伐的不断加快，社会整体电气化水平日益提高。在电工电子领域，物业电工与家装电工已经成为社会关注度极高的两大就业方向。具备合格的电气线路规划设计能力，掌握电气设备安装、调试、检修的能力是从事物业电工与家装电工所必须具备的专业技能。

纵观行业的发展和需求不难发现，物业电工与家装电工不仅要求从业人员掌握专业的电气知识，同时还必须练就过硬的实操技能。这对于从事和希望从事物业电工与家装电工的从业人员来说是一个极大的挑战。

如何能够在短时间内完成知识的系统化学习，同时能够得到专业的实操技能指导成为很多从业者面临的问题。

本书是专门针对物业电工与家装电工领域的从业人员编写的“图解类”技能指导培训图书。

针对新时代读者的特点和需求，本书从知识构架、内容安排、呈现方式等多方面进行了全新的创新和尝试。

1. 知识构架

本书对物业电工与家装电工的知识体系进行了系统的梳理。从基础知识开始，从实用角度出发，成体系地、循序渐进地讲解知识，教授技能，让读者了解加深基础知识，避免工作中出现低级错误，明确基本技能的操作方法，提高基本职业素养。

2. 内容安排

本书注重基础知识的实用性和专业技能的实操性。在基础知识方面，以技能为主导，知识以实用、够用为原则；在内容的讲解方面，力求简单明了，充分利用图片化演示代替冗长的文字说明，让读者直观地通过图例掌握知识内容；在技能的锻炼方面，以实际案例为依托，注重技能的规范性和延伸性，力求让读者通过技能训练掌握过硬的本领，指导实际工作。

3. 呈现方式

本书充分发挥图解特色，在专业知识方面，将晦涩难懂的冗长文字简化、包含在图中，让读者通过读图便可直观地掌握所要体现的知识内容。在实操技能方面，通过大量的操作照片、细节图解、透视图、结构图等图解演绎手法让读者在第一时间得到最直观、最真实的案例重现，确保在最短时间内获得最大的收获，从而指导工作。

4. 版式设计

本书在版式的设计上更加丰富，多个模块的互补既确保学习和练习的融合，同时又增强了互动性，提升了学习的兴趣，充分调动学习者的主观能动性，让学习者在轻松的氛围下自主地完成学习。

5. 技术保证

在图书的专业性方面，本书由数码维修工程师鉴定指导中心组织编写，图书编委会中的成员都具备丰富的维修知识和培训经验。书中所有的内容均来源于实际的教学和工作案例，从而确保图书的权威性、真实性。

6. 增值服务

在图书的增值服务方面，本书依托数码维修工程师鉴定指导中心提供全方位的技术支持和服务。为了获得更好的学习效果，本书充分考虑读者的学习习惯，在图书中增设了“二维码”学习方式。读者可以通过手机扫描二维码即可打开相关的学习视频进行自主学习，不仅提升了学习效率，同时增强了学习的趣味性和效果。

读者在阅读过程中如遇到任何问题，可通过以下方式与我们取得联系：

网络平台：www. chinadse. org
咨询电话：022-83718162/83715667/13114807267
联系地址：天津市南开区华苑产业园区天发科技园 8-1-401
邮政编码：300384

为了方便读者学习，本书电路图中所用的电路图形符号与厂商实物标注（各厂商的标注不完全一致）一致，未进行统一处理。

在专业知识和技能提升方面，我们也一直在学习和探索，由于水平有限，编写时间仓促，书中难免会出现一些疏漏，欢迎读者指正，也期待与您的技术交流。

目 录

P48, P51, P52, P58,
P59, P69, P72,
P77,P85, P89

P100, P109

P120, P122, P124

P171, P178, P184

P219, P227, P236

第1章 电工安全与急救

1.1 电工操作的触电事故

1.1.1 单相触电

单相触电是指人体在地面上或其他接地体上，手或人体的某一部分触及三相线中的其中一根相线，在没有采用任何防范的情况下，电流就会从接触相线经过人体流入大地，这种情形称为单相触电。

1. 室内单相触电

(1) 维修带电断线的单相触电

通常情况下，家庭触电事故大多属于单相触电。例如，在未关断电源的情况下，手触及断开电线的两端将造成单相触电。图1-1所示为维修带电断线时发生的单相触电示意图。

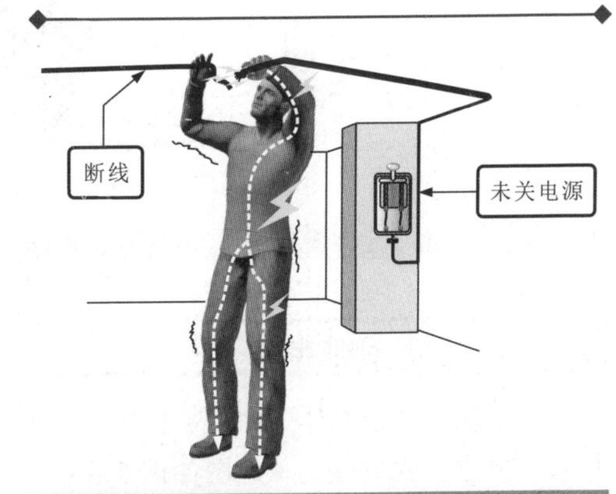

图1-1 维修带电断线时发生的单相触电示意图

(2) 维修插座的单相触电

在未拉闸时修理插座，手接触螺丝刀的金属部分，图1-2所示为维修插座的单相触电示意图。

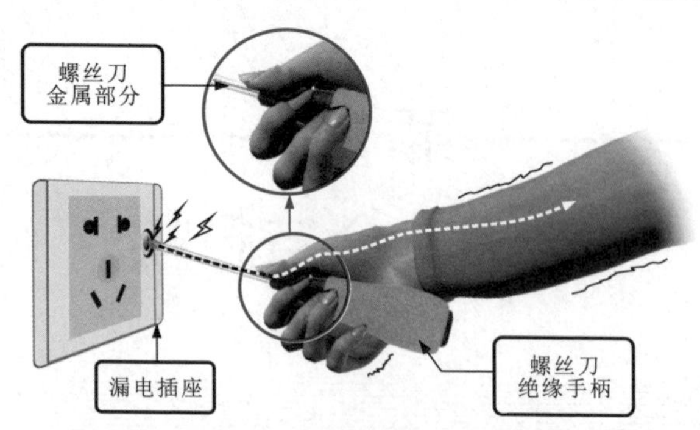

图 1-2 维修插座的单相触电示意图

2. 室外单相触电

当人的身体碰触掉落的或裸露的电线所造成的事故也属于单相触电。图 1-3 所示为室外单相触电示意图。

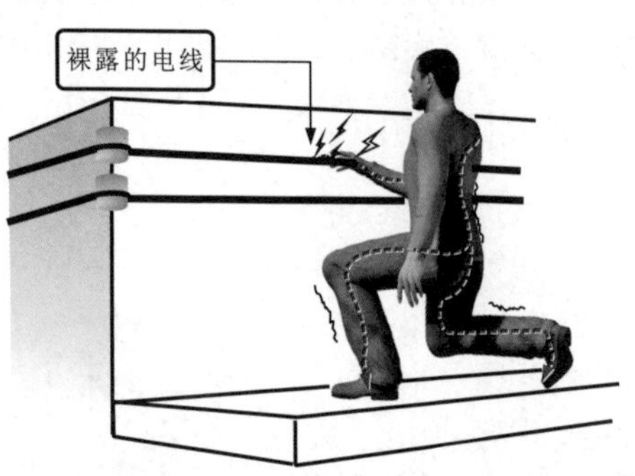

图 1-3 室外单相触电示意图

1.1.2 两相触电

两相触电是指人体的两个部位同时触及三相线中的两根导线所发生的触电事故。两相触电示意图如图 1-4 所示，这种触电形式，加在人体的电压是电源的线电压，电流将从一根导线经人体流入另一根导线。两相触电的危险性比单相触电要大得多。如果发生两相触电，在抢救不及时的情况下，可能会造成触电者死亡。

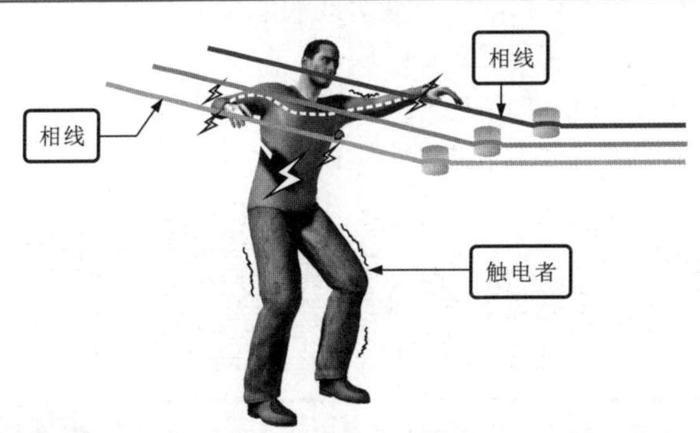

图 1-4 两相触电示意图

1.1.3 跨步触电

当高压输电线掉落到地面上，由于电压很高，掉落的电线断头会使得一定范围（半径为 8~10m）的地面带电，以电线断头处为中心，离电线断头越远，电位越低。如果此时有人走入这个区域便会造成跨步触电。而且，步幅越大，造成的危害越大。

图 1-5 所示为跨步触电示意图。架空线路的一根高压相线断落在地上，电流便会从相线的落地点向大地流散，于是地面上以相线落地点为中心，形成了一个特定的带电区域，离电线落地点越远，地面电位也越低。人进入带电区域后，当跨步前行时，由于前后两只脚所在地的电位不同，两脚前后间就有了电压，两条腿便形成了电流的通路，这时就有电流通过人体，造成跨步触电。

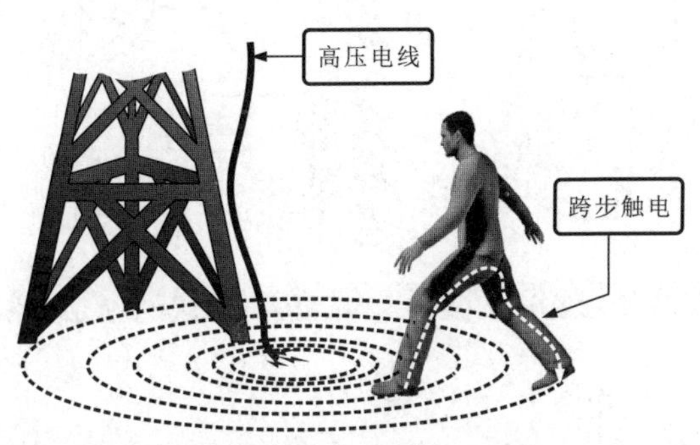

图 1-5 跨步触电示意图

可以想象，步伐迈得越大，两脚间的电位差就越大，通过人体的电流也越大，对人的伤害更严重。

因此，理论上讲，如果感觉自己误入了跨步电压区域，应立即将双脚并拢或采用单脚着地的方式跳离危险区。

1.2 电工操作安全

1.2.1 电工操作前的安全事项

操作前的防护措施主要是指对具体的作业环境所采取的防护设备和防护方法。

1. 操作人员的着装安全

工作前应详细检查所用工具是否安全可靠，并穿戴好必需的防护用品，如安全帽、绝缘手套、绝缘鞋、长袖衣服等（见图1-6），以确保人体和地面绝缘。严禁在衣着不整的情况下进行工作。对于更换灯泡或熔丝等细致工作，因不便佩戴绝缘手套而需徒手操作时，应先切断电源，并确保检修人员与地面绝缘（如穿着绝缘鞋、站立在干燥的木凳或木板上等）。

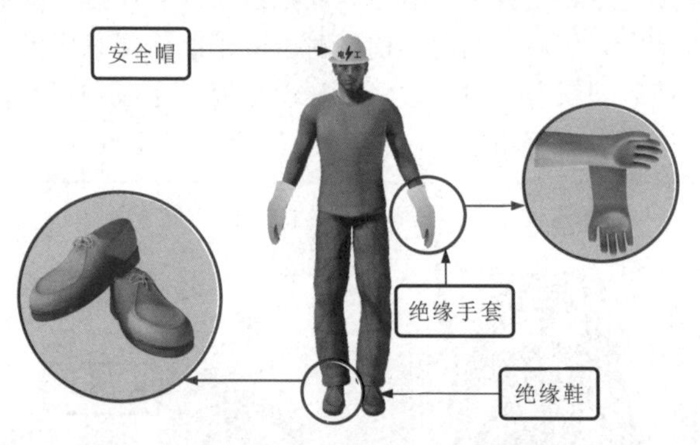

图1-6 操作人员的着装安全

2. 关断电源

电气线路在未经测电笔确定无电前，应一律视为“有电”，不可用手触摸。在进行设备检修前一定要先关断电源，不要带电检修电气设备和电力线路。即使确认目前停电，也要将电源开关断开，以防止突然来电造成损害。关断电源示意如图 1-7 所示。

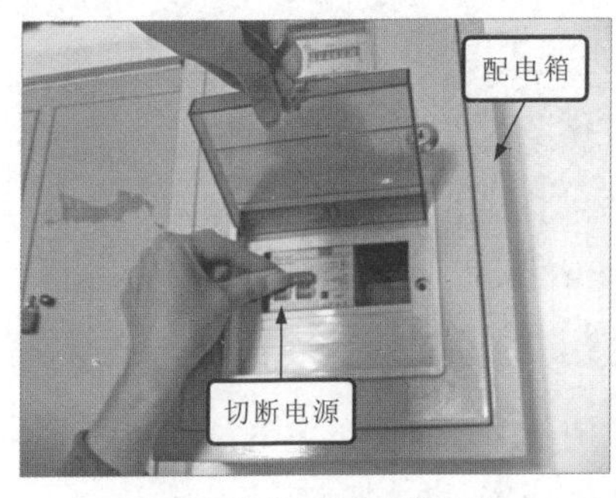

a）切断室外配电箱的总断路器

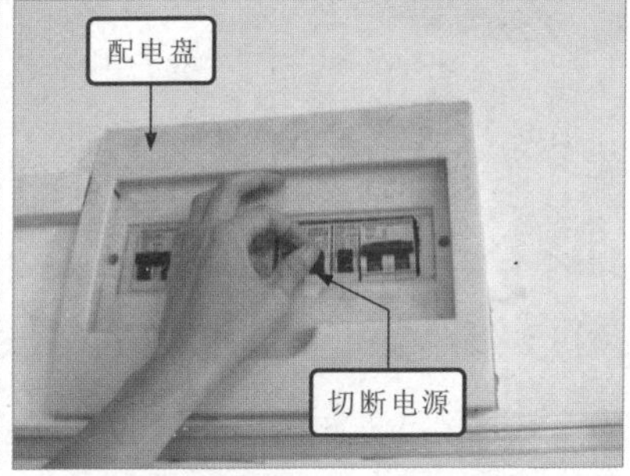

b）切断室内配电盘的总断路器

图 1-7 关断电源的示意图

3. 检查用电线路连接是否良好

在进行电工作业前，一定要对用电线路的连接进行仔细核查。例如检查线路有无改动的迹象，检查线路有无明显破损、断裂的情况。

如发现电气设备或线路有裸露的情况，应先对裸露部位缠绕绝缘带或装设罩盖。如按钮盒、刀开关罩盖、插头、插座及熔断器等有破损而使带电部分外露时，应及时更换，不可继续使用。插头电源线裸露示意如图 1-8 所示。

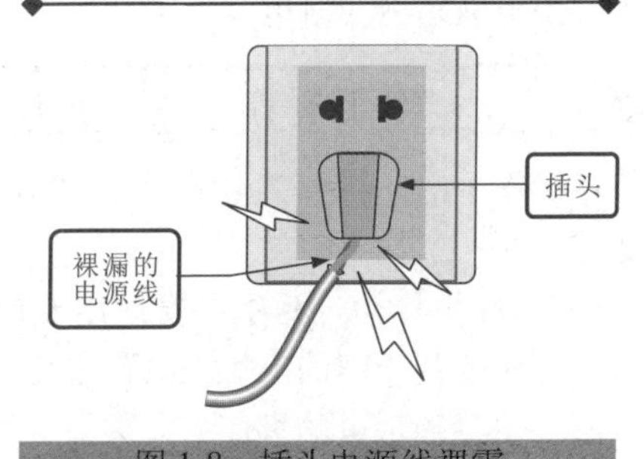

图 1-8 插头电源线裸露

4. 测电笔测试用电线路是否有电

电工人员在检修操作前，用电线路在未经测电笔测试无电之前，不可用手触摸，也不可绝对相信绝缘体，应将其视为有电操作。为了安全，在检修操作前要使用测电笔测试用电线路是否有电，如图 1-9 所示。

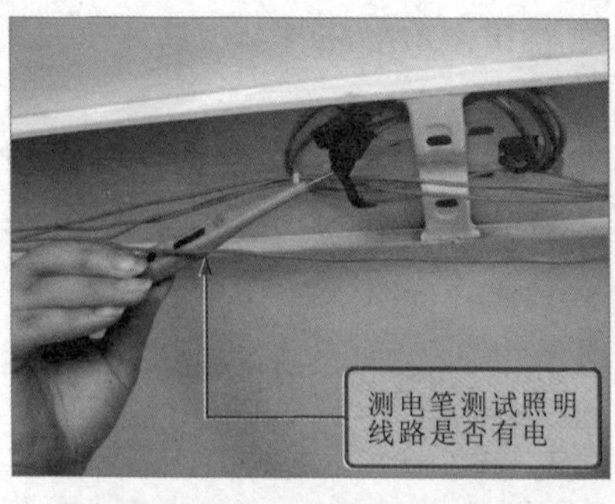

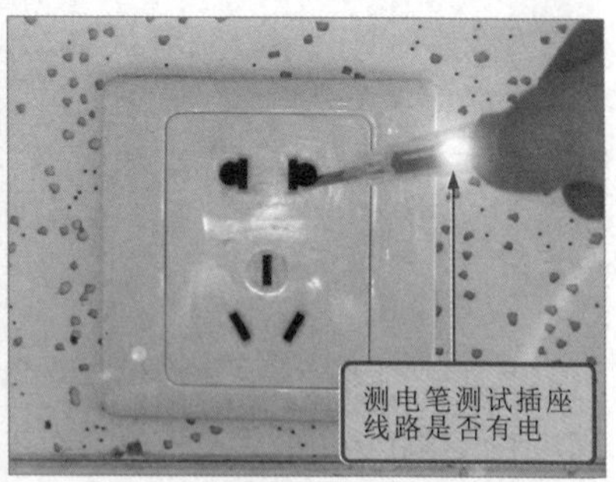

图 1-9　测电笔测试用电线路是否有电

使用测电笔测试电压时，测试范围不能超出测电笔的测试范围，电工人员使用的测电笔通常只允许在电压 500V 以下使用。

5. 检查设备环境是否良好

由于电力设备在潮湿的环境下极易引发短路或漏电的情况，因此，在进行电工作业前一定要观察用电环境是否潮湿，地面有无积水等情况，如现场环境潮湿，有大量存水，一定要按规范操作，切勿盲目作业，否则极易造成触电。

1.2.2　电工操作中的安全事项

操作中的防护措施主要是指操作的规范以及具体处理原则，具体如下：

1）电工作业过程中，要使用专门的电工工具，如电工刀、电工钳等，因为这些专门的电工工具都采用了防触电保护设计的绝缘柄。不可以用湿手接触带电的灯座、开关、导线和其他带电体。

2）在用电操作时，除了注意避免触电外，要确保使用安全的插座，切记不可超负荷用电。

3）在合上或断开电源开关前首先应核查设备情况，然后再进行操作。对于复杂的操作通常要由两个人执行，其中一人负责操作，另一人作为监护，如果发生突发情况以便及时处理。

4）移动电气设备时，一定要先拉闸停电，后移动设备，绝不要带电移动。移动完毕，经核查无误，方可继续使用。

5）在进行电气设备安装连接及检修恢复操作时，正确接零、接地非常重要。严禁采取将接地线代替零线或将接地线与零线短路等方法。

例如，在进行家用电气设备连接时，将电气设备的零线和接地线接在一起，这样容易发生短路事故，并且相线和零线形成回路会使家用电气设备的外壳带电而造成触电隐患。

6）电话线与电源线不要使用同一条线，并要离开一定距离。

7）在户外进行电工作业时，发现有落地的电线，一定要在采取良好的绝缘保护措施后（如穿着绝缘鞋）方可接近作业。

8）在进行户外电力系统检修时，为确保安全要及时悬挂警示标志，并且对于临时连接的电力线路要采用架高连接的方法。

切断电源后，要在开关处悬挂“有人工作、禁止合闸”的警示牌，防止有人合闸，造成维修人员触电伤害，如图 1-10 所示。

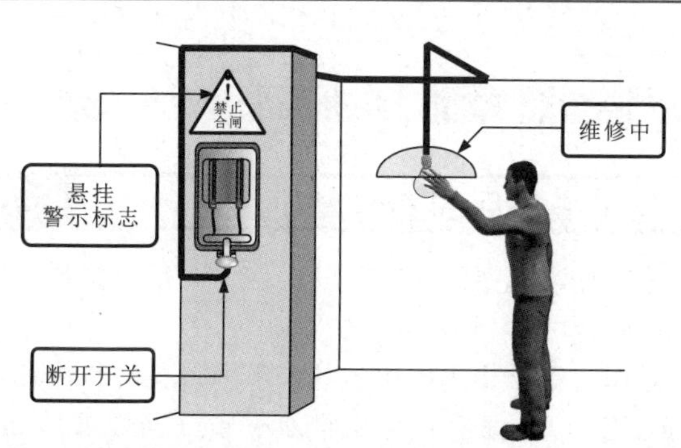

图 1-10　在开关处悬挂警示牌

9）电工在使用踏板前应先检查有无裂纹、腐蚀，并须经过人体冲击试验后才能使用。

人体冲击试验是将全身踏在踏板上猛蹬踏板，检验板和绳能否承受人的冲击力。使用踏板工作时还需注意绳扣的挂钩方法，要保证其安全，如图 1-11 所示。

10）使用梯子作业时，梯子要有防滑措施，踏步应牢固无裂纹，梯子与地面之间的角度以 75°为宜，没有勾搭的梯子在工作中要有人扶住梯子。使用人字梯时，拉绳必须牢固。

11）使用喷灯时，油量不得超过容积的 3/4，打气要适当，不得使用漏油、漏气的喷灯，不准在易燃物品附近点燃或使用喷灯。

12）在安装或维修高压设备时（如变电站中的高压变压器以及电力

变压器等），导线的连接、封端、绝缘恢复、线路布线以及架线等基本操作，要严格遵守相关的规章制度。

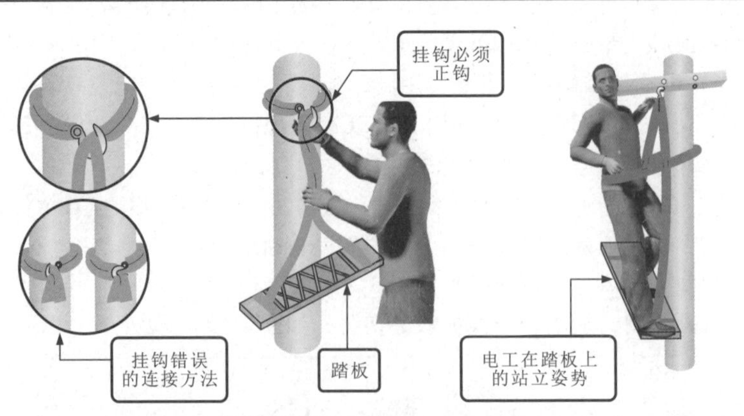

图 1-11　踏板的检查和使用

1.2.3　电工操作后的安全事项

操作后的防护措施主要是指电工作业完毕所采取的常规保护方法，以避免意外情况的发生。具体事项如下：

1）电工操作完毕，要悬挂相应的警示牌以告知其他人员。

图 1-12 所示为常见的警示标志，对于重点和危险的场所和区域要妥善管理，并采用上锁或隔离等措施禁止非工作人员进入或接近，以免发生意外。

图 1-12　常见的警示标志

2）电工操作完毕，要对现场进行清理。保持电气设备周围的环境干燥、清洁。禁止将材料和工具等导体遗留在电气设备中，并确保设备的散热通风良好。

3）除了要对当前操作的设备运行情况进行调试，还要对相关的电气设备和线路进行仔细核查。重点检查元器件有无老化、电气设备运转是否正常等。

4）要确保电气设备接零、接地的正确性，防止触电事故的发生。同时，要设置漏电保护装置，即安装漏电保护器。漏电保护器（标准术语为剩余电流保护器）又叫漏电保安器、漏电开关，它是一种能防止人身触电的保护装置。漏电保护器是利用人在触电时产生的触电电流，使漏电保护器感应出信号，经过电子放大电路或开关电路，推动脱扣机构，将电源开关断开，切断电源，从而保证人身安全。

5）对防雷设施要仔细检查，这一点对于企业电工和农村电工来说十分重要。雷电对电气设备和建筑物有极大的破坏力。一定要对建筑物和相关电气设备的防雷装置进行检查，发现问题及时处理。

6）检查电气设备周围的消防设施是否齐全。如发现问题，要及时上报。

1.3 电工急救与电气灭火

1.3.1 触电急救

触电急救的要点是救护迅速、方法正确。若发现有人触电时，首先应让触电者脱离电源，不能在没有任何防护措施的情况下直接与触电者接触，同时需要了解触电急救的具体方法。下面通过触电者在触电时与触电后的情形来说明一下具体的急救方法。

1. 触电时的急救方法

触电主要发生在有电线、电器用电设备等场所。这些触电场所的电压一般为低压或高压，因此，可将触电时的急救措施分为低压触电急救法和高压触电急救法。

（1）低压触电急救法

通常情况下，低压触电急救法是指触电者的触电电压低于 1000V 的急救方法。这种急救法的具体方法就是让触电者迅速脱离电源，然后再进行救治。下面来了解一下脱离电源的具体方法。

若救护者在开关附近，应马上断开电源开关，如图 1-13 所示。

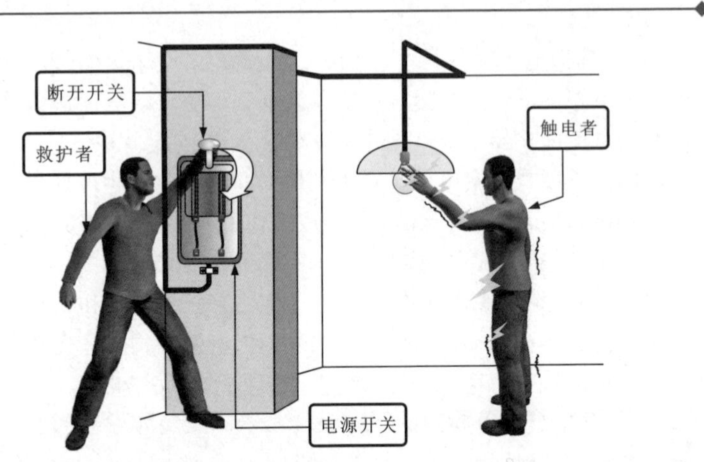

图 1-13　断开电源开关示意图

若救护者离开关较远，无法及时关掉电源，切忌直接用手去拉触电者。在条件允许的情况下，需通过穿上绝缘鞋、戴上绝缘手套等防护措施来切断电源线，从而断开电源，如图 1-14 所示。

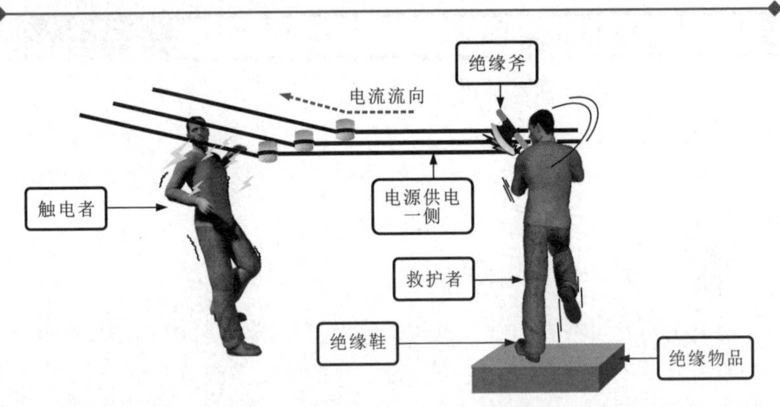

图 1-14　切断电源线的具体操作示意图

若触电者无法脱离电线，应利用绝缘物体使触电者与地面隔离。比如用干燥木板塞垫在触电者身体底部，直到身体全部隔离地面，这时救护者就可以将触电者脱离电线，如图 1-15 所示。在操作时救护者不应与触电者接触，以防触电。

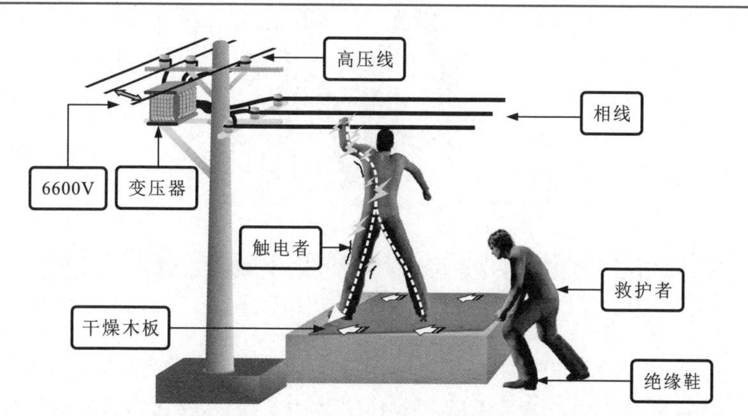

图 1-15　将木板塞垫在触电者身下

若电线压在触电者身上，可以利用干燥的木棍、竹竿、塑料制品、橡胶制品等绝缘物挑开触电者身上的电线，如图 1-16 所示。

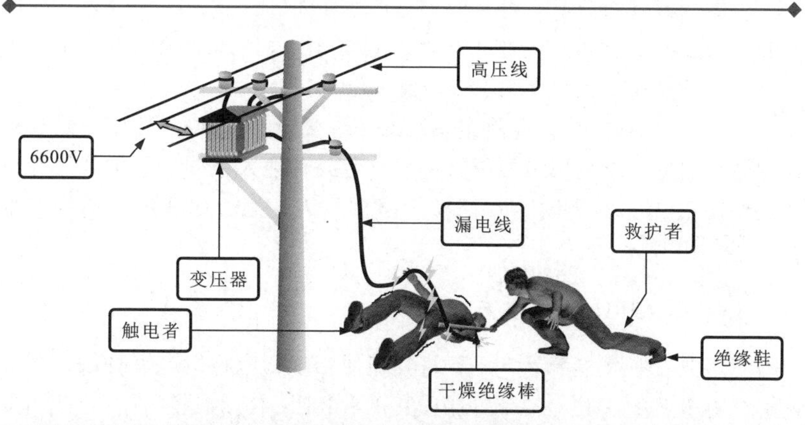

图 1-16　挑开电源线

注意，在急救时，严禁使用潮湿物品或者直接拉开触电者，以免使救护者触电，图 1-17 为低压触电急救的错误操作。

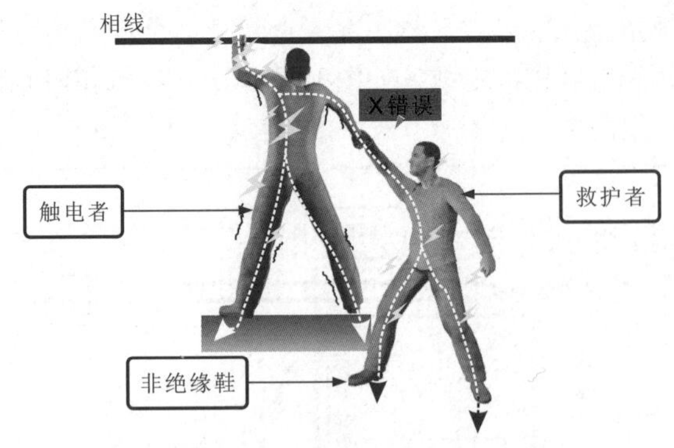

图 1-17 低压触电急救的错误操作

（2）高压触电急救法

高压触电急救法是指电压达到 1000V 以上的高压线路和高压设备的触电事故急救方法。当发生高压触电事故时，其急救方法应比低压触电更加谨慎，具体方法如下：

1）应立即通知有关动力部门断电，在断电之前，不能接近触电者。否则，有可能会产生电弧，导致救护者烧伤。

2）在高压的情况下，一般的低压绝缘材料会失去绝缘效果，因此不能用低压绝缘材料去接触带电部分。需利用高电压等级的绝缘工具拉开电源。例如高压绝缘手套、高压绝缘鞋等。

3）抛金属线操作。先将金属线的一端接地，然后抛另一端金属线，注意抛出的另一端金属线不要碰到触电者或其他人，同时救护者应与断线点保持 8~10m 的距离，以防跨步电压伤人。抛金属线的具体操作示意如图 1-18 所示。

2. 触电后的急救方法

当触电者脱离电源后，不要将其随便移动，应将触电者仰卧，并迅速解开触电者的衣服、腰带等保证其正常呼吸，疏散围观者，保证周围空气畅通，同时拨打 120 急救电话。做好以上准备工作后，就可以根据触电者的情况，进行相应的救护。

（1）常用救护法

1）若触电者神志清醒，但有心慌、恶心、头痛、头昏、出冷汗、四肢发麻、全身无力等症状。这时应让触电者平躺在地，并对触电者进行仔细观察，最好不要让触电者站立或行走。

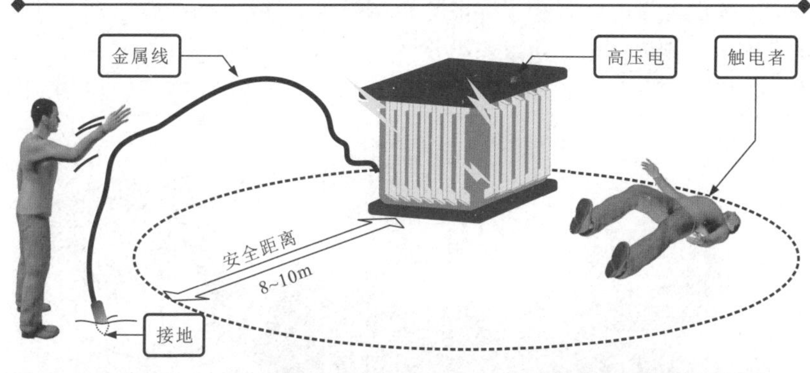

图 1-18 抛金属线操作示意图

2）当触电者已经失去知觉，但仍有轻微的呼吸及心跳，这时应让触电者就地仰卧平躺，让气道通畅，把触电者衣服以及有碍于其呼吸的腰带等解开便于其呼吸，并且在 5s 内呼叫触电者或轻拍触电者肩部，以判断触电者意识是否丧失。在触电者神志不清时，不要摇动触电者的头部或呼叫触电者。

3）当天气炎热时，应使触电者在阴凉的环境下休息；当天气寒冷时，应帮触电者保温并等待医生的到来。

（2）呼吸、心跳情况的判断

当触电者意识丧失时，应在 10s 内观察并判断触电者呼吸及心跳情况，判断方法如图 1-19 所示。观察判断时首先查看触电者的腹部、胸部等有无起伏动作，接着用耳朵贴近触电者的口鼻处，听触电者有无呼吸声音，最后是测嘴和鼻孔有无呼气的气流，再用一手扶住触电者额头，另一手摸颈部动脉有无脉搏跳动。若判断触电者无呼吸也无颈部动脉脉搏跳动，此时可以判断触电者呼吸、心跳停止。

（3）人工呼吸救护法

通常情况下，当触电者无呼吸，但是仍然有心跳时，应采用人工呼吸救护法进行救治。具体操作方法如下：

1）畅通气道。如果发现口腔内有异物，如食物、呕吐物、血块、脱落的牙齿、泥沙、假牙等，均应尽快清理，否则也可造成气道阻塞。无论选用何种畅通气道（开放气道）的方法，均应使耳垂与下颌角的连线和触电者仰卧的平面垂直，气道方可开放。常用畅通气道（开放气道）方法为：使触电者仰卧，头部尽量后仰并迅速解开触电者衣服、腰带等，使触电者的胸部和腹部能够自由扩张。尽量将触电者头部后仰，鼻孔朝天，颈部伸直，如图 1-20 所示。

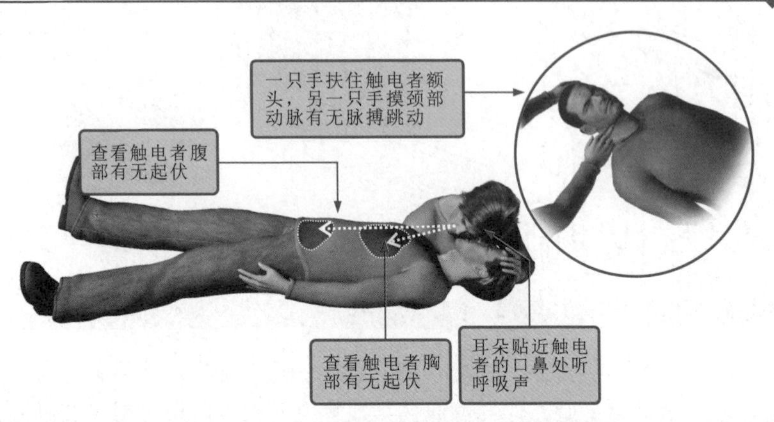

图 1-19 触电者呼吸、心跳情况的判断

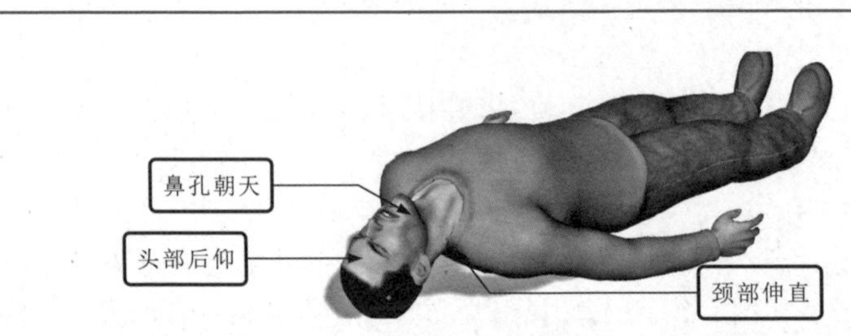

图 1-20 畅通气道的方法

相关资料

托颈压额法（也称压额托颌法）：救护者站立或跪在触电者身体一侧，用一只手放在触电者前额并向下按压，同时另一只手的食指和中指分别放在两侧下颌角处，并向上托起，使触电者头部后仰，气道即可开放，如图 1-21 所示。在实际操作中，此方法不仅效果可靠，省力，不会造成颈椎损伤，而且便于做人工呼吸。

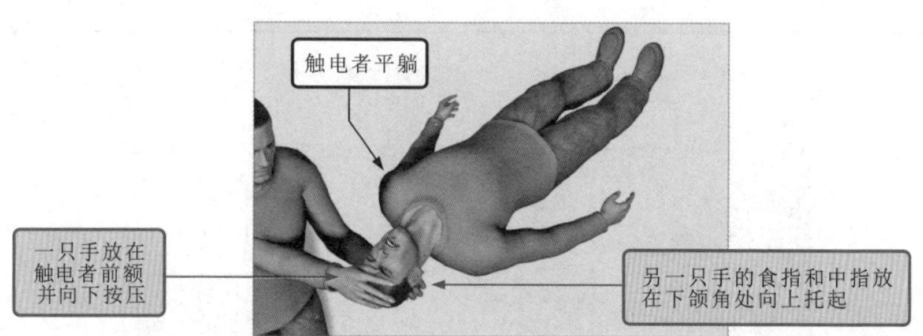

图 1-21 托颈压额法

仰头抬颌法（也称压额提颌法）：若触电者无颈椎损伤，可首选此方法。救护者站立或跪在触电者身体一侧，用一只手放在触电者前额，并向下按压；同时另一只手向上提起触电者下颌，使得下颌向上抬起、头部后仰，气道即可开放，如图 1-22 所示。

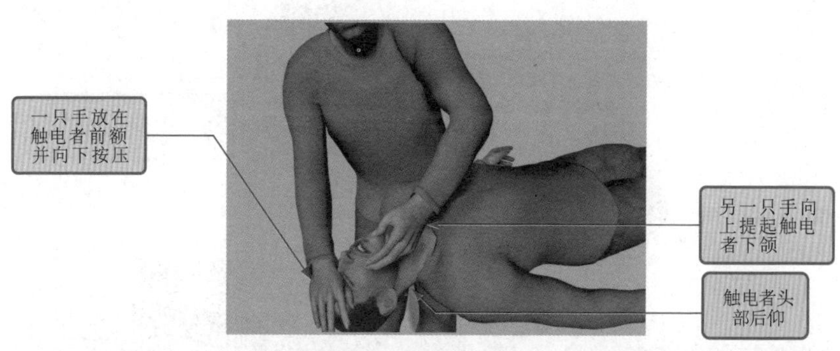

图 1-22 仰头抬颌法

托颌法（也称双手拉颌法）：若触电者已发生或怀疑颈椎损伤，选用此法可避免加重颈椎损伤，但不便于做人工呼吸。站立或跪在触电者头顶端，肘关节支撑在触电者仰卧的平面上，两手分别放在触电者额头两侧，分别用两手拉起触电者两侧的下颌角，使头部后仰，气道即可开放，如图 1-23 所示。

2）人工呼吸法的准备工作。救护者最好用一只手捏紧触电者的鼻孔，使鼻孔紧闭，另一只手掰开触电者的嘴巴。如图 1-24 所示，除去口腔中的黏液、食物、假牙等杂物。如果触电者的舌头后缩，应把舌头拉出来使其呼吸畅通。

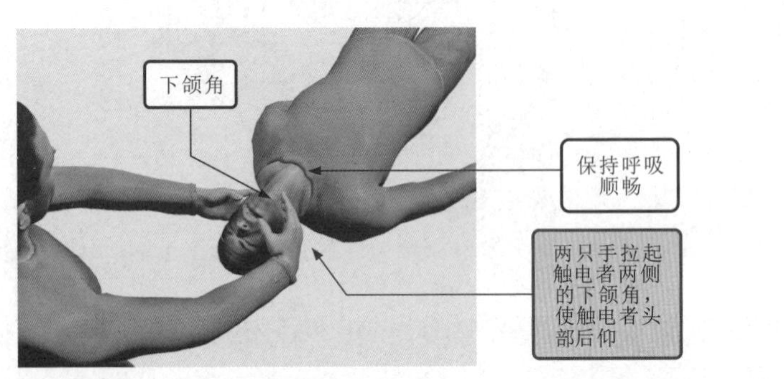

图 1-23　托颌法

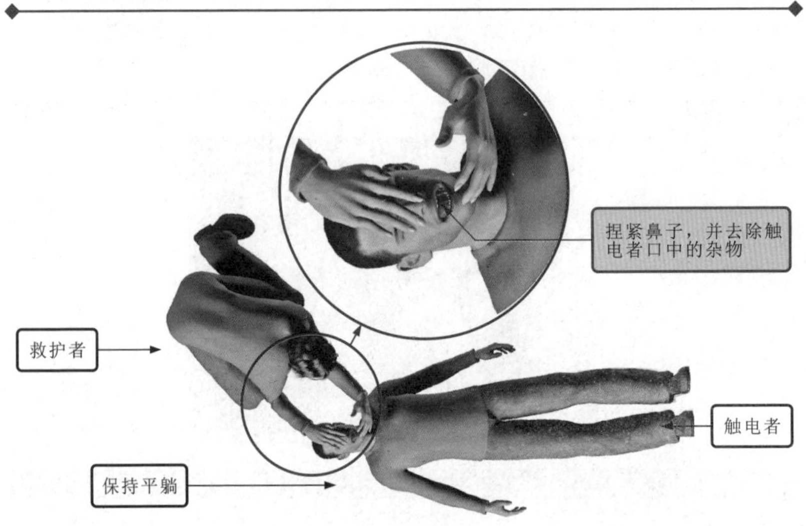

图 1-24　人工呼吸法的准备工作示意图

3）人工呼吸救护。做完前期准备后，即可对触电者进行口对口的人工呼吸。救护者首先深吸一口气，紧贴着触电者的嘴巴大口吹气，使其胸部膨胀，然后救护者换气，放开触电者的鼻子，使触电者自主呼气，如图 1-25 所示。如此反复，吹气时间为 2~3s，放松时间为 2~3s，5s 左右为一个循环。重复操作，中间不可间断，直到触电者苏醒为止。

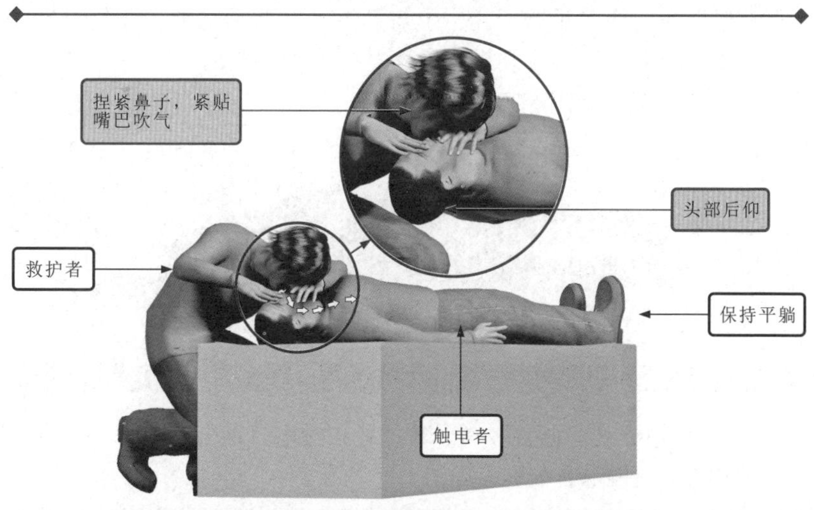

图 1-25　口对口人工呼吸示意图

在人工呼吸时，救护者在吹气时要捏紧鼻子，紧贴嘴巴，不能漏气，放松时，应能使触电者自主呼气，对体弱者和儿童吹气时应小口吹气，以免肺泡破裂。

（4）牵手呼吸救护法

若救护者嘴或鼻被电伤，无法对触电者进行口对口人工呼吸或口对鼻人工呼吸，也可以采用牵手呼吸法进行救治，具体抢救方法如下。

1）肩部垫高。首先使触电者仰卧，将其肩部垫高，最好用柔软物品（如衣服等），这时触电者头部应后仰，如图 1-26 所示。

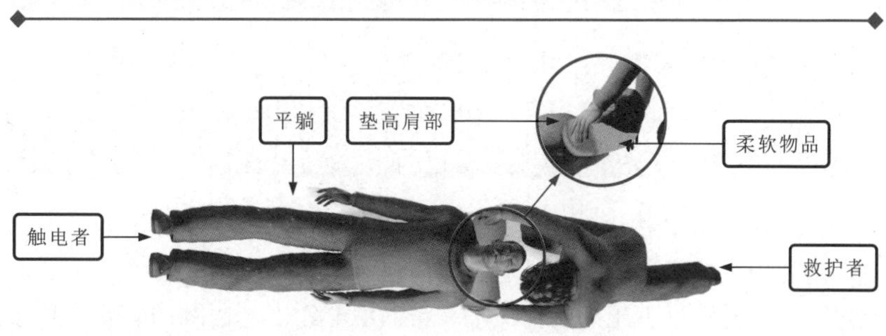

图 1-26　肩部垫高示意图

2）将触电者两臂弯曲呼气。救助者蹲跪在触电者头部附近，两只手握住触电者的两只手腕，让触电者两臂在其胸前弯曲，让触电者呼气。如图 1-27 所示，并且在操作过程中不要用力过猛。

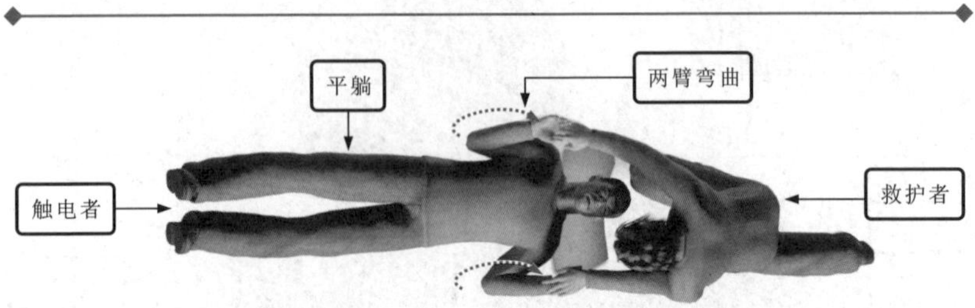

图 1-27　将触电者两臂弯曲呼气

3）将触电者两臂伸直吸气。救护者将触电者两臂从头部两侧向头顶上方伸直，让触电者吸气，如图 1-28 所示。

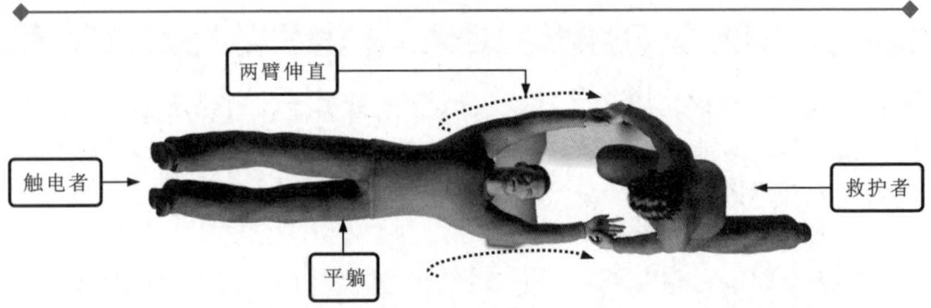

图 1-28　将触电者两臂伸直吸气

要点说明

牵手呼吸法最好在救助者人数较多时进行，因为这种救助法比较消耗体力，需要几名救助者轮流对触电者进行救治，以免救助者反复操作导致疲劳，耽误救治时间。

（5）胸外心脏按压救护法

胸外心脏按压法又叫胸外心脏挤压法，它是在触电者心音微弱、心跳停止或脉搏短且不规则的情况下，帮助触电者恢复心跳的有效救护方法之一。

1）正确的按压位置。正确的按压位置是保证胸外心脏按压效果的重要前提，具体操作步骤如下：

将右手的食指和中指沿着触电者的右侧肋骨下缘向上，找到肋骨和胸骨结合处的中点。将两根手指并齐，中指放置在胸骨与肋骨结合处的中点位置，食指平放在胸骨下部（按压区），将左手的手掌根紧挨着食指上缘，置于胸骨上（见图 1-29）。然后将定位的右手移开，并将掌根重叠放于左手背上，有规律按压即可。

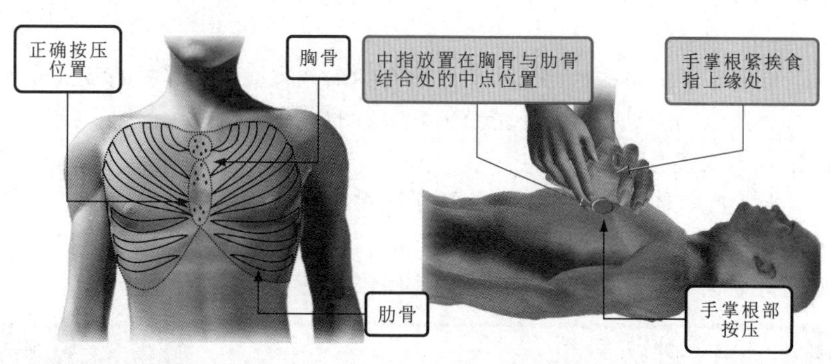

图 1-29　正确的按压位置

2）正确的按压姿势及救护方法。让触电者仰卧，解开衣服和腰带，救护者跪在触电者腰部两侧或跪在触电者一侧。救护者将左手掌放在触电者的胸骨按压区，中指对准颈部凹陷的下端，右手掌压在左手掌上，用力垂直向下挤压，如图 1-30 所示。成人胸外按压频率为 100 次/min。一般在实际救治时，应每按压 30 次后，实施两次人工呼吸。

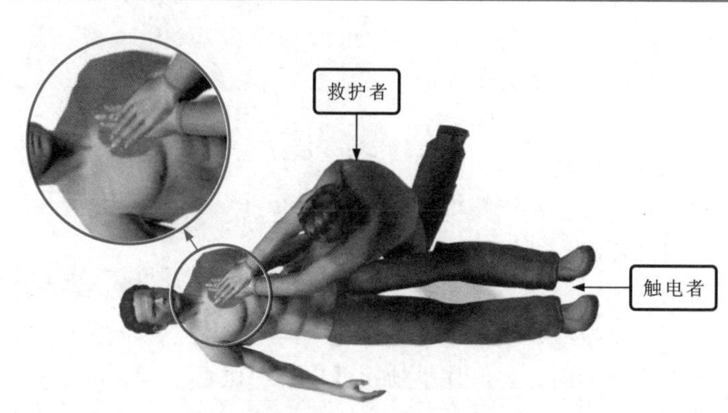

图 1-30　正确的按压姿势与救护方法

在抢救的过程中要不断观察触电者的面部动作，若嘴唇稍有开合，眼皮微微活动，喉部有吞咽动作时，说明触电者已有呼吸，即可停止人工呼吸或胸外心脏按压法，但如果触电者仍没有呼吸，则需要继续进行急救。在抢救过程中如果触电者身体僵冷，医生也证明无法救治，这时才可以放弃治疗。反之，如果触电者瞳孔变小，皮肤变红，则说明抢救收到了效果，应继续救治。

（6）药物救护法

在发生触电事故后如果医生还没有到来，而且人工呼吸的救护方法和胸外按压的救护方法都不能够使触电者的心跳再次跳动起来，这时可以用肾上腺素进行救治。

肾上腺素能使停止跳动的心脏再次跳动起来，也能够使微弱的心跳变得强劲起来。但是使用时要特别小心，如果触电者的心跳没有停止就使用肾上腺素，容易导致触电者的心跳停止甚至死亡。

1.3.2 外伤急救

1. 割伤急救

在电工作业过程中，割伤是比较常见的一类外伤事故。割伤是指电工操作人员在使用电工刀或钳子等尖锐的利器时由于操作失误或操作不当造成的割伤或划伤。

割伤出血时，需要在割伤的部位用棉球蘸取少量的酒精或盐水将伤口清洗干净。另外，为了保护伤口，需用纱布（或干净的毛巾等）包扎，如图 1-31 所示。

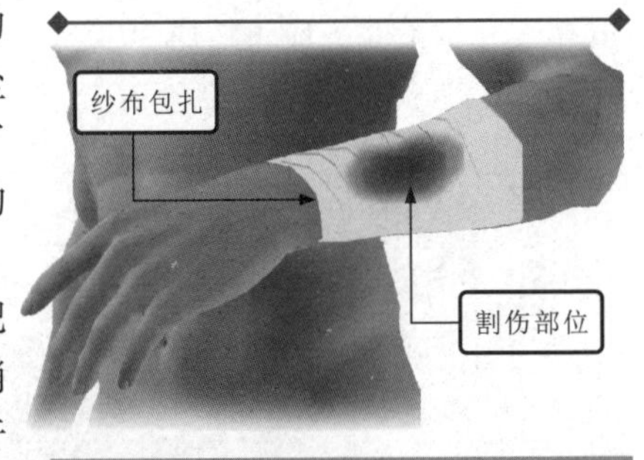

图 1-31 包扎伤口示意图

如果血液是慢慢渗出，可把纱布稍微包厚一点，并用绷带稍加固定。需要将割伤部位放置于比心脏高的部位，即可止血。若这样做还不能止血或是血液大量渗出时，则需要赶快请救护人员前来。在救护人员到来以前，要压住患处接近心脏的血管，接着可用下列方法进行急救：

1）手指割伤出血：受伤者可用另一只手用力压住受伤处两侧。

2）手、手肘割伤出血：受伤者需要用四根手指用力压住上壁内侧隆起的肌肉。压住后要是仍然出血不止，则说明没有压住出血的血管，需要重新改变手指的位置。

3）上臂、腋下割伤出血：这种情形必须借助救护者来完成，救护者拇指向下、向内用力压住锁骨下凹处的位置即可。

4）脚、胫部割伤出血：这种情形也需要借助救护者来完成，首先让受伤者仰躺，将其脚部微微垫高，救护者用两个拇指压住受伤者的股沟、腰部、阴部间的血管位置即可。

以上介绍的指压法不能长时间使用，若将手松开，血还会继续流出，在医生还没有到来之前，最好先用止血带止血。止血带止血是在伤口血管距离心脏较近的部位，用干净的布绑住，再用棍子加以固定，即可止血。若止血带连续使用 2h 以上，则受伤者被绑住的部位血液将无法循环，严重时会危害受伤者的身体，因此每隔 30min 左右必须松开一次，让血液循环一下。

2. 摔伤急救

摔伤急救的原则是先抢救后固定，在搬运伤者时，应注意采取措施，防止伤情更加严重或伤口污染。

若需要送往医院治疗的，应立即做好保护伤者措施后再送往医院进行救治；在抢救伤者前，先使伤者平躺，再判断全身情况和受伤程度，是开放性伤口（有破口），还是非开放性的。另外还需要检查是否有皮下淤血、关节功能是否受到影响、局部是否出现肢体畸形、关节活动是否受到影响等。

若伤者出现外部出血，应立即采取止血措施，防止伤者因失血过多导致休克。

（1）止血急救

确定伤情后，需要及时采取有效的急救方法，如果是开放性伤口，不论伤口大小，务必送往医院进行治疗，并注射破伤风抗毒素。在急救车或医务人员没到之前，此时需要及时止血，若没有条件，可用干净的布对伤口进行包扎，包扎完后迅速送往医院进行检查。若有条件，可先用消毒后的纱布包扎；若包扎后仍有较多的淤血渗出，可用绷带（止血带）加压止血。

1）若伤口处出血呈喷射状或鲜红血液涌出，立即用清洁手指压迫出血点上方（近心端），使血流中断，并将出血的肢体举高或抬高，以减少出血量。

2）若使用止血带止血，应先用纱布或伤者的衣服等比较柔软的布将其叠起放置在止血带下面，如图1-32所示，将止血带扎紧肢体端的动脉，以脉搏消失为佳，上肢每60min松开一次，下肢每80min松开一次，扎紧时间不宜超过4h。使用止血带时，不宜在上臂中1/3处使用，以免损伤神经。若放松时观察已无大出血，可以暂停使用止血带。需要注意的是，禁止用电线、铁丝、细绳等作为止血带使用。

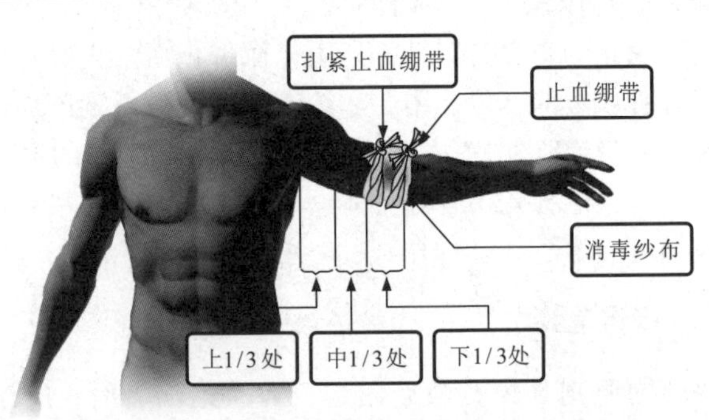

图1-32 止血带的使用

3）若伤者是从高处坠落、受挤压等，则可能有胸腹内脏破裂出血。从外观看，伤者并无出血，但表现为脸色苍白、脉搏细弱、全身出冷汗、烦躁不安甚至神志不清等休克症状，应让伤者迅速躺平，使用椅子将其下肢垫高，如图1-33所示，并让其肢体保持温暖，迅速送往医院救治。若送往医院的路途较远，可给伤者饮用少量的糖盐水。

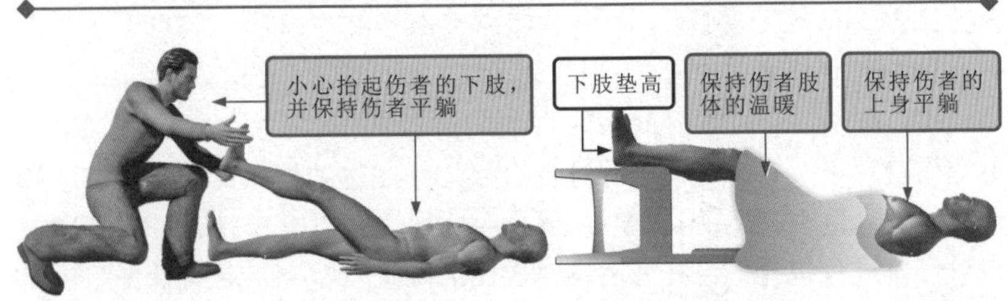

图1-33 垫高下肢

对于此类伤情，应在6~8h之内进行处理及缝合伤口。如果摔伤的同时有异物刺入体内，切记不要擅自拔除，要保持异物与身体相对固定，及时送到医院进行处理。

若伤者外观无伤，但呈现肢体、颈椎、腰椎疼痛或无法活动，需要考虑伤者骨折受伤的可能性。

（2）骨折急救

骨折急救包括肢体骨折急救、颈椎骨折急救和腰椎骨折急救等，下面分别对肢体骨折急救、颈椎骨折急救和腰椎骨折急救进行详细的介绍。

1）肢体骨折急救。若伤者属于肢体骨折，可以使用夹板、木棍、竹竿等将断骨上、下两个关节固定，如图 1-34 所示。也可利用伤者的身体进行固定，这样做也是为了避免骨折部位移动，减少伤者疼痛，防止伤者的伤势恶化。

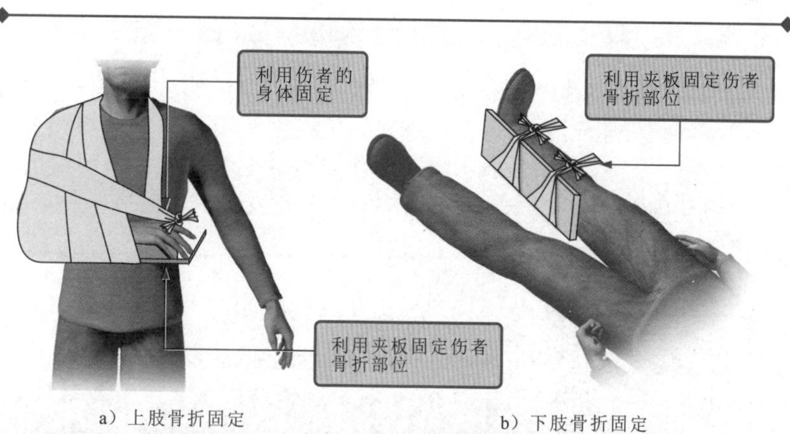

a）上肢骨折固定　b）下肢骨折固定

图 1-34　肢体骨折固定的方法

要点说明

若出现开放性骨折，有大量出血时，应先止血再固定，并用干净布片覆盖伤口，然后迅速送往医院进行救治，切勿将外露的断骨推回伤口内。若没有出现开放性骨折，最好也不要自行或让非医务人员进行揉、拉、捏、掰等操作，应等急救医生赶到或到医院后让医务人员进行救治处理。

2）颈椎骨折急救。若伤者属于颈椎骨折，可先使伤者平卧，用沙土袋或其他代替物放置在头部两侧，使颈部固定不动，如图 1-35 所示。切记不能将伤者头部后仰、移动或转动头部，以免引起截瘫或死亡。

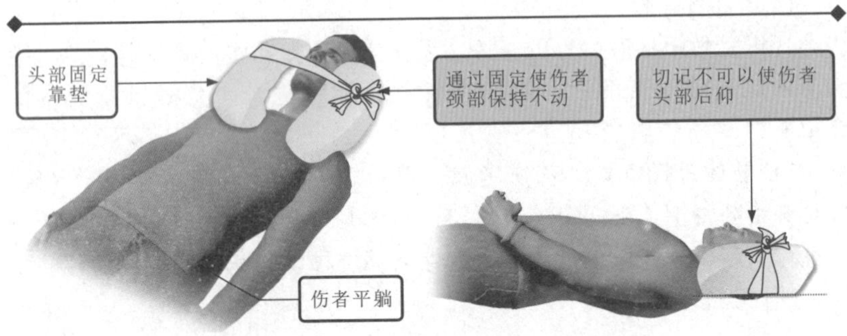

图 1-35 颈椎骨折固定方法

3）腰椎骨折急救。若伤者属于腰椎骨折，应使伤者平卧在平硬木板上，并将腰椎躯干及两侧下肢一起固定在木板上预防伤者瘫痪，如图 1-36 所示，在移动伤者时，为了让伤者身体保持平稳，最好应数人合作移动，在移动的过程中不能扭曲伤者。

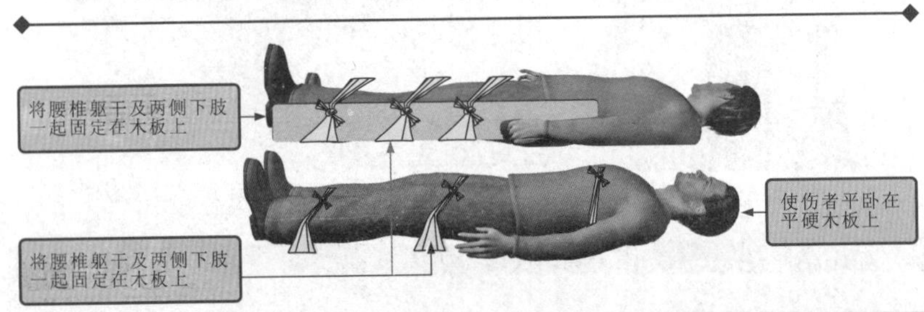

图 1-36 腰椎骨折固定方法

1.3.3 电气灭火

如图 1-37 所示，灭火时，应保持有效喷射距离和安全角度（不超过 45°），对火点由远及近猛烈喷射，并用手控制喷管（头）左右、上下来回扫射，与此同时，快速推进，保持灭火剂猛烈喷射的状态，直至将火扑灭。

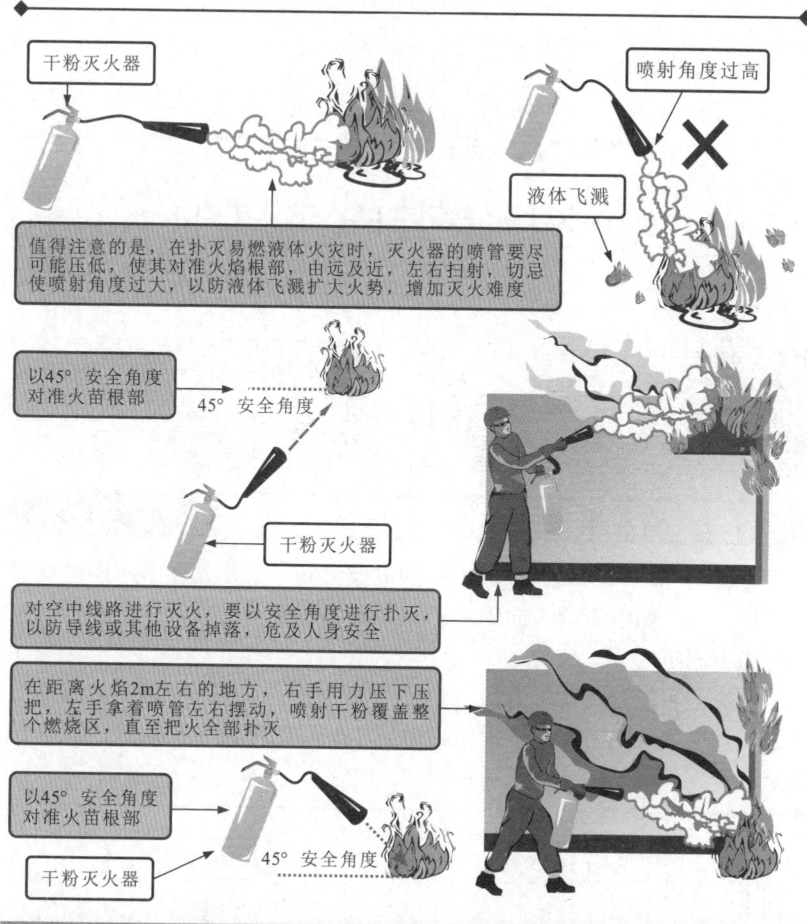

图 1-37 电气灭火的规范操作

第 2 章 物业及家装电工基础

2.1 直流电与直流供电

2.1.1 直流电

直流电（Direct Current，DC）的电流流向单一，其方向不随时间做周期性变化，即电流的方向固定不变，是由正极流向负极，但电流的大小可能不固定。

直流电可以分为脉动直流和恒定直流两种，如图 2-1 所示。脉动直流中直流电流大小不稳定；而恒定电流中的直流电流大小能够一直保持恒定不变。

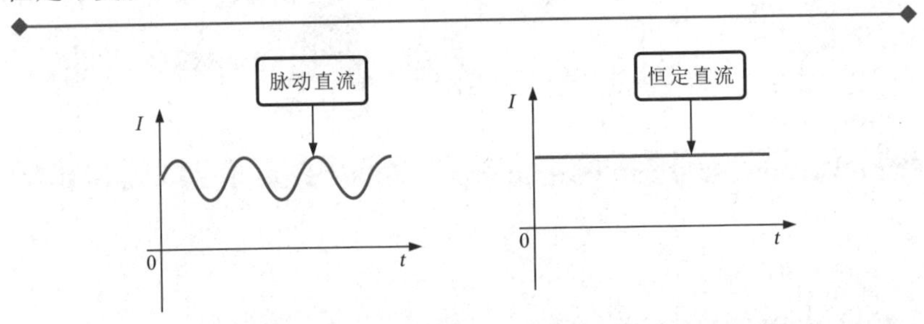

图 2-1 脉动直流和恒定直流

相关资料

一般将可提供直流电的装置称为直流电源，它是一种形成并保持电路中恒定直流的供电装置，例如干电池、蓄电池、直流发电机等。直流电源有正、负两极，当直流电源为电路供电时，能够使电路两端之间保持恒定的电位差，从而在外电路中形成由电源正极到负极的电流，如图 2-2 所示。

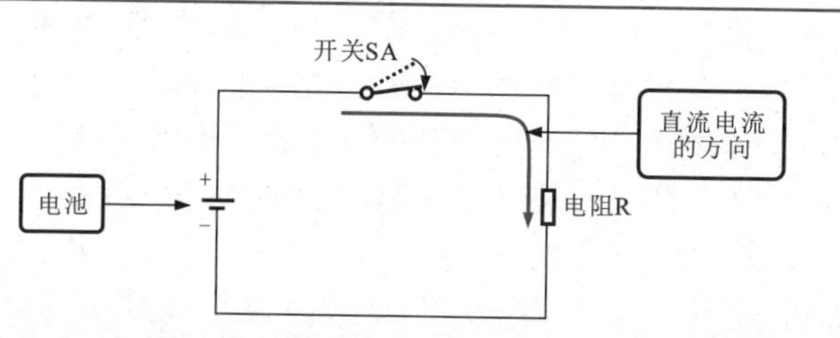

图 2-2 直流的形成

2.1.2 直流供电方式

在生活和生产中电池供电的电器都属于直流供电方式，如低压小功率照明灯、直流电动机等。还有许多电器是利用交流-直流变换器，将交流后变成直流后再为电器产品供电。因此直流供电方式可分为电池直流供电和交流-直流变换器供电。

1. 电池（直流）供电

直流电动机驱动电路采用的就是直流电源供电，如图 2-3 所示。

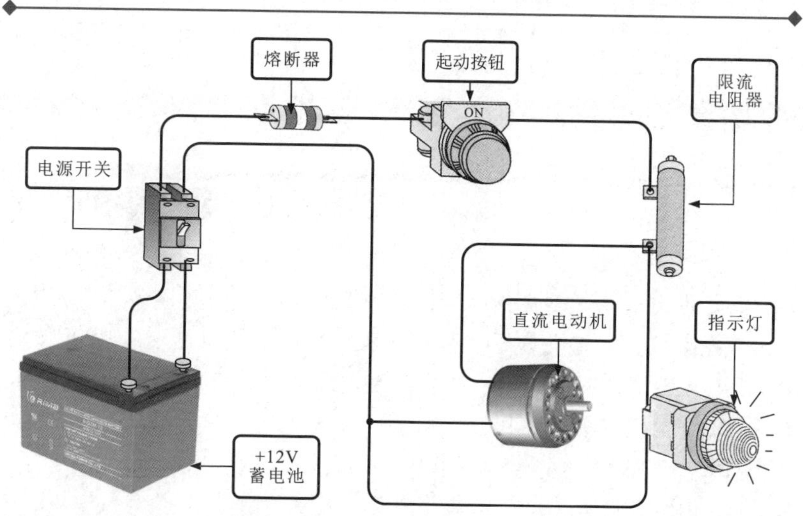

图 2-3 电池直流供电电路

2. 交流-直流变换器供电

家庭或企事业单位的供电都是采用交流 220V、50Hz 的电源，而在机器内部各电路单元及半导体器件则往往需要多种直流电压，因而需要一些电路将交流 220V 电压变为直流电压，再为电路供电。

图 2-4 所示为典型的交流-直流变换供电电路。由图中可知，交流 220V 电压经变压器 T，先变成交流低压（12V）。再经整流二极管 VD 整流后变成脉动直流，脉动直流经 LC 滤波后变成稳定的直流电压。

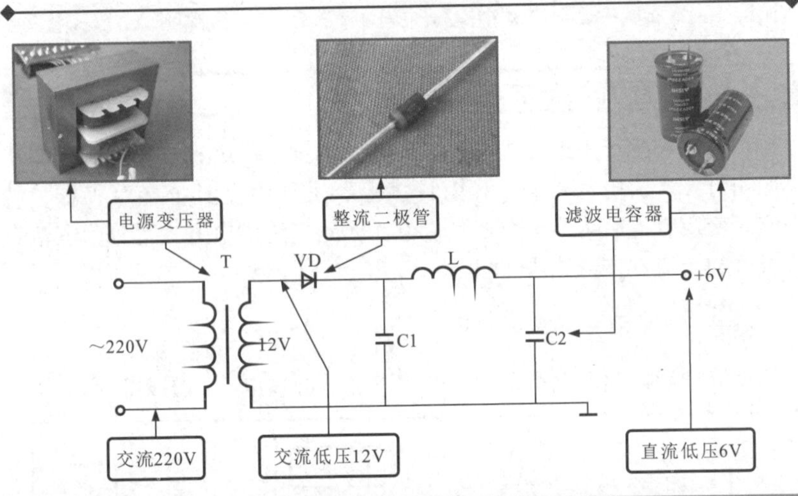

图 2-4　典型的交流-直流变换供电电路

相关资料

一些电子电器产品如电动车、手机、收音机等，是借助充电器给电池充电后再由电池为整机供电。值得一提的是，不论是电动车的大充电器，还是手机、收音机等的小型充电器，都需要从市电交流 220V 的电源中获得能量，将交流 220V 变为所需的直流电压进行充电。还有一些电子产品将直流电源作为附件，制成一个独立的电路单元，又称为适配器，如笔记本电脑、摄录一体机等，通过电源适配器与 220V 相连，适配器将 220V 交流电转变为直流电后为用电设备提供所需要的电压，如图 2-5 所示。

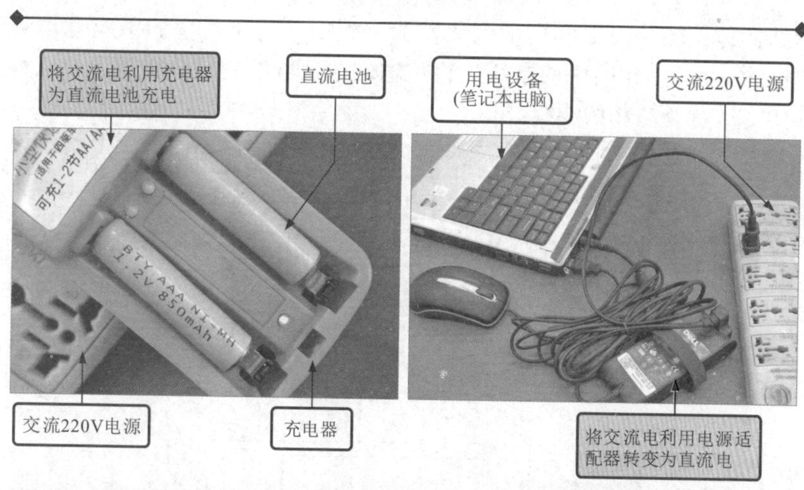

图 2-5　利用 220V 交流供电的设备

2.2 交流电与交流供电

2.2.1 交流电

交流电（Alternating Current，AC）电流的大小和方向会随时间做周期性的变化。

在日常生活中所有的电气产品都需要有供电电源才能正常工作，大多数的电器设备都是由市电交流 220V、50Hz 作为供电电源。这是我国公共用电的统一标准，交流 220V 电压是指相线（即火线）对零线的电压。

交流电是由交流发电机产生的，交流发电机可以产生单相和多相交流电压，如图 2-6 所示。

1. 单相交流电

单相交流电是以一个交变电动势作为电源的电力系统。在单相交流电路中，只具有单一的交流电压，其电流和电压都按一定的频率随时间变化。

在单相交流发电机中，只有一个线圈绕制在铁心上构成定子，转子是永磁体，当其内部的定子和线圈为一组时，它所产生的感应电动势（电压）也为一组，由两条线进行传输，这种电源就是单相电源，这种配电方式称为单相两线制。

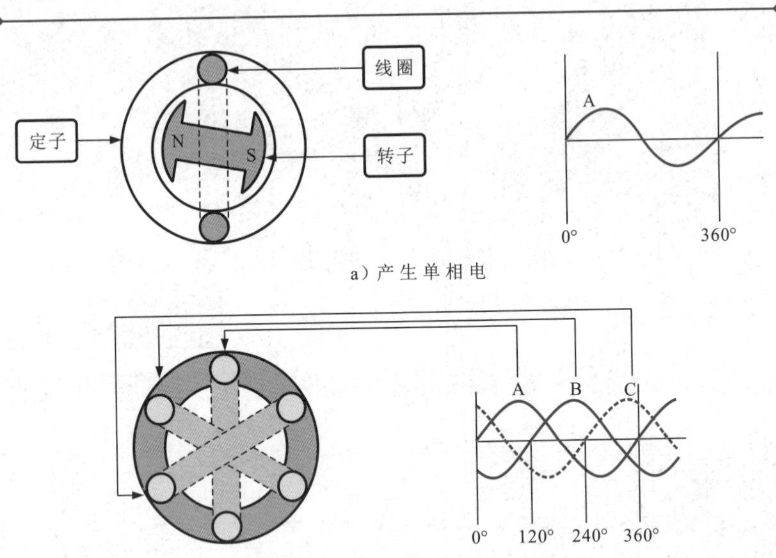

图 2-6 单相交流电压和多相交流电压的产生

图 2-7 所示为单相交流电的产生。

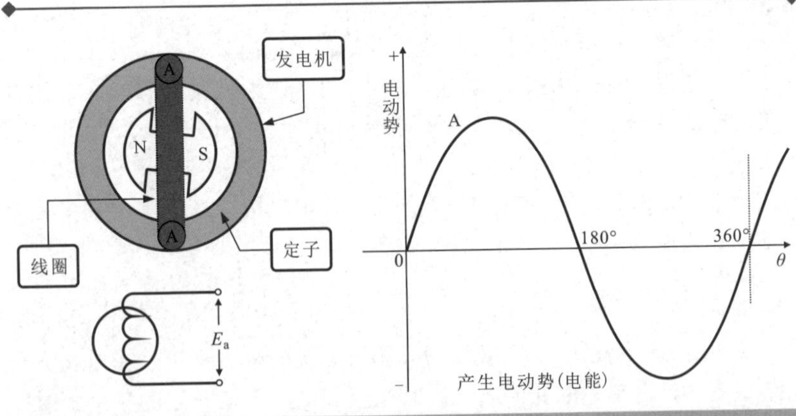

图 2-7 单相交流电的产生

2. 多相交流电

多相交流电根据相线的不同，还可以分为两相交流电和三相交流电。

（1）两相交流电

在发电机内设有两组定子线圈互相垂直地分布在转子外围。转子旋转时两组定子线圈产生两组感应电动势，这两组电动势之间有 90°的相位差。这种电源为两相电源，这种方式多在自动化设备中使用。

图 2-8 所示为两相交流电的产生。

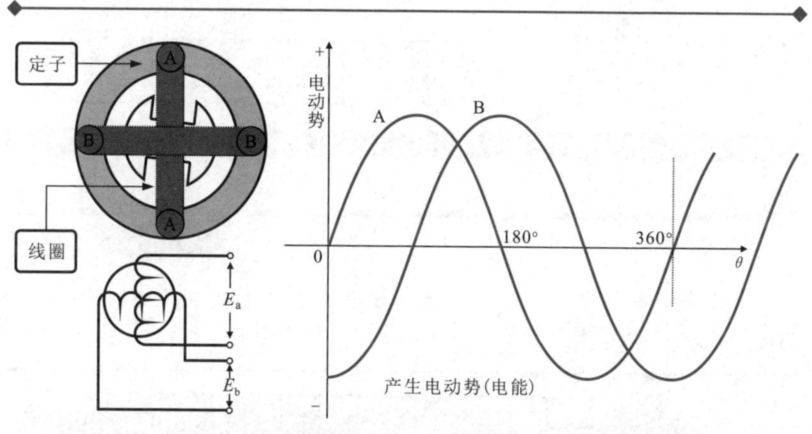

图 2-8　两相交流电的产生

（2）三相交流电

通常，把三相电源线路中的电压和电流统称三相交流电，这种电源由三条线来传输，三线之间的电压大小相等（380V）、频率相同（50Hz），但相位差为 120°。图 2-9 所示为三相交流电的产生。

三相交流电是由三相交流发电机产生的。三相交流发电机的定子槽内放置着三个结构相同的定子绕组 A、B、C，这些绕组在空间上互隔 120°。转子旋转时，其磁场在空间按正弦规律变化，当转子由水轮机或汽轮机带动以角速度 ω 匀速地顺时针方向旋转时，在三个定子绕组中，就产生频率相同、幅值相等、相位上互差 120°的三个正弦电动势，这样就形成了对称三相电动势。

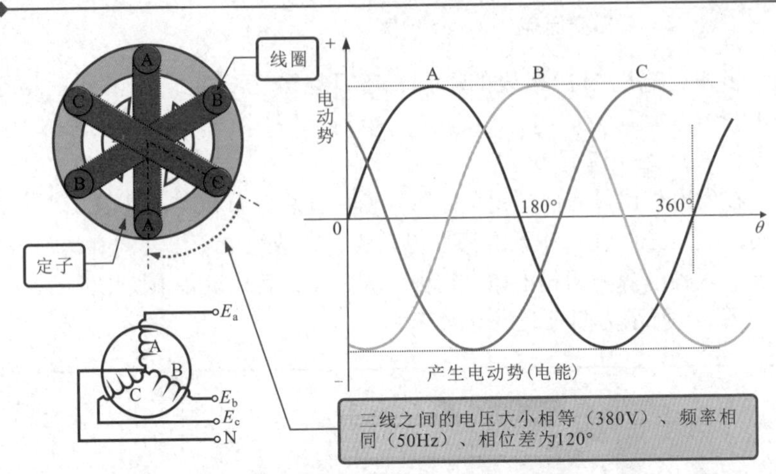

图 2-9 三相交流电的产生

相关资料

三相交流电路中，相线与零线（标准术语为中性线）之间的电压为220V，而相线与相线之间的电压为380V，如图 2-10 所示。

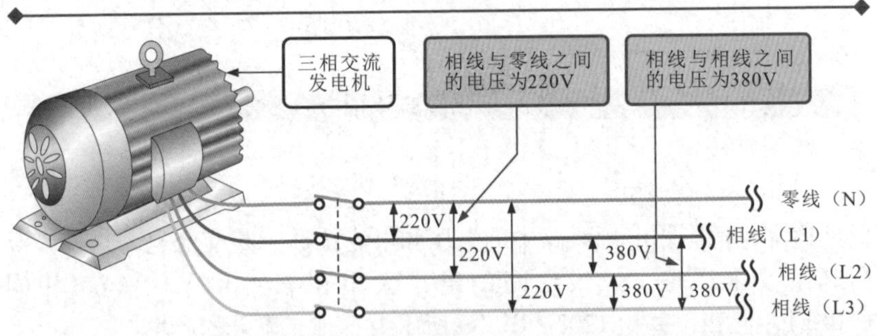

图 2-10 三相交流电路电压的测量

要点说明

交流发电机的基本结构如图 2-11 所示，转子是由永磁体构成的，当水轮机或汽轮机带动发电机转子旋转时，转子磁极旋转，会对定子线圈辐射磁场，磁力线切割定子线圈，定子线圈中便会产生感应电动势，转子磁极转动一周就会使定子线圈产生相应的电动势（电压）。由于感应电动势的大小与感应磁场的强度成正比，感应电动势的极性也与感应磁场的极性相对应。定子线圈所受到的感应磁场是正反向交替周期性变化的。转子磁极匀速转动时，感应磁场是按正弦规律变化的，发电机输出的电动势则为正弦波形。

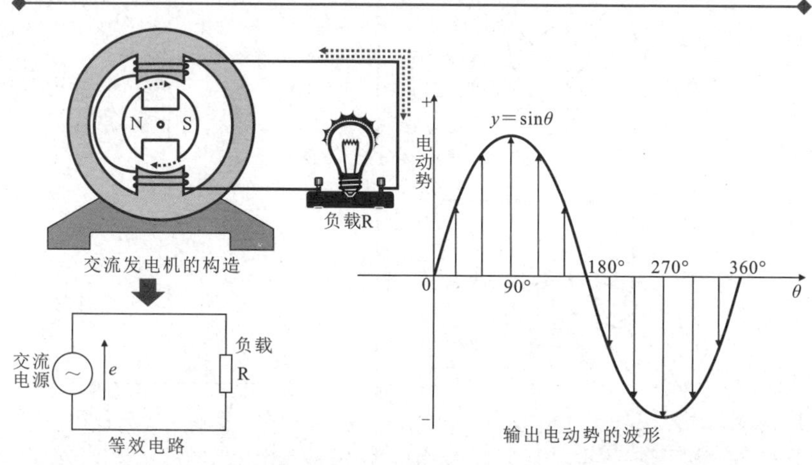

图 2-11　交流发电机的结构和原理

相关资料

发电机是根据电磁感应原理产生电动势的，当线圈受到变化磁场的作用时，即线圈切割磁力线便会产生感应磁场，感应磁场的方向与作用磁场方向相反。发电机的转子可以看作是一个永磁体，如图 2-12a 所示，当 N 极旋转并接近定子线圈时，会使定子线圈产生感应磁场，方向为 N/S，线圈产生的感应电动势为一个逐渐增强的曲线，当转子磁极转过线圈继续旋转时，感应磁场则逐渐减小。

当转子磁极继续旋转时，转子磁极 S 开始接近定子线圈，磁场的磁极发生了变化，如图 2-12b 所示，定子线圈所产生的感应电动势极性也翻转 180°，感应电动势输出为反向变化的曲线。转子旋转一周，感应电动势又会重复变化一次。由于转子旋转的速度是均匀恒定的，因此输出电动势的波形则为正弦波。

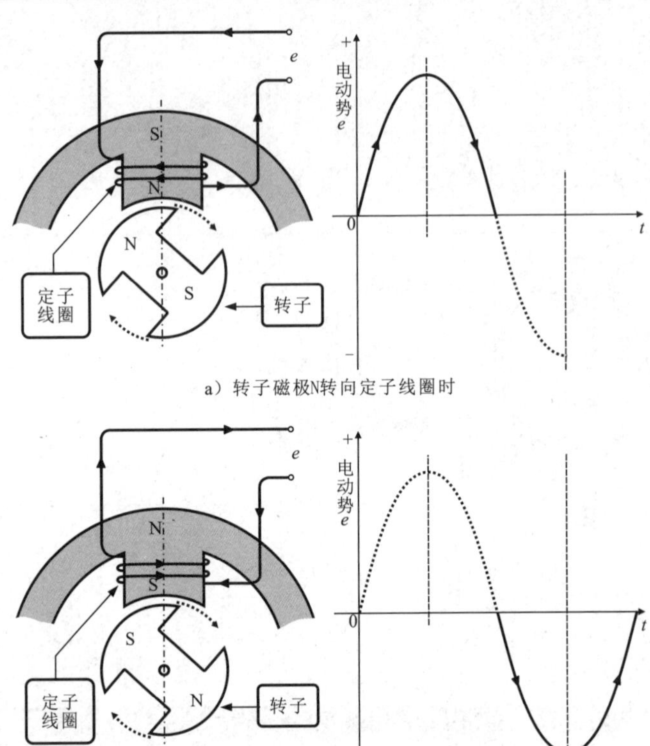

图 2-12　发电机感应电动势产生的过程

2. 2. 2　单相交流供电

单相交流电路的供电方式主要有单相两线制、单相三线制，一般的家庭用电都是单相交流电路。

1. 单相两线制

从三相三线高压输电线上取其中的两线送入柱上高压变压器输入端。例如，高压 6600V 电压经过柱上变压器变压后，其二次侧向家庭照明线路提供 220V 电压。变压器一次侧与二次侧之间隔离，输出端相线与零线之间的电压为 220V。

图 2-13 所示为单相两线制的交流供电电路。

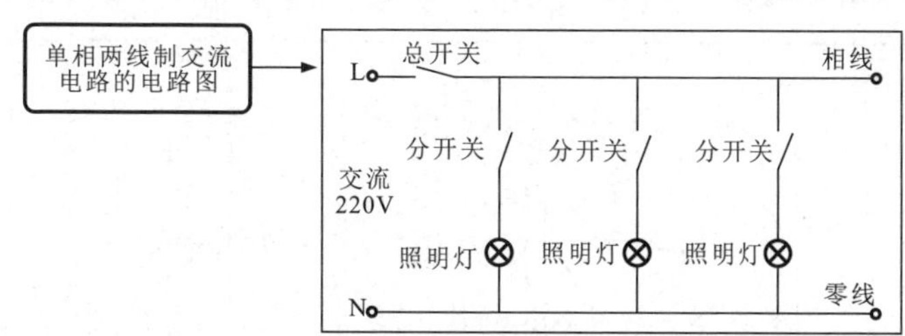

图 2-13 单相两线制的交流供电电路

2. 单相三线制

单相三线制供电中的一条线路作为地线与大地相接。此时，地线与相线之间的电压为 220V，零线 N（中性线）与相线（L）之间电压为 220V。由于不同接地点存在一定的电位差，因而零线与地线之间可能有一定的电压。

图 2-14 所示为单相三线制交流供电电路。

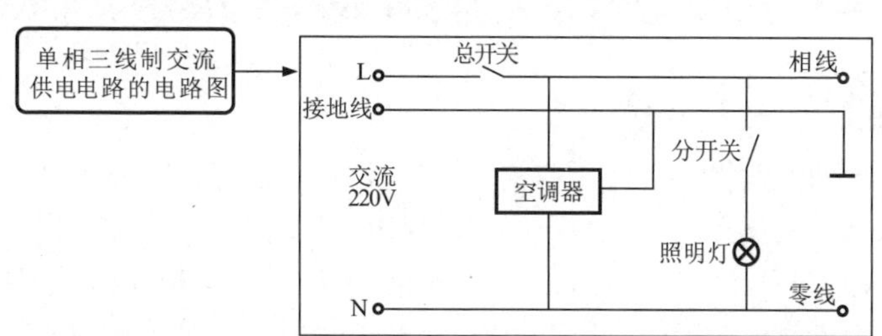

图 2-14 单相三线制交流供电电路

2.2.3 三相交流供电

三相交流电路的供电方式主要有三相三线制、三相四线制和三相五线制三种，一般工厂中的电器设备常采用三相交流电路。

1. 三相三线制

高压（6600V 或 10000V）经柱上变压器变压后，由变压器引出三根相线，送入工厂中，为工厂中的电气设备供电，每根相线之间的电压为 380V，因此工厂中额定电压为 380V 的电气设备可直接接在相线上。

图 2-15 所示为三相三线制的交流供电电路。

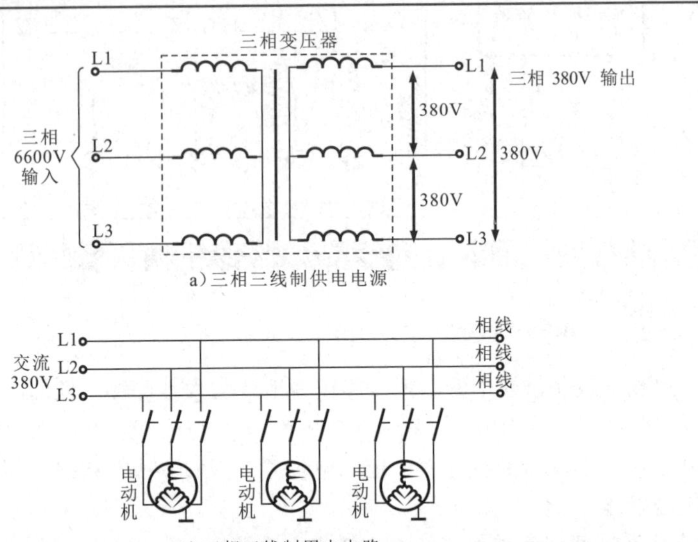

图 2-15 三相三线制的交流供电电路

2. 三相四线制

三相四线制供电方式与三相三线制供电方法不同的是从变压器输出端多引出一条零线。而与单相四线制供电不同的是，单相四线制供电只取其中的一相加入负载电路，而三相四线制则是将三根相线全部接到用电设备上。

图 2-16 所示为三相四线制的交流供电电路。

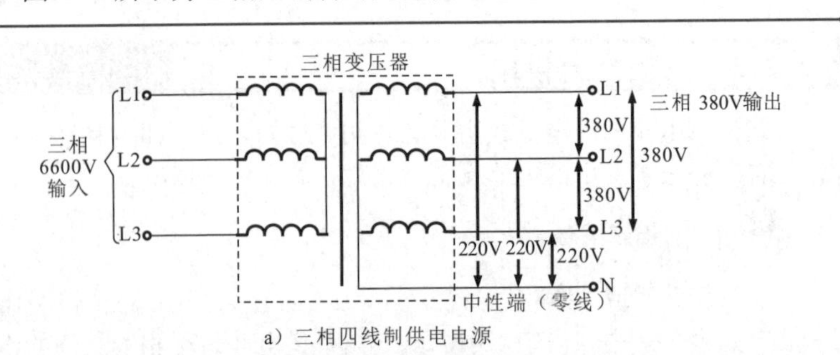

图 2-16 三相四线制的交流供电电路

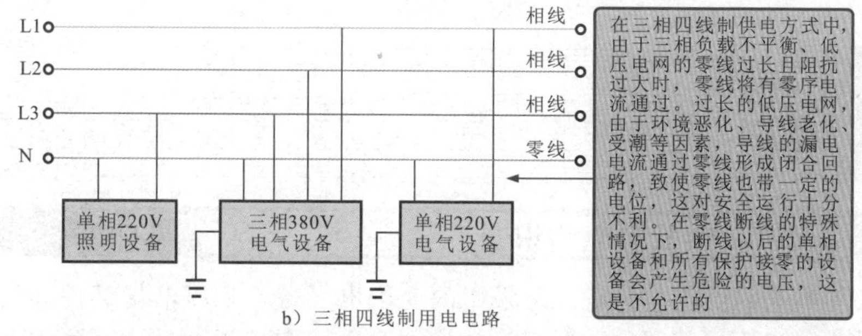

b）三相四线制用电电路

图 2-16　三相四线制的交流供电电路（续）

3. 三相五线制

在前面所述的三相四线制供电系统中，把零线的两个作用分开，即一根线作为工作零线（N），另一根线做保护零线（PE），这样的供电接线方式称为三相五线制供电方式的交流供电电路。

图 2-17 所示为三相五线制的交流供电电路。

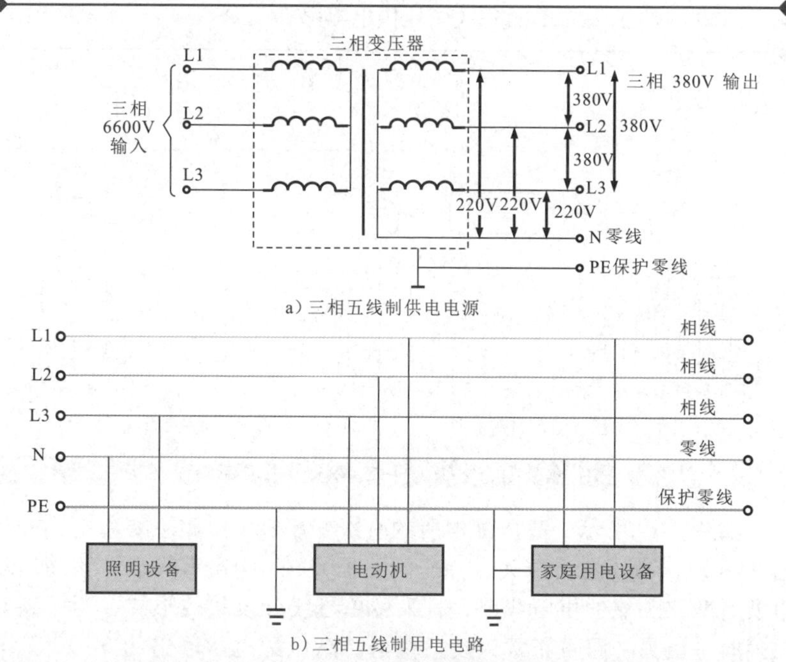

图 2-17　三相五线制的交流供电电路

2.3 电工电路识图

2.3.1 供配电电路识图

不同的供配电电路，所采用的变配电设备、高压电气部件和线路结构也不尽相同，因此只通过一两个电路图的识读是达不到学习目的的。下面将以一次变压供电电路为例，分析供配电电路的基本原理。

一次变压供电电路是指电源电压只经过一次电压变换后，就直接为工厂、企业或人们生活提供电能的电路。该电路是只有一个变电所构成的一次变压供电系统，可将6~10kV电压降压为380/220V电压，通常工厂车间常设置这种变压供电系统的变电所。采用两个电力变压器的变电所，若有一个变压器有故障需要检修，则另一个变压器仍可正常供电。图2-18所示为简单的一次变压供电电路。

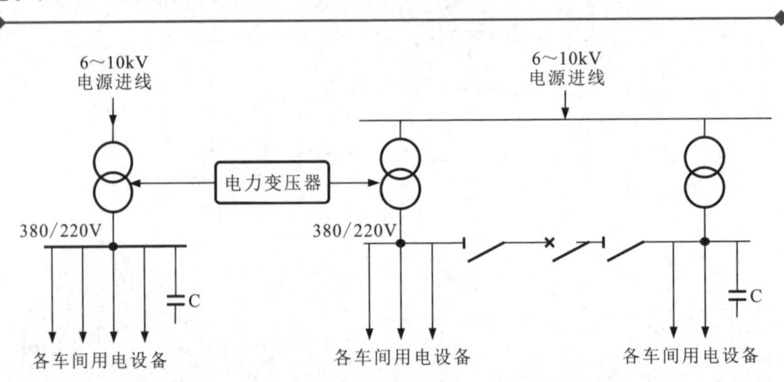

图2-18 简单的一次变压供电电路

如图2-19所示，高压配电所的一次变压供电电路主要由电力变压器T1~T4、高压隔离开关、高压断路器QF1~QF4等构成。该高压配电所有两路独立的供电线路，且采用单母线分段接线形式，当一路有故障时，由另一路可正常为设备供电。高压配电所输出的6~10kV电压分为四路，为后级的车间变电所提供电源，四路供电电路独立工作。

根据电路中主要电气部件的功能，可以对一次变压供电电路的供电工作流程和有一路供电出现故障时的工作流程进行识读。

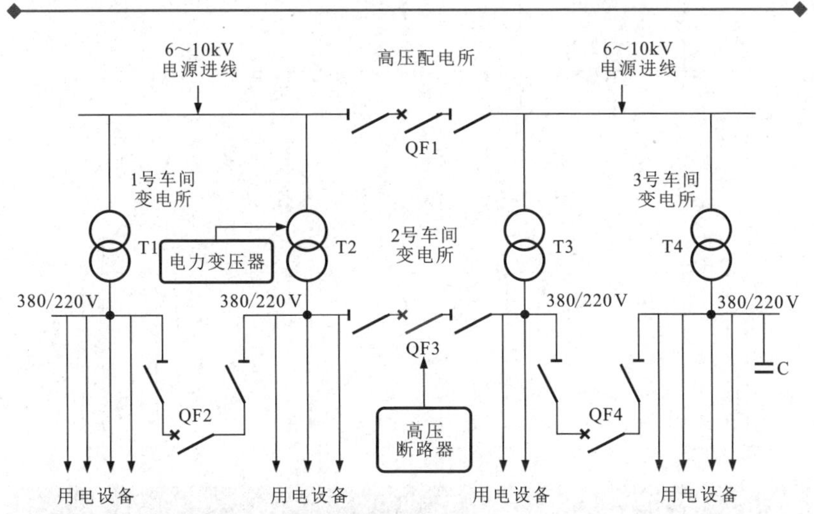

图 2-19　典型高压配电所的一次变压供电电路

1. 供电工作的识读分析

一次变压供电电路的两路独立的供电线路分别送入 6～10kV 的电源电压，其中一路分别经电力变压器 T1、T2 降压为 380/220V 电压，为 1 号车间和 2 号车间内的设备供电；另一路分别经电力变压器 T3、T4 降压为 380/220V 电压，为 2 号车间和 3 号车间内的设备供电，如图 2-20 所示。

2. 有一路供电出现故障时的识读分析

当有一路供电出现故障时，便可将配电所中的高压断路器闭合，例如，当左侧电源出现故障时，闭合高压断路器 QF1，可由右侧电源为四条支路供电。

同样，当车间变电所中，某一台电力变压器出现故障时，也可将高压断路器 QF2～QF4 闭合，用另一台电力变压器为该路设备供电。

图 2-21 所示为一次变压供电电路有一路供电出现故障时的识读分析。

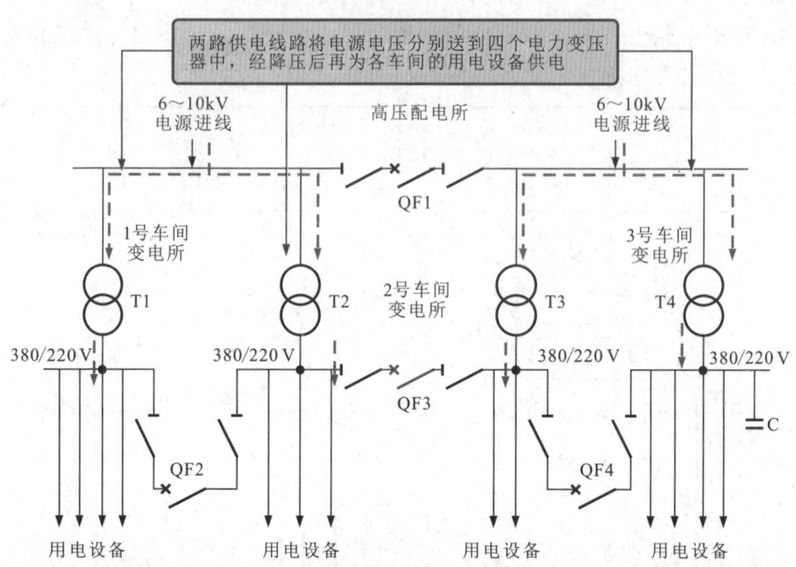

图 2-20　一次变压供电电路供电工作的识读分析

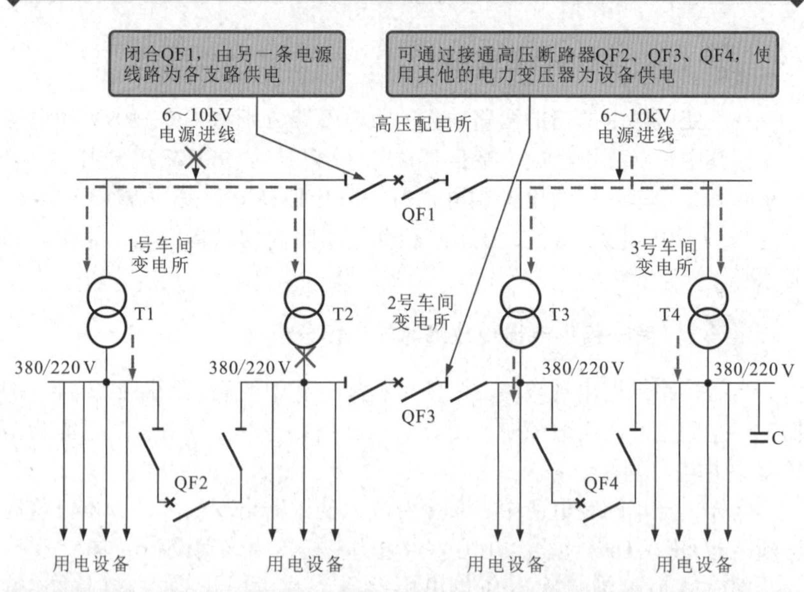

图 2-21　一次变压供电电路有一路供电出现故障时的识读分析

2.3.2 照明控制电路识图

照明控制电路结构特点明显，各组成部件与照明灯具之间存在着密切联系，且根据不同的需要，照明控制电路的结构以及所选用的控制部件也会发生变化，也正是通过对这些部件巧妙的连接和组合设计，使得照明线路可以实现各种各样的功能。下面将以荧光灯调光控制电路为例，分析照明控制电路的基本原理。

荧光灯调光控制电路中设有档位，可通过调节档位使荧光灯照明亮度发生变化。该电路主要由多位开关SA、电容器C1和C2、镇流器、辉光启动器、荧光灯IN等构成。该电路是利用两只电容器与控制开关组合，控制荧光灯的亮度。当控制开关的档位不同时，荧光灯的发光程度也随之变化。

图2-22所示为典型荧光灯调光控制电路。

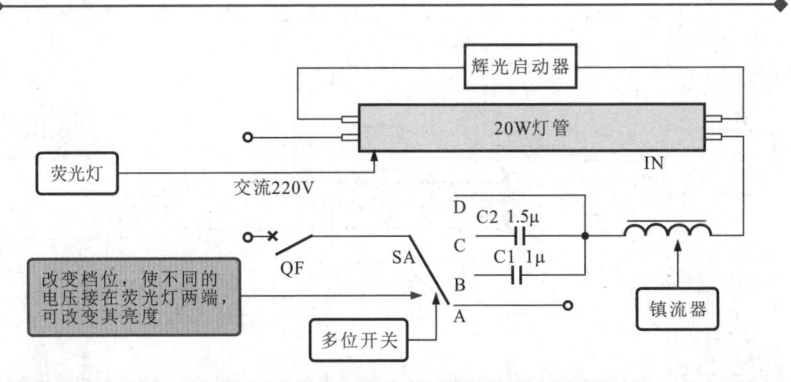

图2-22 典型荧光灯调光控制电路

1. 照明灯点亮的识读分析

合上总断路器QF，接通交流220V电源。多位开关SA与A端连接时，荧光灯电源供电电路不能形成回路，荧光灯IN不亮。拨动多位开关SA的触点与B端连接时，电流经电容器C1、镇流器、辉光启动器、荧光灯IN等形成回路。电容器C1在供电电路中起到降压的功能。由于电容器C1电容量较小，阻抗较大，产生的电压降较高，荧光灯IN发出较暗的光线。

2. 照明灯调光控制的识读分析

想改变荧光灯的亮度可改变档位，拨动多位开关 SA 的触点与 C 端连接时，由于电容器 C2 的电容量相对于电容器 C1 的电容量较大，其阻抗较低，产生的电压降较低，荧光灯 IN 发出的亮度增大；拨动多位开关 SA 的触点与 D 端连接，此时交流 220V 电压全压进入电路，荧光灯 IN 在额定电压下工作，荧光灯 IN 的亮度达到最大，如图 2-23 所示。

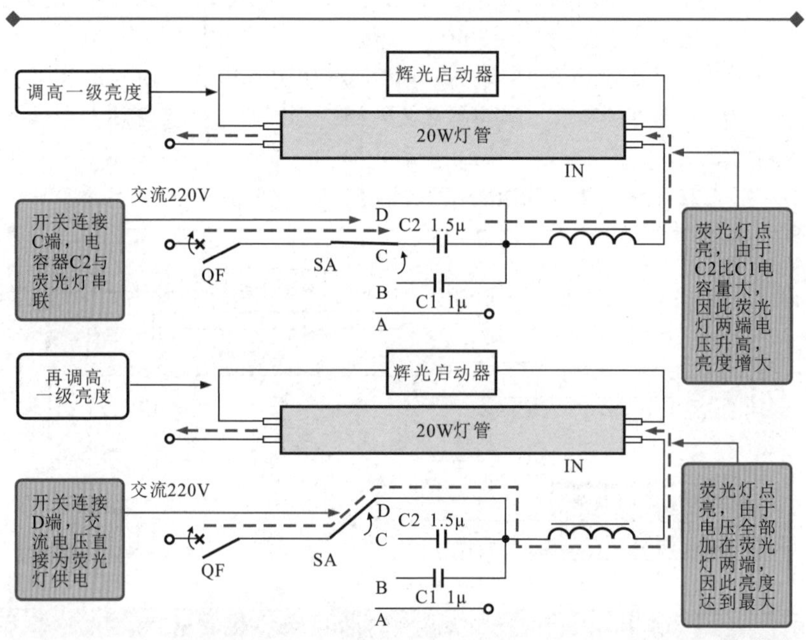

图 2-23　荧光灯调光控制电路调光工作的识读分析

2.3.3　电动机控制电路识图

不同的电动机控制电路所选用的控制器件、电动机以及功能部件基本相同，但选用部件数量的不同、对不同部件间的组合以及电路连接上的差异会使电动机出现不同的运转方式。下面将以电动机电阻器减压起动控制电路为例，强化训练电动机控制电路图的识读分析方法。

电动机减压起动控制电路是指在电动机供电电路中串入电阻器，串入的电阻器起到降压限流的作用，使电动机在低电压状态下起动，然后再通过将串联的电阻器短接的方式，使电动机进入全压运行状态。识读该类电工电路，首先要识别电路中主要部件的符号标识，根据符号标识了解电气部件的类型、功能和工作特点。

图 2-24 所示为典型电动机电阻器减压起动控制电路。

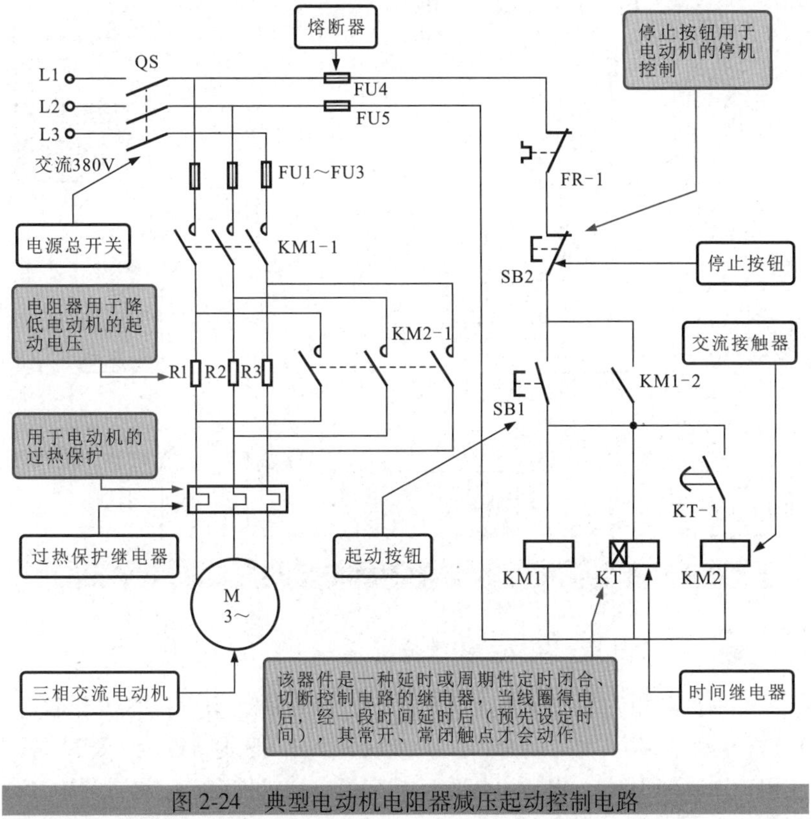

图 2-24　典型电动机电阻器减压起动控制电路

根据电路中各主要部件的功能、工作特点和部件之间的连接关系，完成对电路的识读分析过程。

1. 减压起动工作的识读分析

闭合电源总开关 QS，再按下起动按钮 SB1 后，电路进入减压起动工作状态，交流接触器 KM1 的线圈得电，KM1 常开触点 KM1-2 闭合自锁；KM1 常开主触点 KM1-1 闭合，电源经电阻器 R1、R2、R3 为三相交流电动机供电，电动机减压起动运转，时间继电器 KT 线圈得电，开始计时，如图 2-25 所示。

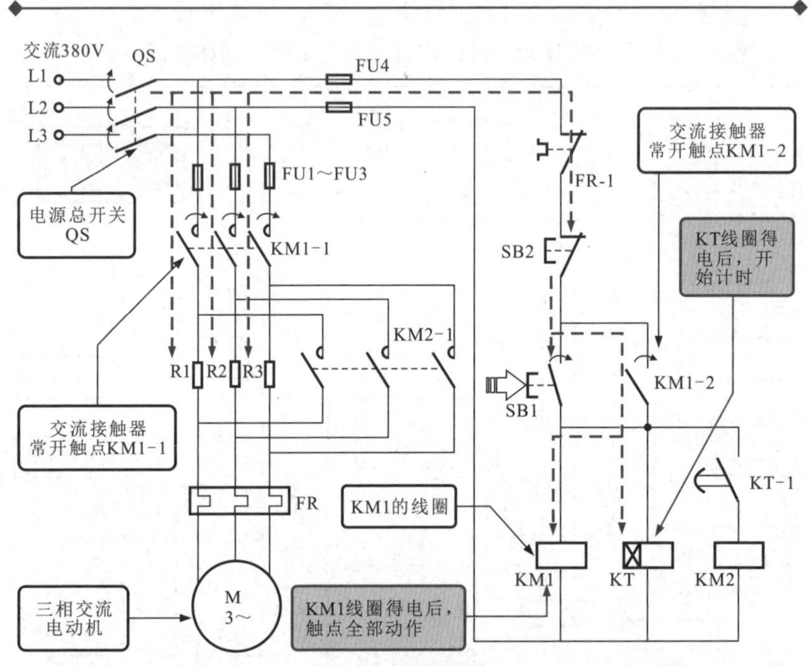

图 2-25 减压起动的识读分析

2. 全压运行工作的识读分析

当时间继电器 KT 到达预定时间后，电路进入全压运行工作状态。KT 常开触点 KT-1 延时闭合，交流接触器 KM2 的线圈得电，KM2 常开主触点 KM2-1 闭合，电源直接为三相交流电动机供电，电动机开始全压运行，如图 2-26 所示。

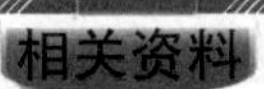
相关资料

当需要三相交流电动机停机时，按下停止按钮 SB2。交流接触器 KM1、KM2 和时间继电器 KT 线圈均失电，触点全部复位。常开主触点 KM1-1、KM2-1 复位断开，切断三相交流电动机供电电源，三相交流电动机停止运转。

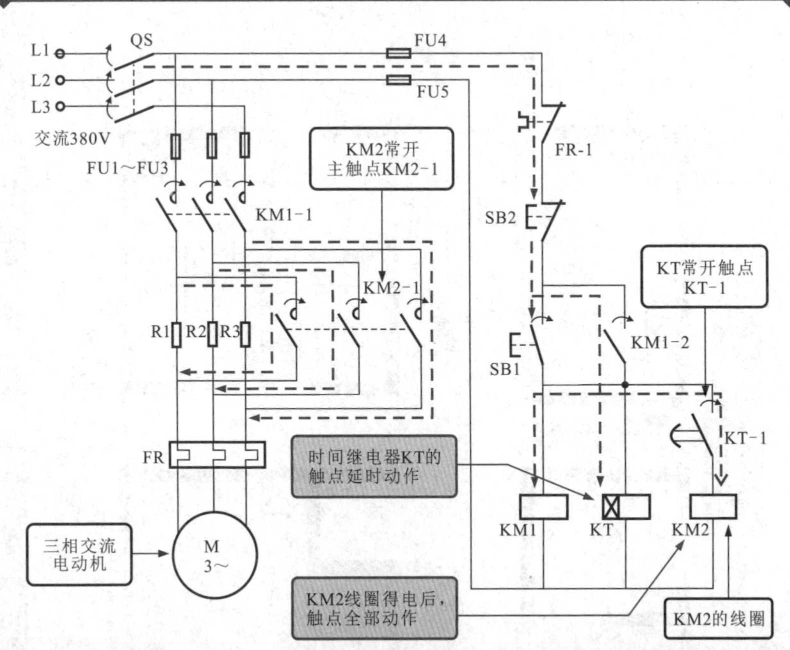

图 2-26 全压运行的识读分析

2.3.4 电工施工图的识图

电工施工图是采用示意图及文字标识的方法反映电气部件的具体安装位置、线路的分配、走向、敷设、施工方案以及线路连接关系等的电路结构，主要用来表示某一系统中电气部件的安装位置、线路分配及走向等，如图 2-27 所示。

从图中可看出，电工施工图的特点是使用示意图表示电气部件的实际安装位置，使用线条表示物理部件的连接关系以及线路走向。

该类型的电路主要应用于电气设备的安装接线、敷设及调试、检修中，可帮助电工定位标记各电气设备的安装位置、线路的走向和电源供电的分配，并根据标记的位置进行施工操作。当需要对整体线路进行调试、检修时，也需根据电工安装及布线图上的具体安装位置、线路的走向进行施工操作。

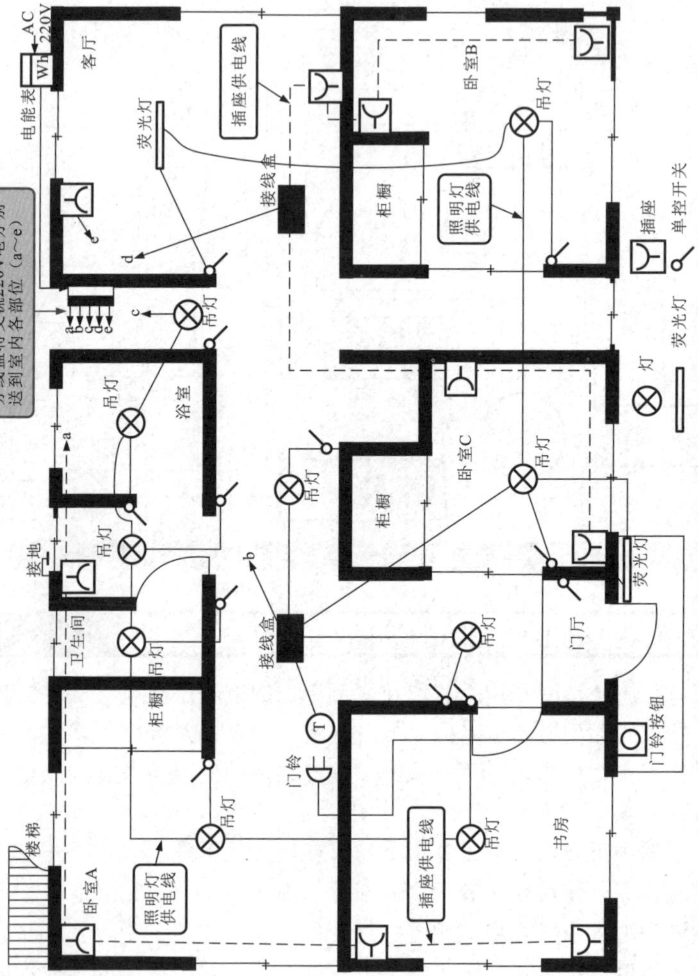

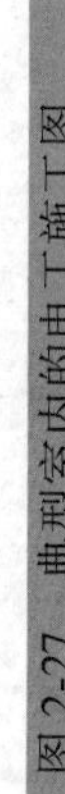

图 2-27 典型室内的电工施工图

第3章 电工仪表和工具的使用

3.1 验电器的特点与使用

3.1.1 高压验电器的特点与使用

图3-1所示为高压验电器。高压验电器多用于检测500V以上的高压。高压验电器还可以分为接触式高压验电器和非接触式（感应式）高压验电器。

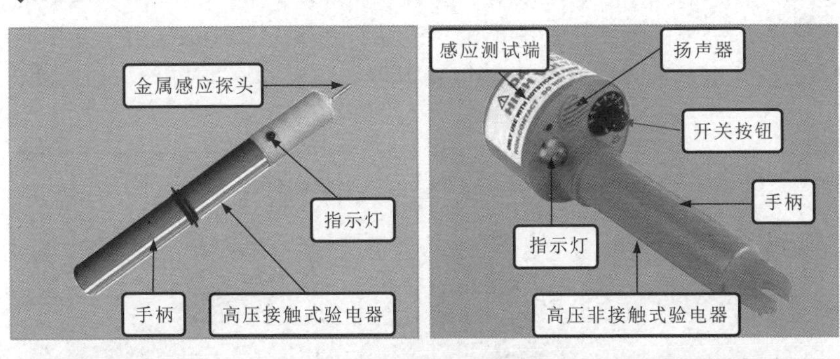

图3-1 高压验电器的种类特点

在使用高压验电器时，若手柄长度不够，可以使用绝缘物体延长手柄（应使用佩戴绝缘手套的手握住高压验电器的手柄，不可以将手越过护环），再将高压验电器的金属探头接触待测高压线缆，或使用感应部位靠近高压线缆（见图3-2），高压验电器上的蜂鸣器发出报警声，证明该高压线缆正常。

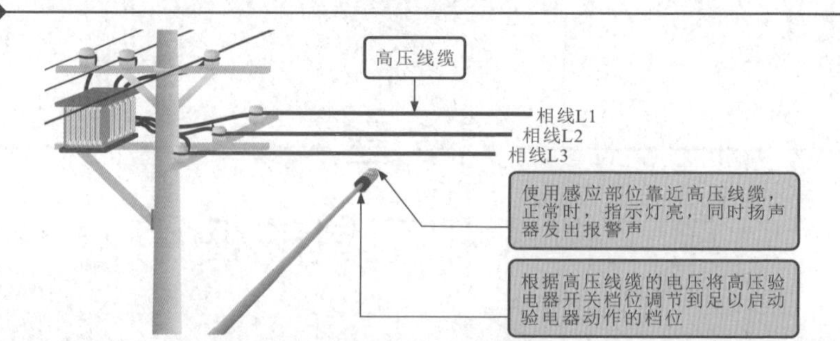

图 3-2　高压验电器的使用方法

要点说明

使用高压非接触式验电器时，若需检测某个电压，该电压必须达到所选档位的启动电压，高压非接触式验电器越靠近高压线缆，启动电压越低，距离越远，启动电压越高。

3.1.2　低压验电器的特点与使用

低压验电器多用于检测 12~500V 的电压。低压验电器的外形较小，便于携带，多设计为螺丝刀形或钢笔形。低压验电器可以分为低压氖管验电器与低压电子验电器，如图 3-3 所示。

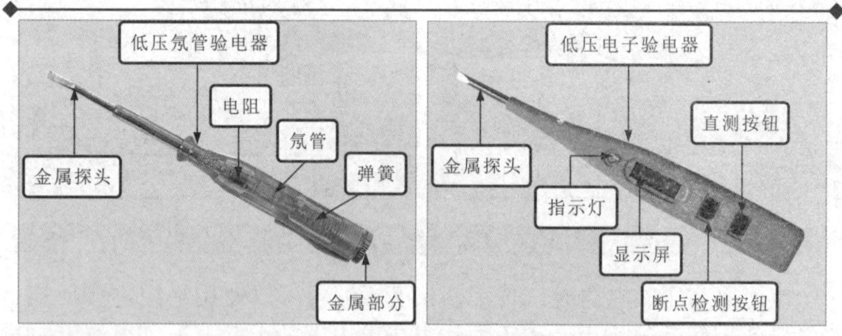

图 3-3　低压验电器的种类特点

1. 使用低压氖管验电器检测插座是否带电的方法

在使用低压氖管验电器时，应用一只手握住验电器，大拇指按住尾部的金属部分，将其插入 220V 电源插座的相线孔中，如图 3-4 所示。如果可以看到低压氖管验电器中的氖管发亮光，证明该电源插座带电。

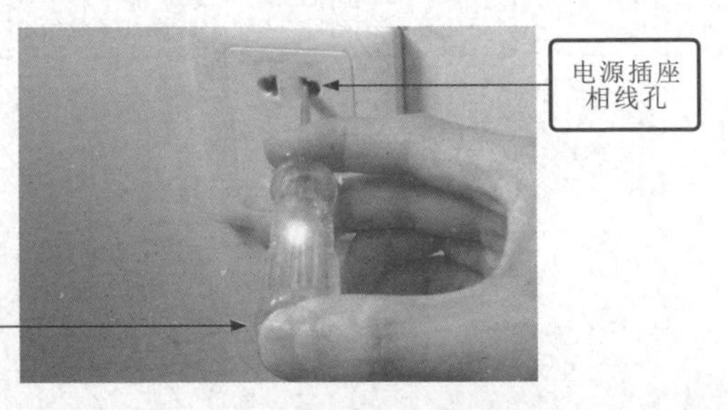

图 3-4 低压氖管验电器的使用方法

要点说明

有些学员在使用低压氖管验电器检测时，大拇指未按住低压氖管验电器的尾部金属部分，氖管不亮，无法正确判断该电源是否带电。在检测时，不可以用手触摸低压氖管验电器的金属检测端，这样会造成触电事故的发生，对人体造成伤害，如图 3-5 所示。

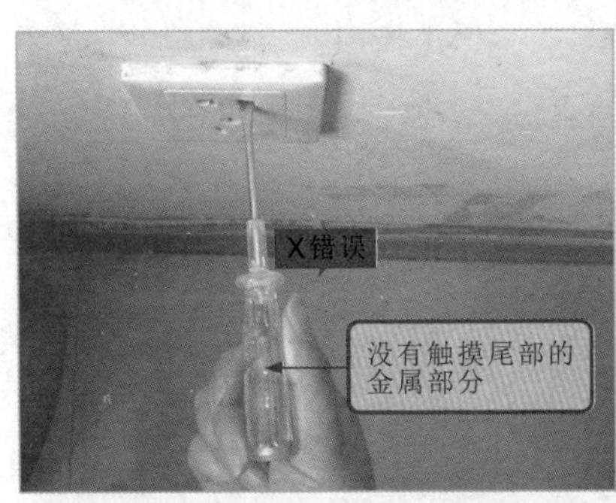

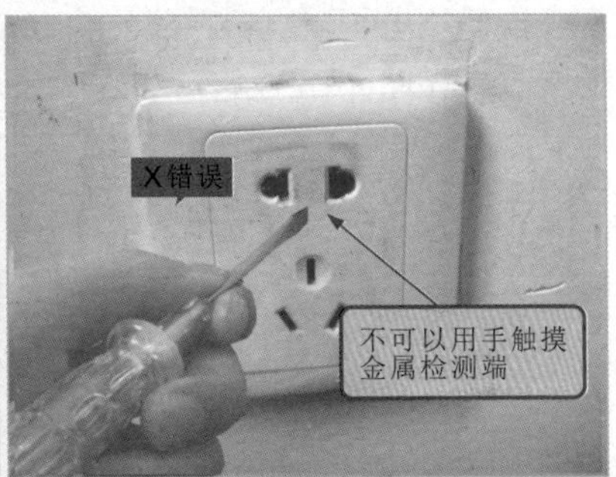

图 3-5 低压氖管验电器的错误使用

2. 使用低压电子验电器区分相线、零线的方法

使用低压电子验电器时，可以按住验电器上的“直测”按钮，将其插入相线孔时，低压电子验电器的显示屏上即会显示出测量的电压，且指示灯亮；当其插入零线孔时，低压电子验电器的显示屏上无电压显

示，指示灯不亮，如图 3-6 所示。

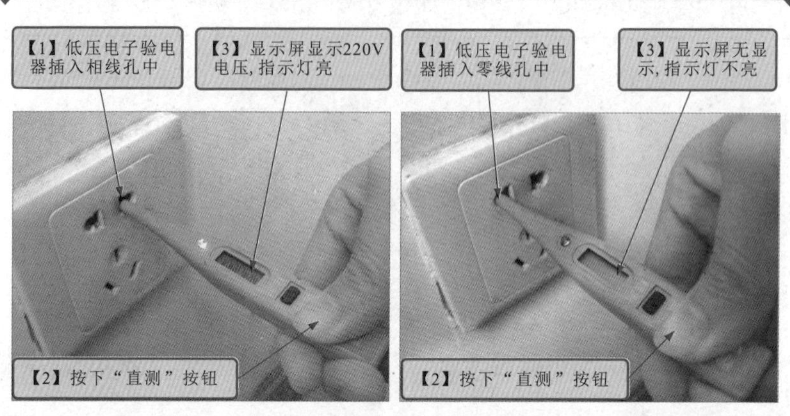

图 3-6　低压电子验电器的使用方法

3. 使用低压电子验电器检测线缆中是否存在断点的方法

低压电子验电器还可以用于检测线缆中是否存在断点，将待测线缆连接在相线上。按下验电器上的“检测”按钮，将低压电子验电器的金属探头靠近线缆，进行移动，显示屏上出现“ϟ”时说明该段线缆正常，当低压电子验电器检测的地方“ϟ”标识消失时，说明该点为线缆的断点，如图 3-7 所示。

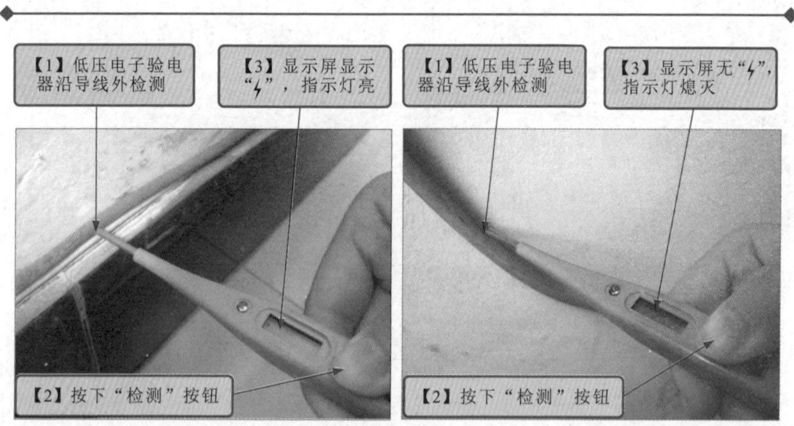

图 3-7　使用低压电子验电器检测断点

3.2 万用表的特点与使用

3.2.1 指针式万用表的特点与使用

指针式万用表又称为模拟万用表，其响应速度较快，内阻较小，但测量精度较低。图 3-8 所示为指针式万用表的实物外形。

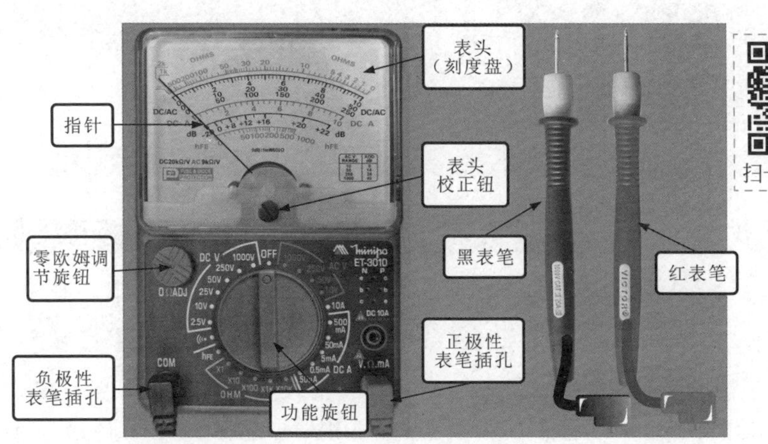

图 3-8　指针式万用表的实物外形

图 3-9 所示为指针式万用表的量程旋钮，量程旋钮调至“OFF”档为关闭档；量程旋钮调至“DC V”区域中的档位，表示检测直流电压；量程旋钮调至“AC V”区域中的档位，表示检测交流电压；量程旋钮调至“·)))”档，表示进行通断测试；量程旋钮调至“hFE”档，表示检测晶体管放大倍数；量程旋钮调至“OHM”档，表示检测电阻值；量程旋钮调至“DC A”档，表示检测直流电流（0~500mA）；量程旋钮调至“10A”档，表示检测 0.5~10A 的直流电流。指针式万用表共有三类连接插孔：公共端“COM”表示负极，连接黑表笔；“V. Ω. mA”表示检测电压、电阻以及 mA 电流的连接插孔，连接红表笔；“DC 10A”表示检测 10A 以内的大电流使用的插孔，连接红表笔。

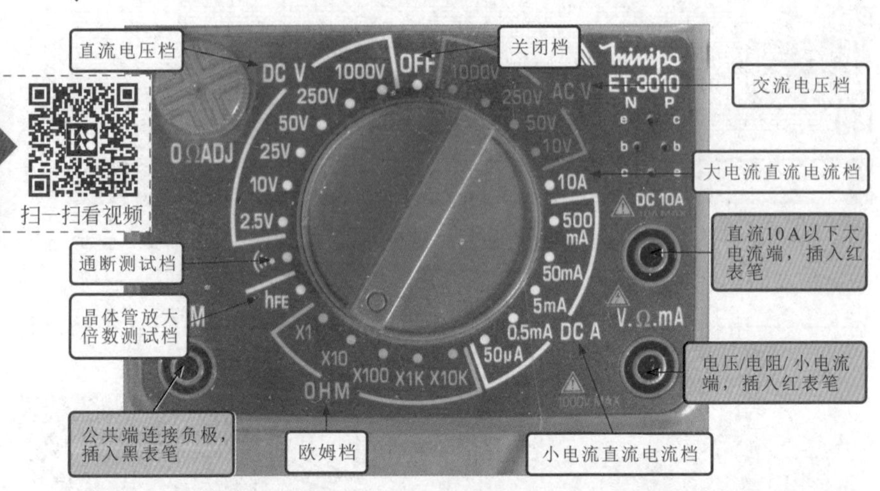

图 3-9 指针式万用表的量程旋钮和连接插孔

要点说明

若对电路中的电流和电压进行检测，无法得知待测电压和电流的大小时，应将指针式万用表的量程调整为最大档位，这样可避免待测电流或电压过大损坏万用表。

在电工操作中，通常可使用指针式万用表对电路的电流、电压、电阻进行测试，在使用不同的档位进行检测时，应当严格遵守操作规范。

1. 使用指针式万用表检测电压的方法

指针式万用表的电压档可以分为直流电压档与交流电压档，分别对两种电压进行检测。

（1）检查待测设备的额定电压

在使用指针式万用表检测待测设备或电路的电压值时，应当先估计一下其电压的范围和极性再选择量程，如果不能估计电压值，则应选择大电压量程进行检测，然后再逐步改变量程，以防止高压损坏万用表。

（2）调整指针式万用表档位和连接检测表笔

例如，检测一个 6~9V 的电池电压，应将指针式万用表的档位调整为“DC 10V”，并将黑表笔插入指针式万用表公共端“COM”孔中，将红表笔插入指针式万用表“V. Ω. mA”孔中，如图 3-10 所示。

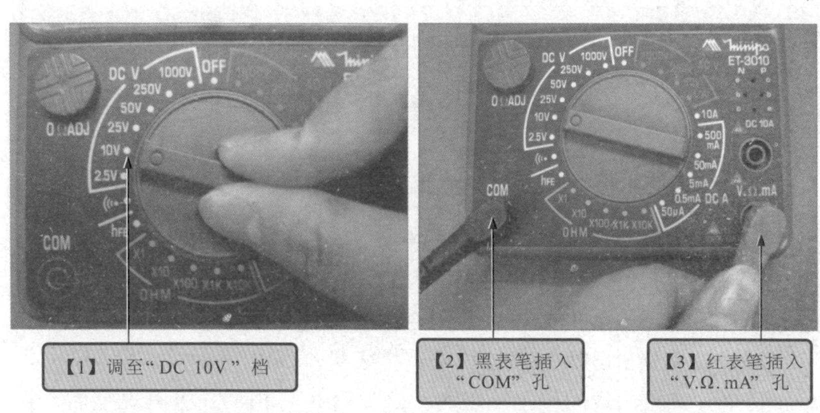

图 3-10 调整万用表档位并连接表笔

（3）指针式万用表测量电压

当调整好指针式万用表的档位并连好检测表笔后，应将指针式万用表水平放置在桌子上，将黑表笔接到电池的负极端，将红表笔接到电池的正极端，如图 3-11 所示。此时可根据表盘的刻度读取指针式万用表上的读数。

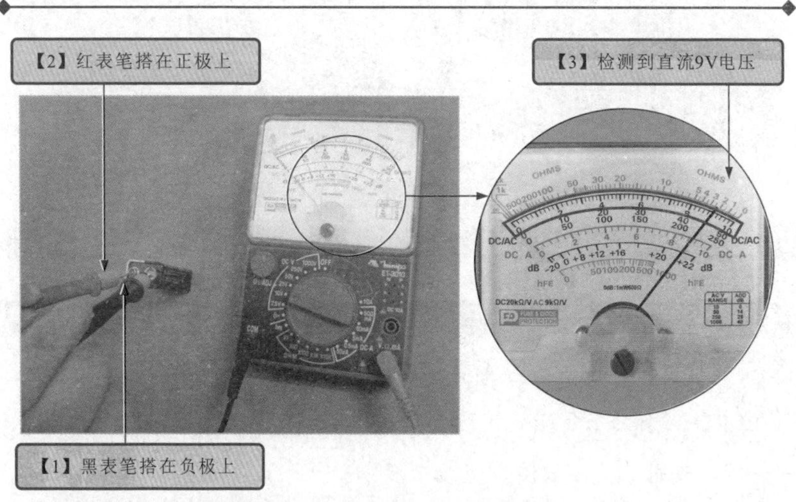

图 3-11 指针式万用表测量电压

要点说明

在使用指针式万用表测量电压时，若检测中，指针式万用表的指针向反方向偏转，表明极性不对，应当立即停止检测，并调换表笔重新检测。

2. 使用指针式万用表检测电流的方法

指针式万用表可以通过与电路串联，检测直流电流。当电流在500mA以下时，可以使用万用表的“DC A”小电流直流档；当电流超过500mA、小于10A时，可以使用专用的“10A”大电流档进行检测。

（1）调整指针式万用表档位和连接表笔

将指针式万用表的档位调整为“DC 50mA”档，并将黑表笔插入指针式万用表公共端“COM”孔中，将红表笔插入指针式万用表“V.Ω.mA”孔中，如图3-12所示。

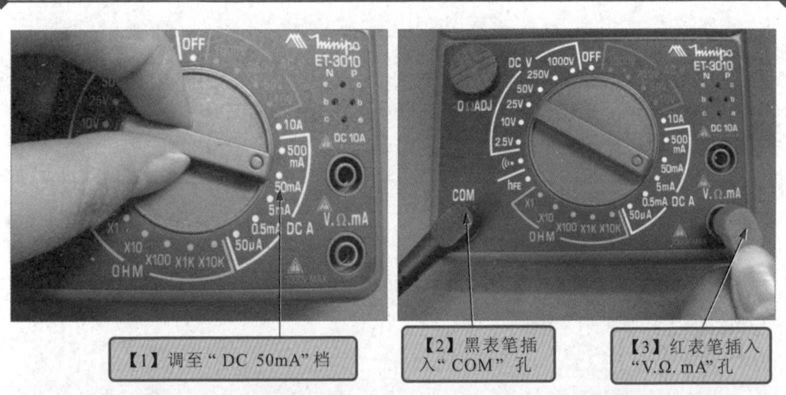

图3-12 调整万用表档位并连接表笔

要点说明

有些指针式万用表只具有直流电流检测档位，在需要检测待测设备的电流时，必须要确定该设备通过的电流为直流电流才可使用。

（2）指针式万用表测量电流

当调整好指针式万用表的档位并连好检测表笔后，应当将指针式万用表水平放置，再将红表笔搭在正极端，黑表笔搭在负极端，以串联的方式接入电路中检测电流，如图 3-13 所示。

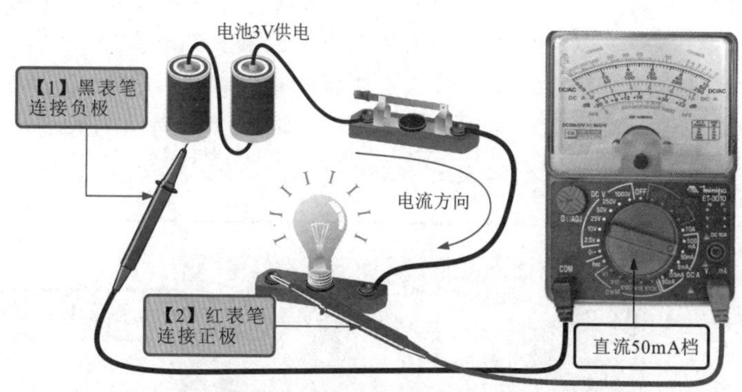

图 3-13 指针式万用表测量电流

3. 使用指针式万用表检测电阻的方法

指针式万用表的欧姆档可以用于检测电气设备中电路或元器件的阻值，待测电路元器件电阻值的测量需在断电的状态下进行，否则会损坏万用表或电路元器件，操作时应当严格遵守操作规范。

（1）根据待测设备调整指针式万用表的档位并连接表笔

需要使用指针式万用表检测电阻时，应当选择合适的档位，读数才能准确，检测时再将黑表笔插入指针式万用表公共端“COM”孔，红表笔插入指针式万用表“V. Ω. mA”孔中即可，如图 3-14 所示。

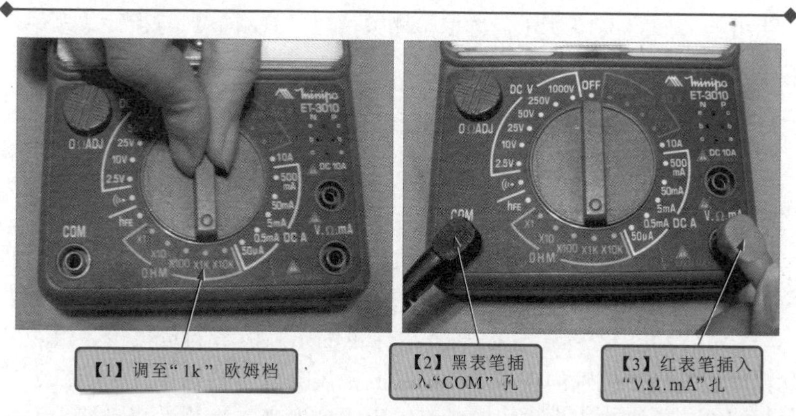

图 3-14 查看待测设备通过的额定电流

（2）指针式万用表调零校正

当指针式万用表选择好合适的档位并连接好表笔后，应当对其进行调零校正，这样可以保证检测到的阻值更为准确。如图3-15所示，先将红、黑表笔短接，然后观察指针式万用表的指针摆动位置，最后调节零欧姆调节旋钮，使指针指向零欧姆刻度线。注意，测量电阻时每次调换档位后，都需要进行零欧姆校正，否则读数会有偏差。

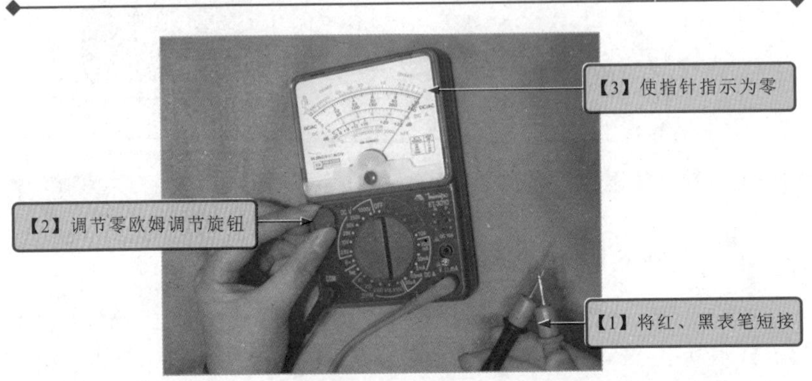

图3-15 指针式万用表调零校正

（3）指针式万用表测量阻值

使用指针式万用表测量电动机绕组与地之间的绝缘电阻时，应将指针式万用表呈水平位置放置，将黑表笔搭在接地端，红表笔搭在电动机的绕组上，如图3-16所示。读取检测数值时，视线应当与指针式万用表表盘垂直进行读取。

4. 使用指针式万用表通断测试档进行检测的方法

指针式万用表的通断测试档可以用于检测二极管、熔断器的好坏，判断电气设备连接线缆的通断。

在使用指针式万用表的通断测试档检测发光二极管时，将黑表笔插入指针式万用表公共端“COM”孔中，红表笔插入指针式万用表“V. Ω. mA”孔中，然后红表笔搭在待测发光二极管的负极上，黑表笔搭在待测发光二极管的正极上，此时万用表会发出蜂鸣声；再将红、黑表笔调换，无蜂鸣声发出，此时可以说明该发光二极管性能良好，反之说明其损坏，如图3-17所示。

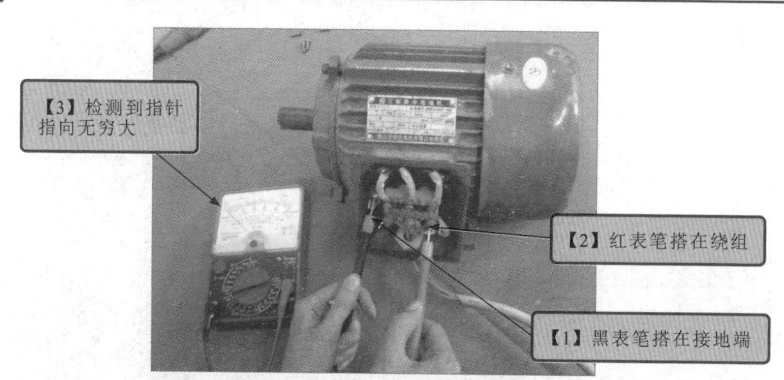

图 3-16 指针式万用表测量阻值

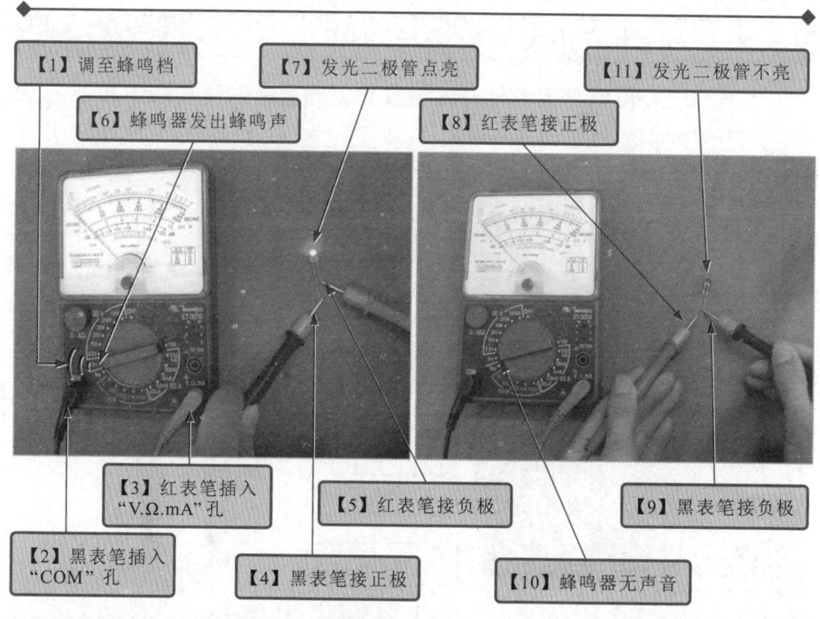

图 3-17 使用通断测试档检测发光二极管

若使用指针式万用表通断测试档检测一根线缆的通断，可以将红、黑表笔分别连接该导线的两端，蜂鸣器发出蜂鸣声，说明该线缆正常，无蜂鸣声，说明该线缆内部发生断裂，如图 3-18 所示。

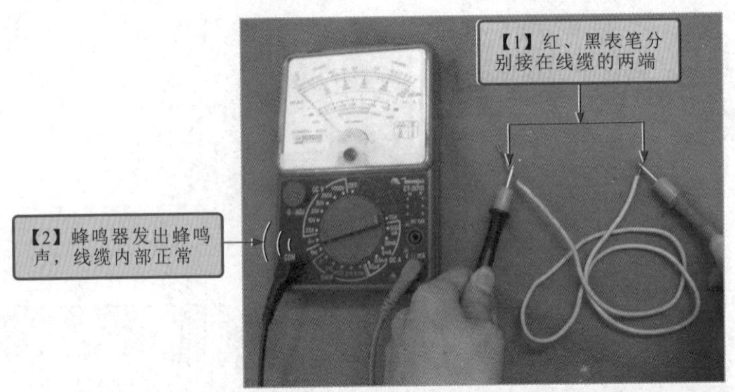

图 3-18　使用通断测试档检测线缆

3.2.2　数字万用表的特点与使用

数字万用表读数直观方便，内阻较大，测量精度高。图 3-19 所示为数字万用表的实物外形。

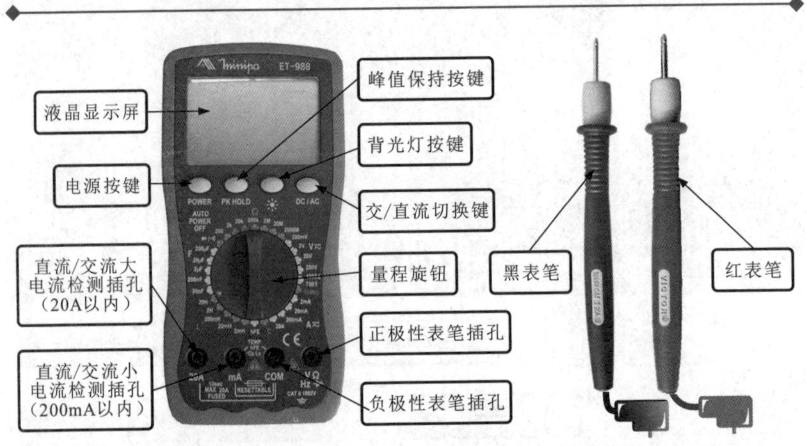

图 3-19　数字万用表的实物外形

图 3-20 所示为数字万用表的量程旋钮，“➔/🔊”档表示检测二极管以及通断测试；“Ω”区域中的档位，表示检测电阻值；“V≂”区域中的档位，表示检测电压；“10MHz”档，表示检测频率；“A≂”区域中的档位，表示检测电流；“℃”档，

表示检测温度；“hFE”档，表示检测晶体管放大倍数；“L”档，表示检测电感量；“F”档，表示检测电容量。数字万用表共有四个连接插孔：公共端“COM”，表示负极，用于连接黑表笔；“20A”电流端，用于检测 20A 以下的电流，连接红表笔；“mA”电流端，用于检测 200mA 以下的电流，连接红表笔；“V Ω Hz ⯈|”端为电阻、电压、频率和二极管检测插孔，连接红表笔。

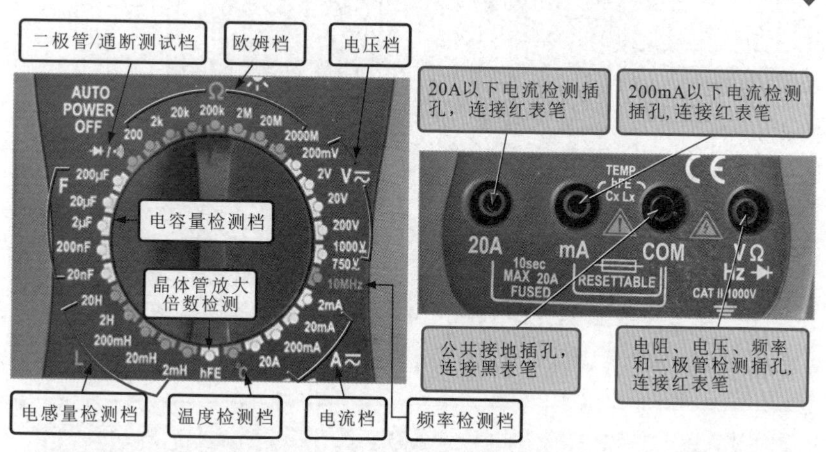

图 3-20　数字万用表的量程旋钮和连接插孔

图 3-21 所示为数字万用表的数字显示屏，位于显示屏中间的数字为检测数值；在检测电压、电流、电容量、频率、电感量、温度等数值时，在数值的右侧会对其单位进行显示；在检测电压和电流为负值时，数值左侧会显示负极的标识。

在电工作业中，常会使用数字万用表对电路及其元器件进行电压、电流、电阻以及元器件参数的测量，其测量方法和注意事项与指针式万用表基本相同，仅在显示上也有些不同之处。

1. 使用数字万用表检测电压的方法

数字万用表可以用于检测交流电压和直流电压，在实测前需要确认是交流还是直流，并用“DC/AC”切换键进行切换。

（1）根据待测线路调整档位

使用数字万用表的电压档进行检测时，首先应当了解待测线路的工作条件，选择量程，如要测试交流 220V 电源插座的电压，应选择

“750V”档，按下电源键开启数字万用表，并且按下“DC/AC”切换键，将其切换为交流电压检测，在数字显示屏上会显示“AC”交流标识，如图3-22所示。

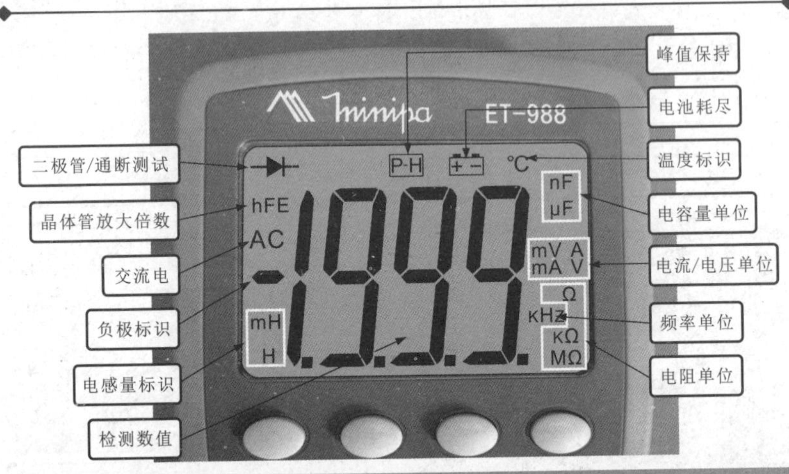

图3-21 数字显示屏

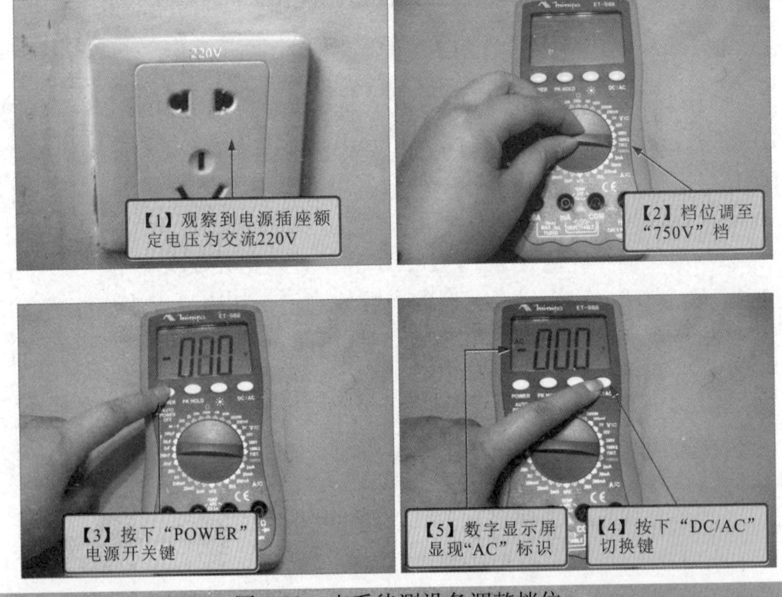

图3-22 查看待测设备调整档位

（2）数字万用表检测电压

将红表笔插入“V Ω Hz ⏩”孔中，将黑表笔插入“COM”孔中。然后将两表笔分别接到交流电源的两个插座孔中，如图3-23所示，此时应当在显示屏上直接显示出检测到的“AC 220V”电压。交流电压无极性之分，不必考虑红、黑表笔的极性。

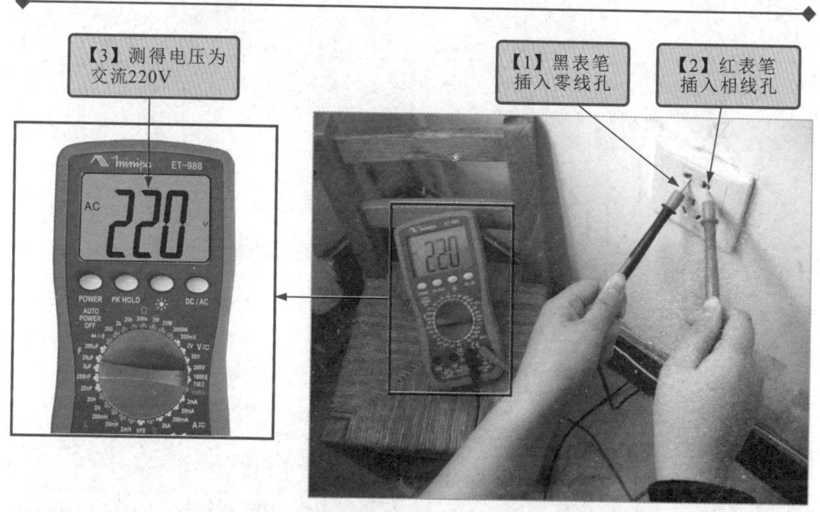

图3-23 数字万用表检测电压

在使用数字万用表测量电压时，若数字显示屏上出现“OL”的标识，说明选择的档位过小，无法显示，如图3-24所示。在未将表笔从检测端移出的情况下，便调节数字万用表的量程，可能致使转换开关触点烧毁，导致万用表损坏，这点需要特别注意。

2. 使用数字万用表检测电流的方法

数字万用表可以用于检测交流电流和直流电流，在操作时需要确认是交流还是直流，并需要用“DC/AC”切换键进行切换。

（1）根据待测设备估算电流并调节档位

测量电流之前先要判别是交流电流还是直流电流，然后估算电流大致的范围，再设置万用表的档位。若要检测照明灯电路中的电流，可以将数字万用表的量程调整为“20A”档，并且应当按下“DC/AC”切换键进行切换，如图3-25所示。

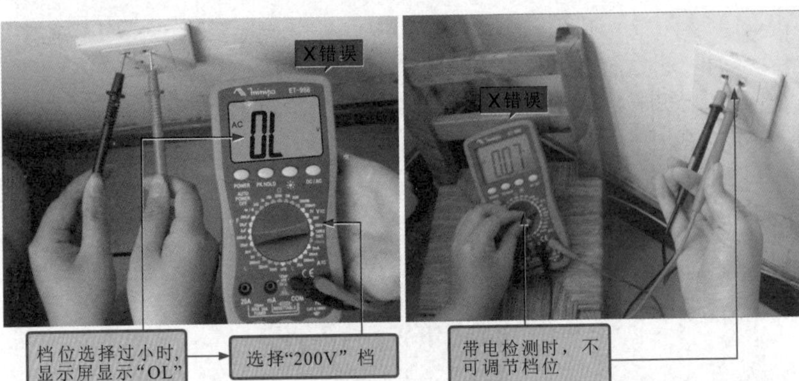

图 3-24 调档过低的错误操作

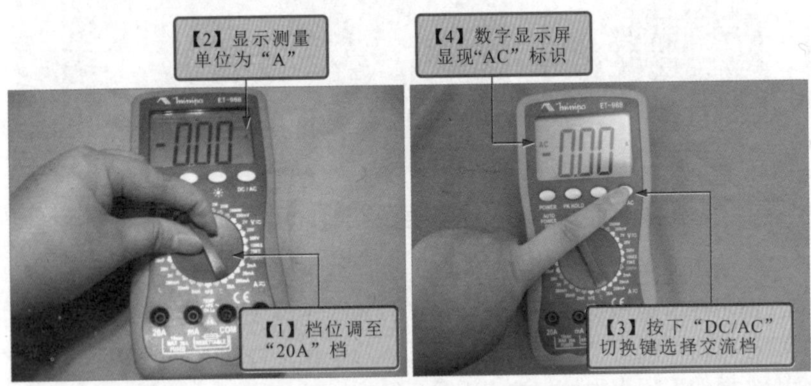

图 3-25 根据估测电流调整数字万用表档位

(2) 连接表笔进行交流电流检测

由于检测的交流电压可能会较大，所以将黑表笔插入“COM”孔中，再将红表笔插入“20A”孔中。测量时，与测量直流电流的方法相同，需要将数字万用表串接在电路中，只是测量交流电流时不必考虑万用表的极性，如图 3-26 所示。

3. 使用数字万用表检测电阻的方法

数字万用表的欧姆档可以用于检测电气设备的电阻值、电子元器件的电阻值等，检测任何一种设备的电阻值时，都应当严格遵守操作规范。

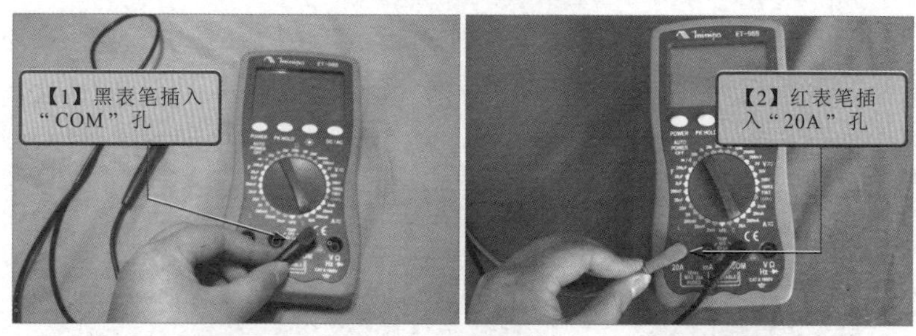

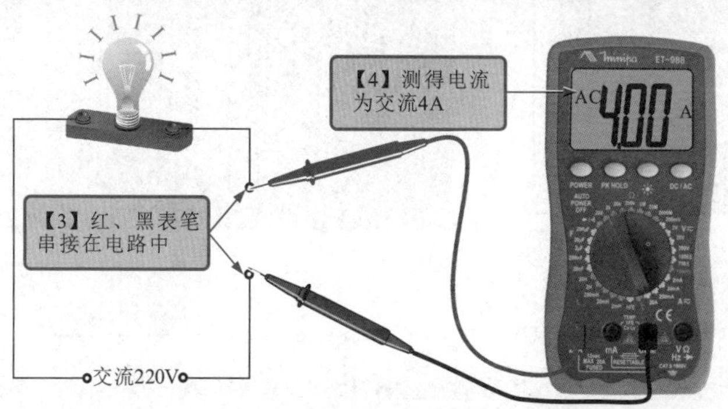

图 3-26　连接表笔进行交流电流检测

（1）调整数字万用表的档位并连接表笔

需要使用数字万用表检测变压器的绕组电阻时，则应当将数字万用表的档位先调至“200”欧姆档，再将黑表笔插入“COM”孔中，红表笔插入“V Ω Hz ➔⊢”孔中即可，如图 3-27 所示。

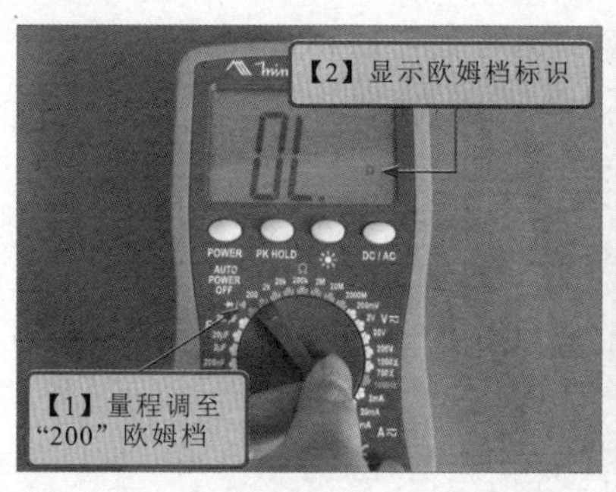

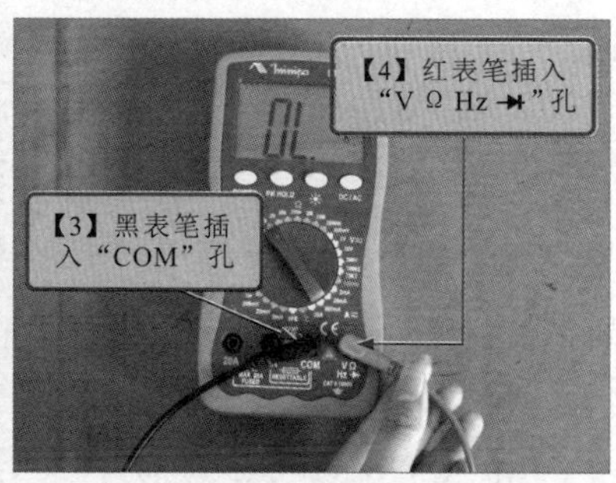

图 3-27　根据待测设备调整数字万用表的档位并连接表笔

（2）数字万用表测量电阻值

将数字万用表的红、黑表笔分别搭在变压器绕组的两个引脚上，此时即可检测出待测绕组的电阻值，并显示屏显示，如图 3-28 所示。

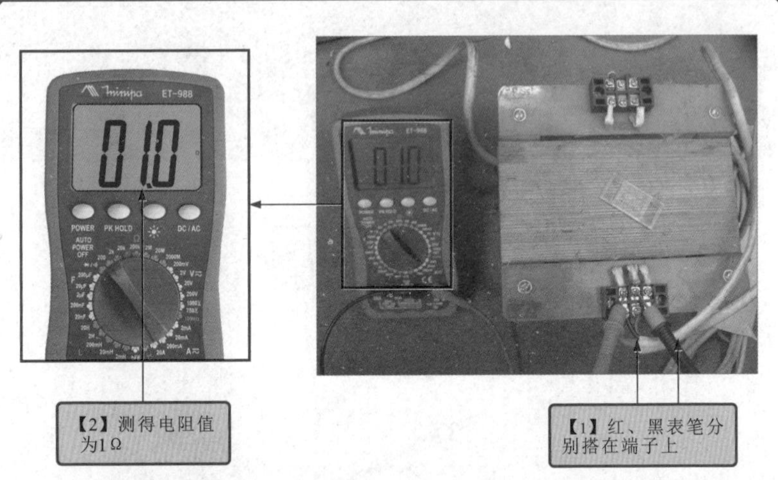

图 3-28　数字万用表测量电阻值

4. 使用数字万用表通断测试档进行检测的方法

数字万用表的通断测试档与指针式万用表的通断测试档功能基本相同，同样可以用于检测二极管、熔断器的好坏，判断电气设备连接线缆的通断。

将数字万用表调至通断测试档，将黑表笔插入“COM”孔，红表笔插入“V Ω Hz ➔”孔，再将红、黑表笔分别连接到该熔断器的两端，若数字万用表的蜂鸣器发出蜂鸣声，说明该熔断器正常，若无蜂鸣声，说明该熔断器损坏，如图 3-29 所示。

5. 使用数字万用表检测电容器的方法

数字万用表借助附件可以检测电容器的电容量。

（1）查看待测电容器的电容量

检测电容器的电容量前，应当先查看该电容器的标示电容量，如图 3-30 所示，该电容器标识的电容量为“10μF”。

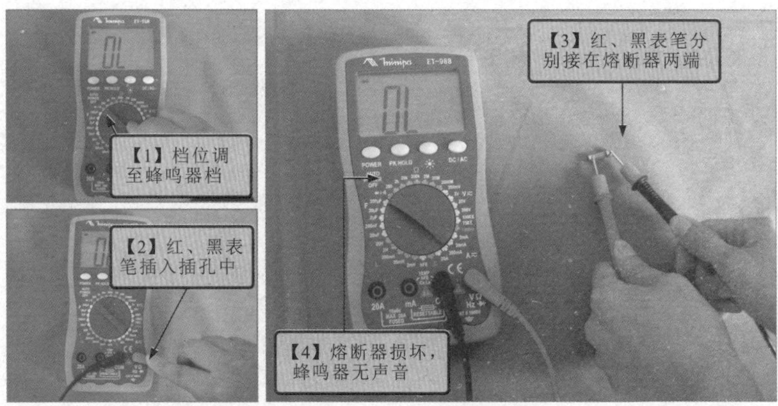

图 3-29　使用通断测试档检测线缆

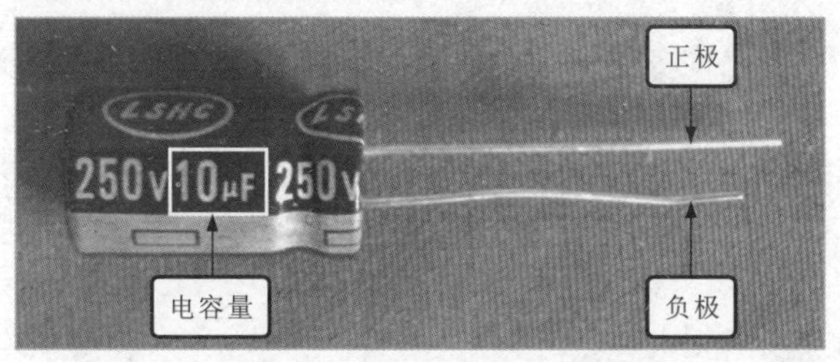

图 3-30　查看待测电容器的电容量

（2）调节档位并连接测试附件

先将数字万用表的档位调至“20μF”档，然后再将连接附件的负极插入“mA”孔中，正极插入“COM”孔中，如图 3-31 所示。

（3）检测电容量的方法

当连接好测试附件后，将电容器的负极插入测试附件测试孔的负极孔中，再将正极插入正极孔中，如图 3-32 所示。此时，检测的数值将直接在数字显示屏上显示。

6. 使用数字万用表检测电感器的方法

数字万用表的电感档可以用于检测电气设备中电感器的电感量，也可以用于判断该电感器的性能，便于进行维修。

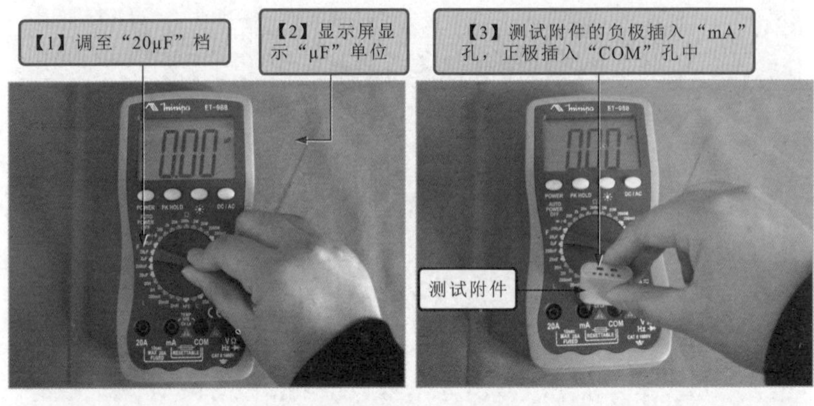

图 3-31　调节档位并连接测试附件

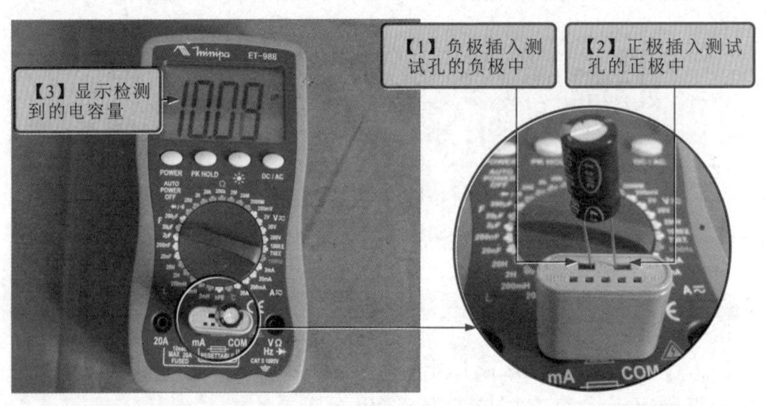

图 3-32　数字万用表检测电容量

（1）调整电感档的档位

在对电感器进行检测前，首先根据电感量的估算值将电感档的档位调至“2mH”档，同样可以使用测试附件，连接方法与测量电容器的连接方法相同，如图 3-33 所示。

（2）数字万用表检测电感量的方法

使用数字万用表检测电感量时，将电感器的两个引脚插入测试附件的电感量测试孔中，如图 3-34 所示，此时即可通过显示屏直接读取读数。

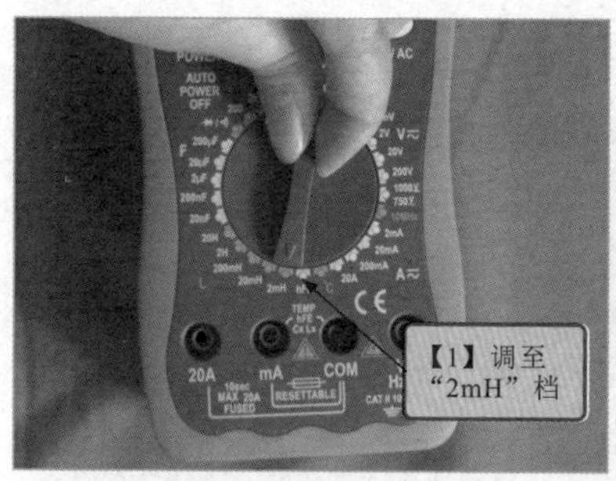

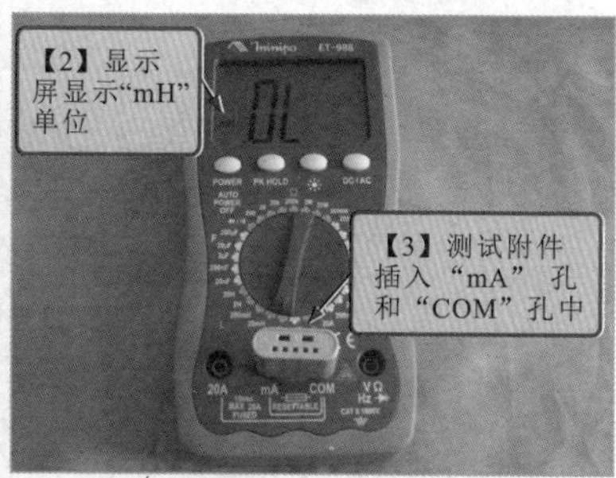

图 3-33　调整电感档的档位

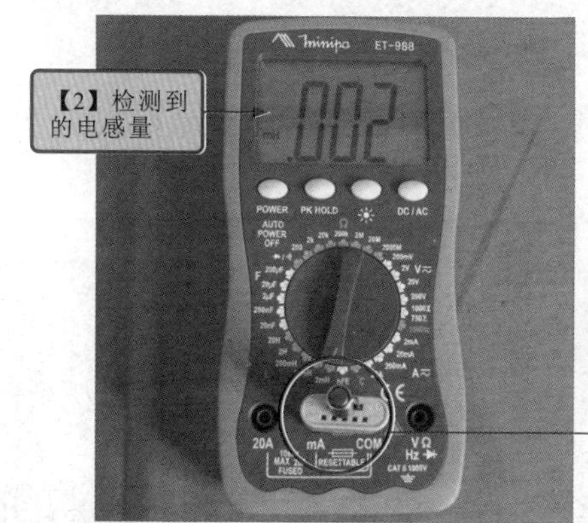

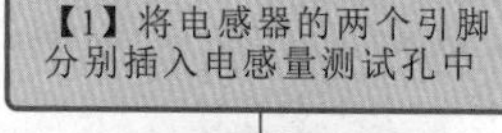

图 3-34　数字万用表测量电感量

在对电感量进行检测时，也可以使用表笔对其进行检测，将红表笔插入“mA”孔中，黑表笔插入“COM”孔中，然后再将两个表笔分别搭在电感器的两个引脚上即可，如图 3-35 所示。

7. 使用数字万用表检测温度的方法

数字万用表相对于指针式万用表添加了温度检测功能，在对制冷或制热设备进行检测时，通常会进行温度检测，温度探头作为温度传感器将温度变化的物理量变成电信号送到万用表中。

（1）调整数字万用表的档位并连接温度探头

使用数字万用表测试温度时，先将档位调整至“℃”档，然后将该温度探头的黑色插头插入“mA”孔，红色插头插入“COM”孔，如

图 3-36 所示。

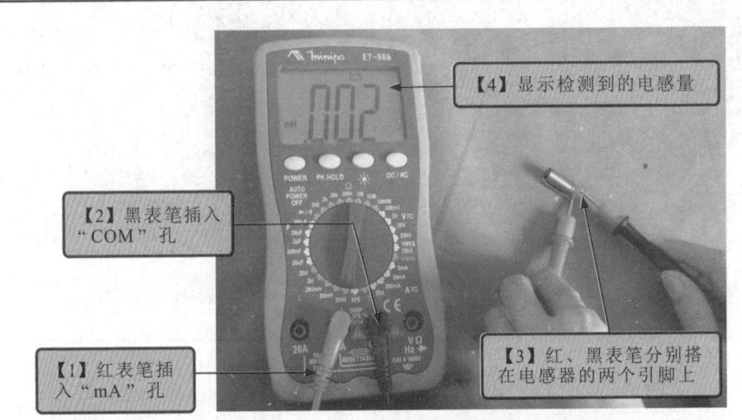

图 3-35 利用红、黑表笔检测电感量

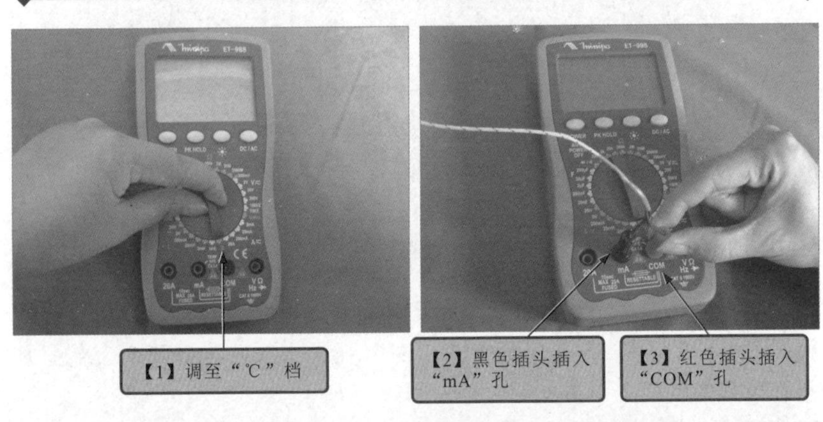

图 3-36 调整数字万用表的档位并连接温度探头

（2）数字万用表测量温度的方法

一只手拿起数字万用表，另一只手拿起温度探头的测量端下方，使温度探头靠近待测设备相应部位，即可在数字显示屏上直观地看到检测的数值，如图 3-37 所示。

数字万用表的温度探头检测温度的范围在-20～250℃之间。

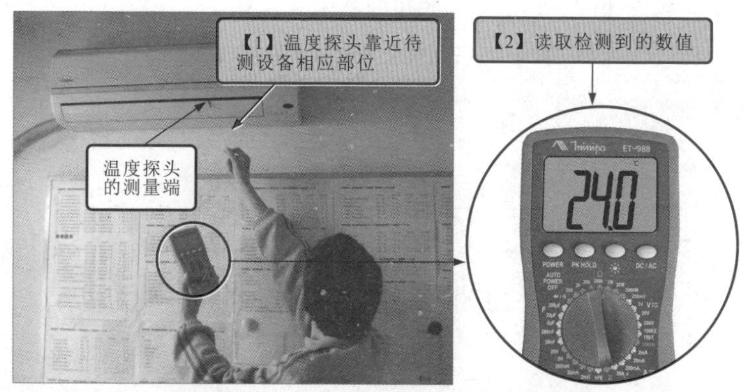

图 3-37　数字万用表测量温度的方法

3.3 钳形表的特点与使用

3.3.1 钳形表的特点

钳形表是电工操作中常常会使用到的检测工具。图 3-38 所示为钳形表的实物外形。

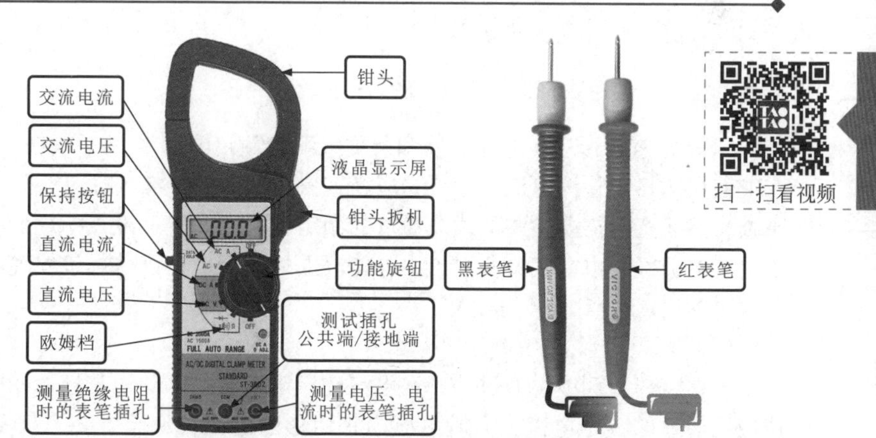

图 3-38　钳形表的实物外形

钳形表各功能量程准确度和精确值见表 3-1。

表 3-1 各功能量程准确度和精确值

功能	量程	准确度	精确值
交流电流	200A	±(3.0%+5 字)	0.1A（100mA）
	1000A		1A
交流电压	750V	±(0.8%+2 字)	1V
直流电压	1000V	±(1.2%+4 字)	1V
电阻	200Ω	±(1.0%+3 字)	0.1Ω
	20kΩ	±(1.0%+1 字)	0.01kΩ（10Ω）
绝缘电阻	20MΩ	±(2.0%+2 字)	0.01MΩ（10kΩ）
	2000MΩ	≤500MΩ±(4.0%+2 字) >500MΩ±(5.0%+2 字)	1MΩ

3.3.2 钳形表的使用

在电工操作中，利用钳形表进行检测时，应当严格按照钳形表的操作规范进行使用，也必须遵守钳形表使用的注意事项。这样才可以保证钳形表的本身不受损坏，也可以保证钳形表检测的电气设备等不受损坏，并且也不会对维修人员造成伤害。

在电工操作中，常常会使用钳形表进行检测，通过检测到的数值用于判断线路、电气设备的好坏。

1. 使用钳形表检测电流的方法

（1）检查钳形表的绝缘性能和待测线缆的额定电流

使用钳形表检测电流时，首先应当查看钳形表的绝缘外壳是否发生破损，然后查看需要检测的线缆通过的额定电流，如图 3-39 所示，该线缆上的电流经过电能表，所以可由电能表上的额定电流确认。该线缆可以通过的电流为“10（40）A”。

（2）调整钳形表档位

根据需要检测线缆通过的额定电流选择钳形表的档位，需选择的档位应比通过的额定电流大，所以应当将钳形表的档位调至“AC 200A”档，如图 3-40 所示。

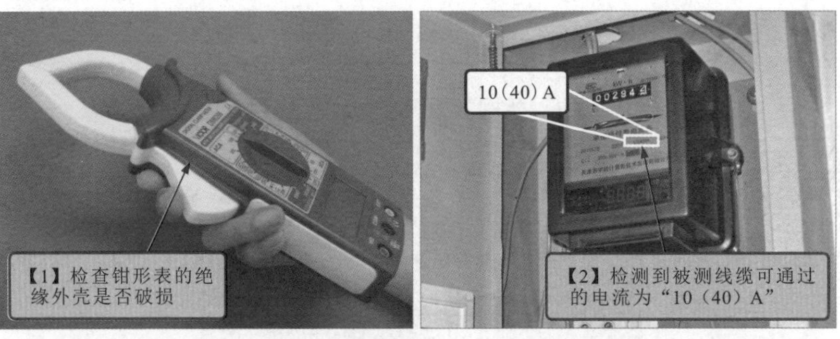

图 3-39 检查钳形表的绝缘性能和待测线缆的额定电流

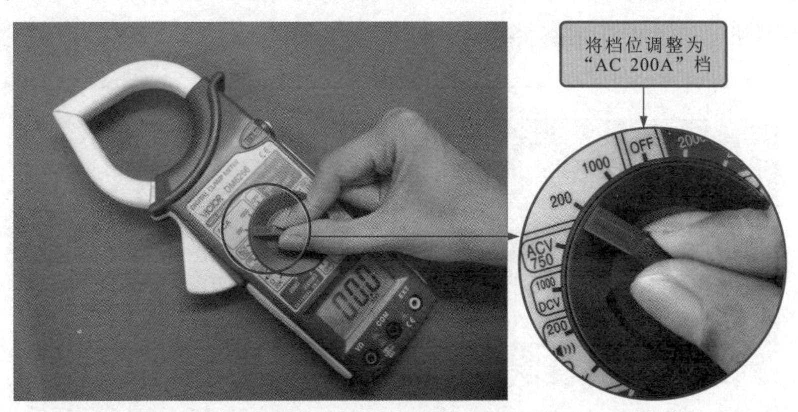

图 3-40 调整钳形表档位

要点说明

有些学员在使用钳形表检测电流时，未观察待测设备的额定电流，就随意选取一个档位，当在测试过程中钳形表无显示时，再随即调整钳形表档位，这是错误的，如图 3-41 所示，在带电的情况下转换钳形表的档位，会导致钳形表内部电路损坏，从而导致无法使用。

（3）钳形表测量电流

当调整好钳形表的档位后，先确定“HOLD”键锁定开关打开，然后按压钳头扳机，使钳口张开，将待测线缆中的相线放入钳口中，松开钳口扳机，使钳口紧闭，此时即可观察钳形表显示的数值。若钳形表无法直接观察到检测数值，可以按下“HOLD”键锁定开关，在将钳形表取出后，即可对钳形表上显示的数值进行读取，如图 3-42 所示。

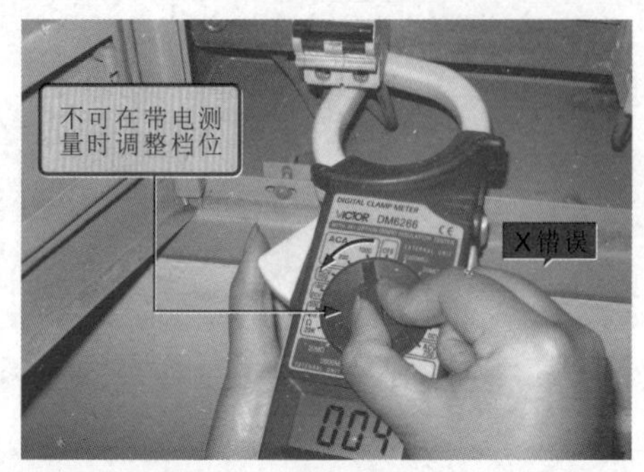

图 3-41　错误调整钳形表档位

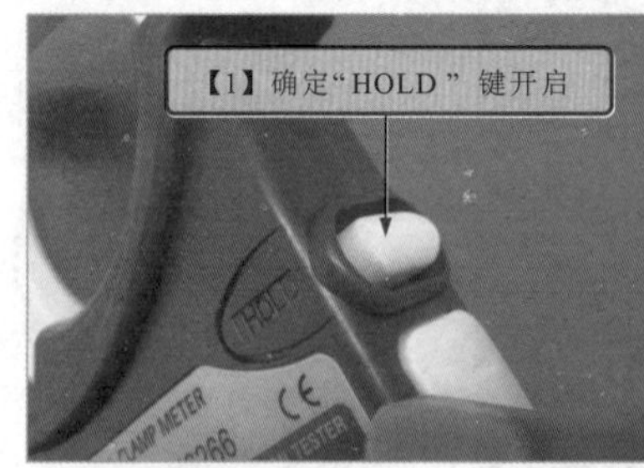

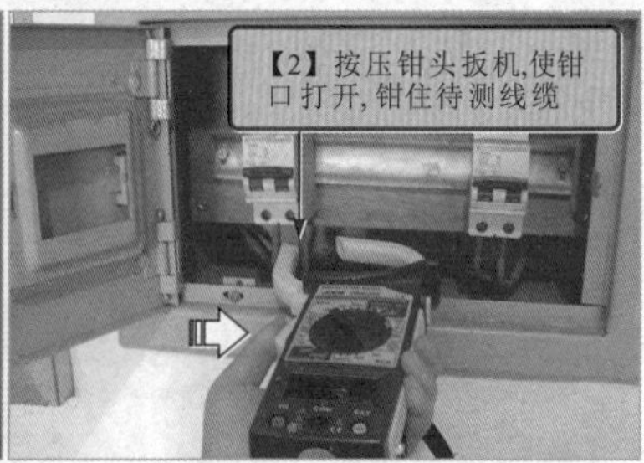

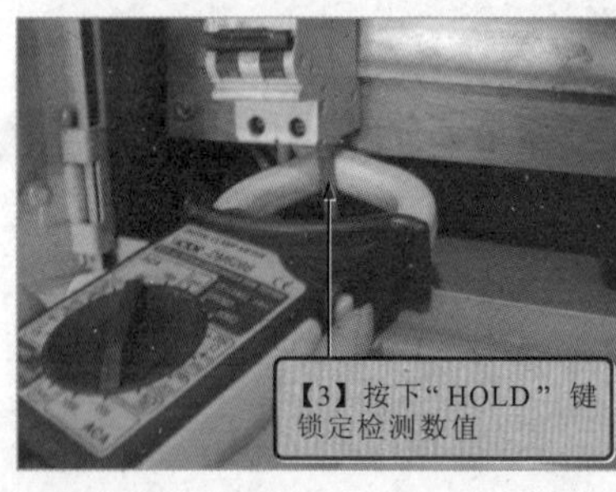

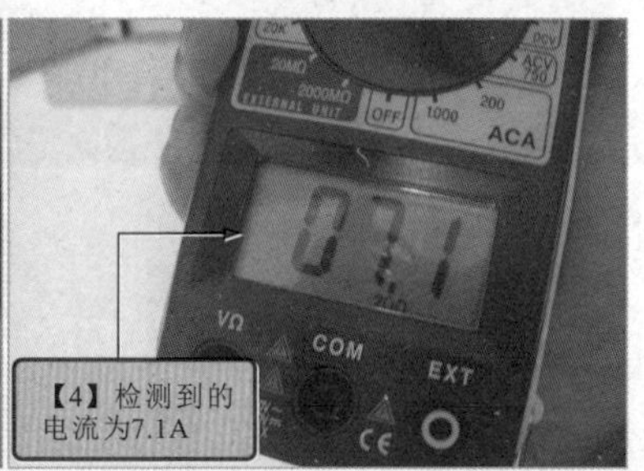

图 3-42　钳形表测量电流

钳形表在检测电流时，不可以用钳头直接钳住裸导线进行检测。并且在钳住线缆后，应当保证钳口紧闭，不可分离，若钳口分离，会影响到检测数值的准确性。

要点说明

有些线缆的相线和零线被包裹在一个绝缘皮中，从外观上看感觉是一根电线，此时使用钳形表检测时，实际上是钳住了两根导线，这样操作无法测量出真实的电流，如图 3-43 所示。

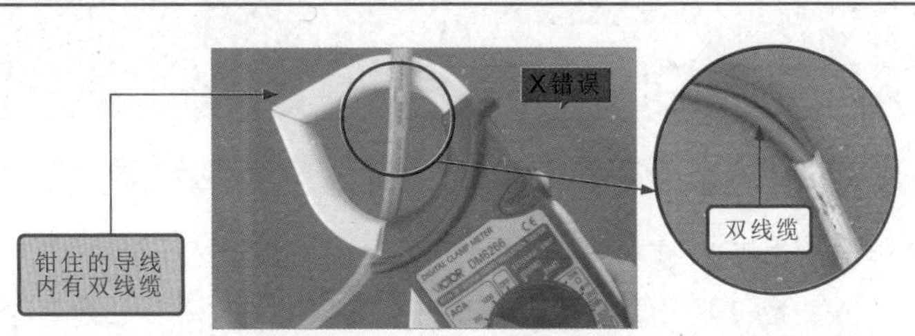

图 3-43　错误使用钳形表

2. 使用钳形表检测电压的方法

（1）查看待测设备的额定电压并调整钳形表量程

使用钳形表检测电压时，应当查看待测设备的额定电压值，如图 3-44所示。该电源插座的供电电压应当为“交流 220V”，则将钳形表量程调至“AC 750V”档。

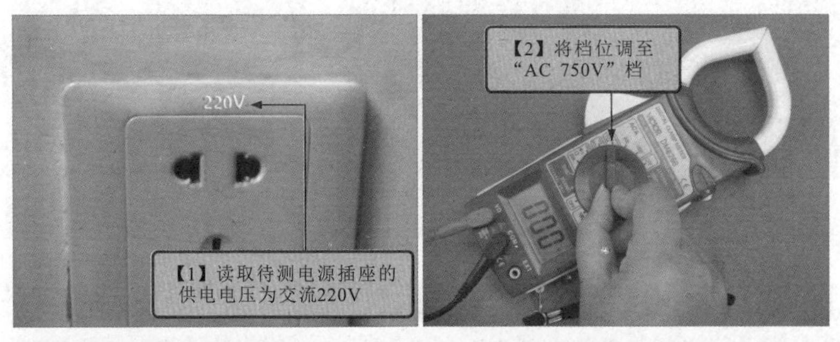

图 3-44　查看待测设备的额定电压并调整钳形表量程

（2）连接检测表笔

将红表笔插入“VΩ”孔中，将黑表笔插入“COM”孔中，如图 3-45所示。

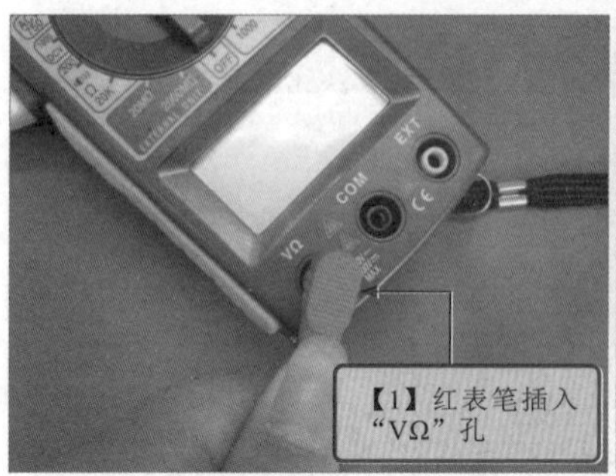

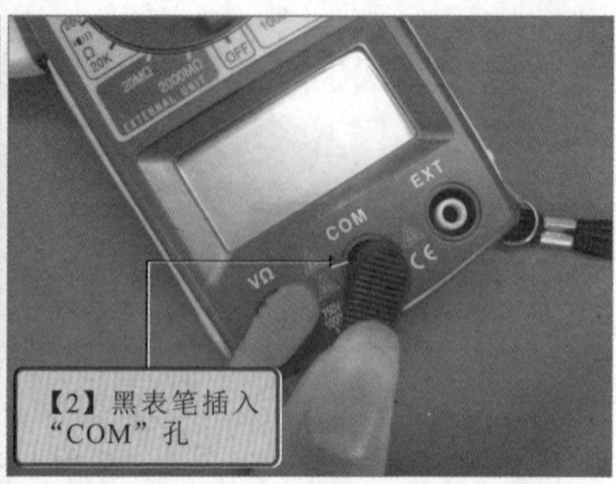

图 3-45 连接检测表笔

（3）检测电源插座电压

将钳形表上的黑表笔插入电源插座的零线孔中，再将红表笔插入电源插座的相线孔中，如图3-46所示，在钳形表的显示屏上即可显示检测到的"220V"电压。

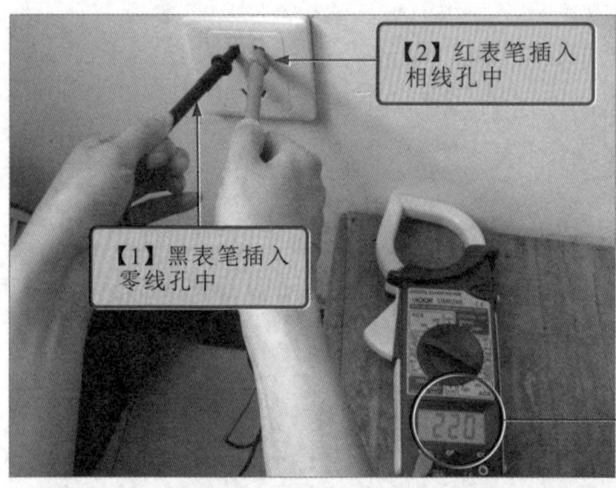

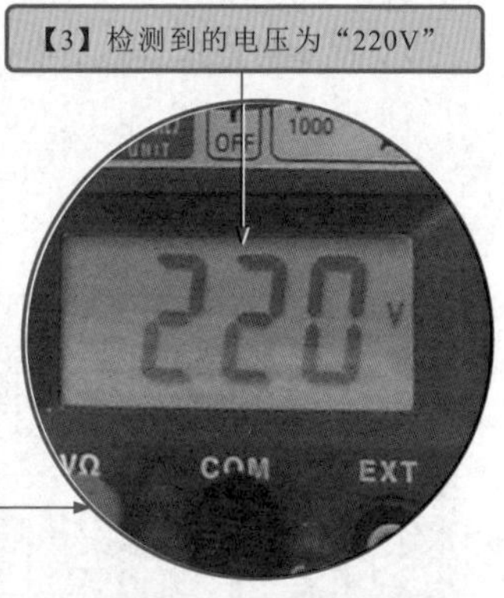

图 3-46 检测电源插座电压

要点说明

在使用钳形表测量电压时，若测量的为交流电压，可以不用区分正、负极；而当测量的电压为直流电压时，则必须先将黑表笔连接负极，再将红表笔连接正极。

3. 使用钳形表检测阻值的操作规范

(1) 查看待测电阻器

使用钳形表检测电阻值时，首先应当查看待测电阻器的标识，然后根据电阻器上的标识进行识读，根据识读的电阻器阻值，将档位调至"20kΩ"档，如图 3-47 所示。

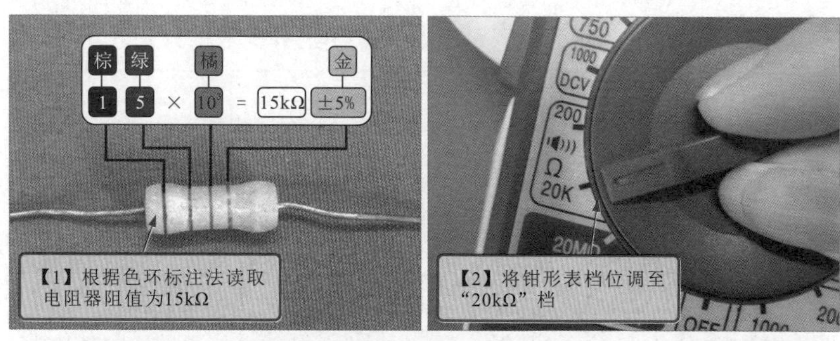

图 3-47 识读待测电阻器的标识

(2) 检测电阻器的阻值

检测电阻器时，红、黑表笔与钳形表的插接方式与检测电压时相同，然后将红、黑表笔分别搭在电阻器的两个引脚上，观察显示屏，进行读数即可，如图 3-48 所示。

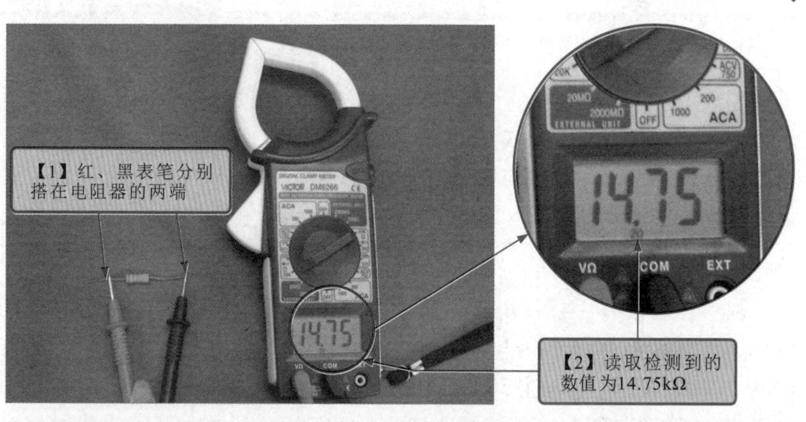

图 3-48 检测电阻器的阻值

3.4 兆欧表的特点与使用

3.4.1 兆欧表的特点

电工操作中常用的兆欧表（标准术语为绝缘电阻表）有手摇式兆欧表（又称摇表）和数字兆欧表。图3-49所示为兆欧表的实物外形。

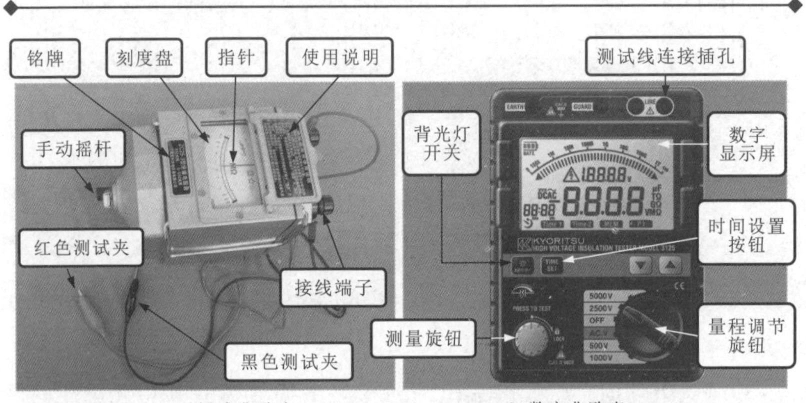

a）手摇式兆欧表　b）数字兆欧表

图3-49　兆欧表的实物外形

相关资料

数字显示屏直接显示测试时所选择的高压档位以及高压警告，通过电池状态可以了解数字兆欧表内的电量，测试时间可以显示测试检测的时间，计时符号闪动时表示当前处于计时状态；检测到的绝缘阻值可以通过模拟刻度盘读出测试的读数，也可以通过数值直接显示出检测的数值以及单位，如图3-50所示。

兆欧表内设有手摇发电机，借助于发电机产生的电压进行绝缘性能的测量。当需要测量不同电压下的绝缘强度时，就要更换不同电压的兆欧表。若测量额定电压在500V以下的设备或线路的绝缘电阻，可选用500V或1000V兆欧表；若测量额定电压在500V以上的设备或线路的绝缘电阻，可选用1000～2500V兆欧表；若测量绝缘子，可选用2500～

5000V 兆欧表。一般情况下，若测量低压电气设备的绝缘电阻，可选用 0~200MΩ 量程的兆欧表。

图 3-50 数字显示屏

3.4.2 兆欧表的使用

在使用兆欧表进行检测时，应当严格按照兆欧表的操作规范进行。这样可以保证兆欧表测量准确，同时也可保证设备和人身的安全。

1. 练习使用手摇式兆欧表

（1）使用手摇式兆欧表检测供电线路绝缘阻值的方法

1）将红、黑色测试夹的连接线与兆欧表接线端子进行连接。

使用手摇式兆欧表检测室内供电线路的绝缘阻值时，首先将 L 线路接线端子拧松，将红色测试线的 U 形接口接入连接端子（L）上，拧紧 L 线路接线端子；再将 E 接地端子拧松，并将黑色测试线的 U 形接口接入连接端子，拧紧 E 接地端子，如图 3-51 所示。

2）对兆欧表进行空载检测。

在使用手摇式兆欧表进行测量前，应对手摇式兆欧表进行开路与短路测试，检查兆欧表是否正常，将红、黑色测试夹分开，顺时针摇动摇杆，兆欧表指针应当指示“无穷大”；再将红、黑色测试夹短接，顺时针摇动摇杆，兆欧表指针应当指示“零”，说明该兆欧表正常，注意摇速不要过快，如图 3-52 所示。

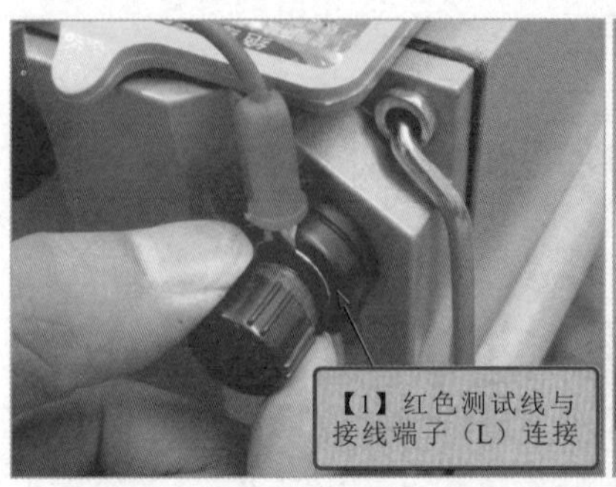

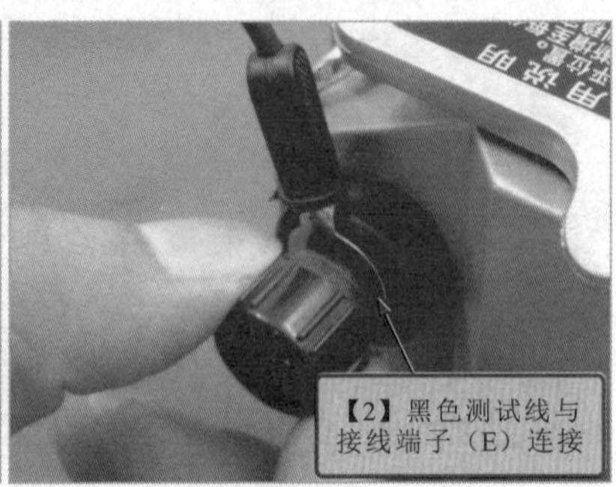

图 3-51　将红、黑色测试夹的连接线与兆欧表接线端子进行连接

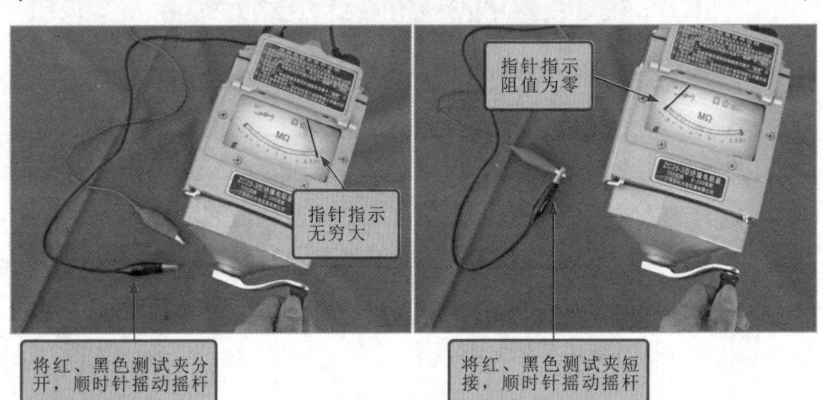

图 3-52　使用前检测兆欧表

3）检测室内供电线路的绝缘阻值。

将室内供电线路上的总断路器断开，然后将红色测试线连接支路开关（照明支路）输出端的电线，黑色测试线连接在室内的地线或接地端（接地棒），如图 3-53 所示。然后顺时针旋转兆欧表的摇杆，检测室内供电线路与大地间的绝缘电阻。若测得阻值约为 500MΩ，则说明该线路绝缘性能很好。

（2）使用手摇式兆欧表检测洗衣机绝缘阻值的方法

使用手摇式兆欧表检测洗衣机外壳与电源供电线缆之间的绝缘阻值时，应当与检测室内供电线路绝缘阻值的测试线连接方法相同，在检测前同样应当对兆欧表进行空载检测，当确定兆欧表正常时，方可进行下一步操作。

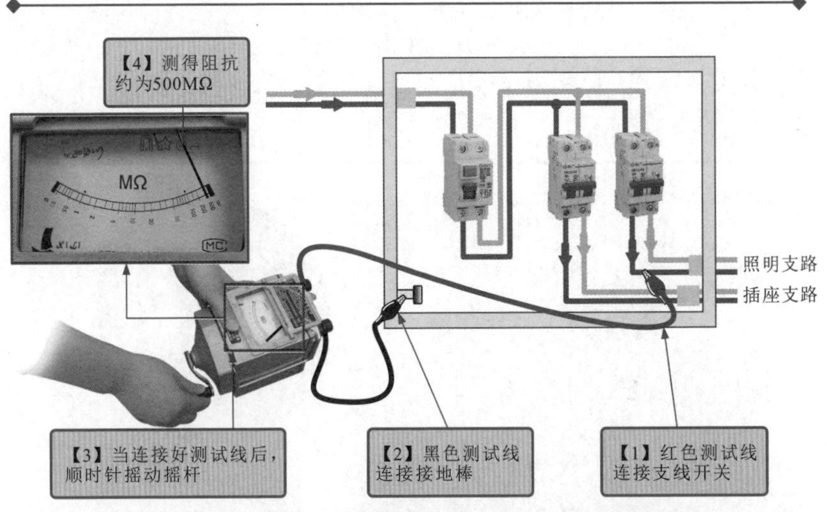

图 3-53　检测室内供电线路与接地端的绝缘电阻

将手摇式兆欧表的红色测试线与洗衣机的外壳连接，再将黑色测试线与电源供电线连接，顺时针摇动摇杆，如图 3-54 所示，指针指向刻度盘上“80MΩ”，此时说明该洗衣机的绝缘性能良好。

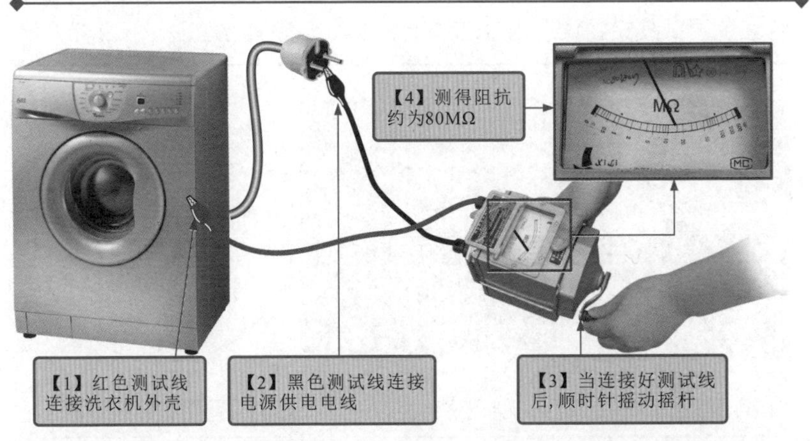

图 3-54　使用手摇式兆欧表检测洗衣机外壳与电源供电线绝缘阻值的方法

（3）使用兆欧表检测线缆绝缘阻值的方法

1）将绿色导线连接至保护环。

使用手摇式兆欧表检测线缆的绝缘阻值时，同样应将红色测试线连接至连接端子（L）上，黑色测试线连接至接地端子（E）上；然后将保护环端子拧松，绿色导线连接至保护环上，再将保护环端子拧紧即可，如图 3-55 所示。

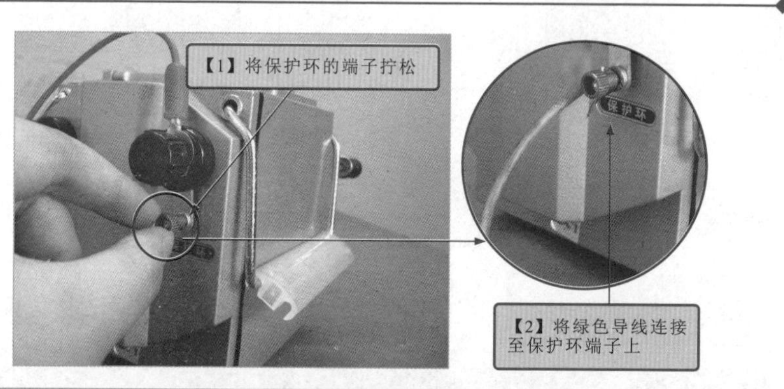

图 3-55　绿色导线与保护环端子连接

2）待测线缆通过绿色导线与保护环连接。

当绿色导线与保护环端子连接完成后，应当将绿色导线的另一端与线缆内层的屏蔽层进行连接，再将黑色测试夹夹在线缆的外绝缘层上，并将红色测试夹夹在线缆内的芯线上，如图 3-56 所示。

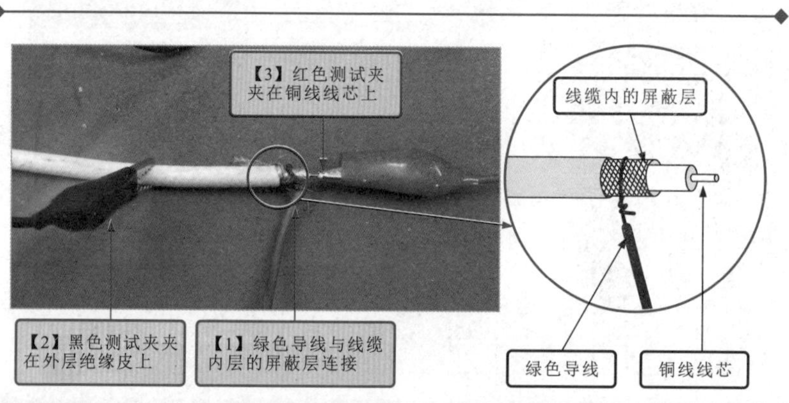

图 3-56　待测线缆的连接方法

3）摇动手摇摇杆测试线缆的绝缘阻值。

当测试线缆与手摇式兆欧表连接好之后，可以顺时针匀速摇动手摇摇杆，观察刻度盘上的指针的指向，此时检测到的阻抗为 70MΩ，如图 3-57 所示。

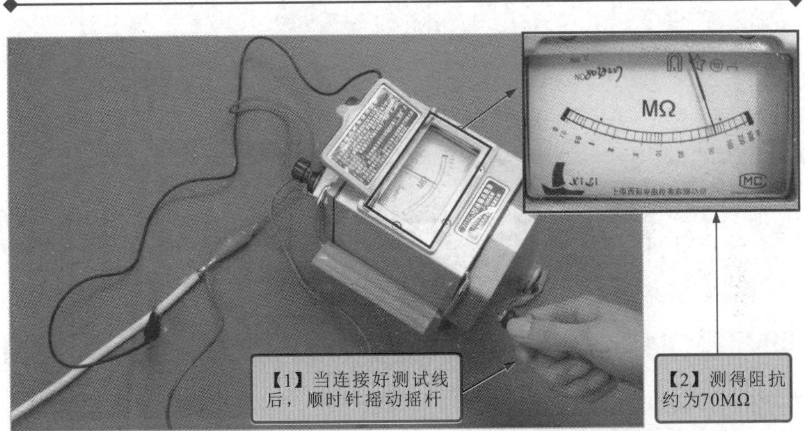

图 3-57　摇动手摇摇杆测试线缆的绝缘阻值

要点说明

使用兆欧表测量线缆的绝缘阻值，当线缆所加的电压为 1000V 时，线缆的绝缘阻值应当达到 1MΩ 以上，当所加的电压为 10kV 时，线缆的绝缘阻值应当达到 10MΩ 以上，则可以说明该线缆绝缘性能良好。若线缆绝缘性能不能达到上述要求，在其连接的电气设备等运行过程中，可能导致短路故障的发生。

2. 练习使用数字兆欧表

下面介绍使用数字兆欧表检测变压器绝缘阻值的方法。

（1）查看待测变压器

使用数字兆欧表检测变压器的绝缘阻值时，需要分别对变压器绕组之间的绝缘阻值以及绕组与铁心之间的绝缘阻值进行检测，图 3-58 所示为待测变压器的实物外形。

（2）调整数字兆欧表的量程并连接表笔

将数字兆欧表的量程调整为“500V”档，显示屏上也会同时显示量程为500V；然后将红表笔插入线路端“LINE”孔中，再将黑表笔插入接地端“EARTH”孔中，如图3-59所示。

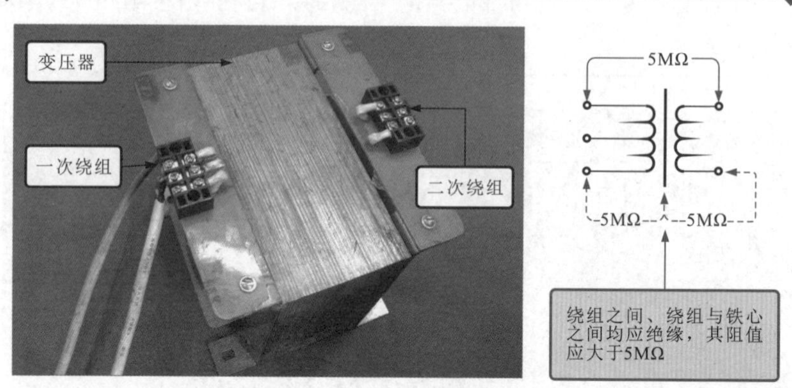

图3-58 查看带电变压器

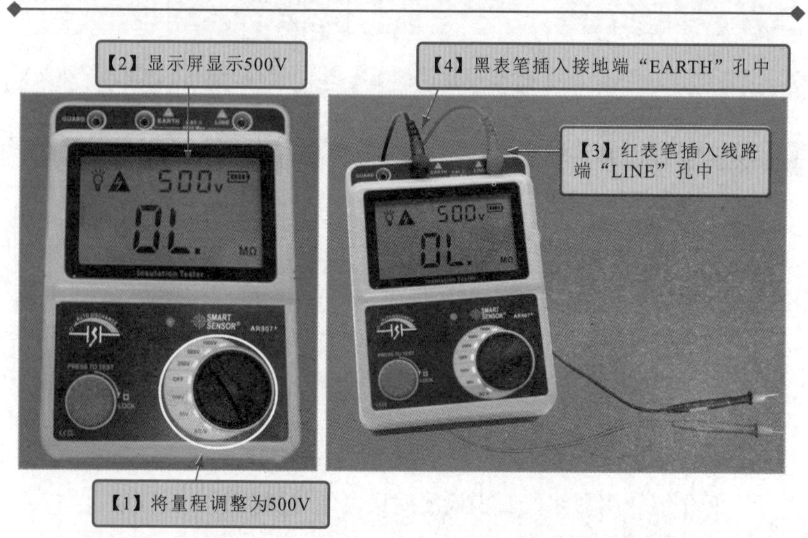

图3-59 调整数字兆欧表的量程并连接表笔

（3）测试变压器一次绕组与铁心间的绝缘阻值

将数字兆欧表的红表笔搭在变压器一次绕组的任意一根线芯上，黑表笔搭在变压器的金属外壳上，按下数字兆欧表的测试按钮，此时数字兆欧表的显示盘显示绝缘阻值为500MΩ，如图3-60所示。

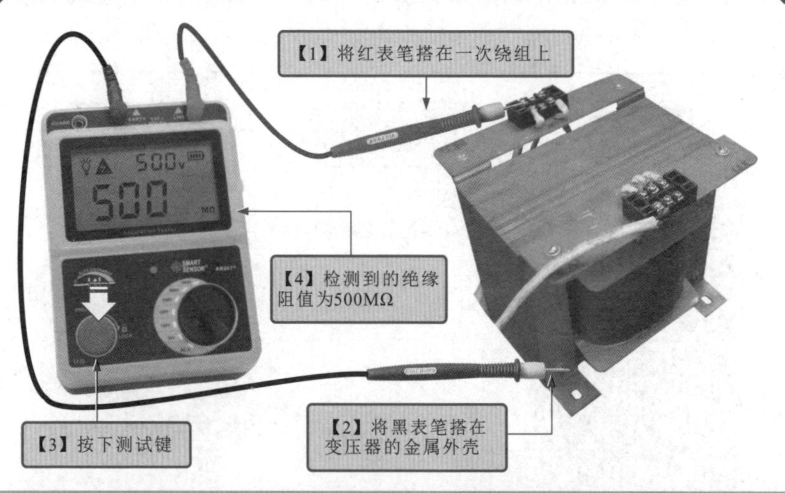

图 3-60　测试变压器一次绕组的绝缘阻值

（4）测试变压器二次绕组与铁心间的绝缘阻值

将数字兆欧表的红表笔搭在变压器二次绕组的任意一根线芯上，黑表笔搭在变压器的金属外壳上，然后按下数字兆欧表的测试按钮，此时数字兆欧表的显示盘显示绝缘阻值为 500MΩ，如图 3-61 所示。

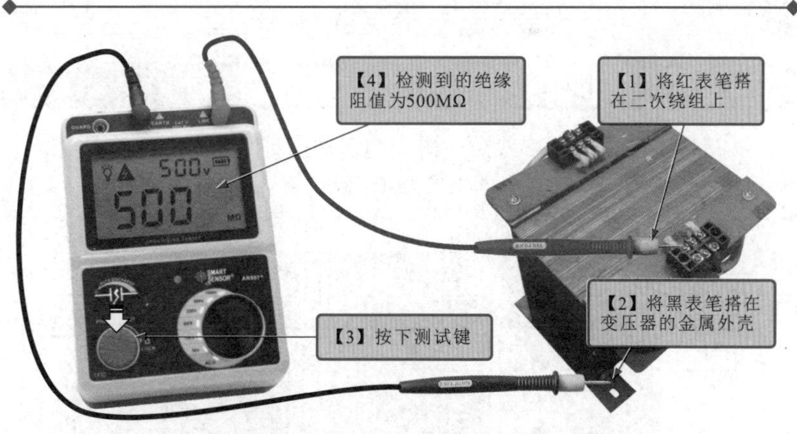

图 3-61　测试变压器二次绕组的绝缘阻值

（5）测试变压器一次绕组与二次绕组之间的绝缘阻值

将数字兆欧表的红表笔搭在变压器二次绕组的任意一根线芯上，黑表笔搭在变压器一次绕组的任意一根线芯上，然后按下数字兆欧表的测试按钮，此时数字兆欧表的显示盘显示绝缘阻值为500MΩ，如图3-62所示。

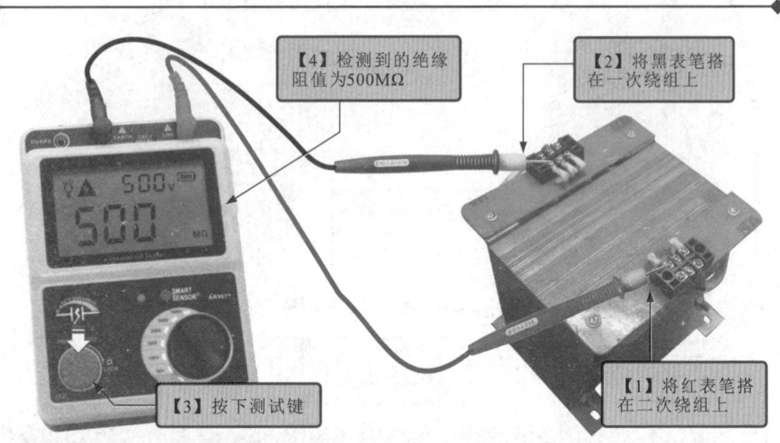

图3-62 测试变压器一次绕组与二次绕组之间的绝缘阻值

3.5 常用加工工具的特点与使用

3.5.1 钳子的特点与使用

从结构上看，钳子主要是由钳头和钳柄两部分构成。根据钳头设计和功能上的区别，钳子的分类如图3-63所示。

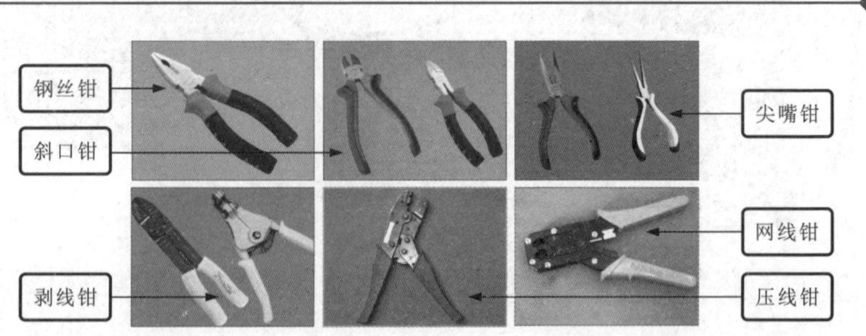

图3-63 各种钳子的实物外形

1. 钢丝钳

钢丝钳又叫老虎钳，主要用于线缆的剪切、绝缘层的剖削、线芯的弯折、螺母的松动和紧固等。

要点说明

使用钢丝钳时应先查看绝缘手柄上是否标有耐压值，并检查绝缘手柄上是否有破损处，如未标有耐压值或有破损现象，则此钢丝钳不可带电进行作业；若标有耐压值，则需进一步查看耐压值是否符合工作环境，若工作环境超出钢丝钳钳柄绝缘套的耐压范围，则不能带电进行作业，否则极易引发触电事故。如图3-64所示，钢丝钳的耐压值通常标注在绝缘套上，该图中的钢丝钳耐压值为1000V，表明可以在1000V电压值内进行耐压工作。

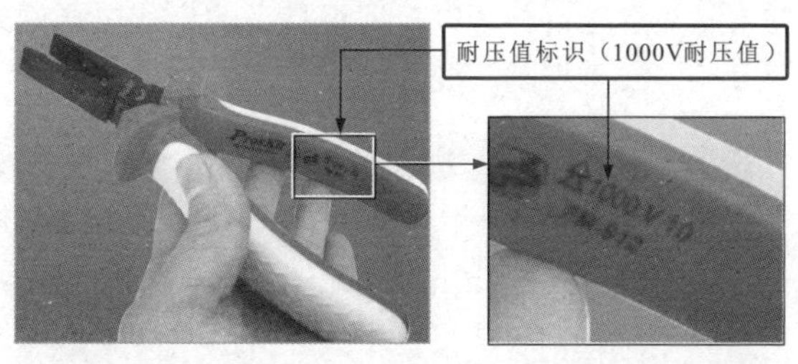

图3-64　钢丝钳钳柄上的耐压值

2. 斜口钳

斜口钳又叫偏口钳，主要用于线缆绝缘皮的剖削或线缆的剪切操作。斜口钳的钳头部位为偏斜式的刀口，可以贴近导线或金属的根部进行切割。斜口钳可以按照尺寸进行划分，比较常见的尺寸有4寸[⊖]、5寸、6寸、7寸、8寸五个尺寸。

3. 尖嘴钳

尖嘴钳的钳头部分较细，可以在较小的空间里进行操作，可以分为带有刀口的尖嘴钳和无刀口的尖嘴钳。

⊖ 寸指英寸（in），1in = 0.0254m。

4. 剥线钳

剥线钳主要是用来剥除线缆的绝缘层，在电工操作中常使用的剥线钳可以分为压接式剥线钳和自动剥线钳两种。压接式剥线钳上端有不同型号线缆的剥线口，一般有0.5~4.5mm；自动剥线钳的钳头部分左右两端，一端钳口为平滑，一端钳口有0.5~3mm多个切口，平滑钳口用于卡紧导线，多个切口用于切割和剥落导线的绝缘层。

5. 压线钳

压线钳在电工操作中主要是用于线缆与连接头的加工。压线钳根据压接的连接件的大小不同，内置的压接孔也有所不同。

6. 网线钳

网线钳专用于网线水晶头的加工与电话线水晶头的加工，在网线钳的钳头部分有水晶头加工口，可以根据水晶头的型号选择网线钳，在钳柄处也会附带刀口，便于切割网线。

要点说明

网线钳是根据水晶头加工口的型号进行区分，一般分为RJ45接口的网线钳和RJ11接口的网线钳，也有一些网线钳包括全部这两种接口。

3.5.2 螺丝刀的特点与使用

螺丝刀是用来紧固和拆卸螺钉的工具，是电工必备工具之一。图3-65为常用螺丝刀的种类特点。螺丝刀标准术语为螺钉旋具，俗称改锥，主要是由螺丝刀头与手柄构成，常使用到的螺丝刀有一字槽螺丝刀、十字槽螺丝刀等。

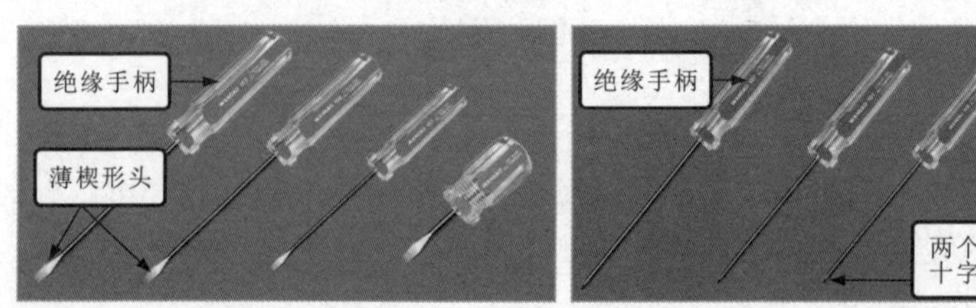

图3-65 常用螺丝刀的种类特点

1. 一字槽螺丝刀

一字槽螺丝刀是电工操作中使用比较广泛的加工工具，一字槽螺丝刀由绝缘手柄和一字槽螺丝刀头构成，一字槽螺丝刀头为薄楔形头。

2. 十字槽螺丝刀

十字槽螺丝刀的刀头是由两个薄楔形片十字交叉构成，不同型号的十字槽螺丝刀可以用其固定、拆卸与其相对应型号的固定螺钉。

相关资料

由于一字槽螺丝刀和十字槽螺丝刀在使用时，会受到刀头尺寸的限制，需要配很多把不同型号的螺丝刀，并且需要人工进行转动。目前市场上推出了多功能的电动螺丝刀，电动螺丝刀将螺丝刀的手柄改为带有连接电源的手柄，将原来固定的刀头改为插槽，插槽可以受电力控制转动，配上不同的螺丝刀头即可更方便地使用，如图3-66所示。

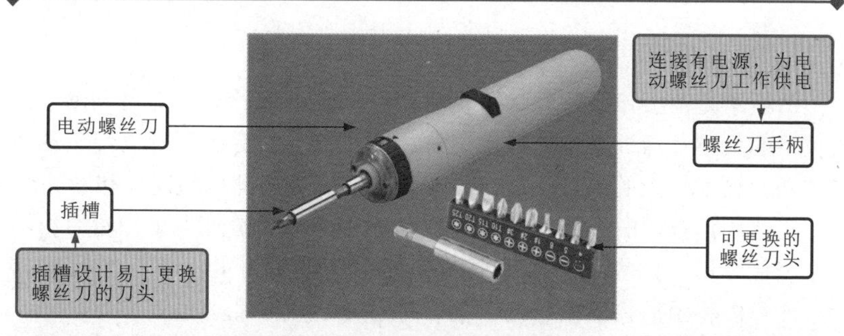

图3-66 电动螺丝刀

3.5.3 扳手的特点与使用

在电工操作中，扳手常用于紧固和拆卸螺钉或螺母。在扳手的柄部一端或两端带有夹柄，用于施加外力。如图3-67所示，在日常操作中常使用的扳手有活扳手和固定扳手。固定扳手又可细分为开口扳手和梅花棘轮扳手。

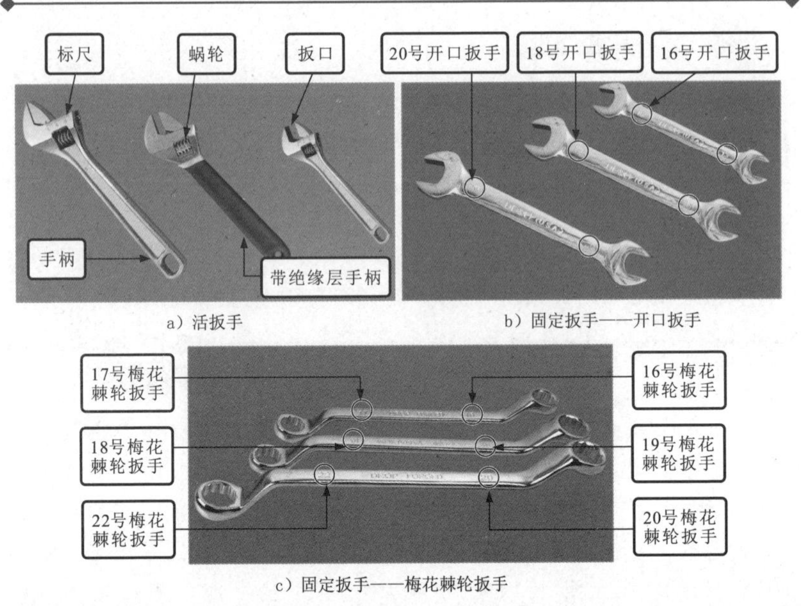

a）活扳手　　b）固定扳手——开口扳手

c）固定扳手——梅花棘轮扳手

图 3-67　常见扳手的特点

1. 活扳手

活扳手是由扳口、蜗轮和手柄等组成。推动蜗轮时，即可调整、改变扳口的大小。活扳手也有尺寸之分，尺寸较小的活扳手可以用于狭小的空间，尺寸较大的活扳手可以用于较大的螺钉和螺母的拆卸和紧固。

在使用活扳手时，应当查看需要紧固和拆卸的螺母大小，然后将活扳手卡住螺母，再使用大拇指调节蜗轮，确定扳口的大小，当其确定后，即可以将手握住活扳手的手柄，进行转动。

要点说明

在电工操作中，不可以使用无绝缘层的扳手进行带电操作，因为扳手本身的金属体导电性强，可能导致工作人员触电。

2. 固定扳手

（1）开口扳手

开口扳手的两端通常带有开口的夹柄，夹柄的大小与扳口的大小成正比。

要点说明

开口扳手上带有尺寸的标识，开口扳手的尺寸与螺母的尺寸是相对应的。开口扳手尺寸与螺母型号的对应关系，见表 3-2。

表 3-2 开口扳手与螺母型号对应尺寸表

开口扳手尺寸	7	8	10	14	17	19	22	24	27	32	35	41	45
螺母型号	M4	M5	M6	M8	M10	M12	M14	M16	M18	M22	M24	M27	M30

（2）梅花棘轮扳手

梅花棘轮扳手的两端通常带有环形的六角孔或十二角孔的工作端，适用于狭小工作空间，使用较为灵活。梅花棘轮扳手工作端不可以进行改变，所以在使用中需要配置整套梅花棘轮扳手。

3.6 电工刀的特点与使用

3.6.1 电工刀的特点

在电工操作中，电工刀是用于剖削导线和切割物体的工具。电工刀是由刀柄与刀片两部分组成的。电工刀的刀片一般可以收缩在刀柄中，分为折叠式和收缩式，两种电工刀之间只是样式有所不同，但其功能都相同，如图 3-68 所示。

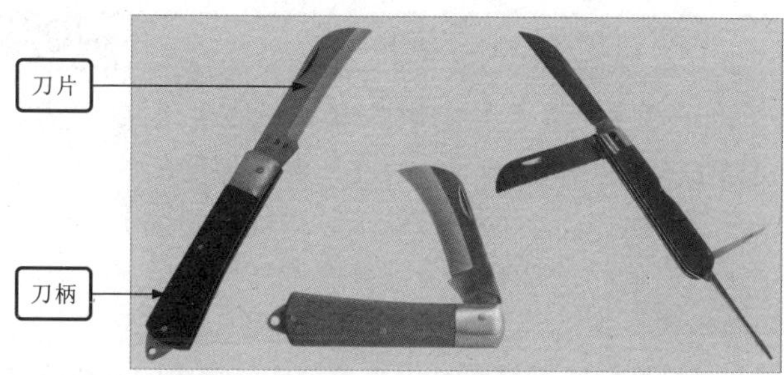

图 3-68 电工刀的种类特点

3.6.2 电工刀的使用

在使用电工刀时，应当手握住电工刀的手柄，将刀片以45°角切入，不应把刀片垂直对着导线剖削绝缘层。还可以使用电工刀削木榫、竹榫，应当一手持木榫，另一手使用电工刀同样以45°角切入，如图3-69所示。

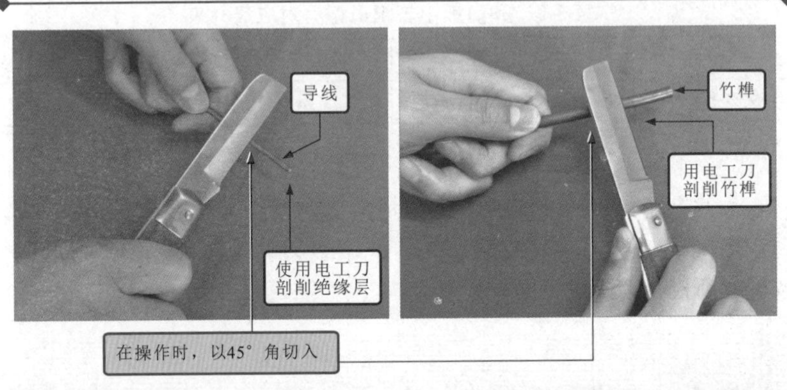

图3-69 电工刀的使用方法

3.7 开凿工具的特点与使用

在电工操作中，开凿工具是敷设管路和安装设备时，对墙面进行开凿处理的加工工具。由于开凿时可能需要开凿不同深度或宽度的孔或是线槽，常使用到的开凿工具有开槽机、冲击钻、电锤等工具。

3.7.1 开槽机的特点与使用

图3-70为开槽机的特点与使用方法。开槽机用来开凿墙面的线槽时，可以根据施工需求开凿出不同角度、不同深度的线槽，并且线槽的外观美观，开槽时可以将粉尘通过外接管路排出，减少了粉尘对操作人员的伤害。在开槽机的顶端有一个开口用于连接粉尘排放管路，两个手柄便于稳定地操作，在底部有一个开槽轮与两个推动轮。

在使用开槽机开凿墙面槽时，应当先检查开槽机的电线绝缘皮是否破损，再连接粉尘排放管路，双手握住开槽机的两个手柄，开机进行空载运转，当确认开槽机正常后，再将开槽机放置于需要切割的墙面上，按下电源开关，使开槽机垂直于墙面切入，向需要切割的方向推动开槽机。

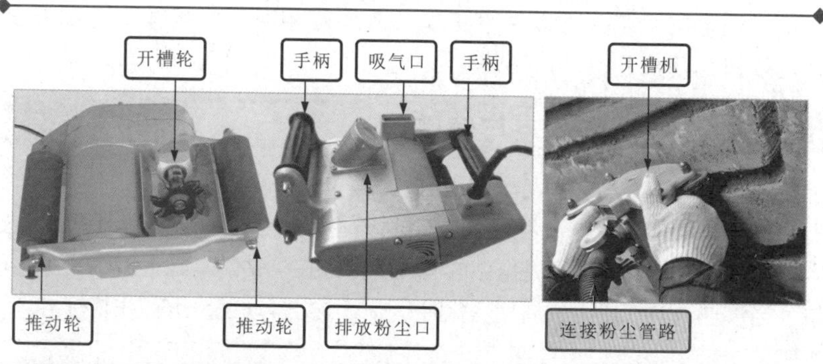

图 3-70 开槽机的特点与使用方法

要点说明

在使用中操作人员需要休息时，应及时切断电源并将开槽机妥善存放，可关闭电源开关，使开槽机悬挂于墙面上。

3.7.2 冲击钻的特点与使用

图 3-71 为冲击钻的特点与使用方法。

在电工操作中，冲击钻常用于钻孔的开凿墙面使用。冲击钻依靠旋转和冲击进行工作，通常冲击钻带有不同的钻头，用于不同的工作需求。

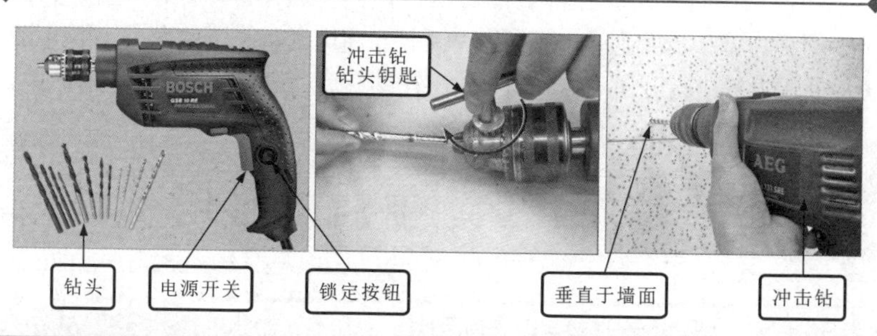

图 3-71 冲击钻的特点与使用方法

在使用冲击钻时，应根据需要开凿的孔的大小选择合适的钻头安装在冲击钻上，然后检查冲击钻的绝缘防护，再将其连接在额定电压的电源上，开机使其空载运行，检查正常后，将冲击钻垂直于需要凿孔的物体上，按下电源开关，当松开电源开关时，冲击钻也会随之停止，也可以通过锁定按钮使其可以一直工作，需要停止时，再次按下电源开关，锁定按钮自动松开，冲击钻停止工作。

3.7.3 电锤的特点与使用

图 3-72 为电锤的特点与使用方法。

在电工操作中，电锤常用于电气设备安装时在建筑混凝土板上钻孔，也可以用来开凿墙面。电锤是电钻的一种，电锤在电钻的基础上增加了一个汽缸，当汽缸内空气压力成周期变化时，空气压力带动锤头进行往复打击。

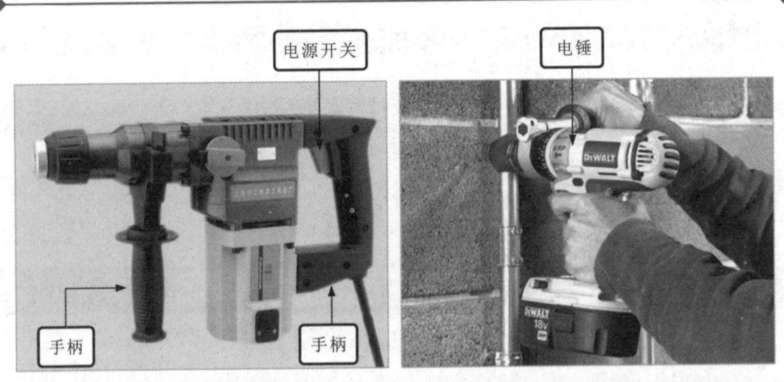

图 3-72 电锤的特点与使用方法

在使用电锤时，应先将电锤通电，让其空转 1min，确定电锤可以正常使用后，双手分别握住电锤的两个手柄，将电锤垂直于墙面，按下电源开关，使用电锤进行开凿工作，当开凿工作结束后，应关闭电锤的电源开关。

3.8 管路加工工具的特点与使用

3.8.1 切管器的特点与使用

切管器是管路切割的工具，比较常见的有旋转式切管器和手握式切管器，多用于切割导线敷设的 PVC 管路，旋转式切管器可以调节切口的大小，适用于切割较细管路，手握式切管器适合切割较粗的管路，如

图 3-73 所示。

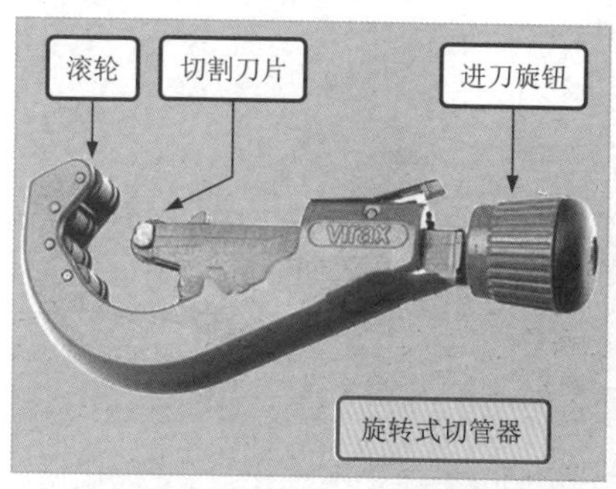

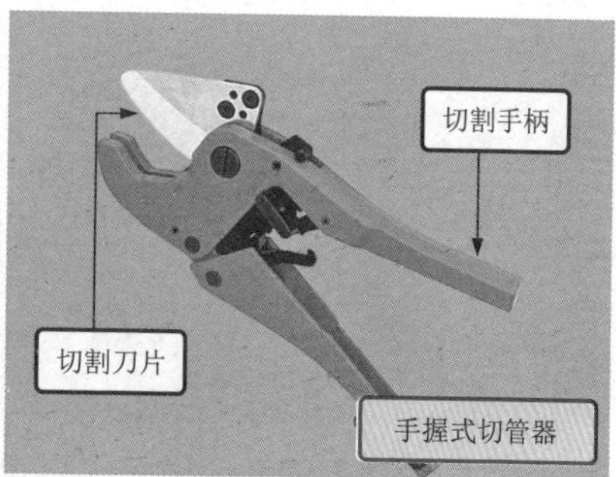

图 3-73 切管器的种类特点

1. 旋转式切管器的使用

在使用旋转式切管器时，应当将管路加在切割刀片与滚轮之间，旋转进刀旋钮使刀片夹紧管路，垂直沿顺时针旋转切管器，直至管路切断即可，如图 3-74 所示。

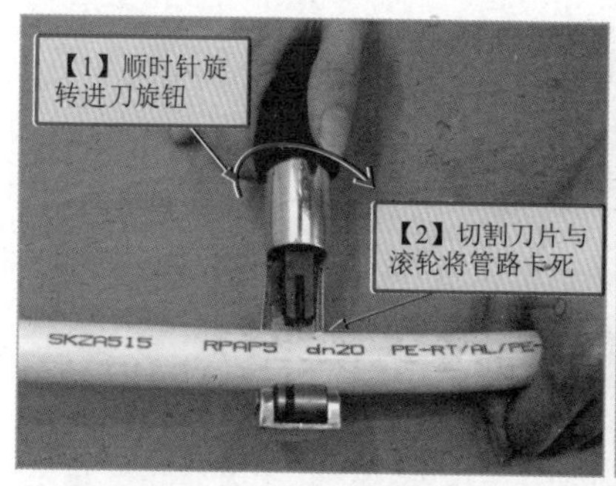

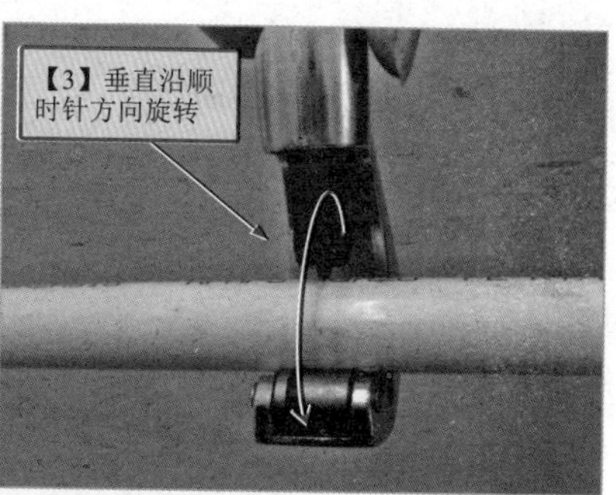

图 3-74 旋转式切管器的使用规范

2. 手握式切管器的使用

在使用手握式切管器时，将需要切割的管路放置到切管器的管口中，调节至管路需要切割的位置，在调节位置时，应确保管路水平或垂直，防止切割后的管口出现歪斜，然后多次按压切管器的手柄，直至管路切断，如图 3-75 所示。

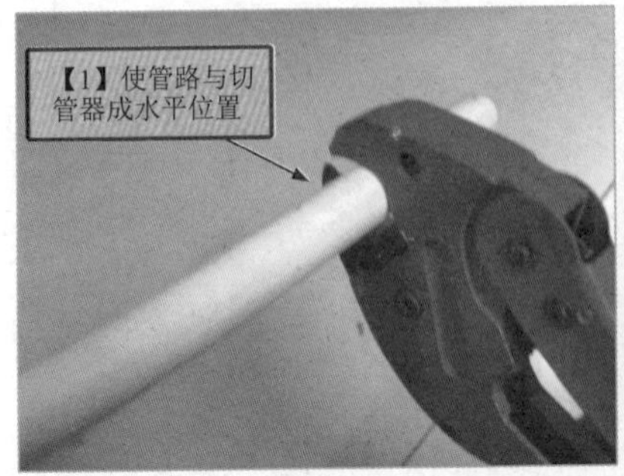

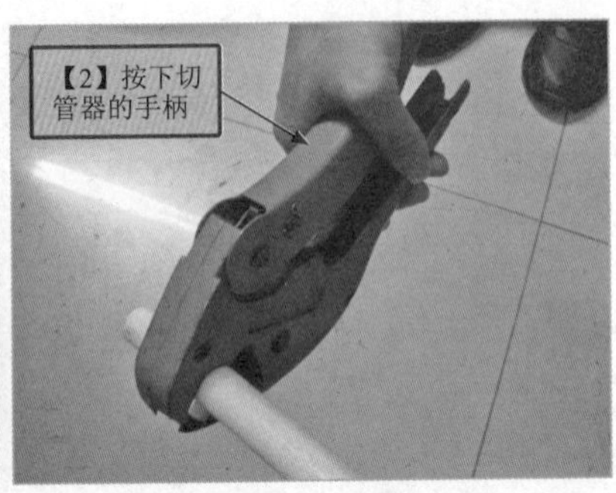

图 3-75 手握式切管器的使用规范

3.8.2 弯管器的特点与使用

弯管器是将管路弯曲加工的工具，主要用来弯曲 PVC 管与钢管等。在电工操作中常见的弯管器可以分为手动弯管器和电动弯管器等，如图 3-76 所示。

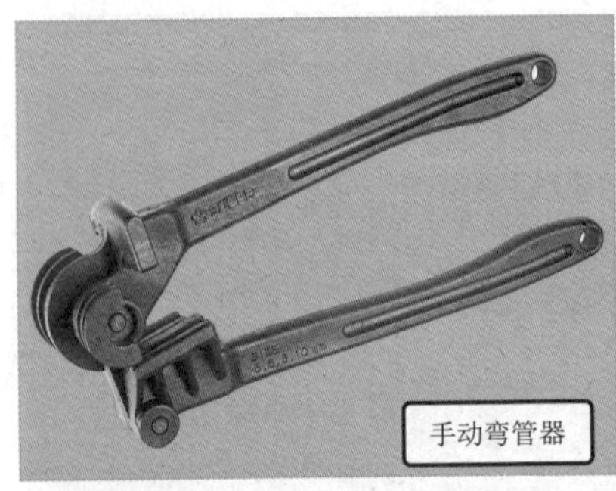

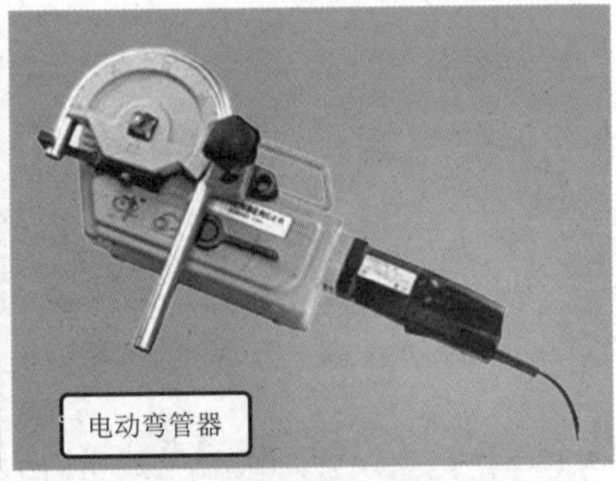

图 3-76 弯管器的种类特点

1. 手动弯管器的使用

在使用手动弯管器时，应当查看需要弯管的角度，将弯管器的手柄打开，然后将需要加工的管路放入弯管器中，一只手握住弯管器的手柄，另一只手握住弯管器的压柄，向内用力弯压，在弯管器上带有角度标识，当达到需要的角度后，松开压柄，即可将加工后的管路取出，如图 3-77 所示。

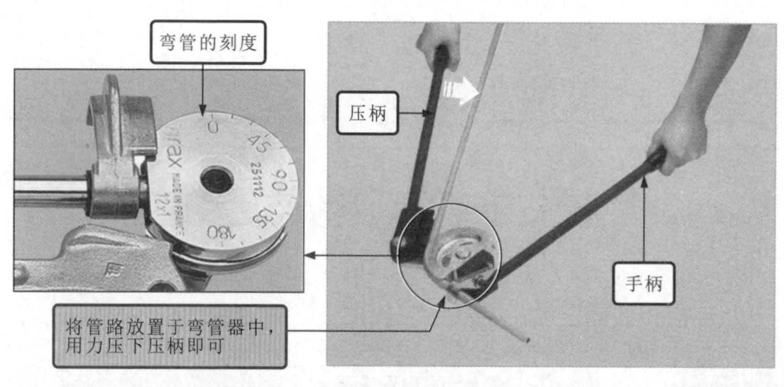

图 3-77 普通弯管器的使用规范

2. 电动弯管器的使用

在使用电动弯管器时，应先观察需要弯管的角度，将合适角度的弯管轮更换至弯管器上，然后将管路固定在弯管器上，按下弯管器的弯管按钮，即可完成弯管工作，如图 3-78 所示。

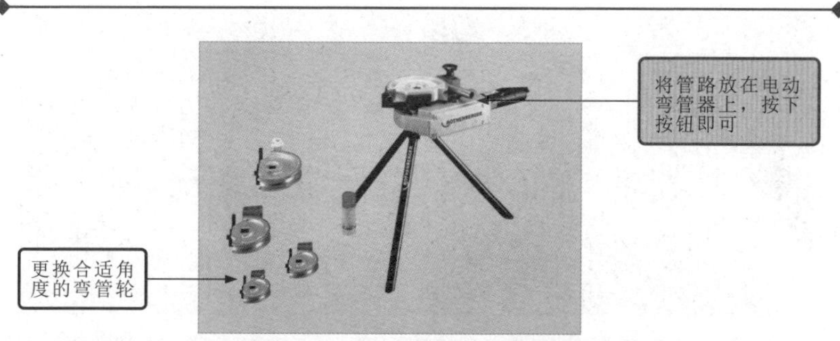

图 3-78 电动弯管器的使用规范

第 4 章 电气线材与电气部件

4.1 电气线路常用线材

4.1.1 裸导线

裸导线是指没有绝缘层的导线，它具有良好的导电性能和机械性能，图 4-1 所示为裸导线的实物外形。

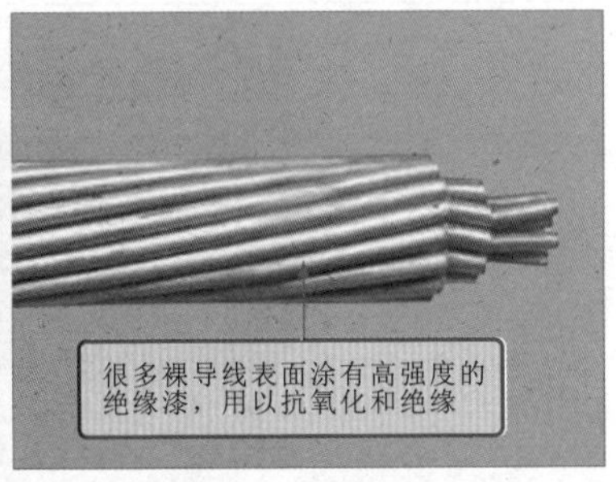

图 4-1　裸导线的实物外形

相关资料

裸导线按其形状可分为圆单线、裸绞线、软接线和型线四种类型，其中：

◆圆单线有硬线和软线之分。硬线抗拉强度较大，比软线大一倍；半硬线有一定的抗拉强度和延展性；软线的延展性最高。

◆裸绞线导电性能和机械性能良好，且钢芯绞线承受拉力较大。

◆软接线的最大特性为柔软，耐弯曲性强。

◆型线的铜铝扁线和母线的机械性能与圆单线基本相同，扁线和母线的结构形状均为矩形，仅在规格尺寸和公差上有所差别。

在实际应用中，可以对导线绝缘表面上的标识进行识别，通过了解导电线材的型号以及规格后，可以使我们正确地使用或选用相应的线材。

通过对裸导线型号的识别，可以对其采用的导电材料以及用途有所了解。通常情况下，裸导线的型号是以拼音字母结合数字进行命名的，在裸导线中，字母 T 表示铜（若标识中含有两个字母 T，则第二个字母 T 表示为特，如“TYT”含义为特硬圆铜线）；L 表示铝；G 表示钢；Y 表示硬；R 表示软；J 表示绞线、加强型；Q 表示轻型等，例如一裸导线的型号为 LGJQ，则表示该导线为轻型钢芯铝绞线。不同的字母表示的含义见表 4-1。

表 4-1　裸导线型号中字母的含义

<table>
<tr><th>型号</th><th>名称</th><th>截面积范围/mm²</th><th>主要用途</th></tr>
<tr><td>TR</td><td>软圆铜线</td><td rowspan="2">0.02~14</td><td rowspan="6">用作架空线</td></tr>
<tr><td>TY</td><td>硬圆铜线</td></tr>
<tr><td>TYT</td><td>特硬圆铜线</td><td>1.5~5</td></tr>
<tr><td>LR</td><td>软圆铝线</td><td rowspan="2">0.3~10</td></tr>
<tr><td>LR4、LR6</td><td>硬圆铝线</td></tr>
<tr><td>LR8、LR9</td><td>硬圆铝线</td><td>0.3~5</td></tr>
<tr><td>LJ</td><td>铝绞线</td><td>10~600</td><td>用于 10kV 以下、档距小于 100~125m 的架空线</td></tr>
<tr><td>LGJ</td><td>钢芯铝绞线</td><td>10~400</td><td rowspan="3">用于 35kV 以上较高电压或档距较大的线路上</td></tr>
<tr><td>LGJQ</td><td>轻型钢芯铝绞线</td><td>150~700</td></tr>
<tr><td>LGJJ</td><td>加强型钢芯铝绞线</td><td>150~400</td></tr>
<tr><td>TJ</td><td>硬铜绞线</td><td>16~400</td><td>用于机械强度高、耐腐蚀的高、低压输电线路</td></tr>
</table>

裸导线常在各种电线、电缆中作为导电芯线使用；在电动机、变压器等电气设备中作为导电部件使用；在远离人群的外高压输电铁塔的架空线上作为输送配电使用。

图 4-2 所示为裸导线的典型应用。

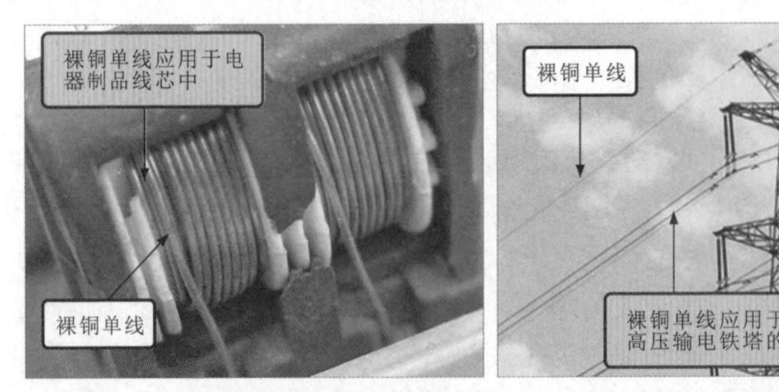

图 4-2　裸导线的典型应用

4.1.2　电磁线

电磁线是指在金属线材上包覆绝缘层的导线，又称绕组线，通常情况下其外部的绝缘层采用天然丝、玻璃丝、绝缘纸或合成树脂等。

图 4-3 所示为典型电磁导线的实物外形。

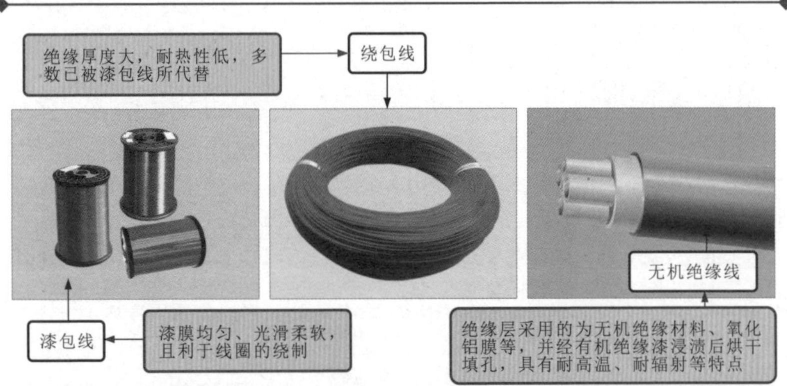

图 4-3　典型电磁导线的实物外形

电磁线中使用较多的为漆包线，在对该导线进行识别时，首先应先通过型号识别出导线的类别。漆包线的型号通常是以字母表示的，不同的字母表示的类别也不相同，见表 4-2。在漆包线的规格中，常见的有圆形线和扁形线，圆形线以线芯直径计算，0.15~2.5mm 按统一规定分档制造，以供选用；扁形线以线芯的厚度和宽度计算，厚度（a）：0.8~5.6mm、宽度（b）：2~18mm。

表 4-2 电磁线中漆包线型号的识别

型号	类别	用途
Q	油性漆包线	用于中、高频线圈及仪表电器等线圈
QQ	缩醛漆包线	普通中小型电机、微电机绕组和油浸式变压器的线圈，电器仪表等线圈
QA	聚氨酯漆包线	电视机线圈和仪表用的微细线圈
QH	环氧漆包线	油浸式变压器的绕组和耐化学品腐蚀、耐潮湿电机的绕组
QZ	聚酯漆包线	通用中小电机的绕组，干式变压器和电器仪表的线圈
QZY	聚酯亚胺漆包线	高温电机和制冷装置中电机的绕组，干式变压器和电器仪表的绕组
QXY	聚酰胺酰亚胺漆包线	高温重负荷电机、牵引电机、制冷设备电机的绕组，干式变压器和电器仪表的线圈，以及密封式电机电器绕组
QY	聚酰亚胺漆包线	耐高温电机、干式变压器、密封式继电器及电子元件

电磁线是专门用于实现电能与磁能相互转换的场合，常用于制造电机、变压器、电器的各式线圈，其作用是通过电流产生磁场或者切割磁力线产生感应电动势以实现电磁互换。

其中漆包线主要用于制造中小型电机、变压器和电器线圈；绕包线主要用于油浸式变压器的线圈、大中型电机绕组、大型发电机线圈；无机绝缘电磁线主要用于制造高温有辐射场所的电机、电器设备的线圈。

图 4-4 所示为电磁线的典型应用。

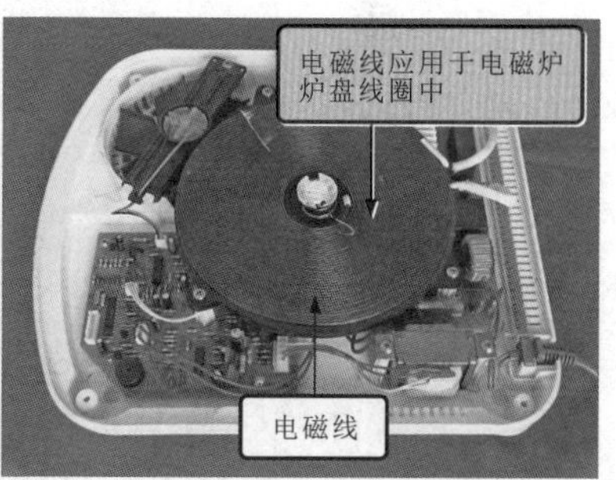

图 4-4 电磁线的应用

4.1.3 绝缘导线

绝缘导线是指在导线的外围均匀而密封地包裹一层不导电的材料，

例如树脂、塑料、硅橡胶等，是电工中应用最多的导电材料之一。目前几乎所有的动力照明线路都采用塑料绝缘导线，主要是防止导电体与外界接触后造成漏电、短路、触电等事故的发生。通常，绝缘导线一般可以分为绝缘硬导线和绝缘软导线两种。

图 4-5 所示为绝缘导线的实物外形。

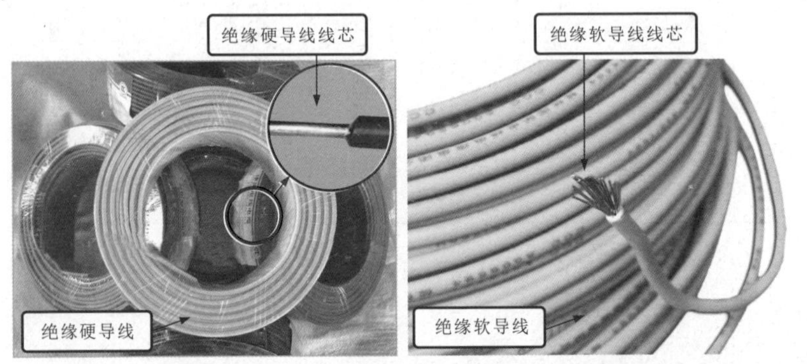

图 4-5 绝缘导线的实物外形

相关资料

绝缘导线的线芯通常可以分为铜芯和铝芯，其外部的绝缘材料有橡皮与聚氯乙烯（塑料）绝缘之分，在对其进行识别时，可以通过型号的标识进行分辨，如图 4-6 所示，其型号中的字母含义见表 4-3。

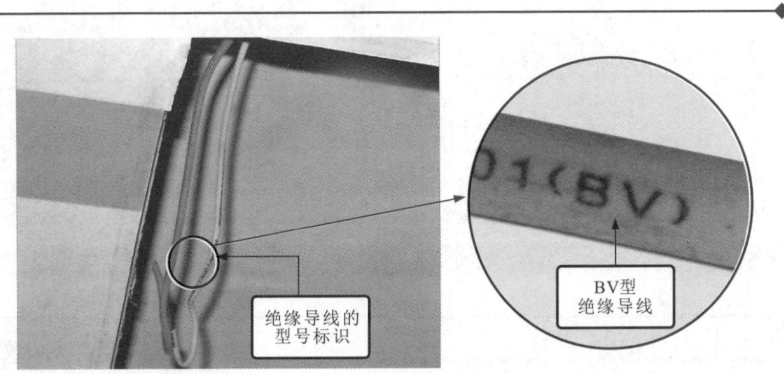

图 4-6 绝缘导线的型号标识

表 4-3 绝缘导线型号的识别

型号	名称	用途
BV（BLV）	铜芯（铝芯）聚氯乙烯绝缘导线	适合各种交流、直流电气装置，电工仪器、仪表，电信设备，动力及照明线路固定敷设使用
BVR	铜芯聚氯乙烯绝缘软导线	
BVV（BLVV）	铜芯（铝芯）聚氯乙烯绝缘护套圆形导线	
BVVB（BLVVB）	铜芯（铝芯）聚氯乙烯绝缘护套扁形导线	
RV	铜芯聚氯乙烯绝缘软线	用于各种交流、直流电器，电工仪器仪表，家用电器，小型电动工具，动力及照明装置的连接
RVB	铜芯聚氯乙烯绝缘扁形软线	
RVS	铜芯聚氯乙烯绝缘绞形软线	
RVV	铜芯聚氯乙烯绝缘护套圆形软线	
RVVB	铜芯聚氯乙烯绝缘护套扁形软线	
BX（BLX）	铜芯（铝芯）橡皮导线	用于交流500V及以下或直流1000V及以下的电气设备及照明装置。用于线路固定敷设，尤其用于户外
BXR	铜芯橡皮软线	
BXF（BLXF）	铜芯（铝芯）氯丁橡皮导线	
AV（AV-105）	铜芯（铜芯耐热105℃）聚氯乙烯绝缘安装导线	适用于交流额定电压300/500V及以下的电器、仪表和电子设备及自动化装置
AVR（AVR-105）	铜芯（铜芯耐热105℃）聚氯乙烯绝缘软导线	
AVRB	铜芯聚氯乙烯安装扁形软导线	
AVRS	铜芯聚氯乙烯安装绞形软导线	
AVVR	铜芯聚氯乙烯绝缘聚氯乙烯护套安装软导线	
AVP（AVP-105）	铜芯（铜芯耐热105℃）聚氯乙烯绝缘屏蔽导线	适用于300/500V及以下的电器、仪表、电子设备自动化装置
RVP（RVP-105）	铜芯（铜芯耐热105℃）聚氯乙烯绝缘屏蔽软导线	
RVVP	铜芯聚氯乙烯绝缘屏蔽聚氯乙烯护套软导线	
RVVP1	铜芯聚氯乙烯绝缘缠绕屏蔽聚氯乙烯护套软导线	

绝缘导线广泛应用于500V和1000V电压及以下的各种电器、仪表、动力线路及照明线路中，作为导电材料。一般绝缘硬线多用于企业及工厂中作为供电线材；绝缘软线多用于移动使用的电线或是作为电源供电的线材。

图4-7所示为绝缘导线的典型应用。

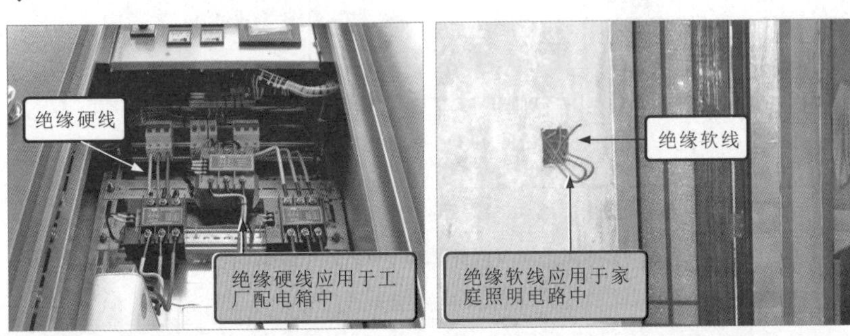

图4-7 绝缘导线的典型应用

4.1.4 电力电缆

电力电缆是在电力系统的主要线路中用以传输和分配大功率电能的电缆产品，它具有不易受外界风、雨、冰雹的影响、供电可靠性高等特点，但其材料和安装成本较高。

图4-8所示为电力电缆的实物外形图。

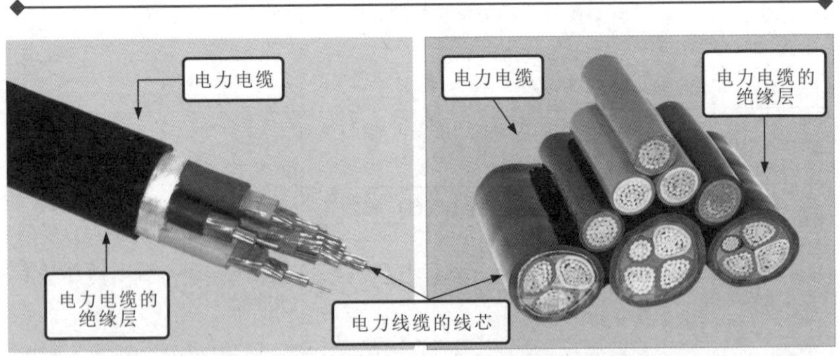

图4-8 电力电缆的实物外形图

要点说明

通常，电力电缆按其绝缘材料的不同，可以分为油浸纸绝缘电力电缆、塑料绝缘电力电缆以及橡皮绝缘电力电缆三种。

由于电力电缆供电的可靠性高，并不易受自然天气的影响，所以通常应用于输电网和配电网中，其中 1kV 电压等级的电力电缆使用最为普遍，3~35kV 电压等级的电力电缆常用于大、中型建筑内的主要供电线路，如图 4-9 所示。

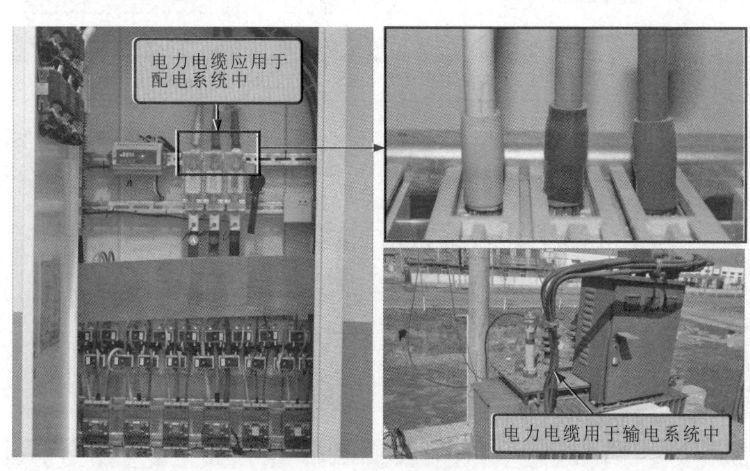

图 4-9　电力电缆的应用

4. 1. 5　通信电缆

通信电缆是由一对以上相互绝缘的导线绞合而成的，该电缆具有通信容量大、传输稳定性高、保密性好、不受自然条件限制和外部干扰等特点。图 4-10 所示为通信电缆的实物外形。

通信电缆作为一种导电材料，主要用于传输电话、传真、广播、电视和数据等信息，根据不同环境的需要，通信电缆可以用于视频信号和语音信号的传输等。图 4-11 所示为通信电缆的典型应用。

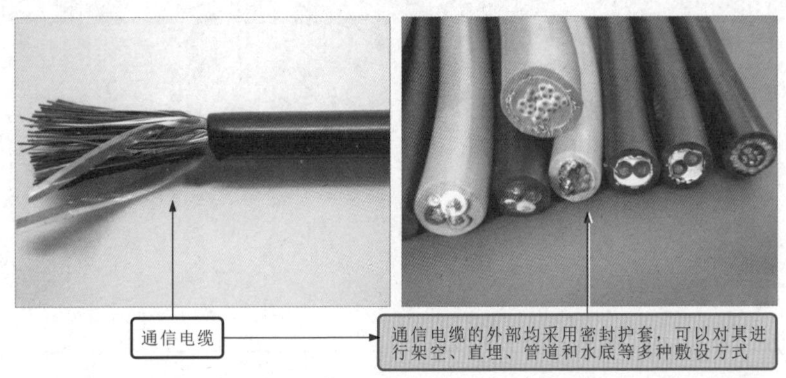

图 4-10 通信电缆的实物外形

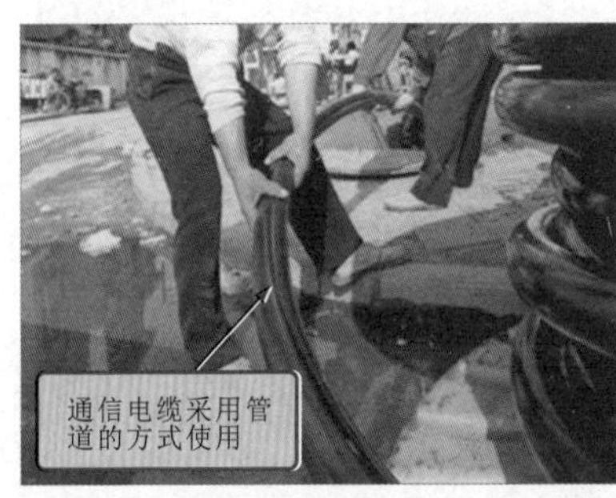

图 4-11 通信电缆的应用

相关资料

在导电材料中，除了以上所述的材料外，还有一些特殊导电材料，这些材料不仅具备普通导电材料传导电流的作用，还兼有其他的特殊功能。例如，常用的熔体材料有铁金属熔体材料和合金熔体材料，主要用于熔断器的熔体。

电刷也是常用的导电材料之一，是用于电机的换向器或集电环上传导电流的滑动接触体。电刷可分为石墨电刷、电化石墨电刷和金属石墨电刷三种。石墨电刷用于负载均匀的电机；电化石墨电刷主要用于负载变化大的电机；金属石墨电刷常用于低电压、大电流、圆周速度不超过30m/s 的直流电机和感应电机。

4.2 电工常用电气部件

4.2.1 电能表

电能表俗称电度表（或火表），它是一种电能计量仪表，主要用于测算或计量电路中电源输出或用电设备（负载）所消耗的电能。

电能表种类多样，不同的结构原理，不同的应用目的，不同的使用环境，电能表功能特点也不相同。

1. 有功电能表与无功电能表

电能表根据用途的不同，可以分为有功电能表和无功电能表两大类。有功电能表就是用于计量有功电能的电能表；无功电能表则就是用于计量电路中内部损耗电能的电能表。图 4-12 所示为典型有功电能表和无功电能表的实物外形。

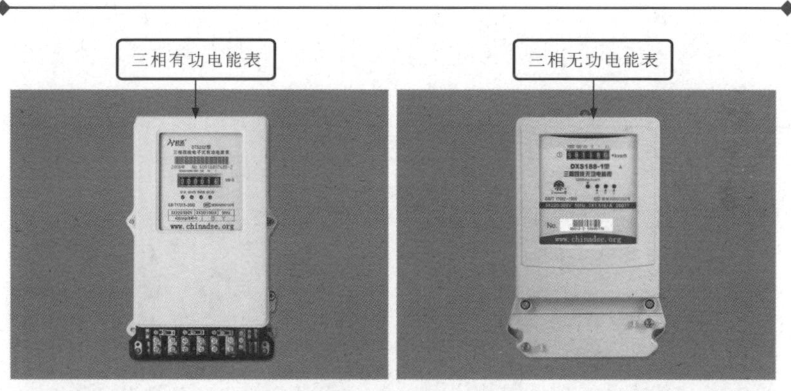

图 4-12　典型有功电能表和无功电能表的实物外形

2. 单相电能表与三相电能表

电能表根据用电环境的不同可以分为单相电能表和三相电能表，其中三相电能表又可根据三相电路接线形式的不同，细分为三相三线电能表和三相四线电能表。其中单相电能表主要用于民用有功电能的计量，这种电能表以千瓦时（kWh）作为电能的计量单位。而三相电能表则主要用于测量三相交流电路中电源输出或用电设备所消耗的电能。图 4-13 所示为典型单相电能表和三相电能表的实物外形。

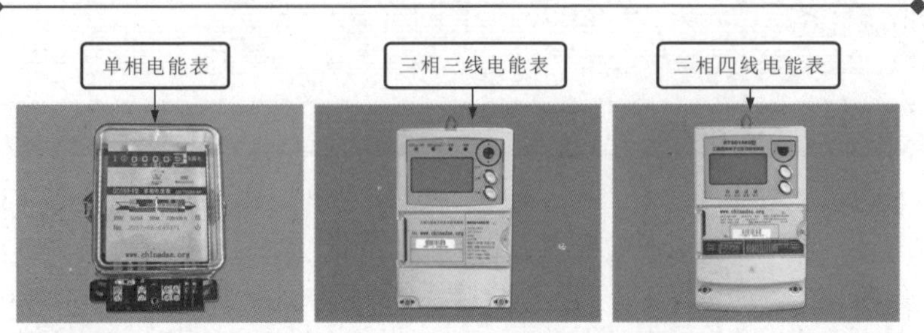

图 4-13 典型单相电能表和三相电能表的实物外形

3. 感应式电能表与电子式电能表

电能表根据工作原理的不同可以分为感应式（机械式）和电子式（静止式）。感应式电能表是采用电磁感应的原理，将电压、电流、相位转变为磁力矩，进而推动表内计度器齿轮的转动实现计量数据的量程，最终完成电路的计量。这种电能表对工艺要求高，具有直观、动态连续、即使停电也不丢数据的特点。图 4-14 所示为典型感应式电能表的实物外形。

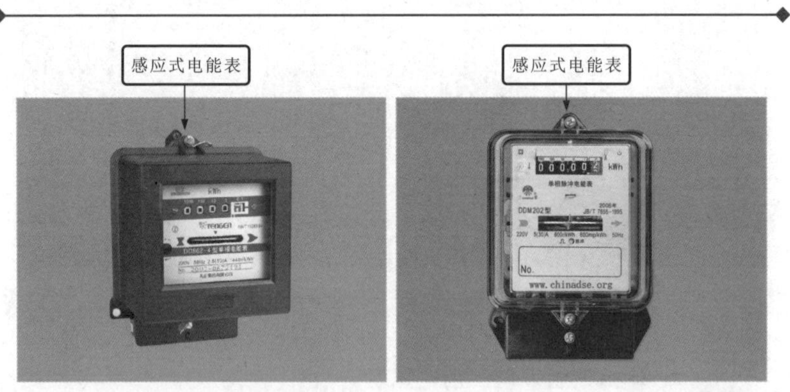

图 4-14 典型感应式电能表的实物外形

电子式电能表是运用数据采集、运算得到电压和电流的量的乘积，然后再通过表内模拟或数字电路实现电能的计量，这种电能表数字化特征明显，具备较高的智能。目前，分时计费电能表、预付费电能表、功能电能表多为电子式电能表。图 4-15 所示为典型电子式电能表的实物外形。

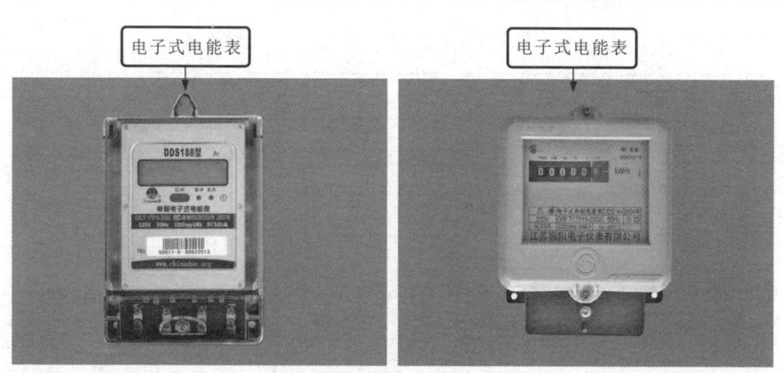

图 4-15　典型电子式电能表的实物外形

4. 2. 2　漏电保护器

漏电保护器实际上是一种具有漏电保护功能的断路器，也称带漏电保护功能的断路器，是配电（照明）等线路中的基本组成部件，具有漏电、触电、过载、短路的保护功能，对防止触电伤亡事故的发生、避免因漏电而引起的火灾事故，具有明显的效果。图 4-16 所示为典型漏电保护器的实物外形。

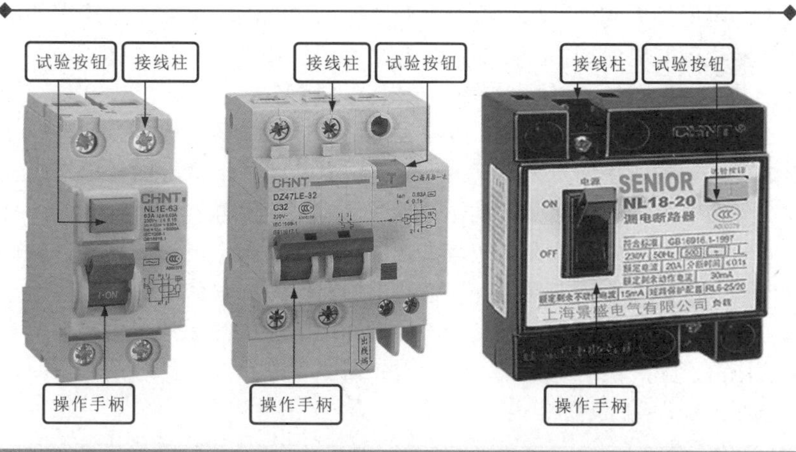

图 4-16　典型漏电保护器的实物外形

漏电保护器是检测系统的漏电电流，正常运行时系统是平衡的，漏电电流几乎为零，在发生漏电和触电时，电路产生剩余电流，这个电流对断路器和熔断器来说，根本不足以使其动作，而漏电保护器则会可靠地动作。图 4-17 所示为典型漏电保护器的功能示意图。

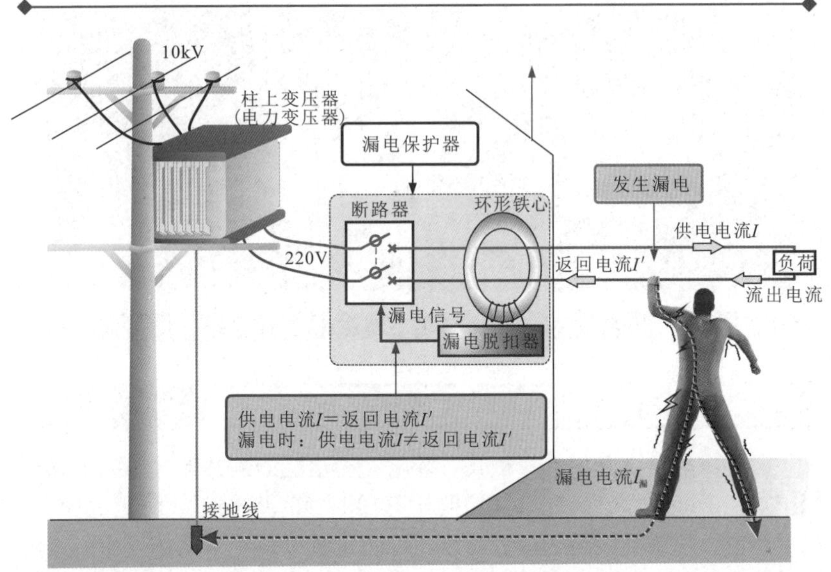

图 4-17 典型漏电保护器的功能示意图

漏电保护器作为一种典型的带漏电保护功能的断路器，电路中的电源线穿过带漏电保护的断路器内的检测元件（环形铁心，也称零序电流互感器），环型铁心的输出端与漏电脱扣器相连接。

在被保护电路工作正常，没有发生漏电或触电的情况下，通过零序电流互感器的电流向量和等于零，这样漏电检测环形铁心的输出端无输出，带漏电保护的断路器不动作，系统保持正常供电。

当被保护电路发生漏电或有人触电时，由于漏电电流的存在，使供电电流大于返回电流，通过环形铁心的两路电流向量和不再等于零，在铁心中出现了交变磁通。在交变磁通的作用下，检测元件的输出端就有感应电流产生，当达到额定值时，脱扣器驱动断路器自动跳闸，切断故障电路，从而实现保护。

4.2.3 低压断路器

低压断路器又称空气开关，是一种既可以手动控制，也可以自动控制的低压开关，低压断路器主要用于接通或切断供电线路，其一般具有过载、短路和欠电压保护的功能，常用于不频繁接通和切断的电路中。图 4-18 所示为低压断路器的实物外形。

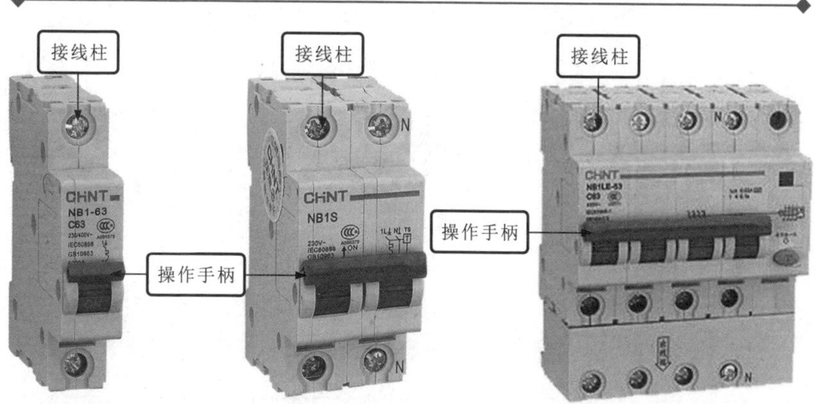

图 4-18　低压断路器的实物外形

4.2.4　熔断器

熔断器是应用在配电系统中的过载保护器件。当系统正常工作时，熔断器相当于一根导线，起通路作用；当通过熔断器的电流大于规定值时，熔断器会使自身的熔体熔断而自动断开电路，从而对线路上的其他电器设备起保护作用。常用的熔断器有瓷插入式、螺旋式、无填料封闭管式和有填料封闭管式几种。图 4-19 所示为典型熔断器的实物外形。

4.2.5　开关

开关是用来控制灯具、电器等电源通断的器件。根据功能的不同，可以分为控制开关和功能开关两种。

1. 控制开关的功能

控制开关主要是控制开关设备或控制设备进行操作的开关，根据控制开关内部结构的不同，可以分为单控开关和多控开关两种。图 4-20 所示为控制开关的实物外形。

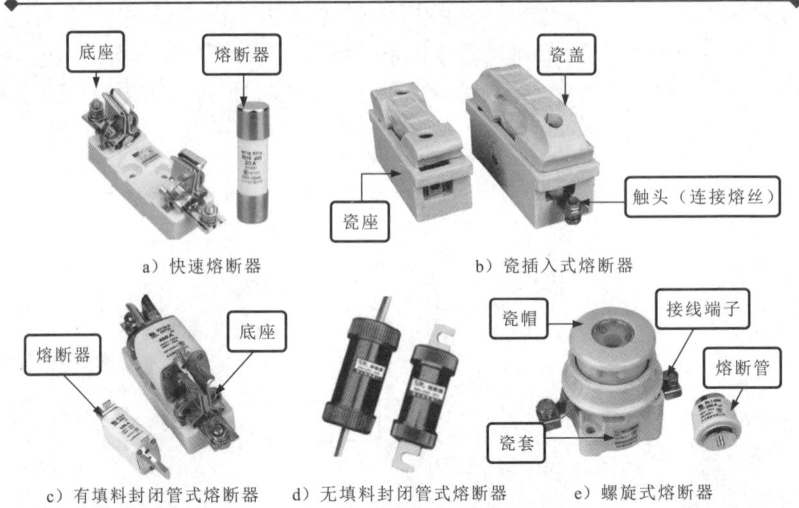

图 4-19　典型熔断器的实物外形

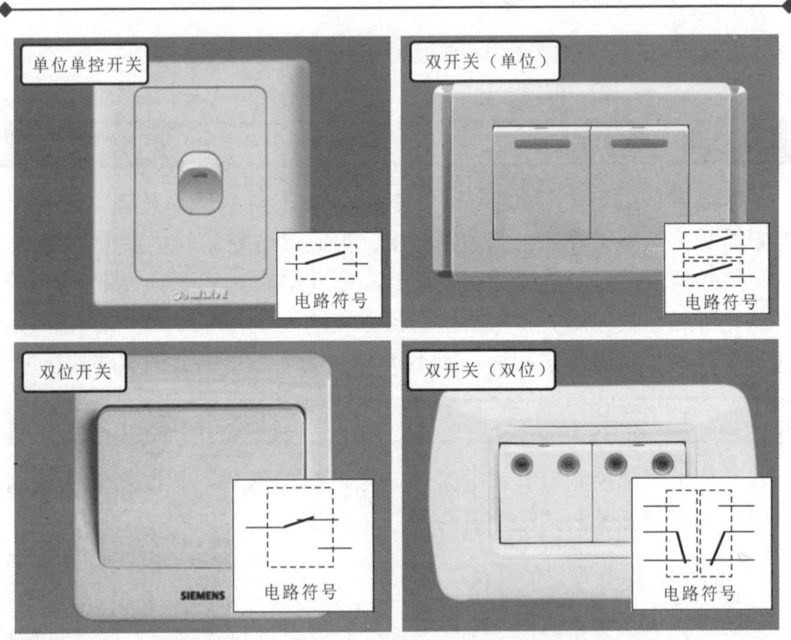

图 4-20　低压照明开关的实物外形

相关资料

单控开关主要对一条或多条线路上的照明灯的亮灭进行控制，而多控开关主要是使用在两个开关控制一盏灯或者多个开关同时对照明灯进行控制的环境下，如图4-21所示。

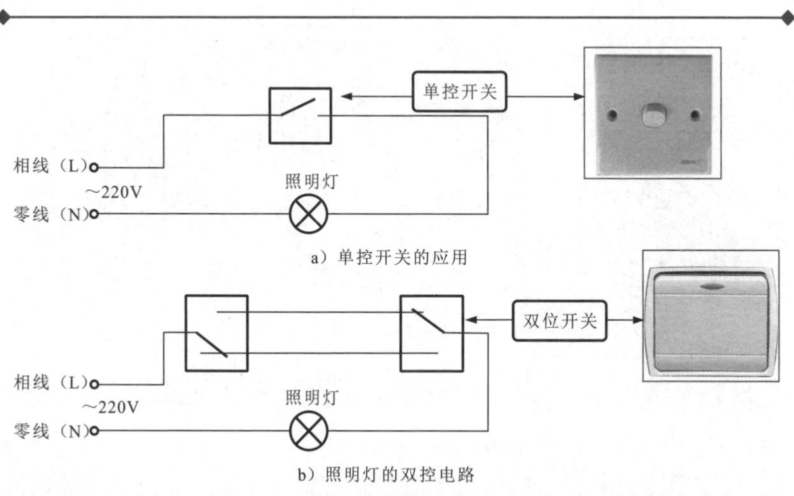

图4-21 低压照明开关的应用

2. 功能开关的功能

功能开关根据功能还可以分为触摸开关、声光控开关、光控开关等。其中触摸开关是利用人体的温度控制，实现开关的通断控制功能，该开关常用于楼道照明线路中。而声光控开关是利用声音或光线同时对照明电路进行控制，常常使用在楼道照明中，在白天时楼道中光线充足，照明灯无法点亮，夜晚黑暗的楼道中不方便找照明开关，使用声音即可控制照明灯点亮，等待行人路过后照明灯可以自行熄灭。

图4-22所示为功能开关的实物外形。

4.2.6 插座

电气线路施工常用的插座主要包括电源插座、有线电视插座以及网络插座等。其中，电源插座主要是用于连接导线以传输电流。常见的电源插座有两孔插座和三孔插座。两孔插座的连接线是左零右相。三孔插座上面的连接线是接地线。有线电视插座通常和有线电视同轴电缆连接，用于传送电视信号、调频广播节目信号到用户电视机。网络插座通常和网线连接，用于通过计算机终端与以太网连接。网络插座的连接包括 T568A 和 T568B 两个标准，分别适用于不同设备的连接和相同设备的连接。图 4-23 所示为插座的实物外形。

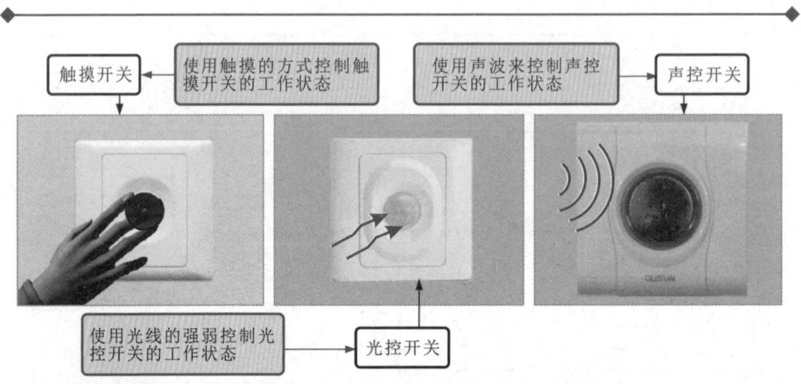

图 4-22 功能开关的实物外形

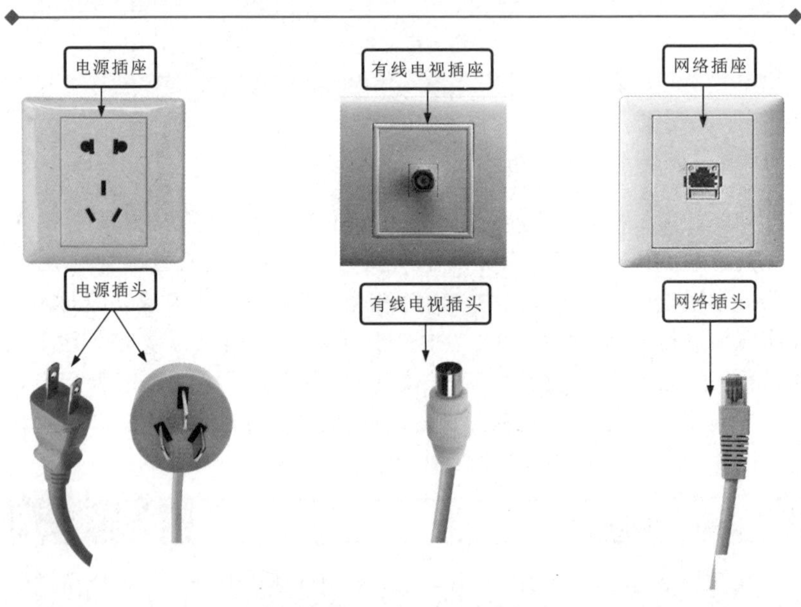

图 4-23 插座的实物外形

第 5 章
线路的加工连接

5.1 导线绝缘层的剖削

5.1.1 塑料硬导线绝缘层的剖削

截面积为 4mm² 及以下的塑料硬导线的绝缘层，一般用剥线钳、钢丝钳或斜口钳进行剖削；线芯截面积为 4mm² 及以上的塑料硬导线，通常用电工刀或剥线钳对绝缘层进行剖削。在剖削导线的绝缘层时，一定不能损伤线芯，并且根据实际的应用，决定剖削导线线头的长度。

用手捏住导线，将钢丝钳刀口绕导线旋转一周轻轻切破绝缘层，然后右手握住钢丝钳，用钳头钳住要去掉的绝缘层，向外用力剥去塑料绝缘层。图 5-1 所示为用钢丝钳钳口剖削塑料硬导线绝缘层的方法。

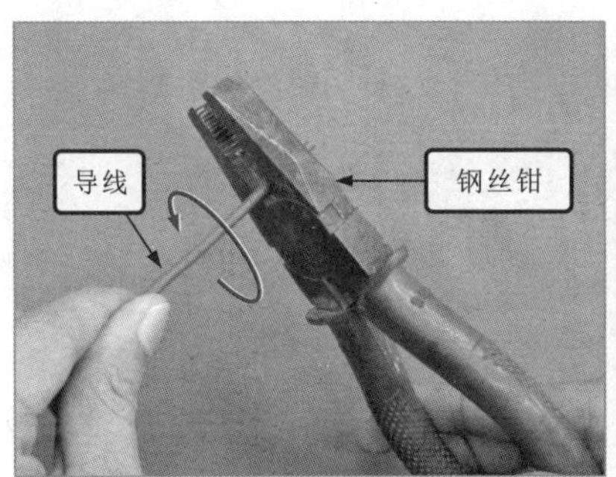

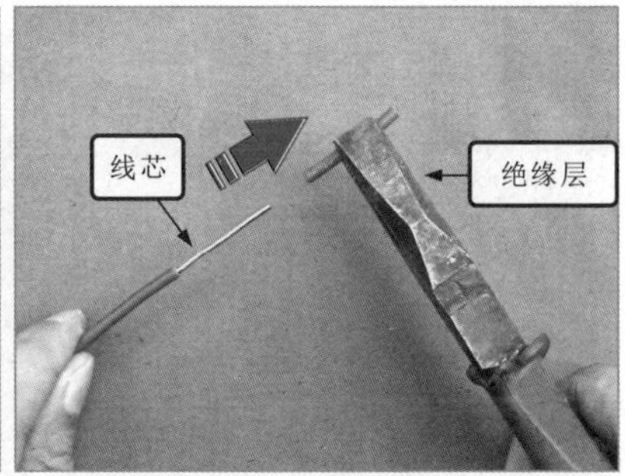

图 5-1 裸导线的实物外形

要点说明

在剥去绝缘层时，不可在钢丝钳刀口处施加剪切力，否则会切伤线芯。剖削出的线芯应保持完整无损，如有损伤，应重新剖削，如图 5-2 所示。

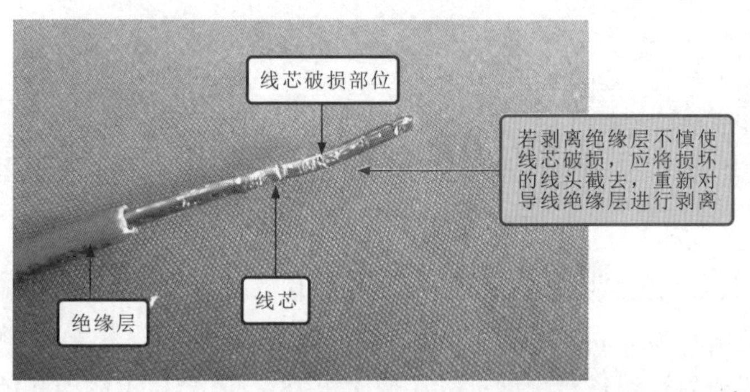

图 5-2　剥离绝缘层时划伤塑料硬导线的线芯

在剖削处用电工刀以 45°倾斜切入塑料绝缘层，注意刀口不能划伤线芯，切下上面一层绝缘层后，将剩余的线头绝缘层向后扳翻，用电工刀切下剩余的绝缘层。

图 5-3 所示为用电工刀剖削塑料硬导线绝缘层的方法。

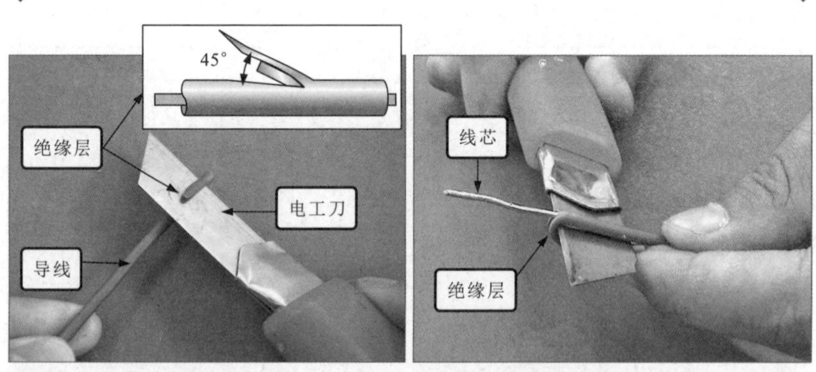

图 5-3　用电工刀剖削塑料硬导线绝缘层的方法

5.1.2 塑料软导线绝缘层的剖削

塑料软导线剥线的线芯多是由多股铜（铝）丝组成，不适宜用电工刀剖削绝缘层，实际操作中多使用剥线钳和斜口钳进行剖削操作。

首先将导线需剖削处置于剥线钳合适的刀口中，一只手握住并稳定导线，另一只手握住剥线钳的手柄，并轻轻用力，切断导线需剖削处的绝缘层。

图 5-4 所示为使用剥线钳切断多股软线缆的绝缘层。

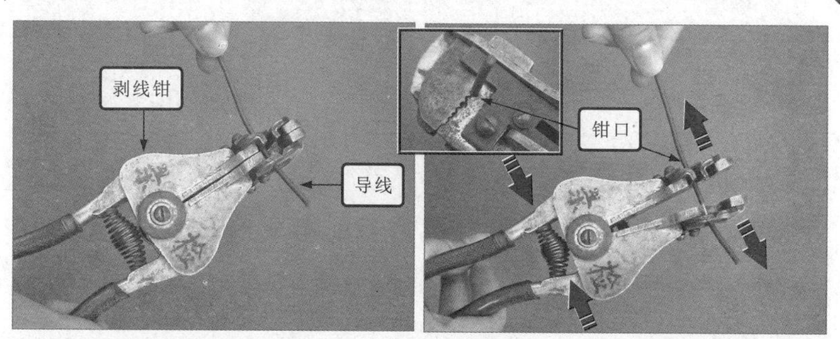

图 5-4 使用剥线钳切断多股软线缆的绝缘层

继续用力按下剥线钳，此时剥线钳钳口间距加大，直至剥线钳钳口将多股软线缆的绝缘层剥下。图 5-5 所示为使用剥线钳将多股软线缆绝缘层剥离。

图 5-5 使用剥线钳将多股软线缆绝缘层剥离

要点说明

在使用剥线钳剥离多股软线缆的绝缘层时，应当注意选择剥线钳的切口。有些学员在使用剥线钳剖削线芯较粗的多股软线缆时，选择的剥线钳切口过小，会导致多股软线缆的多根线芯与绝缘层一同被剥离，如图 5-6 所示，导致该线缆无法使用。

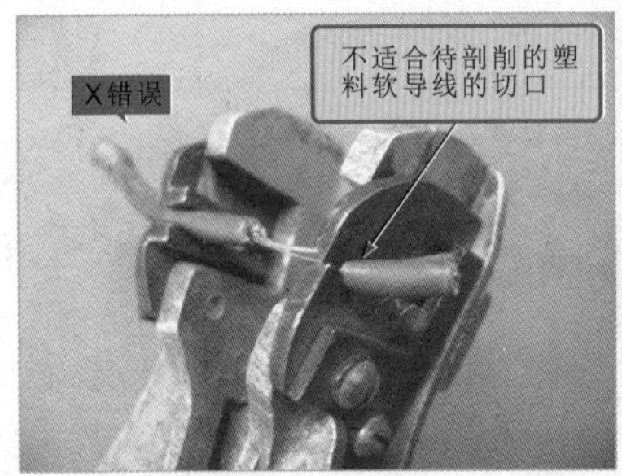

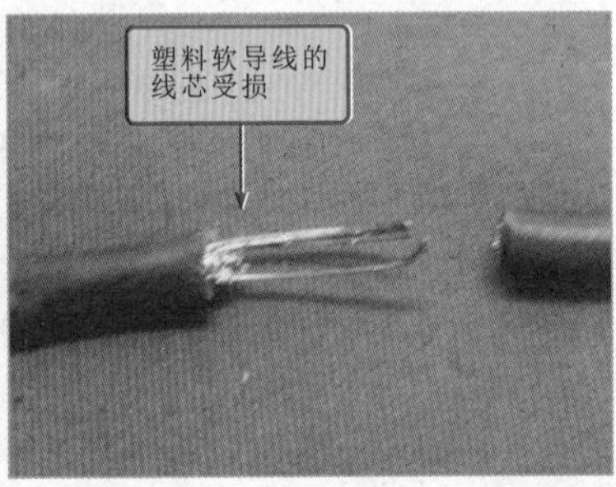

图 5-6　错误使用剥线钳剥离多股软线缆绝缘层

5.1.3　塑料护套线绝缘层的剖削

塑料护套线是将两根带有绝缘层的导线用护套层包裹在一起，因此，在进行绝缘层剖削时要先剖削护套层，然后再分别对两根导线的绝缘层进行剖削。

确定需要剥离护套层的长度后，使用电工刀尖对准线芯缝隙处，划开护套层。图 5-7 所示为使用电工刀划开塑料护套线缆的护套层。

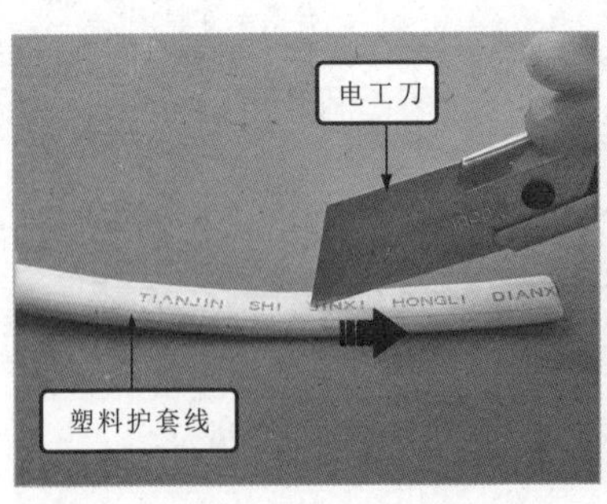

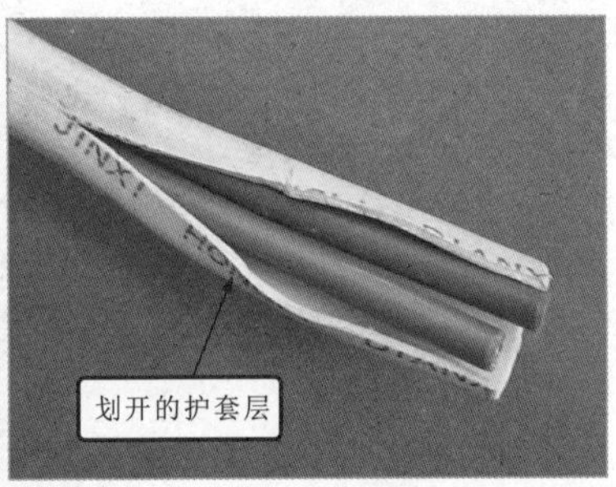

图 5-7　使用电工刀划开塑料护套线缆的护套层

然后将剩余的护套层向后翻开，再使用电工刀沿护套层的根部切割整齐即可，切勿将护套层切割出锯齿状。图 5-8 所示为使用电工刀割断塑料护套线缆的护套层。

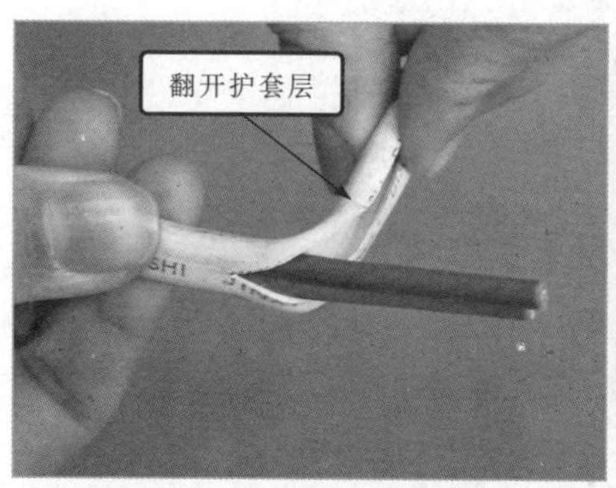

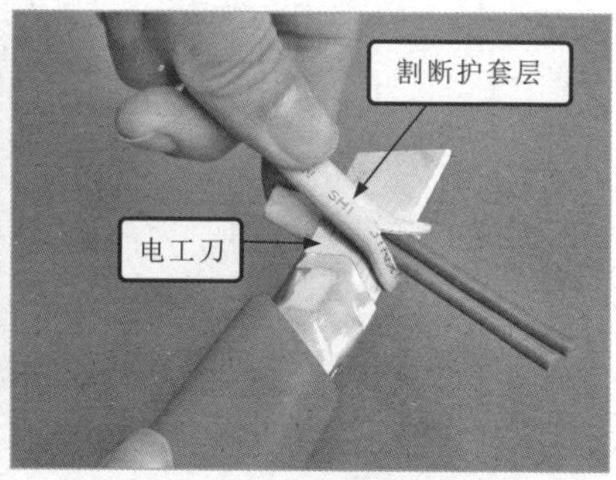

图 5-8 使用电工刀割断塑料护套线缆的护套层

5.1.4 漆包线绝缘层的剖削

漆包线的绝缘层是将绝缘漆喷涂在线缆上。由于漆包线的直径有所不同，所以对漆包线进行加工时，应当根据线缆的直接选择合适的加工工具。直径在 0.6mm 以上的漆包线可以使用电工刀去除绝缘漆；直径在 0.15~0.6mm 的漆包线可以使用砂纸去除绝缘漆；直径在 0.15mm 以下的漆包线应当使用电烙铁去除绝缘漆。

首先确定去除绝缘漆的位置，然后使用电工刀轻轻刮去漆包线上的绝缘漆，确保漆包线一周的漆层剥落干净即可。图 5-9 所示为使用电工刀刮去漆包线的绝缘漆。

使用砂纸去除漆包线的绝缘漆时，也要先确定去除绝缘漆的位置，左手握住漆包线，右手用细砂纸夹住漆包线，然后左手进行旋转，直到需要去除绝缘漆的位置干净即可。图 5-10 所示为使用砂纸去除漆包线的绝缘漆。

由于漆包线线芯过细，使用电工刀和砂纸极易造成线芯损伤，可选用 25W 以下的电烙铁，将电烙铁加热后，放在漆包线上来回摩擦即可去掉绝缘漆。图 5-11 所示为使用电烙铁去掉漆包线的绝缘漆。

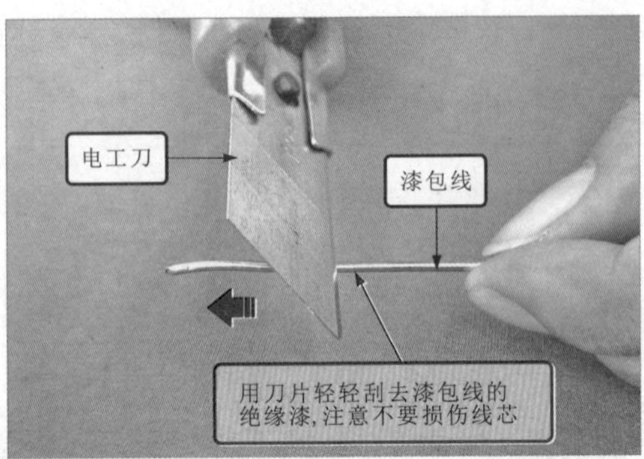

图 5-9 使用电工刀刮去漆包线的绝缘漆

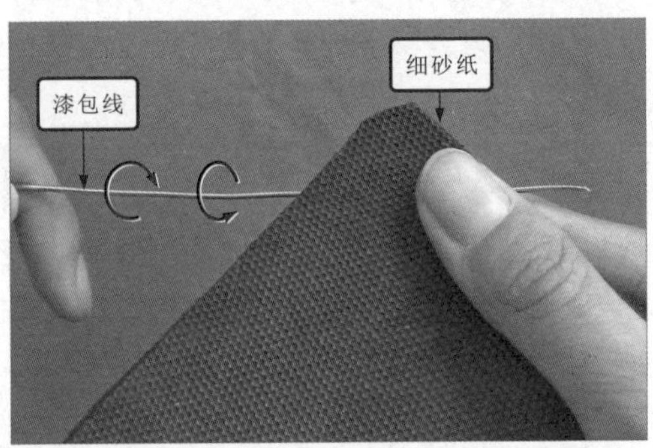

图 5-10 使用砂纸去除漆包线的绝缘漆

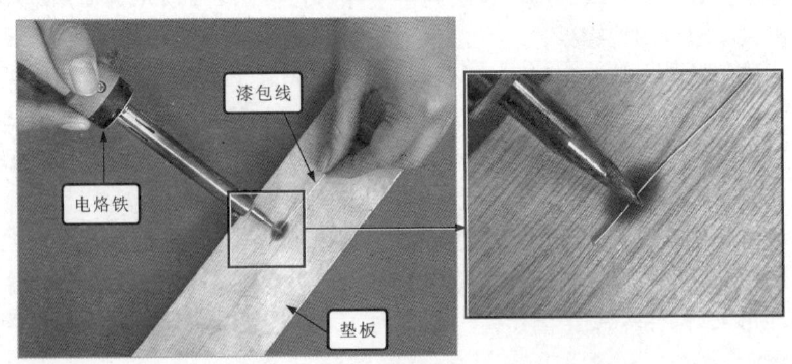

图 5-11 使用电烙铁去掉漆包线的绝缘漆

相关资料

在没有电烙铁的情况下，也可使用火对绝缘层进行剥离。使用微火对漆包线线头进行加热，当其漆层加热软化后，使用软布对其进行擦拭皆可，如图 5-12 所示。

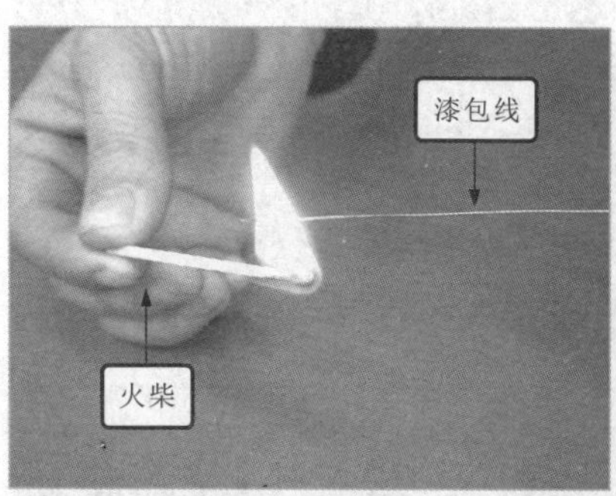

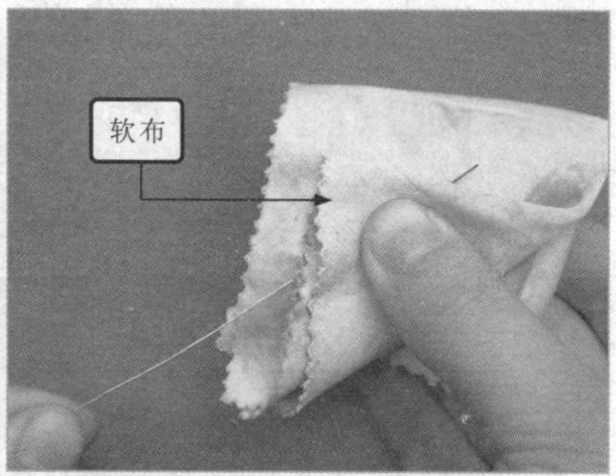

图 5-12　使用微火去除漆包线的绝缘漆

5.2 导线的连接

5.2.1　单股硬导线的连接

由于单股硬导线中的线芯直径和线芯材质有所不同，所以连接的方法也有所不同。单股硬导线通常可以选择绞接（X 形连接）、缠绕式对接、T 形连接和采用压接器连接的加工方法。

1. 两根单股硬导线绞接（X 形连接）

当两根截面积较小的铜芯单股硬导线需要进行连接时，可以采用绞接（X 形连接），将两根单股硬导线以 X 形摆放，利用线芯本身进行绞绕。

两根单股硬导线需要进行连接时，可以使两根线芯以中心点搭接，摆放成 X 形，再分别使用钳子钳住，并将线芯向相反的方向旋转 2 ~ 3 圈。图 5-13 所示为两根单股硬导线摆成 X 形进行旋转。

然后将两根单股硬导线的线头扳直，再将一根线芯紧贴在另一根线芯上并顺时针旋转绕紧，然后使用同样的方法将另一根线芯进行同样的处理。图 5-14 所示为将两根单股硬导线线头扳直进行缠绕。

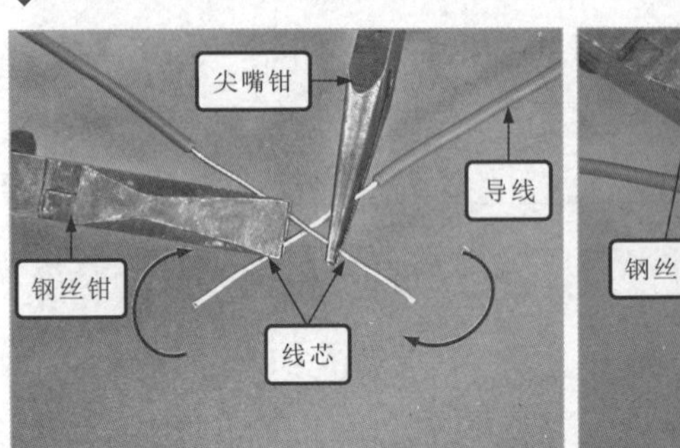

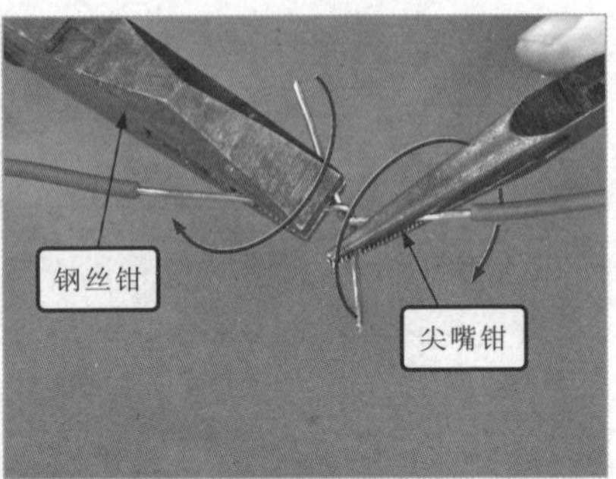

图 5-13 两根单股硬导线摆成 X 形进行旋转

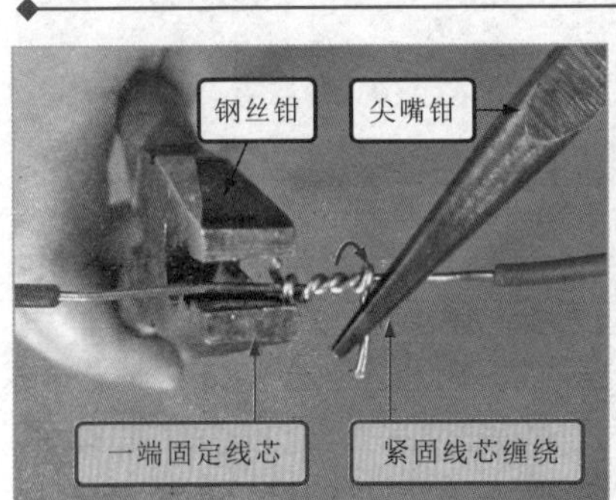

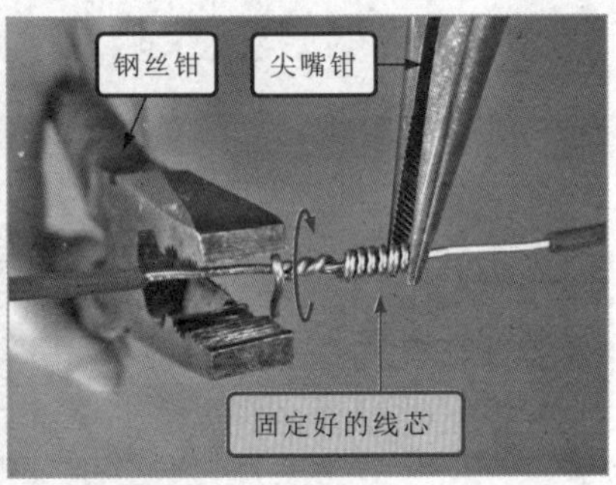

图 5-14 将两根单股硬导线线头扳直进行缠绕

2. 两根单股硬导线采用缠绕式对接

当两根较粗的铜芯单股硬导线需要进行连接时，可以选择缠绕式对接法进行连接，将两根线芯叠交后使用导电的铜丝进行缠绕即可。

将两根单股硬导线的线芯相对叠交，然后选择一根剥去绝缘层的细裸铜丝，将其中心与叠交线芯的中心进行重合，并使用细裸铜丝从一端开始进行缠绕。图 5-15 所示为细裸铜丝缠绕单股硬导线的叠交端。

扫一扫看视频

当细裸铜丝缠绕至两根单股硬导线线芯对接的末尾处时，应当继续向外端缠绕 8～10mm 的距离，这样可以保证线缆连接后接触良好；再将另一端的细裸铜丝进行同样的缠绕即可。图 5-16 所示为缠绕单股硬导线线芯叠交的尾端。

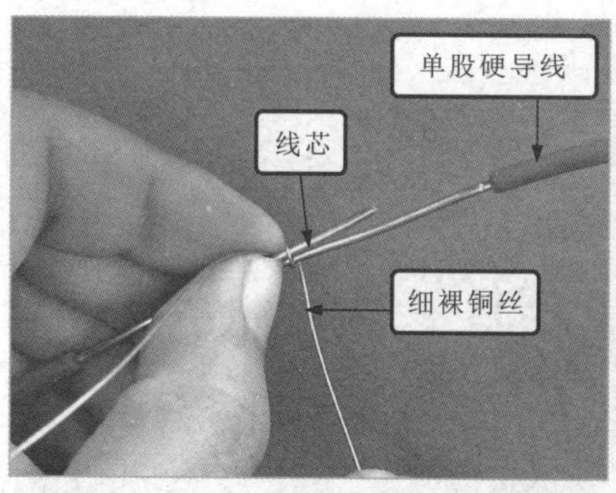

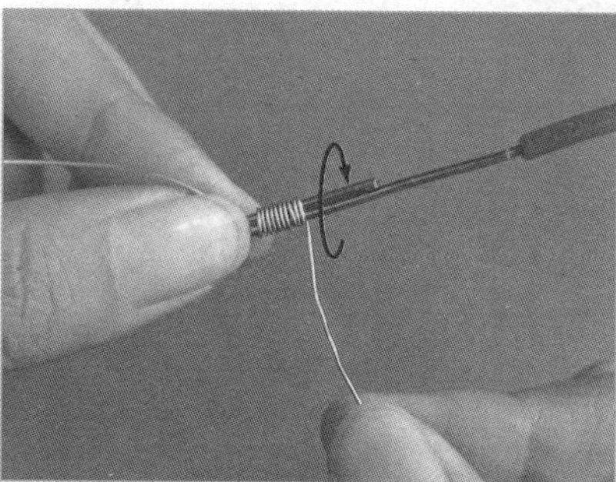

图 5-15　细裸铜丝缠绕单股硬导线的叠交端

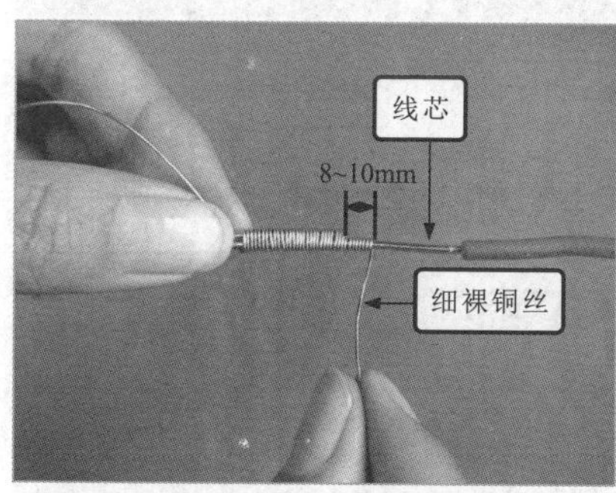

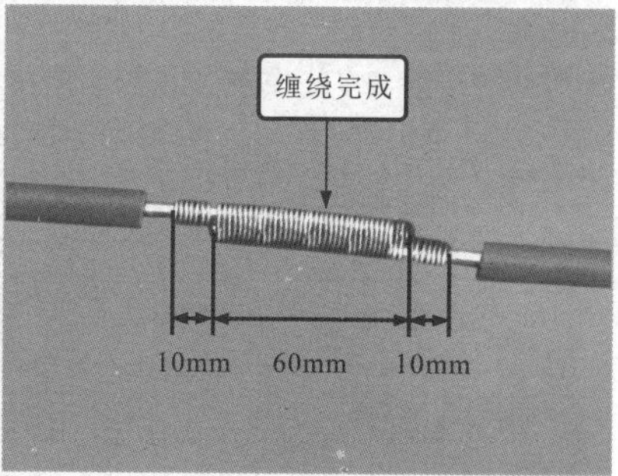

图 5-16　缠绕单股硬导线线芯叠交的尾端

相关资料

在两根单股硬导线采用缠绕式对接时，应当根据导线线芯的直径不同，缠绕的长度也有所不同，若直径在 5mm 及以下的导线，需要铜丝进行缠绕的长度为 60mm，若直径大于 5mm 的导线，需要缠绕的长度为 90mm。

3. 两根单股硬导线采用 T 形连接

当一根支路单股硬导线与一根主路单股硬导线需要连接时，可以采用 T 形连接法进行连接。

将去除绝缘层的支路线芯与主路单股硬导线去除绝缘层的中心进行十字相交，支路线芯的根部应当保留 3~5mm 的裸线，再按照顺时针的方向缠绕支路线芯。图 5-17 所示为将支路线芯与主路线芯进行连接。

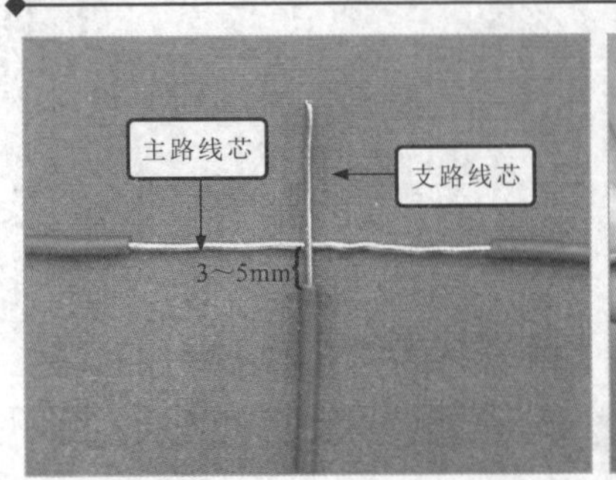

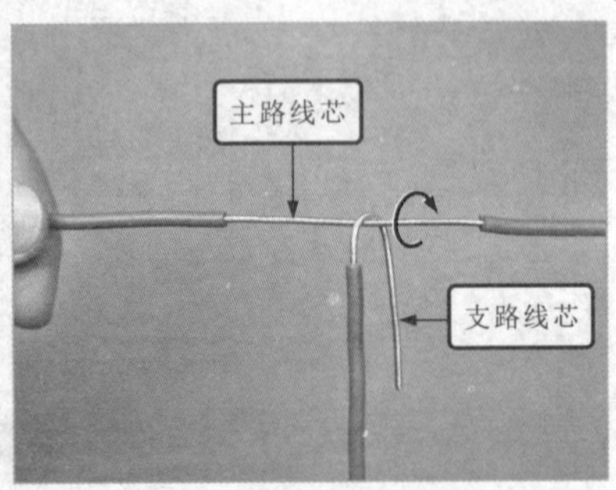

图 5-17 将支路线芯与主路线芯进行连接

然后将支路线芯沿顺时针方向紧贴主路单股硬导线的线芯进行缠绕，缠绕 6~8 圈即可，然后使用钢丝钳将剩余的线芯剪断，并使用钢丝钳将线芯末端接口钳平。图 5-18 所示为缠绕支路线芯并进行接口处理。

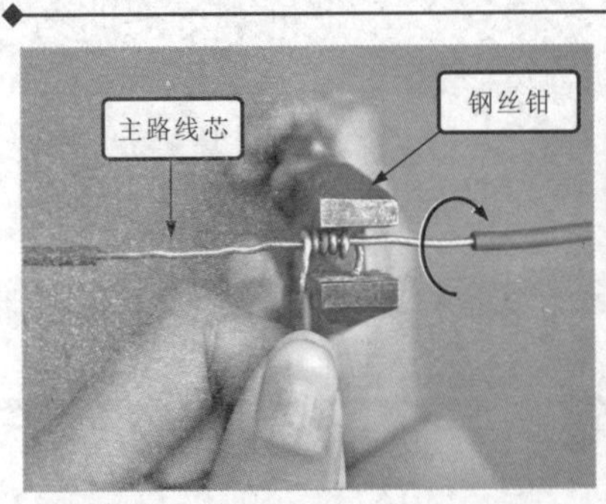

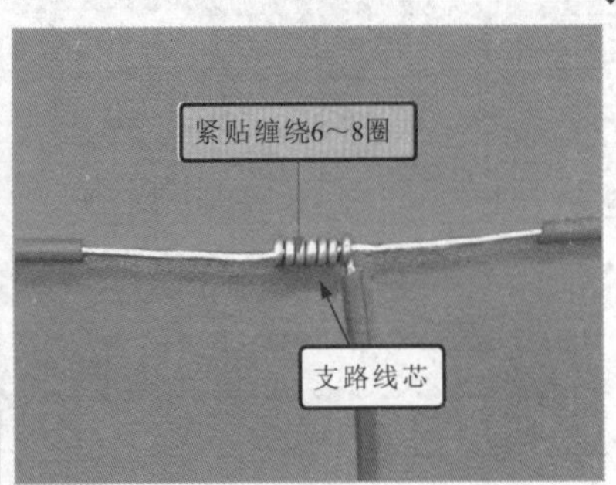

图 5-18 缠绕支路线芯并进行接口处理

4. 两根单股硬导线采用压接器连接

当单股硬导线内部为铝芯时，由于该类氧化铝膜的电阻率较高，除了直径较小的铝芯外，其余的铝芯无法与铜芯采用相同的线芯进行连接。通常铝芯会采用压接器进行连接。

当两根铝芯单股硬导线进行连接时，需要将其连接头处的绝缘层剥离，剥离的长度应当比压接器的长度略短一些，然后分别将两根线芯从两端插入压接器中，使用螺钉拧入压接器中，使两根线芯固定在压接器中，并且确定其连接牢固。操作如图 5-19 所示。

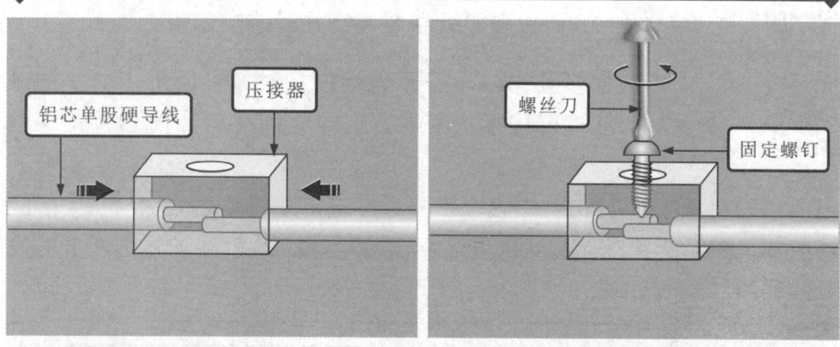

图 5-19　使用压接器连接两根铝芯单股硬导线

相关资料

两根单股硬导线还可以采用塑料接线端子进行连接，该类连接方法常使用在家装电路中，在塑料接线端子中带有导电金属，并且带有螺纹，将需要进行连接的两根线缆放入塑料接线端子中，然后旋转塑料接线端子即可，如图 5-20 所示。

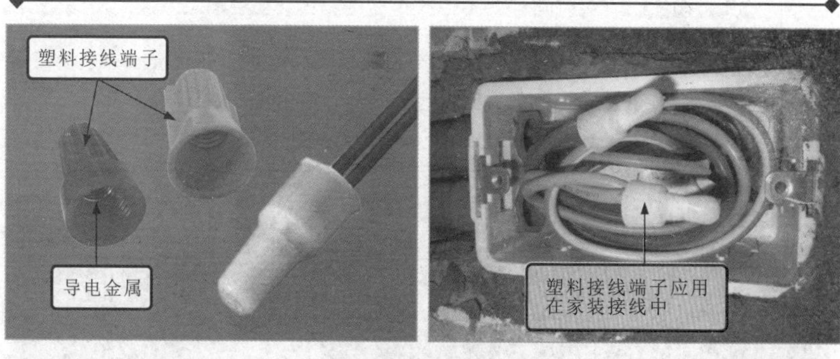

图 5-20　使用塑料接线端子连接线缆

5.2.2　多股软导线的连接

多股软导线在进行连接时，要求连接的导线规格型号相同，由于多股软导线中的线芯较多，应当按照连接规范进行操作。两根多股软导线通常可以选择缠绕式对接、T形连接的加工方法，而三根多股软导线通常也可以使用缠绕式对接法进行连接。

1. 两根多股软导线缠绕式对接法连接

当两根多股软导线需要进行连接时，可以采用简单的缠绕式对接法进行连接，在进行连接之前应将需要连接的两根导线的绝缘层剥离。

首先将两根多股软导线的线芯散开拉直，并将靠近绝缘层1/3的线芯绞紧，然后再将剩余2/3的线芯分散为伞状。图5-21所示为对多股软导线的线芯进行处理。

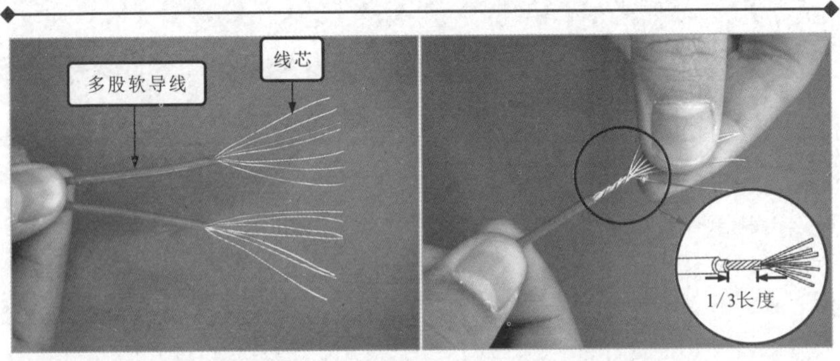

图5-21 对多股软导线的线芯进行处理

将两根加工后的多股软导线的线芯成隔根式对插，然后将两端对插的线芯捏平。图5-22所示为将两根线芯的线头对插后捏平。

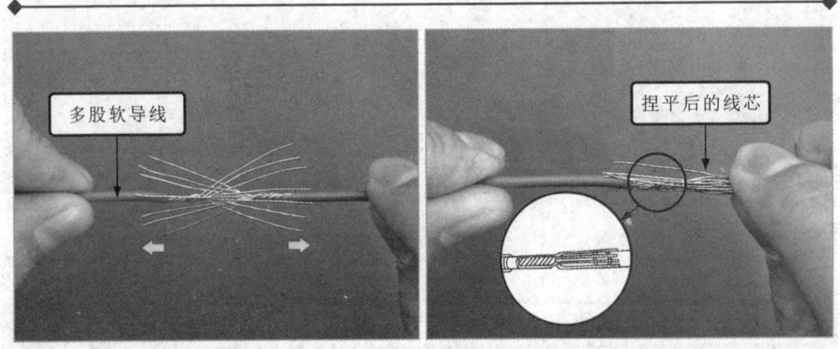

图5-22 将两根线芯的线头对插后捏平

将一端的线芯近似平均分成三组，将第一组的线芯扳起，垂直于线头，按顺时针方向对线芯进行缠绕，缠绕2圈后将剩余的线芯与其他线芯平行贴紧。图5-23所示为第一组线芯的缠绕。

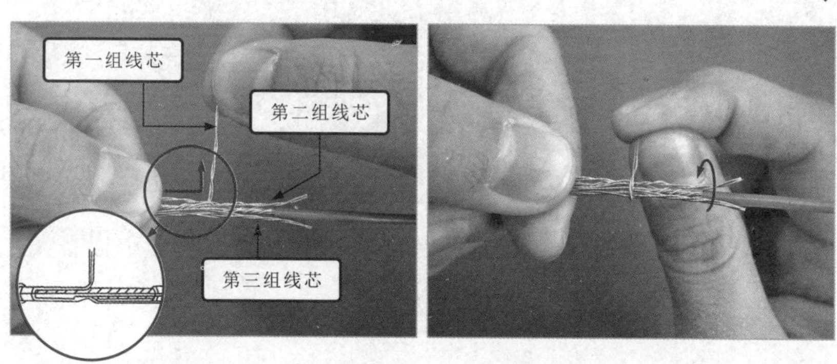

图5-23 第一组线芯的缠绕

接着将第二组线芯扳起，按顺时针方向紧压着线芯平行方向缠绕2圈，再将剩余线芯与其他线芯平行紧贴。图5-24所示为第二组线芯的缠绕。

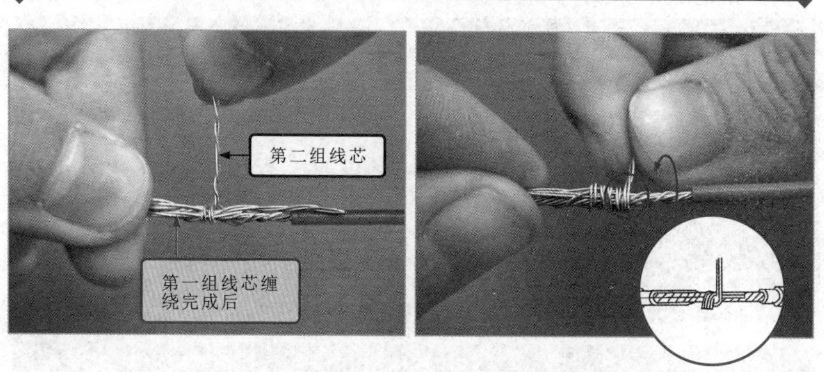

图5-24 第二组线芯的缠绕

然后再将第三组线芯扳起，使其与其他线芯垂直，按照顺时针的方向紧压着线芯平行方向缠绕3圈，切除多余的线芯即可，另一根导线的线芯也采用相同的方法。图5-25所示为第三组线芯的缠绕。

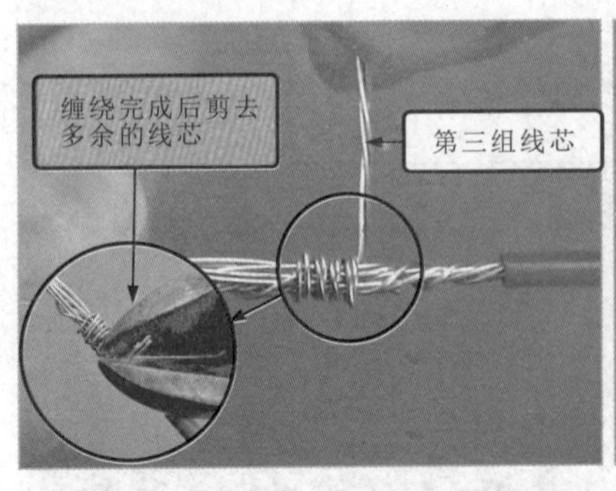

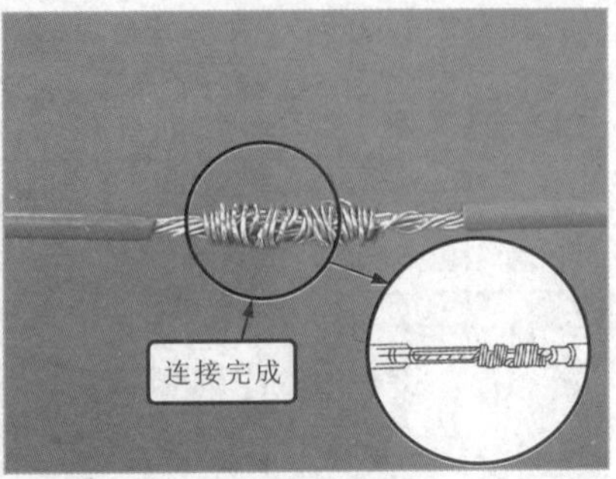

图 5-25 第三组线芯的缠绕

2. 两根多股软导线 T 形连接

当一根支路多股软导线与一根主路多股软导线进行连接时，也可以采用 T 形连接法进行连接。

将去除绝缘层的支路多股软导线线芯散开再拉直，并在距绝缘层 1/8 处将线芯绞紧，然后将剩余的线芯分为两组排列。图 5-26 所示为支路多股软导线线芯的处理。

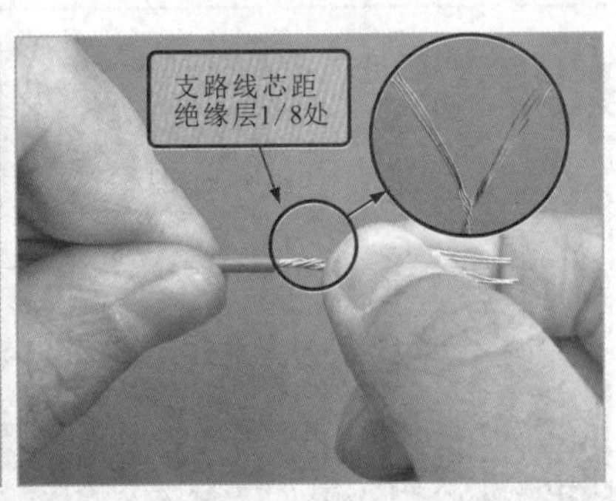

图 5-26 支路多股软导线线芯的处理

将一字槽螺丝刀插入主路多股软导线剥离绝缘层的中心部位，并将该部分线芯分为两组，再将支路线芯中的一组插入，另一支路线芯可以放置于主路多股软导线的前面。图 5-27 所示为支路线芯与主路线芯的连接。

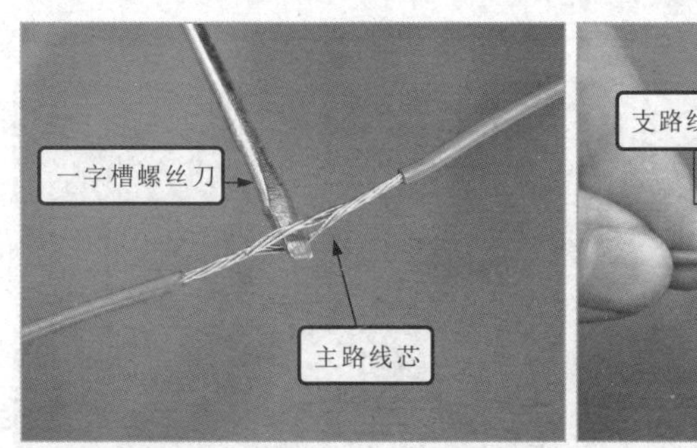

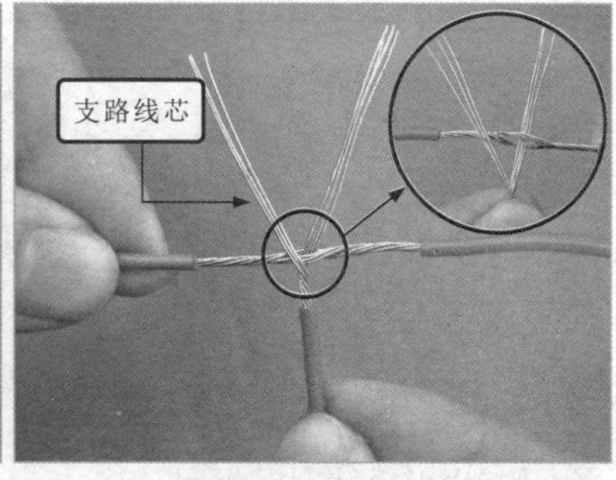

图 5-27 支路线芯与主路线芯的连接

再将其中一组支路线芯沿主路线芯顺时针缠绕 3~4 圈，并将多余的线芯取出，另一端采用相同的方法处理线芯。图 5-28 所示为两根多股软导线 T 形连接。

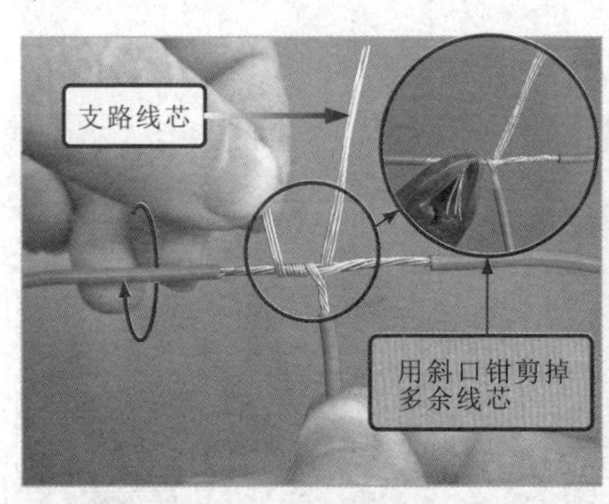

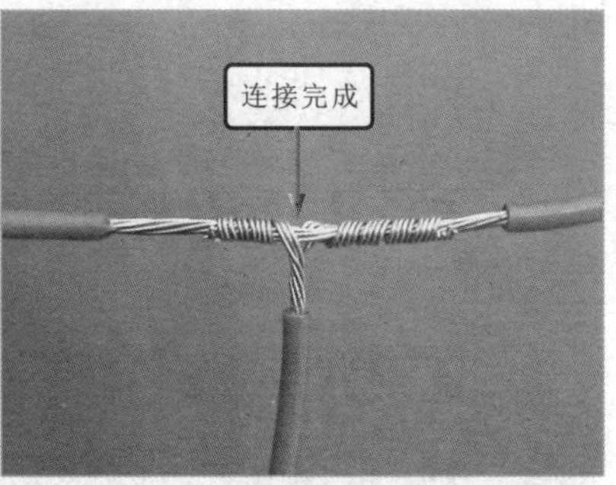

图 5-28 两根多股软导线 T 形连接

3. 三根多股软导线缠绕式对接法连接

当三根多股软导线需要进行连接时，可以采用缠绕的方式进行连接，利用其中的一根线缆去缠绕另外两根线缆即可。

三根多股软导线需要进行连接时，在剥离绝缘层时，需要进行缠绕的线缆绝缘层剥离的长度应为另外两根线缆剥离绝缘层的长度的三倍，再将三根多股软导线的线芯绞绕紧密，然后将三根多股软导线平放，用一只手按住三根多股软导线的绝缘层的根部，将其固定，再将需要进行缠绕的线芯向上弯曲 60°，使其压制在另外两根多股软导线的线芯上。

图 5-29 所示为三根多股软导线缠绕的准备工作。

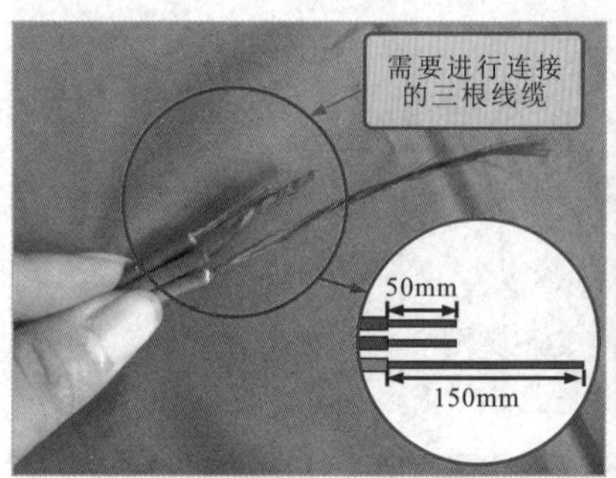

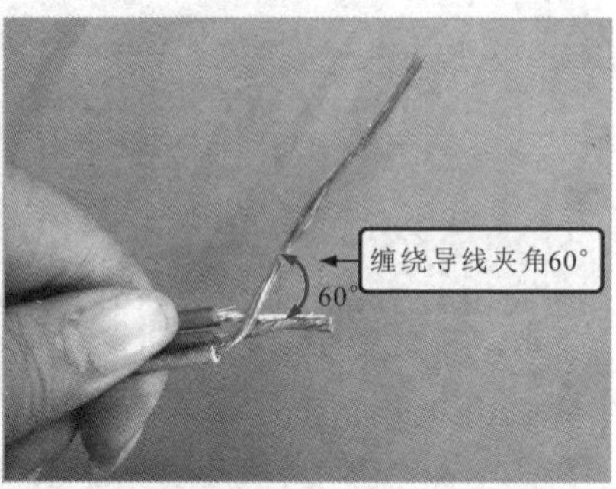

图 5-29 三根多股软导线缠绕的准备工作

将线芯沿顺时针紧绕另外两根线芯，直至缠绕完成，当其完成后，可将多余的线芯使用钢丝钳切断。图 5-30 所示为线缆进行缠绕并修剪多余的线芯。

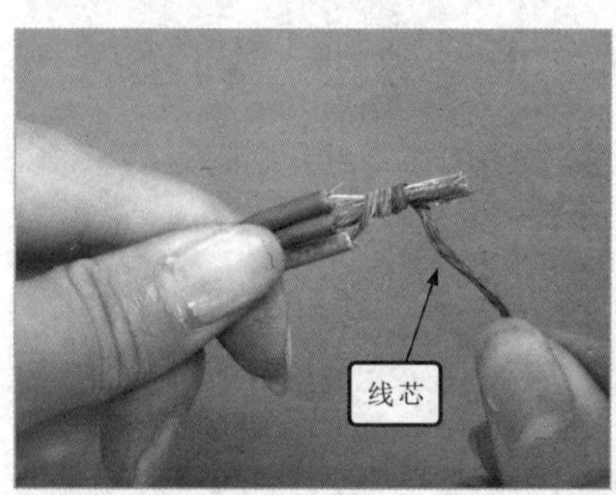

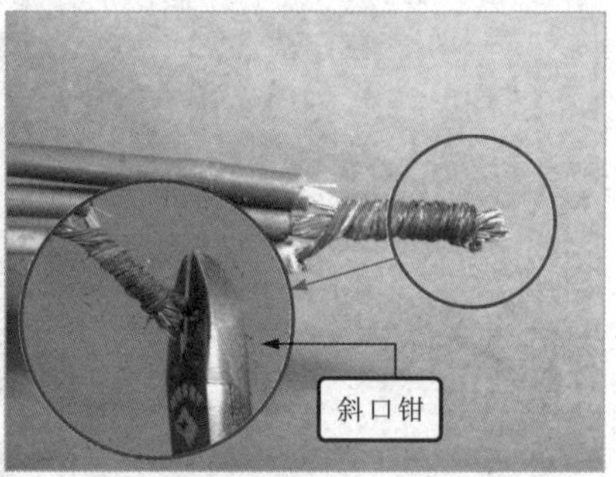

图 5-30 线缆进行缠绕并修剪多余的线芯

5.3 导线与插座的连接

5.3.1 导线与插座的针孔式接线桩连接

插座的针孔式接线桩是依靠位于针孔顶部的紧固螺钉压住线头来完成电连接的，连接时由于线芯的不同，其连接方法也不同。

1. 单股线芯导线与插座的针孔式接线桩连接

单股线芯导线与针孔式接线桩进行连接时，可直接将线芯扳直并插入针孔式接线桩中，然后用螺丝刀拧紧紧固螺钉。图5-31所示为单股线芯导线与针孔式接线桩的连接。

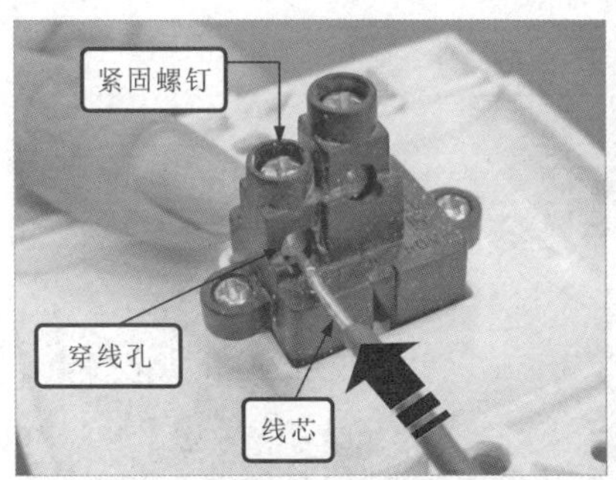

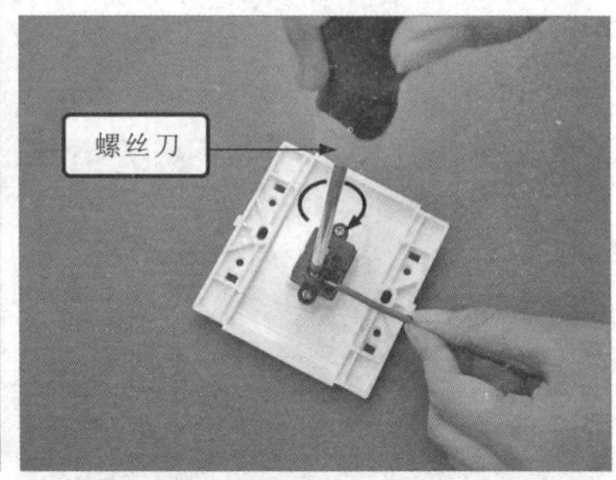

图5-31 单股线芯导线与针孔式接线桩的连接

2. 多股线芯导线与插座的针孔式接线桩连接

当导线线芯大小与针孔式接线桩相匹配时，可直接将线芯绞紧，再插入针孔式接线桩中用紧固螺钉固定，如图5-32所示。

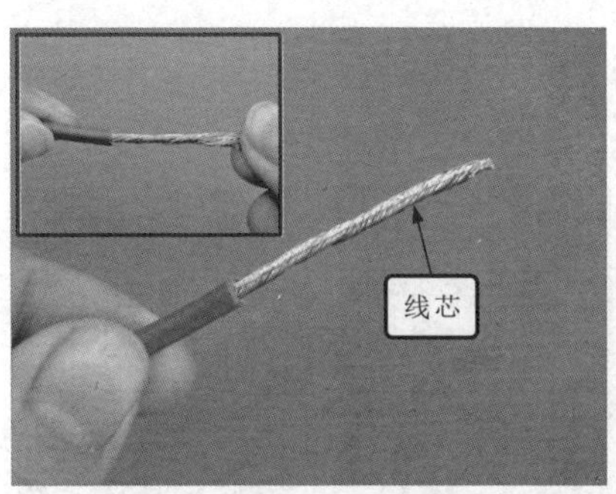

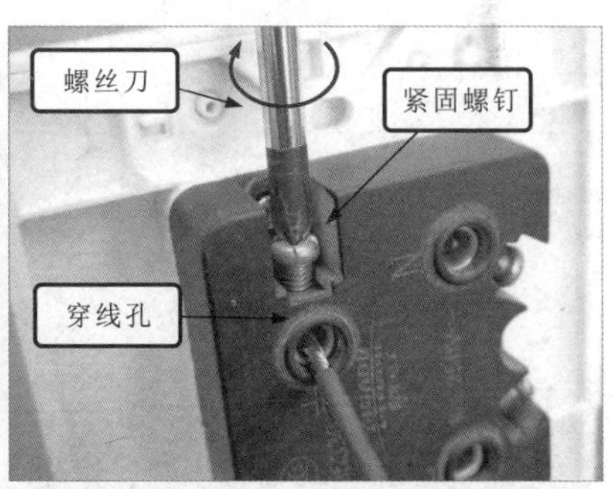

图5-32 多股线芯导线与针孔式接线桩的连接

5.3.2 导线与插座的平压式接线桩连接

平压式接线桩也称为平压式接线螺钉。连接时，一般将螺钉与垫圈配合使用将线头压紧，完成连接。

1. 单股导线与平压式接线桩的连接

单股芯线与平压式接线桩进行连接时，为了连接可靠，首先在导线的线芯接头距绝缘层5mm处将连接头弯成直角，再将连接头反向弯曲成直角。图5-33所示为处理导线线芯。

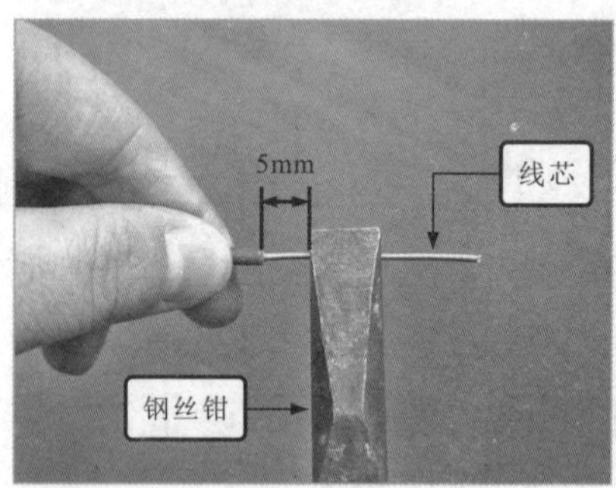

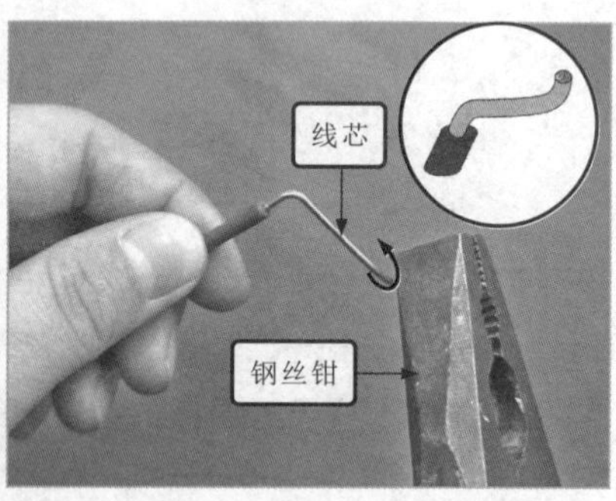

图5-33 处理导线线芯

将连接头调整为环形并切掉多余的部分，然后再将螺钉以及垫圈插入环形孔中压紧，使用螺丝刀拧紧紧固螺钉。图5-34所示为单股导线与平压式接线桩的连接。

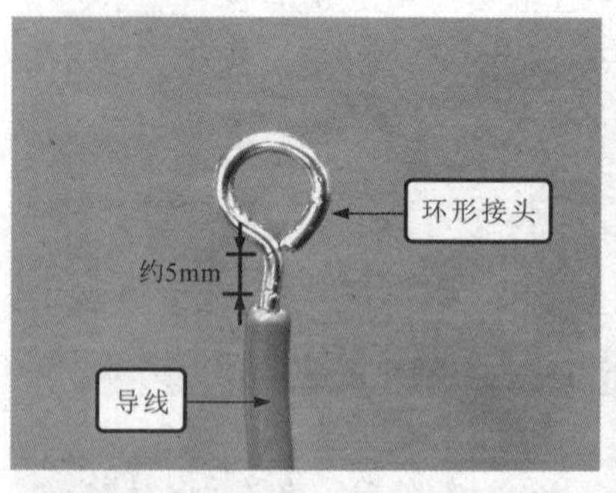

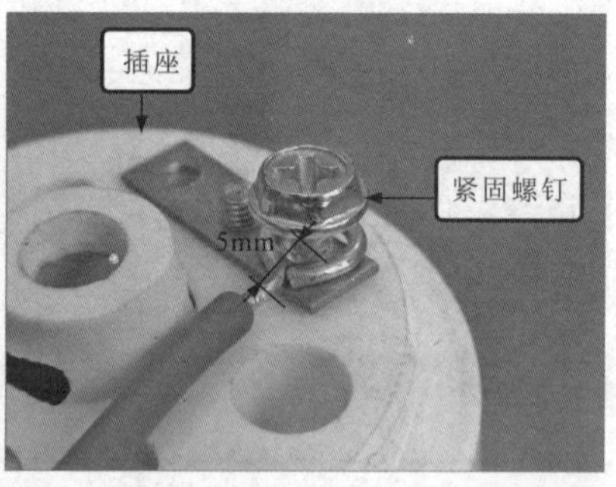

图5-34 单股导线与平压式接线桩的连接

要点说明

将塑料硬导线加工为环形时，应当注意连接环弯压质量，若尺寸不规范或弯压不规范，都会影响接线时的质量，图5-35所示为有些学员在制作连接环时不合格的实例，希望各位学员在实际操作中可以避免该类情况的发生。

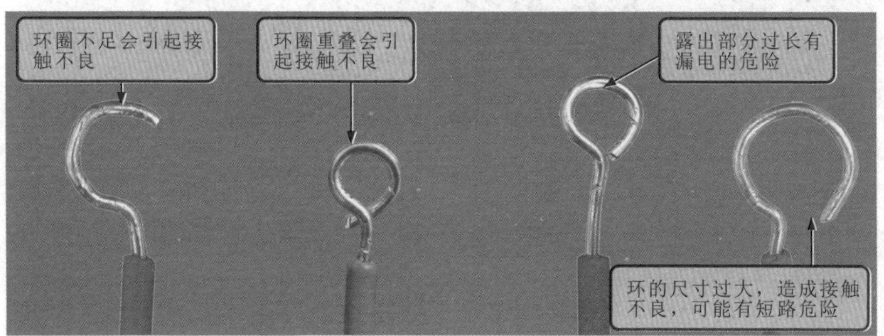

图5-35　不合格的连接环

2. 多股导线与平压式接线桩的连接

首先将导线的线芯离绝缘层根部约1/2处的芯线绞紧，并在1/3处向外折角，弯曲成圆弧，然后将圆弧弯曲成圆圈，并把芯线线头与导线并在一起，图5-36所示为多股线芯导线与平压式接线桩的连接。

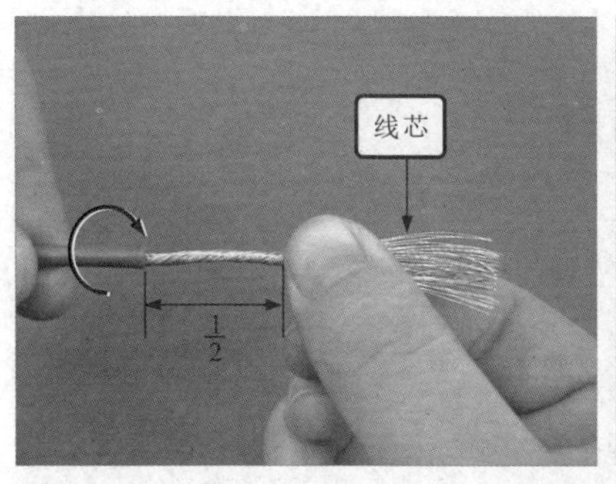

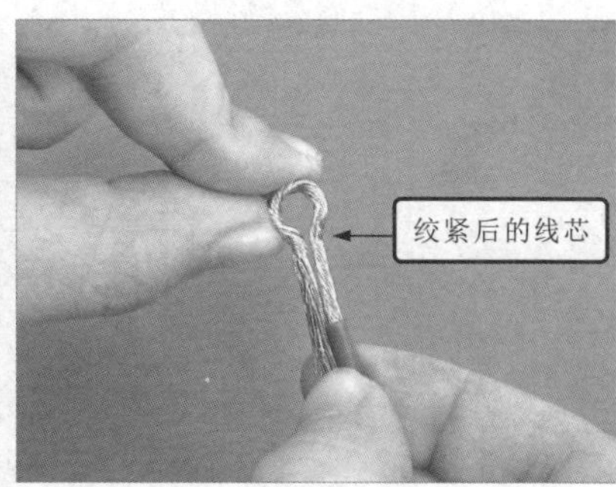

图5-36　多股线芯导线与平压式接线桩的连接

将散着的线头取约1/3，并将线头扳直，然后按顺时针方向绕两圈，接着将余下线头的约 1/2 的线芯扳直，以顺时针方向绕两圈，然后与芯线并在一起，最后将余下的线芯也以顺时针方向绕两圈，并把多余的芯线剪掉。图 5-37 所示为多股线芯导线与平压式接线桩的连接。

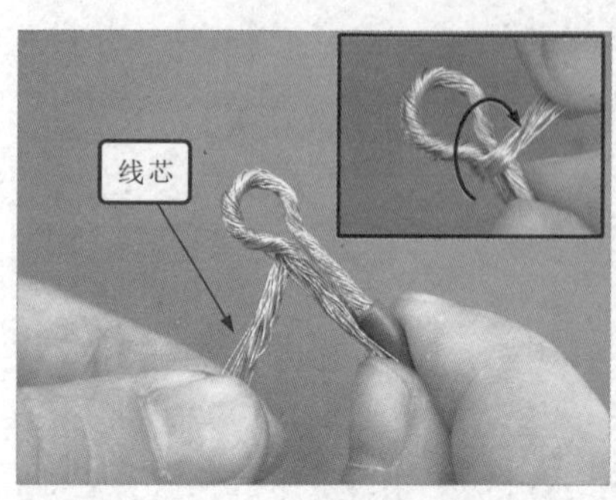

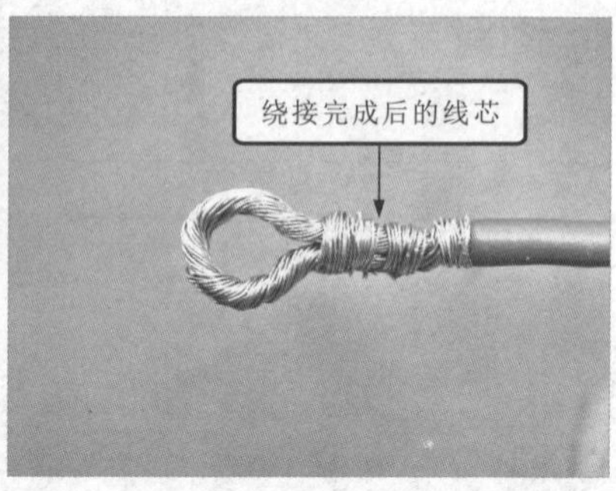

图 5-37　多股线芯导线与平压式接线桩的连接

第 6 章 电气线路的敷设

6.1 线缆明敷

6.1.1 金属管配线明敷

金属管配线是指使用金属材质的管制品，将线路敷设于相应的场所，是一种常见的配线方式，室内和室外都适用。采用金属管配线可以使导线能够很好地受到保护，并且能减少因线路短路而发生火灾。

1. 金属管的选用规范

在使用金属管明敷于潮湿的场所时，由于金属管会受到不同程度的锈蚀，为了保障线路的安全，应采用材质较厚的专用钢管；若是敷设于干燥的场所，则可以选用金属电线管。金属管的选用如图 6-1 所示。

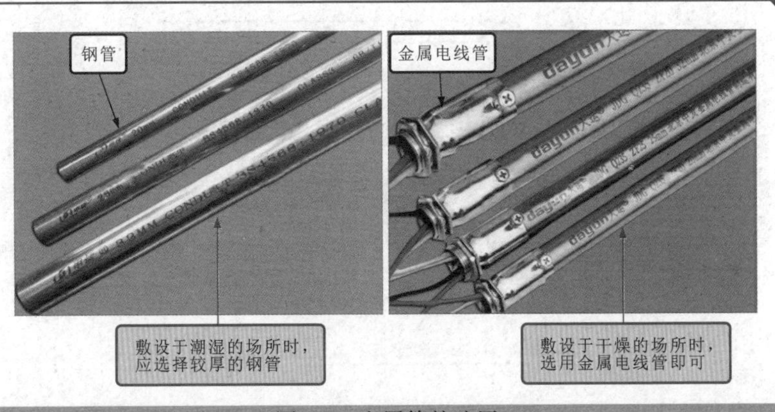

图 6-1　金属管的选用

另外，在使用金属管进行配线时，为了防止穿线时金属管口划伤导线，其管口的位置应使用专用工具进行打磨，使其没有毛刺或是尖锐的棱角，如图 6-2 所示。

图 6-2 金属管口的加工

2. 金属管的弯头训练

在金属管配线明敷时，有时要根据敷设现场的环境要求对金属管进行弯管操作，使其能够适应当前的需要。对于金属管的弯管操作要使用专业的弯管器以避免出现裂缝、明显凹瘪等弯制不良的现象，另外，对于金属管弯曲半径不得小于金属管外径的 6 倍，在明敷时且只有一个弯时，可将金属管的弯曲半径减小为管子外径的 4 倍，如图 6-3 所示。

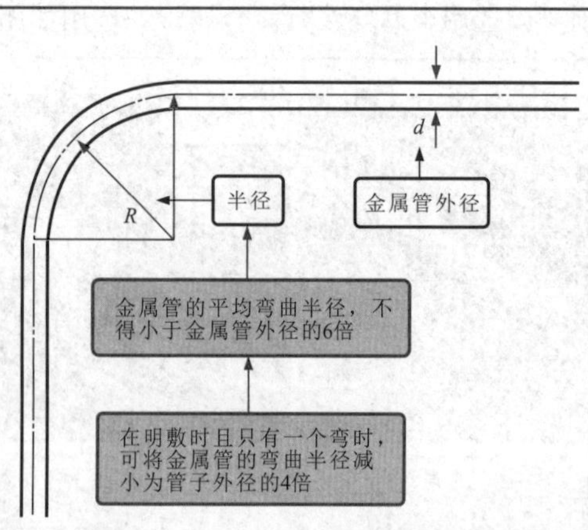

图 6-3 金属管弯头的操作

相关资料

在对金属管进行弯曲操作时，还可以采用弯曲的角度来进行衡量并操作，通常情况下，金属管的弯曲角度应在90°~105°之间。

要点说明

在敷设金属管时，为了减少配线时的困难程度，应尽量减少弯头出现的总量，例如每根金属管的弯头不应超过3个，直角弯头不应超过2个。

金属管配线明敷中，若管路较长或有较多弯头，则需要适当加装接线盒，通常对于无弯头的情况时，金属管的长度不应超过30m；对于有一个弯头的情况时，金属管的长度不应超过20m；对于有两个弯头的情况时，金属管的长度不应超过15m；对于有三个弯头的情况时，金属管的长度不应超过8m，如图6-4所示。

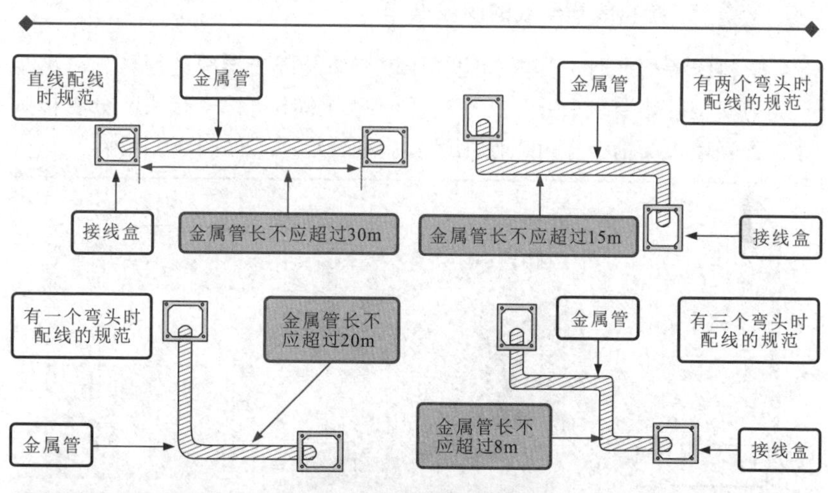

图6-4 金属管使用长度的训练

为了其美观和方便拆卸，在对金属管进行固定时，通常会使用管卡进行固定，如图6-5所示，若是没有设计要求，则对金属管卡的固定间隔不应超过3m；在距离接线盒0.3m的区域，应使用管卡进行固定；在弯头两边也应使用管卡进行固定。

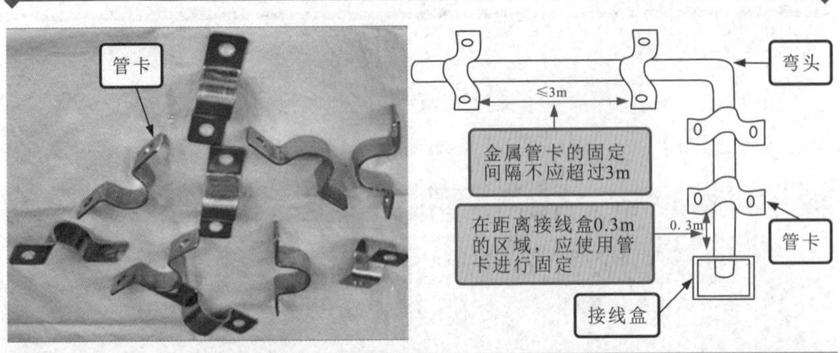

图 6-5　金属管配线时的固定

6.1.2　线槽配线明敷

线槽配线主要采用塑料线槽配线敷设、塑料线管配线敷设和金属线槽配线敷设三种。

1. 塑料线槽配线的明敷操作

塑料线槽配线时，其内部的导线填充率及载流导线的根数，应满足导线的安全散热要求，并且在塑料线槽的内部不可以有接头、分支接头等，若有接头的情况，可以使用接线盒进行连接，如图 6-6 所示。

图 6-6　塑料线槽配线时导线的操作训练

要点说明

有些电工为了降低成本和劳动力，将强电导线和弱电导线放置在同一线槽内进行敷设，这样会对弱电设备的通信传输造成影响，是非常错误的行为，如图 6-7 所示，另外线槽内的线缆也不宜过多，通常规定在线槽内的导线或是电缆的总截面积不应超过线槽内总截面积的 20%。

图 6-7　使用塑料线槽配线时的错误操作

如图 6-8 所示，有些电工在使用塑料线槽敷设线缆时，线槽内的导线数量过多，且接头凌乱，这样会为日后用电留下安全隐患，必须将线缆理清重新设计敷设方式。

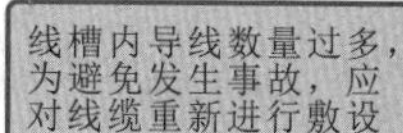

图 6-8　线缆在塑料槽内的配线规范

（1）塑料线槽配线时导线的固定训练

如图 6-9 所示，线缆水平敷设在塑料线槽中可以不绑扎，其槽内的缆线应顺直，尽量不要交叉，在导线进出线槽的部位以及拐弯处应绑扎固定。若导线在线槽内是垂直配线，应每间隔 1.5m 的距离固定一次。

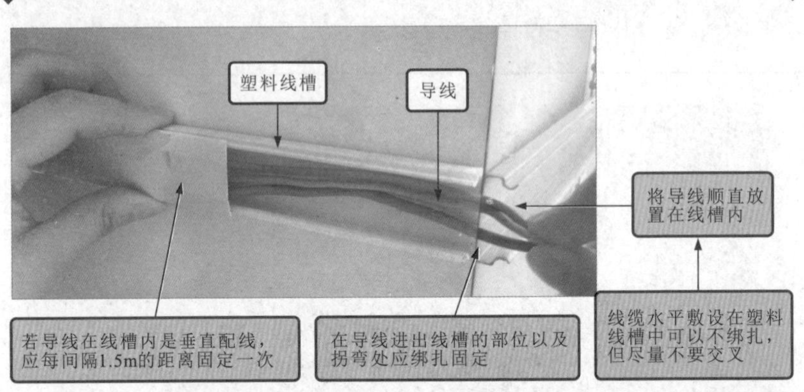

图 6-9 使用塑料线槽配线时导线的固定训练

相关资料

为方便塑料线槽的敷设连接，目前，市场上有很多塑料线槽的敷设连接配件，如阴转角、阳转角、分支三通、直转角等，如图 6-10 所示，使用这些配件可以为塑料线槽的敷设连接提供方便。

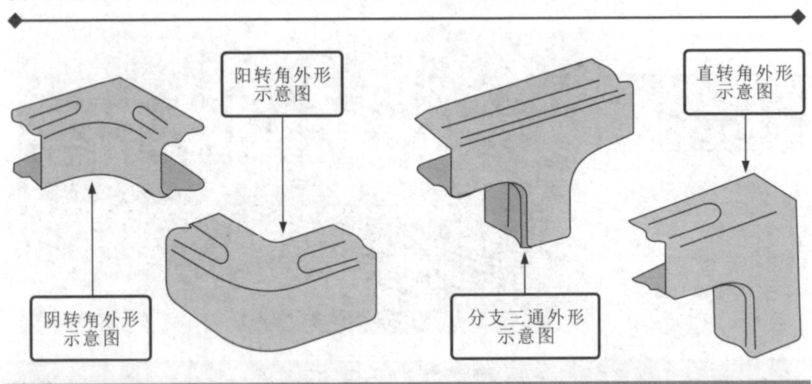

图 6-10 塑料线槽配线时用到的相关附件

(2) 塑料线槽配线时线槽的固定训练

如图 6-11 所示，对线槽的槽底进行固定时，其固定点之间的距离应根据线槽的规格而定，例如塑料线槽的宽度为 20～40mm 时，其两个固定点间的最大距离应为80mm，可采用单排固定法；若塑料线槽的宽度为60mm，其两个固定点的最大距离应为100mm，可采用双排固定法，并且固定点纵向间距为30mm；若塑料线槽的宽度为80～120mm时，其两个固定点之间的距离应为80mm，可采用双排固定法，并且固定点纵向间距为50mm。

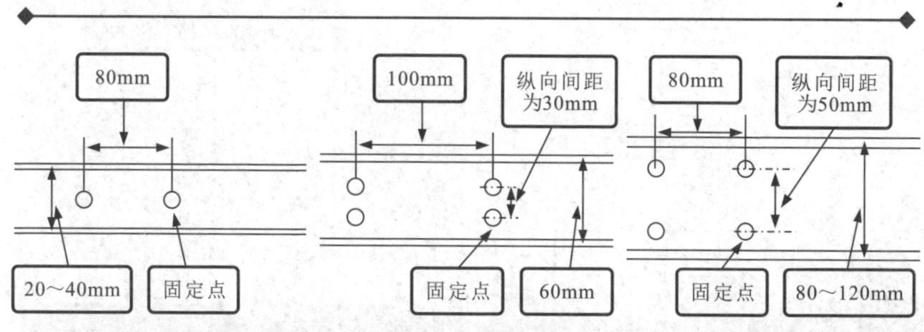

图6-11　塑料线槽的固定

2. 塑料线管配线的明敷操作

塑料线管配线方式具有配线施工操作方便、施工时间短、抗腐蚀性强等特点，适合应用在腐蚀性较强的环境中。在使用塑料线管进行配线时可分为硬质塑料线管和半硬质塑料线管。

（1）塑料线管配线的固定

如图6-12所示，塑料线管配线时，应使用管卡进行固定、支撑。在距离塑料线管始端、终端、开关、接线盒或电气设备处150～500mm时应固定一次，对于多条塑料线管的敷设，要保持其间距均匀。

要点说明

塑料线管配线前，应先对塑料线管本身进行检查，其表面不可以有裂缝、瘪陷的现象，其内部不可以有杂物，而且保证明敷塑料线管的管壁厚度不小于2mm。

（2）塑料线管的连接

塑料线管之间的连接可以采用插入法和套接法连接，如图6-13所示，插入法是指将黏接剂涂抹在A硬质塑料线管的表面，然后将A硬质塑料线管插入B硬质塑料线管内约A硬质塑料线管管径的1.2～1.5倍深度即可；套接法则是同直径的硬质塑料线管扩大成套管，其长度约为硬质塑料线管外径的2.5~3倍，插接时，先将套管加热至130℃左右，约1~2min使套管软化后，同时将两根硬质塑料线管插入套管即可。

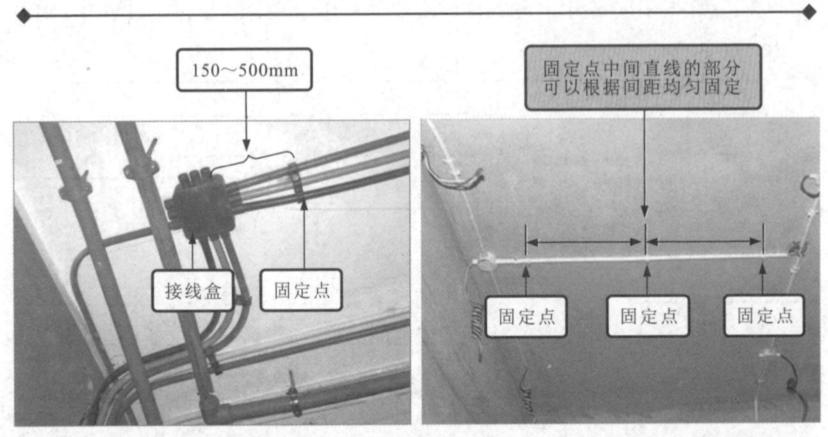

图6-12 塑料线管配线的固定

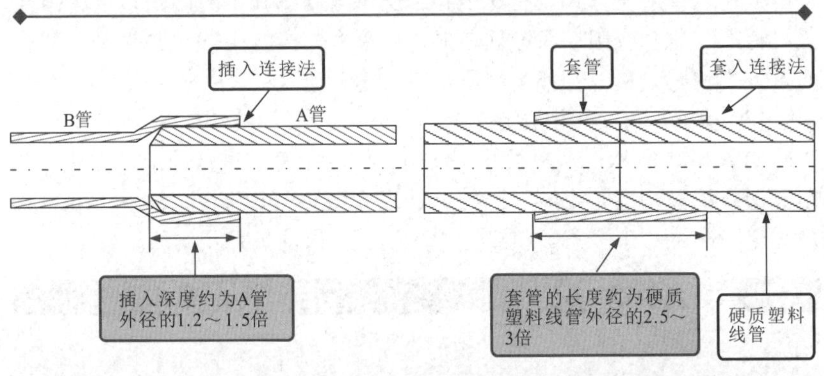

图6-13 塑料线管的连接

相关资料

在使用塑料线管敷设连接时，可使用辅助连接配件进行连接弯曲或分支等操作，例如90°弯头、45°弯头、异径接头或活接头等，如图6-14所示，在安装连接过程中，可以根据其环境的需要使用相应的配件。

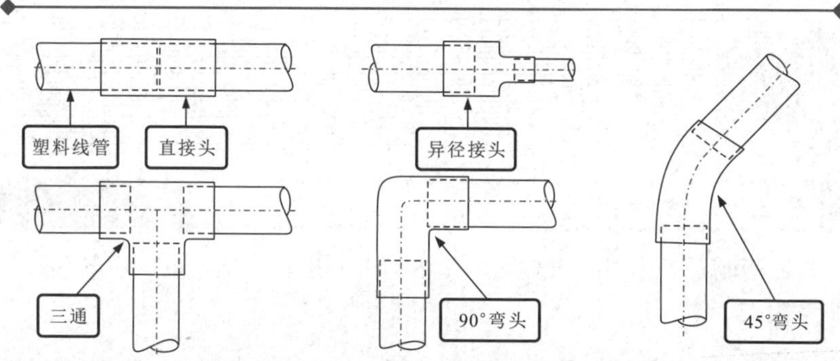

图 6-14 塑料线管配线时用到的配件

3. 金属线槽配线的明敷操作训练

金属线槽配线用于明敷时，一般适用于正常环境的室内场所，带有槽盖的金属线槽，具有较强的封闭性，其耐火性能也较好，可以敷设在建筑物顶棚内，但是对于金属线槽有严重腐蚀的场所不可以采用该类配线方式。

（1）金属线槽配线时导线的安装

金属线槽配线时，其内部的导线不能有接头，若是在易于检修的场所，可以允许在金属线槽内有分支的接头，并且在金属线槽内配线时，其内部导线的截面积不应超过金属线槽内截面积的 20%，载流导线不宜超过 30 根。

（2）金属线槽的安装

金属线槽配线时，遇到如图 6-15 所示的情况时，需要设置安装支架或是吊架，即线槽的接头处；直线敷设金属线槽的长度为 1~1.5m 时；金属线槽的始端、终端以及进出接线盒的 0.5m 处。

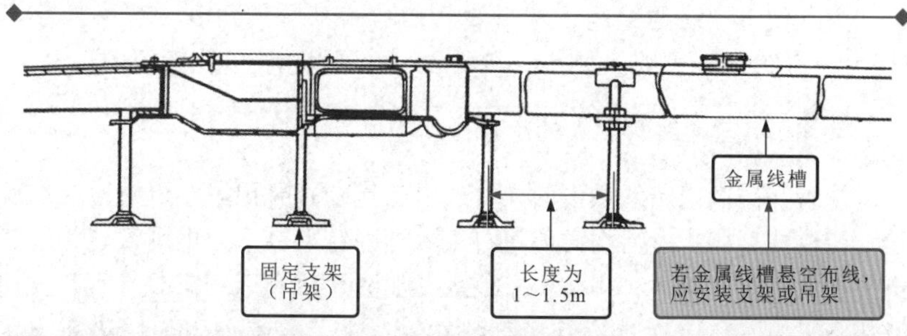

图 6-15 金属线槽的安装训练

6.2 线缆暗敷

6.2.1 线管暗敷

线管暗敷是指将线管埋入墙壁内的一种配线方式。这里以塑料线管暗敷为例。

1. 塑料线管配线的暗敷规范

在选用塑料线管配线时，首先应检查塑料线管的表面是否有裂缝或是瘪陷的现象，若存在该现象，则不可以使用；然后检查塑料线管内部是否存有异物或是尖锐的物体，若有该情况，则不可以选用，如图6-16所示，将塑料线管用于暗敷时，要求其管壁的厚度应不小于3mm。

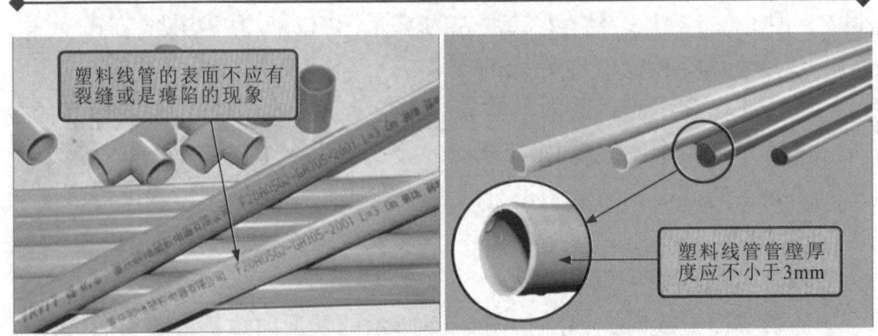

图6-16 塑料线管的选用

为了便于导线的穿越，塑料线管的弯头部分的角度一般不应小于90°，要有明显的圆弧，如图6-17所示，不可以出现管内弯瘪的现象。

2. 塑料线管配线的暗敷操作

线管在砖墙内暗线敷设时，一般在土建砌砖时预埋，否则应先在砖墙上留槽或开槽，然后在砖缝里打入木榫并钉上钉子，再用铁丝将线管绑扎在钉子上，并进一步将钉子钉入，如图6-18所示，若是在混凝土内暗线敷设时，可用铁丝将管子绑扎在钢筋上，将管子用垫块垫高10~15mm，使管子与混凝土模板间保持足够距离，并防止浇灌混凝土时把管子拉开。

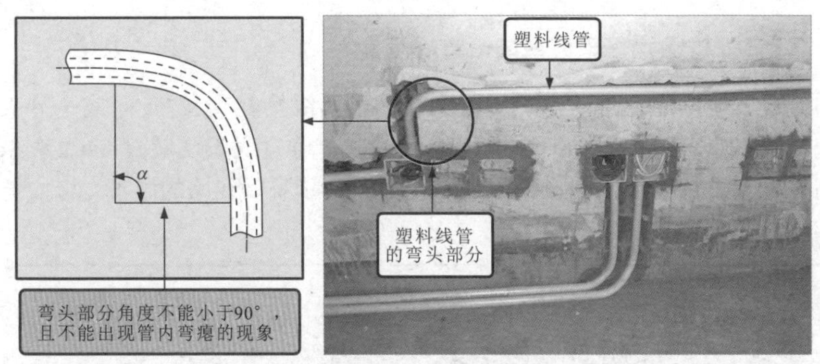

图 6-17 塑料线管弯曲时的操作

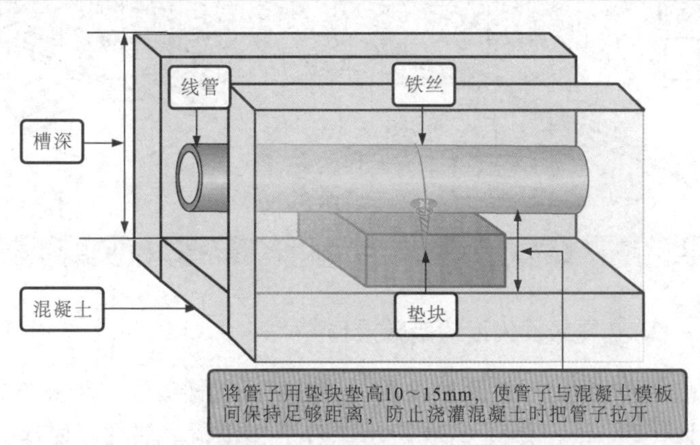

图 6-18 塑料线管在砖墙及混凝土内敷设时的操作

塑料线管配线时，两个接线盒之间的塑料线管为一个线段，每个线段内塑料线管口的连接数量要尽量减少；并且根据用电的需求，使用塑料线管配线时，应尽量减少弯头的操作。

6.2.2 线槽暗敷

线槽暗敷是指将线槽埋入墙壁内的一种配线方式。这里以金属线槽暗敷为例。

金属线槽配线使用在暗敷中时，通常适用于正常环境下大空间且隔断变化多、用电设备移动性大或敷设有多种功能的场所，主要是敷设于现浇混凝土地面、楼板或楼板垫层内。

1. 金属线槽配线的暗敷规范

金属线槽配线时，为了便于穿线，金属线槽在交叉/转弯或是分支处配线时应设置分线盒；金属线槽配线时，若直线长度超过 6m，应采用分线盒进行连接，如图 6-19 所示。并且为了日后线路的维护，分线盒应能够开启，并采取防水措施。

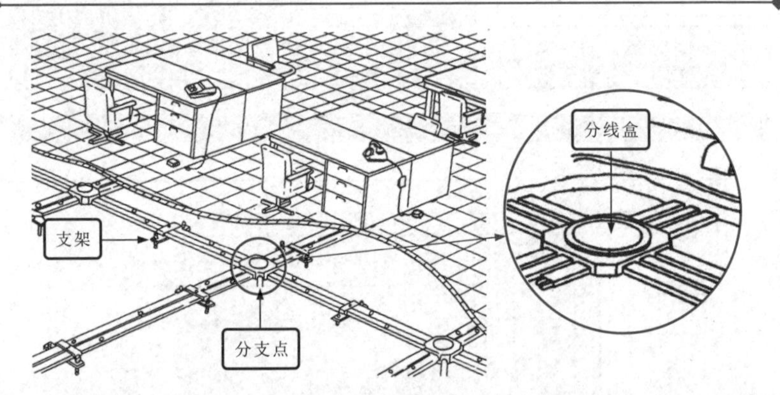

图 6-19　金属线槽配线时分线盒的使用

2. 金属线槽配线的暗敷操作

金属线槽配线时，若是敷设在现浇混凝土的楼板内，要求楼板的厚度不应小于 200mm；如图 6-20 所示，若是在楼板垫层内，要求垫层的厚度不应小于 70mm，并且避免与其他管路有交叉的现象。

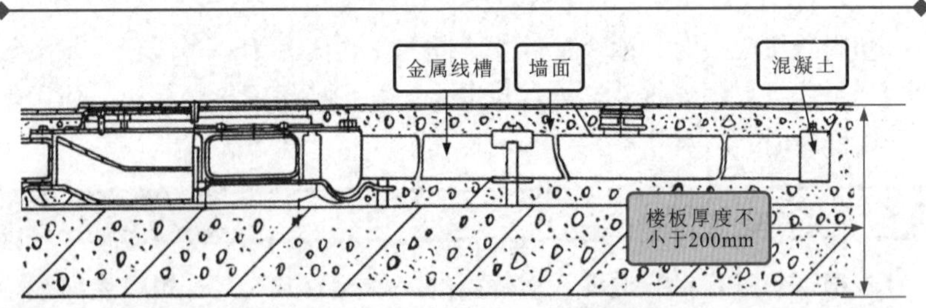

图 6-20　金属线槽配线时的环境

第 7 章 供配电线路的规划与施工

7.1 供配电线路的规划

7.1.1 楼宇供配电线路的规划

楼宇供配电系统就是将外部高压干线送来的高压电，经总变配电室降压后，由低压干线分配给各低压支路，送入低压配电柜，再经低压配电柜分配给楼内各配电箱，最终为楼宇各动力设备、照明系统、安防系统等提供电力供应，并满足人们生活的用电需要，图 7-1 为楼宇供配电系统的结构示意图。

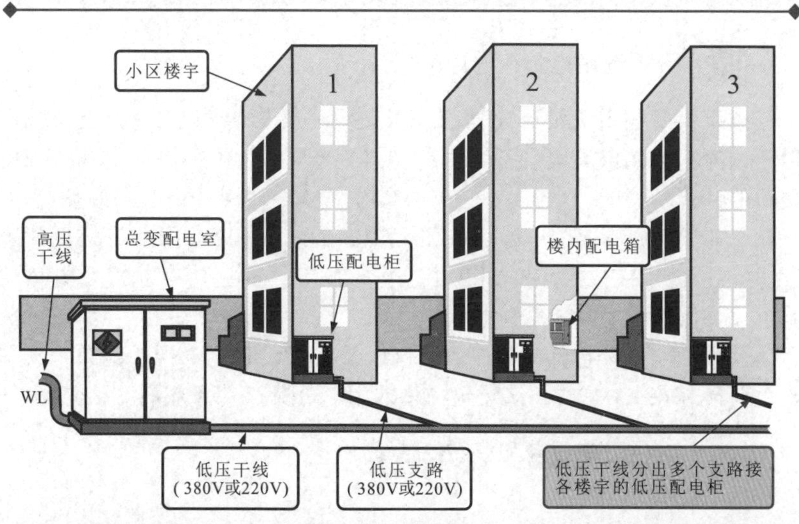

图 7-1　楼宇供配电系统的结构示意图

楼宇供配电系统的设计规划需要电工人员先对楼宇的用电负荷进行周密的考虑，通过科学的计算方法，计算出建筑物用户以及公共设备的用电负荷范围，然后根据计算结果和安装需要选配适合的供配电设备和线缆。图 7-2 所示为楼宇配电系统设计规划的考虑因素。

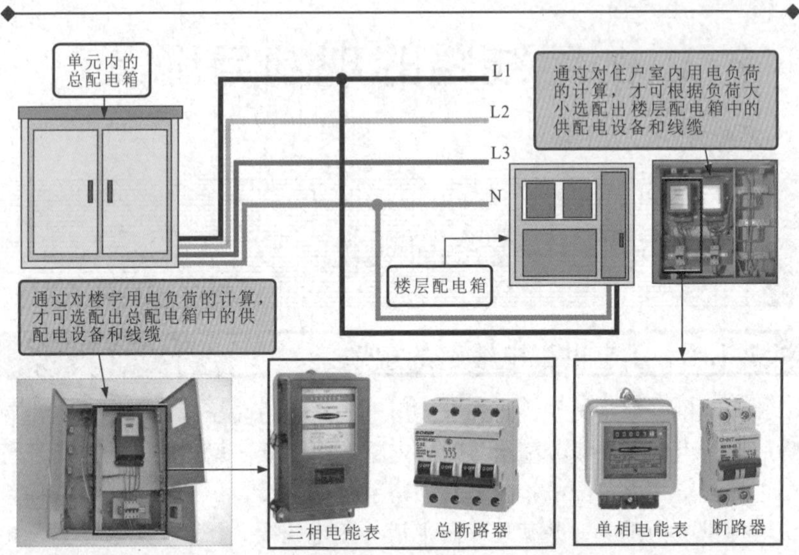

图 7-2　楼宇配电系统设计规划的考虑因素

1. 系统用电负荷的计算

楼宇供配电系统设计规划前，需要对建筑物的用电负荷进行计算，以便选配适合的供配电设备和线缆。图 7-3 所示为楼宇供配电系统用电负荷的计算示意图。

以 8 层 16 户的建筑物为例，通常楼内单个住户的用电平均负荷为 7A 左右，由于住户用电时间和用电量不固定，因此所有住户用电负荷乘以无功因数 0.8，参考值为 80A。

公共用电部分包括电梯、照明灯以及宽带、有线电视的电源，其用电负荷最高在 9A 左右，该建筑物总的用电负荷在 35A 左右。

2. 供配电设备和线缆的选配

（1）配电箱

配电箱应选用带有产品合格证和耐压检测证明的产品，箱体外观无损伤或变形，油漆完整无损，电器装置及元件、绝缘瓷件齐全，无损伤裂纹等缺陷。图 7-4 所示为配电箱的实物外形。该建筑物总共需要 1 个总配电箱、8 个楼层配电箱以及 1 个公共用电配电箱。

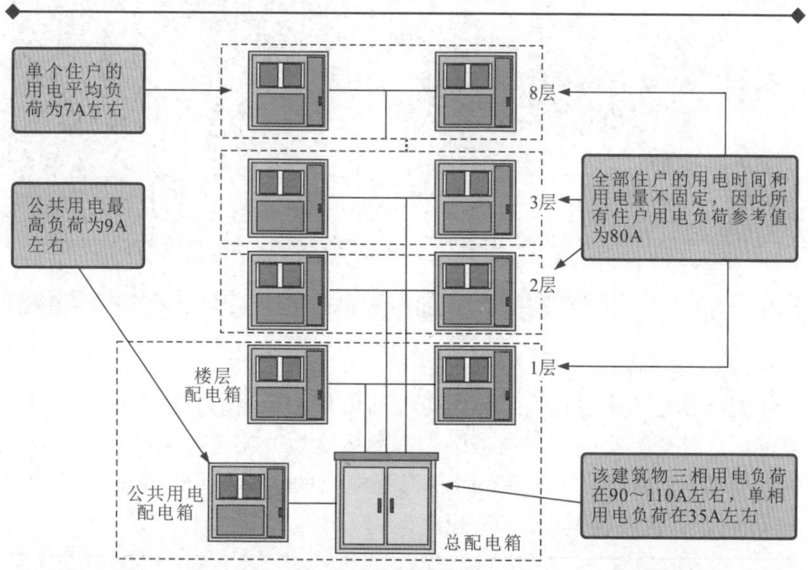

图 7-3　楼宇供配电系统用电负荷的计算示意图

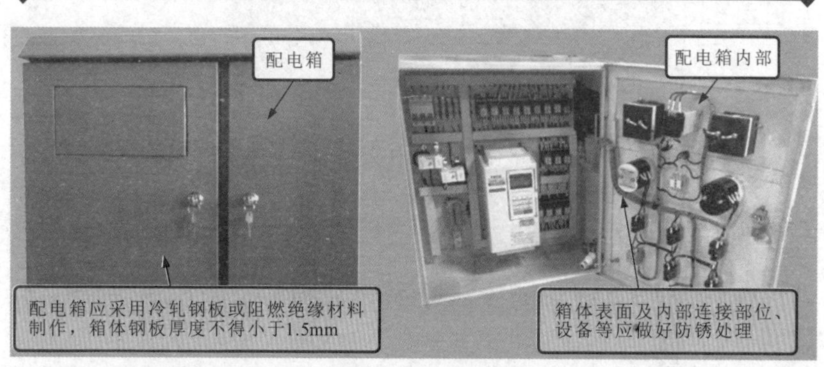

图 7-4　配电箱的实物外形

配电箱的电器安装板上必须分设 N 线端子板和 PE 线端子。N 线端子板必须与金属电器安装板绝缘；PE 线端子必须与金属电器安装板做电气连接。图 7-5 所示为 N 线端子板和 PE 线端子。

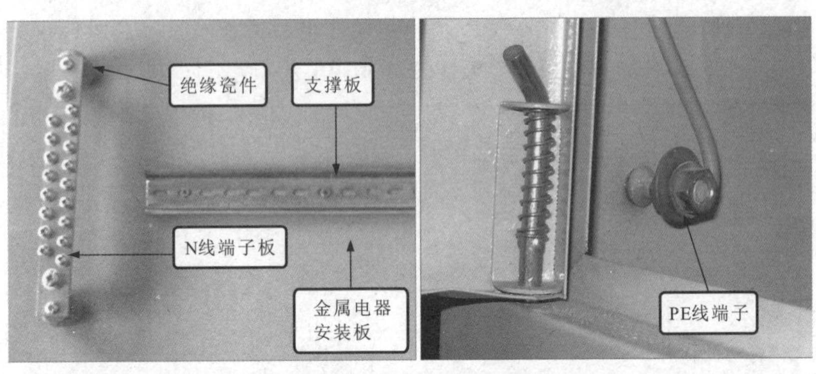

图 7-5 N 线端子板和 PE 线端子

（2）配电盘

配电盘是集中、切换、分配电能的设备。选用的配电盘应带有产品合格证，外壳具有一定的机械强度和耐压能力。配电盘内必须分设 N 线端子板和 PE 线端子。图 7-6 所示为配电盘的实物外形。该建筑物总共有 16 户，因此需要配备 16 个配电盘。

图 7-6 配电盘的实物外形

（3）断路器

对于断路器，应选择质量合格、品牌优良的产品，并且断路器的额定电流一定要大于所对应线路的总电流之和。根据用电负荷的计算，总配电箱中的断路器应选用三相断路器（36A）；楼层配电箱应选用带漏电保护功能的双进双出断路器（32A）；配电盘中的总断路器应选用双进双出的断路器（32A），支路断路器应选用单进单出的断路器（10A）。图 7-7 所示为选用的支路断路器和总断路器。

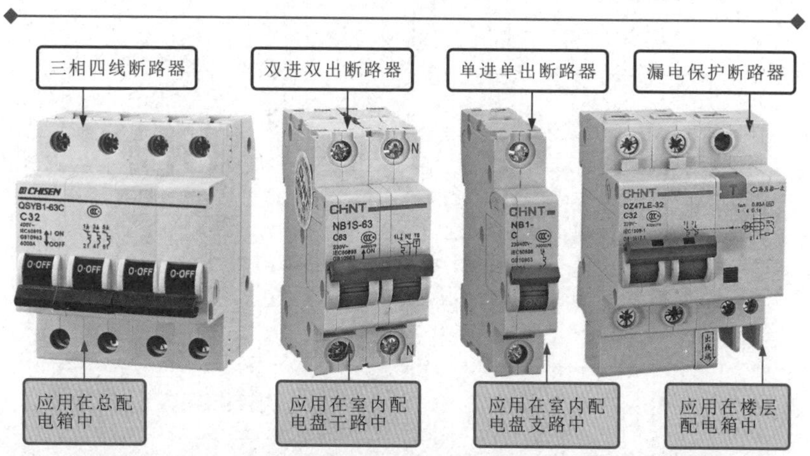

图 7-7 支路断路器和总断路器

相关资料

断路器型号常以字母“D”开头，并与不同字母和数字组合来构成其整个型号命名，如图 7-8 所示。断路器的规格参数可通过型号来识别。

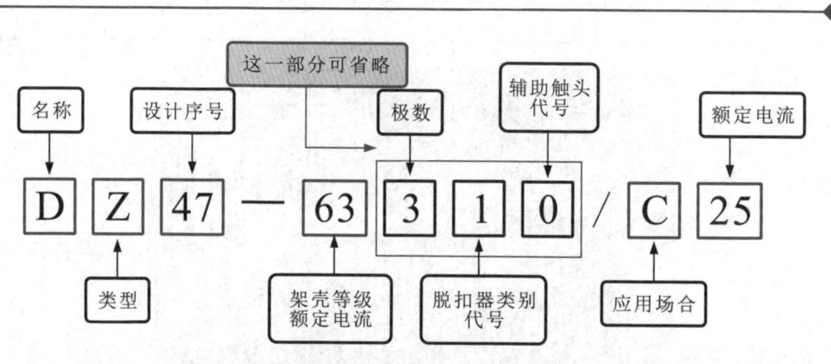

图 7-8 塑料外壳式断路器的型号含义

低压断路器型号的具体含义见表 7-1。

表 7-1　低压断路器型号的含义

型号标识	含义	型号标识	含义
名称	“D”：断路器	额定电流	在规定条件下，可长期通过脱扣器的最大工作电流
类型	“W”：万能式断路器；“WX”：万能式限流型断路器；“Z”：塑料外壳式断路器；“ZX”：塑料外壳式限流型断路器；“ZL”：漏电保护式断路器；“SL”：快速断路器；“M”：灭磁断路器	脱扣器类别代号	“0”：无脱扣器； “1”：热脱扣器； “2”：电磁脱扣器； “3”：复式脱扣器
		辅助触头代号	“0”：无辅助触头； “2”：有辅助触头
		应用场合	“C”：照明保护型； “D”：动力保护型
设计序号	用数字表示	架壳等级额定电流	外壳能够承受的最大电流
极数	“2”：代表两极 “3”：代表三极		

（4）电能表

对于电能表的选用，需要根据用电设备的多少来判断，若用电设备较多，并且总功率也较大，则需要选用大额定电流的电能表，并且选用的电能表的最大额定电流要大于总断路器的额定电流。图 7-9 所示为家庭或小型办公室选用的三相电能表和单相电能表。根据用电负荷的计算，三相电能表和单相电能表都应选用 10（40）A 的规格。

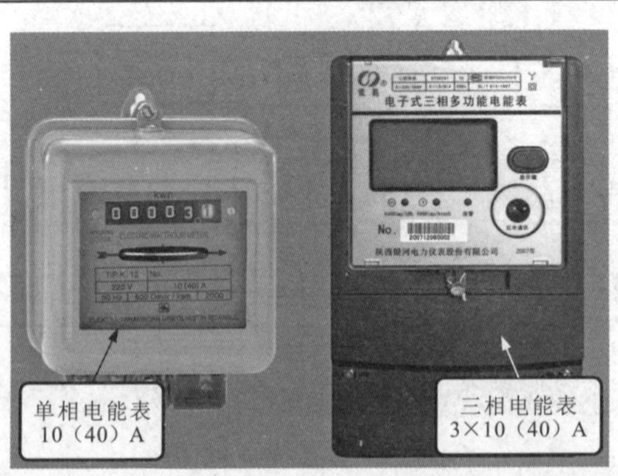

图 7-9　选用的单相和三相电能表

（5）配线和护管

对于配电线缆，应选择载流量大于或等于实际电流的绝缘线，这里我们选择 10mm² 的绝缘线作为总配电箱以及干线线缆，8mm² 的作为楼层配电箱线缆，室内支路使用 4mm² 的线缆，护管选择直径 25mm 的即可。图 7-10 所示为所选用的配线和护管。

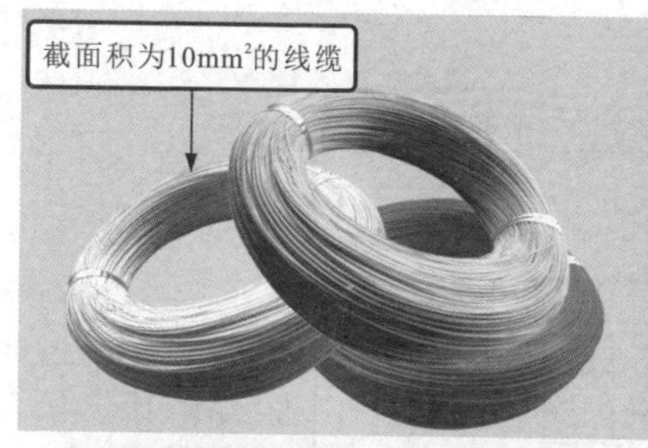

图 7-10 所选用的配线和护管

相关资料

在施工布线时，线缆的使用有严格的规定，也就是说，相线、零线、地线所选用的线缆需要统一，例如，相线 L1 为黄色，相线 L2 为绿色，相线 L3 为红色，零线 N 为蓝色，地线 PE 为黄绿色，而单相供电中的相线为红色，零线依然为蓝色。

这样，可为日后调试、改造或检修线路提供方便，确保操作的安全，若不按规定随意使用不同颜色的线缆，极易为日后的改造、检修带来极大的不便，且容易引发不安全的事故。

3. 拟定楼宇供配电线路图

楼宇用电负荷部分分为住户用电和公共用电两部分，其中住户用电是指 16 户家庭用电；公共用电是指电梯间、楼道照明、有线电视电源、宽带电源和应急灯这几部分的用电。楼宇供配电系统宜采用树干式，这种方式投资费用低、施工方便，易于扩展。图 7-11 所示为 8 层 16 户建筑物的供配电线路图。

因家庭用电为单相 220V，为保证三相供电平衡，输入的三根相线应分别为不同的楼层供电。在该建筑物中，红色相线（L1）应为 1 层、

2层住户和公共用电部分供电；黄色相线（L2）应为3~5层的住户供电；绿色相线（L3）应为6~8层的住户供电。

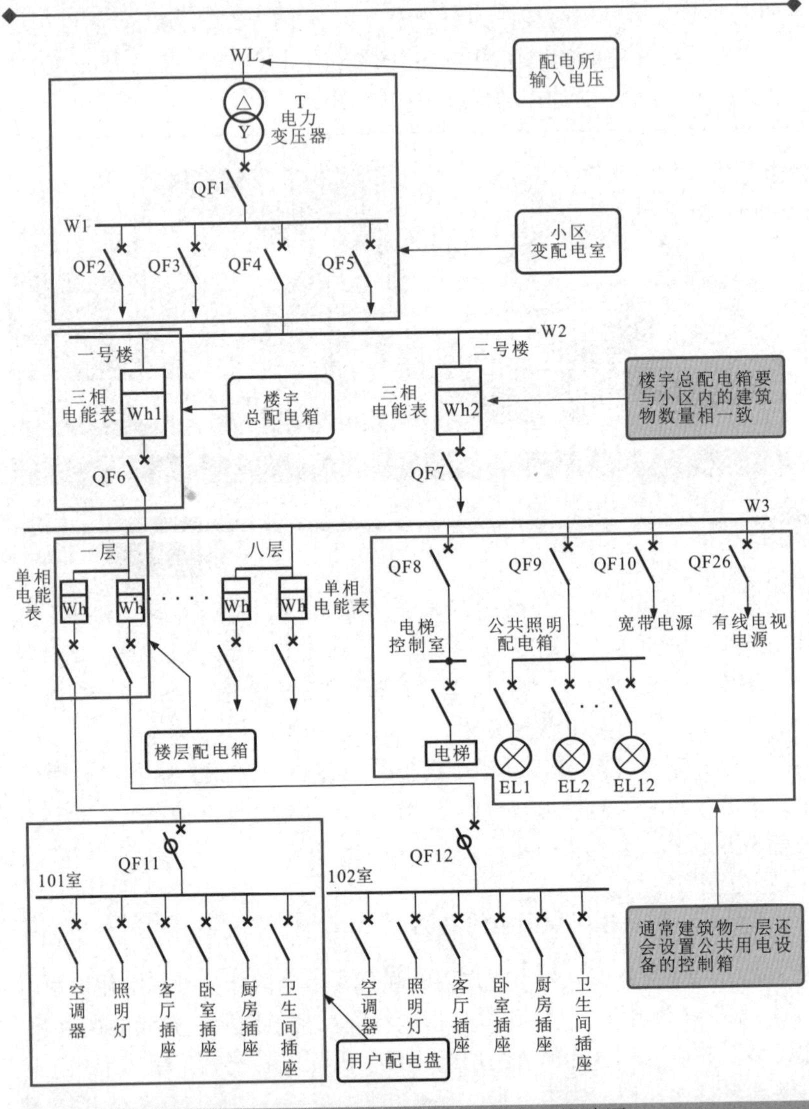

图 7-11　8层16户建筑物的供配电线路图

该建筑物为多层建筑物，输入供电线缆应选用三相五线制，接地方式应采用TN-S系统，即整个供电系统的零线（N）与保护线（PE）是分开的，如图 7-12 所示。

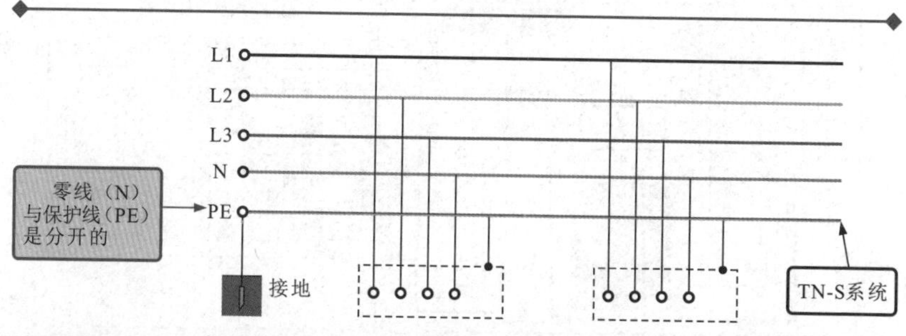

图 7-12 接地方式

4. 制定布线方式

根据线路图，总配电箱引出的三相五线制供电线缆（干线）应采用垂直穿顶的方式进行暗敷，在每层设置接线部位，用来与楼层配电箱进行连接；一楼部分除了楼层配电箱外，还要与公共用电部分进行连接，如图 7-13 所示。

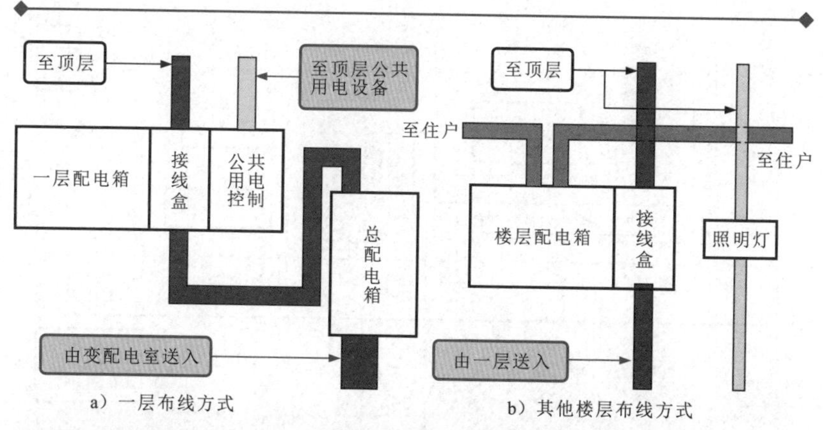

图 7-13 供配电系统的布线方式

7.1.2 室内供配电线路的规划

供配电线路经楼层配电箱接入室内配电盘，将供电线路分成多条支路为不同的房间及用电设备供电，图 7-14 所示为室内供配电系统的基本组成。

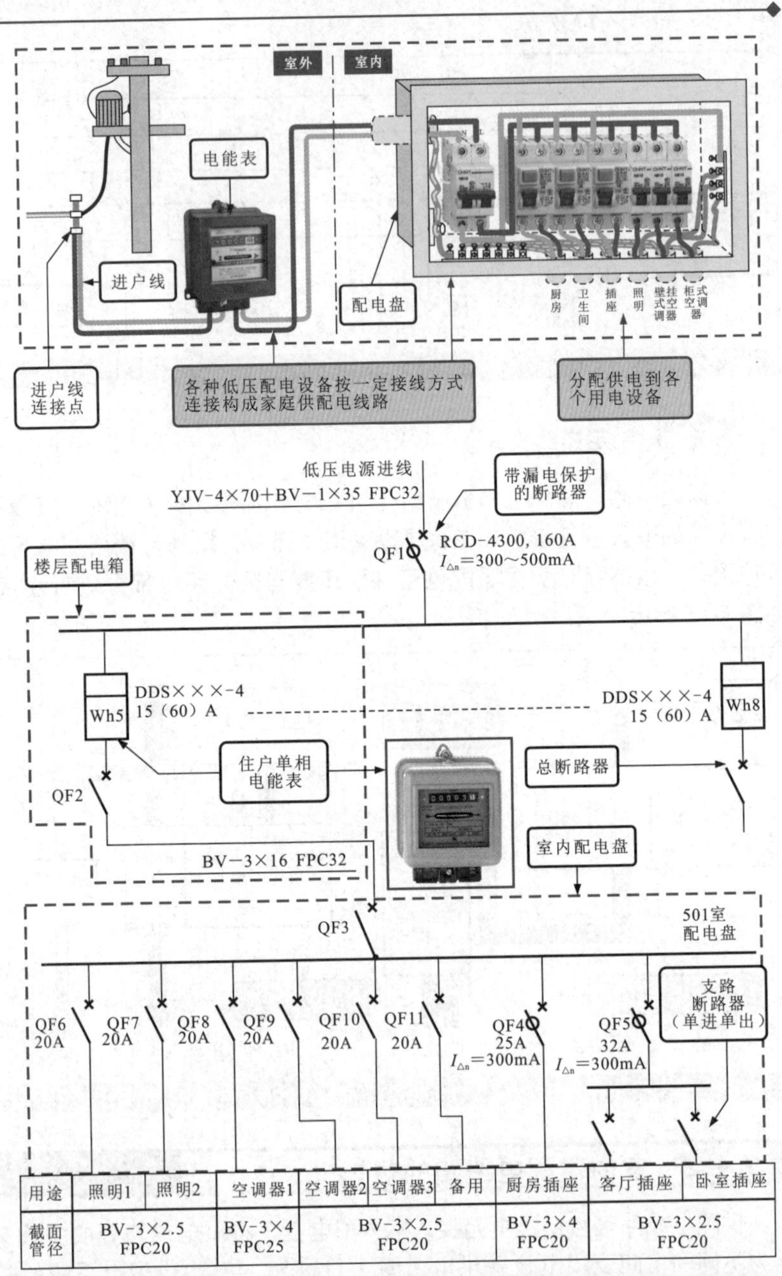

用途	照明1	照明2	空调器1	空调器2	空调器3	备用	厨房插座	客厅插座	卧室插座
截面管径	BV-3×2.5 FPC20		BV-3×4 FPC25	BV-3×2.5 FPC20			BV-3×4 FPC20	BV-3×2.5 FPC20	

图 7-14 室内供配电系统的基本结构组成

室内供配电系统的设计规划要从实用的角度出发，尽可能做到科学、合理、安全。

1. 考虑家庭配电设备的分布

家庭配电系统的设计规划首先要考虑到住户的用电需要，以及每个房间内设有的电器数量等，在满足用户使用的前提下进行规划。对家庭配电设备进行合理的布局，能够保证用电的安全，同时也为日常使用带来方便，如图7-15所示。

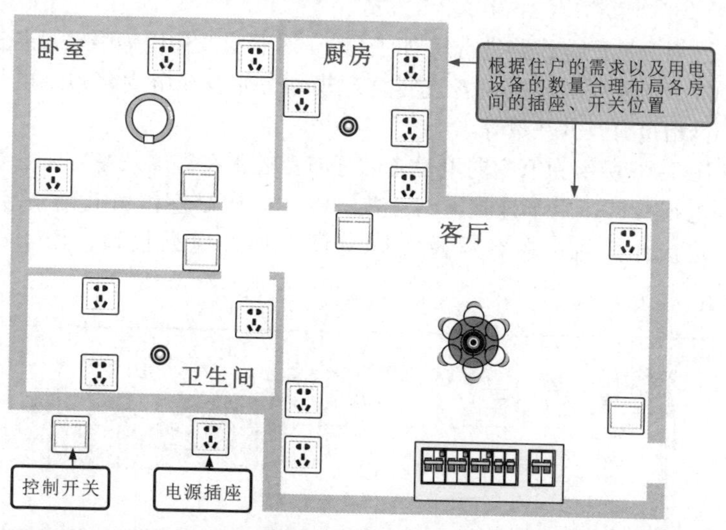

图7-15　家庭配电设备（插座、开关、照明灯）的分布

要点说明

照明支路主要包括卧室中的吸顶灯、客厅中的吊灯、卫生间、厨房及阳台的普通节能灯，每一个控制开关均设在进门口的墙面上，用户打开房间门时，即可控制照明灯点亮，方便用户使用。

厨房支路中大多数为插座支路，如抽油烟机插座、换气扇插座、电饭煲插座、电水壶插座等。根据不同的需要，将插座设置在不同的位置，在厨房中设置插座要考虑用电设备的功率，以保证厨房用电的安全性。

卫生间支路的电力分配与厨房支路相同，应多预留些插座，来保证电热水器、洗衣机、浴霸等的连接，在卫生间中设置插座要考虑防水性能，保证用电的安全性。

卧室内主要包括空调器、床头灯、计算机等相关设备的用电，在对其进行规划时，应将这些设备的连接插座预留出来。

客厅中需要预留2~4个普通的电源插座，主要是用于连接电视机、音响等常用的家电设备，客厅要预留柜式空调器的供电专用插座。

在对家庭配电线路进行规划时，除了对照明及插座等强电设备进行规划外，还需要对弱电设备进行合理规划，如有线电视接口、电话接口、网络接口及其数量等。

图7-16所示为家庭弱电设备的分布。通常在客厅及主卧室会预留有线电视接口，用于连接有线电视；在主、次卧室预留有网络接口，用于连接计算机；在客厅及主卧室可以预留电话接口，用于连接电话。

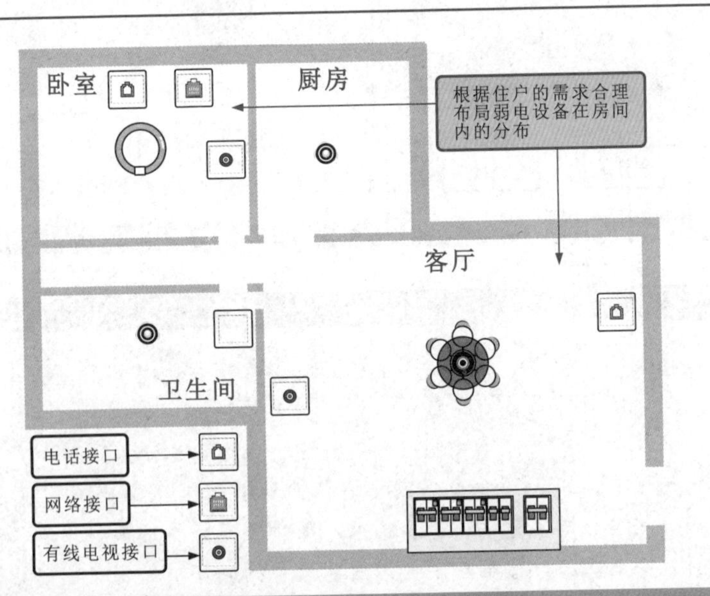

图7-16 家庭弱电设备的分布

2. 考虑家庭用电设备的用电负荷

规划家庭配电系统时，设备的选用及线路的分配均取决于家庭用电设备的用电负荷，因此，科学地计量和估算家用电器的用电负荷是十分重要的。

考虑到家用电器种类较多，厨房、卫生间内的电器以及空调器的用电量都较大，因此根据不同家用电器的用电量结合使用环境，将室内配电划分为 6 条支路，即照明支路、插座支路、厨房支路、卫生间支路、壁挂式空调器支路、柜式空调器支路。图 7-17 所示为典型家庭配电线路的分布。

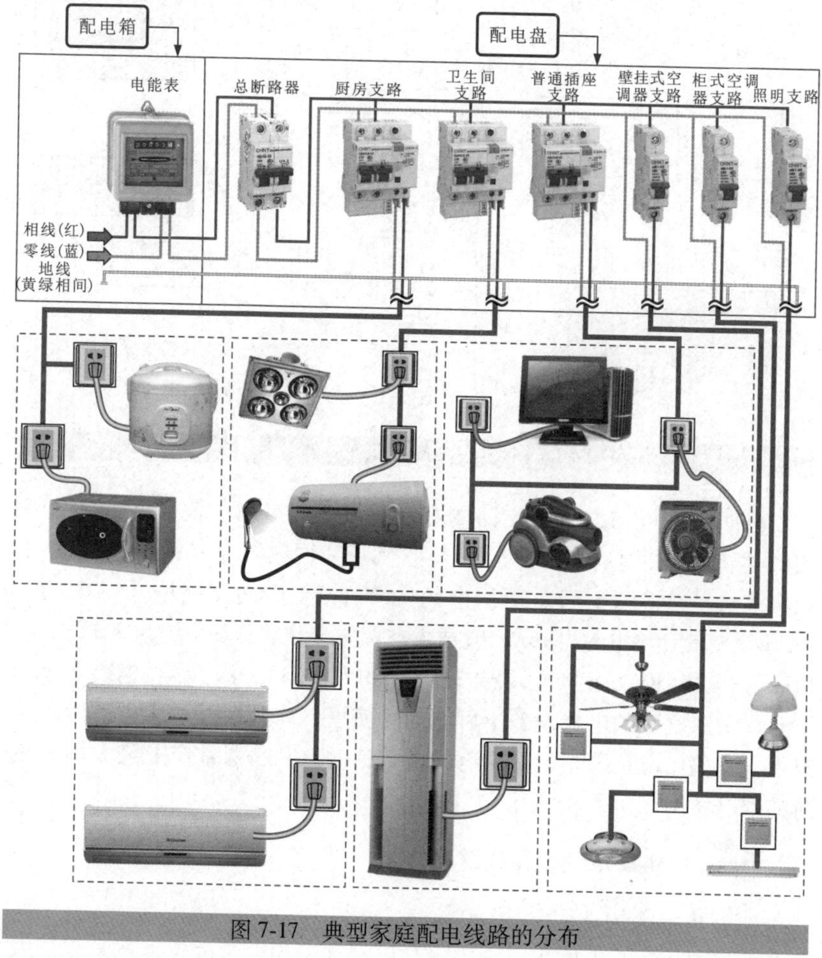

图 7-17　典型家庭配电线路的分布

分配好供电支路后，再对各支路的用电负荷进行计算，以便选配适合的供配电设备和线缆。科学地计量用电设备的用电负荷，会使配电线路的分配、配电设备的选配更加科学、合理和安全。图7-18所示为家庭配电系统用电负荷的计算示意图。

将支路中所有的家用电器的功率相加即可得到支路全部用电设备在使用状态下的实际功率值，然后根据计算公式（$I=P/U$）计算出支路用电负荷以及用户的总用电负荷。

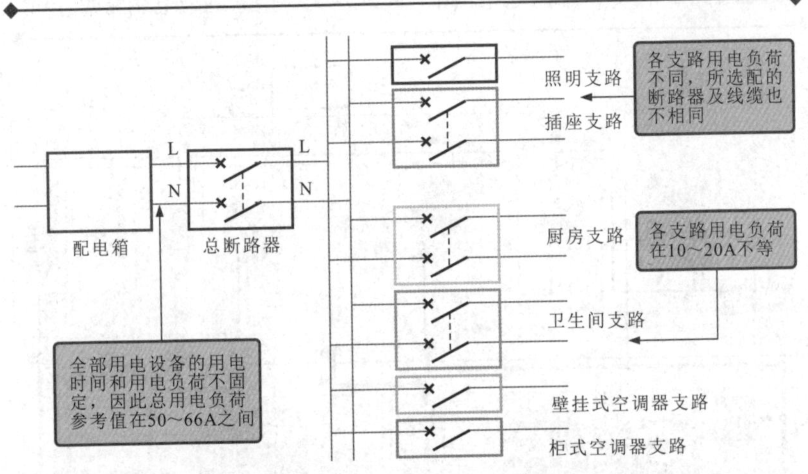

图7-18 家庭配电系统用电负荷的计算示意图

根据计算可知，照明支路的总功率约为2200W，满负荷用电约为10A；插座支路的总功率约为3520W，满负荷用电约为16A；厨房支路的总功率约为4400W，满负荷用电约为20A；卫生间支路的总功率约为3520W，满负荷用电约为16A；壁挂式空调器支路的总功率约为2000W，满负荷用电约为10A；柜式空调器的总功率约为3500W，满负荷用电约为16A。

通常家庭中的电器设备不可能同时使用，并且在考虑用电节能的情况下，家庭用电负荷不能取所有设备负荷的总和，通常应取最大用电负荷的60%～70%，即50～66A左右。

3. 供配电设备和线缆的选配

（1）电能表的选配

电能表也称为电度表、火表，是用来计量用电量的仪器，常用的电能表有三相电能表和单相电能表。家庭供电电路为单相供电，因此使用的电能表为单相电能表，单相电能表又可以分为感应式、智能式等几种，典型家用单相电能表的实物外形如图 7-19 所示。

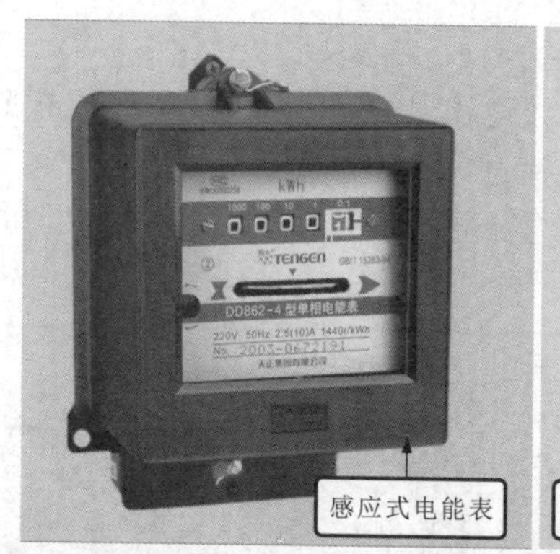

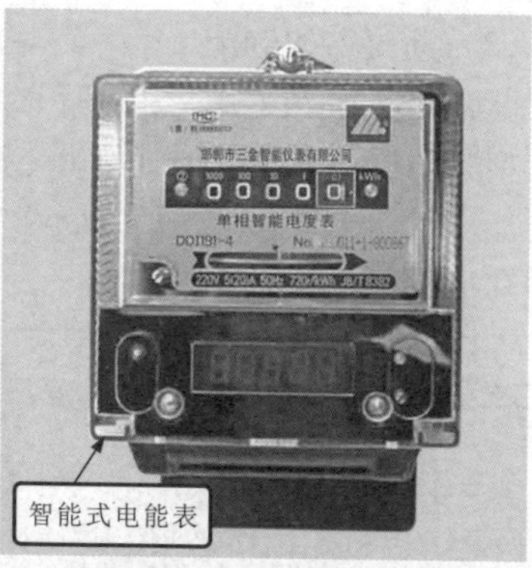

图 7-19　家用单相电能表的实物外形

1）规格参数。目前，比较常见的为感应式电能表和智能式电能表，不论是哪种形式的电能表，其型号和主要参数的标识基本一致。电能表的主要参数是选配的重要依据，图 7-20 所示为典型电能表主要参数的读取及含义。

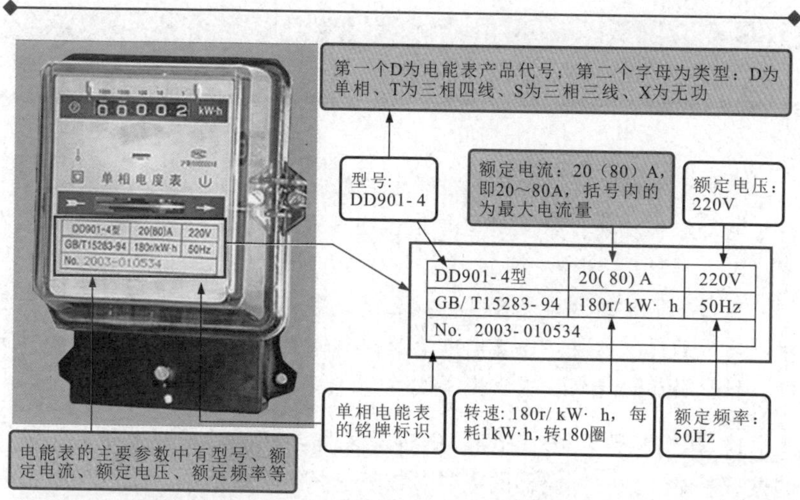

图 7-20　典型电能表主要参数的读取及含义

2）选配要求。作为电工人员，在对电能表进行选配时需要注意，电能表的容量应满足用户用电量的需要，根据使用的家用电器的功率总和（$P=UI$），计算出实际需要的电能表的额定电流的大小，再选择合适的电能表。

（2）断路器的选配

断路器又称空气开关，是具有过电流保护功能的开关，图7-21所示为典型断路器的实物外形。如果电流过大，断路器会自动断开，起到保护电能表及用电设备的作用，断路器主要有两种，即不带漏电保护的断路器和带漏电保护的断路器。

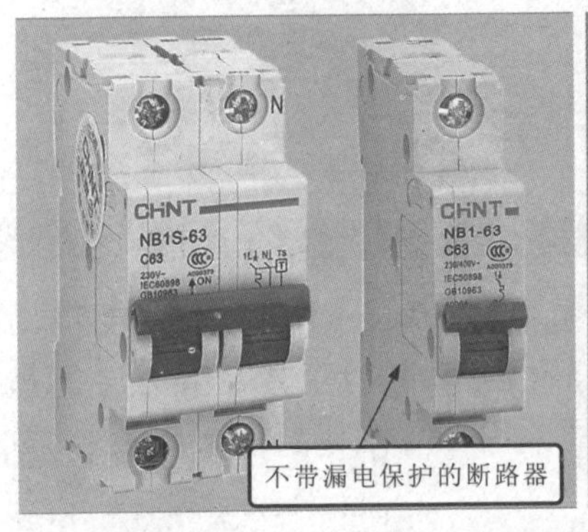

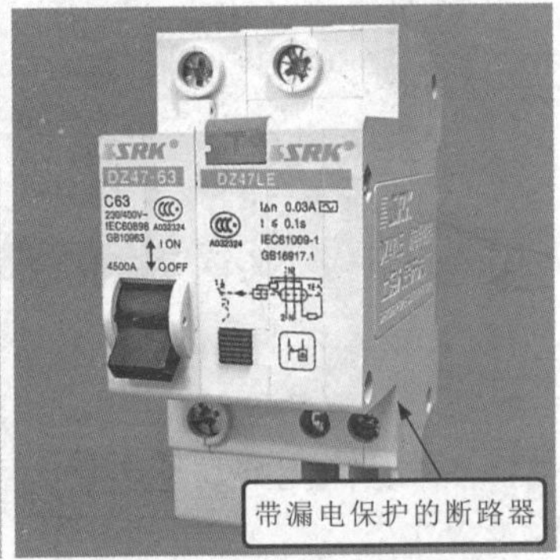

图7-21 断路器的实物外形

相关资料

不带漏电保护的断路器是在家庭供电系统中应用最多的设备，只具有过电流保护功能，常见的有单进单出断路器（1P）和双进双出断路器（2P）。

带漏电保护的断路器又称为漏电保护器，是一种防止家用电器漏电事故发生的保护器件。当漏电电流超过30mA时，漏电附件自动拉闸断电，防止引起触电伤亡或火灾事故。

1）规格参数。虽然断路器的种类多种多样，但其型号和主要参数的标识基本一致。断路器的主要参数是选配的重要依据，图7-22所示为断路器的主要规格参数。

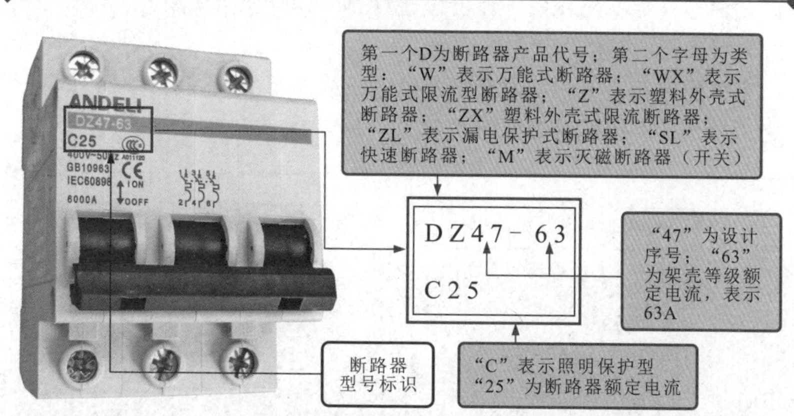

图 7-22 断路器的主要规格参数

2）选配要求。在选择断路器时，本着安全的原则，总断路器应选择额定电流为50A的双进双出断路器；厨房用电量较大，且环境比较潮湿，易发生触电现象，应选择额定电流为20A的带漏电保护功能的断路器；卫生间和插座同样可以选择额定电流为20A的带漏电保护功能的断路器；照明支路的用电量不大，并且不在住户经常触摸得到的地方，可以选择额定电流为16A的单进单出断路器；空调器功率较大，因此应选择额定电流为20A或25A的断路器，如图7-23所示。

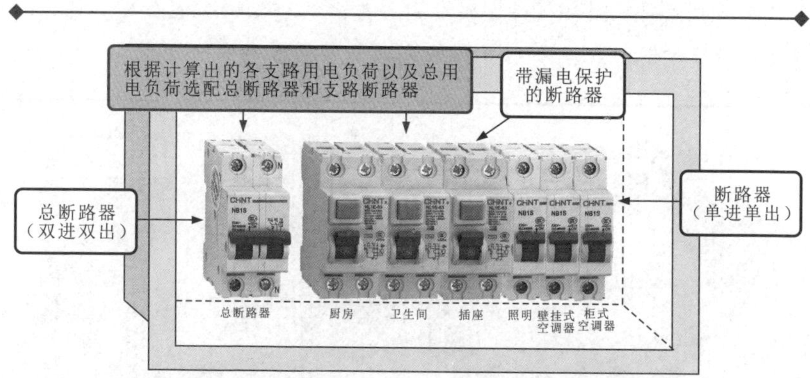

图 7-23 家庭配电中断路器的选配

（3）强电线缆的选配

在选用强电的线材时，应遵循安全、合理的原则进行选用，方便日后的维修以及安全操作等。在选用线材时，最好是选用印有“国标”字样的电线。

室外配电箱、室内配电盘以及供电线缆常用的电线有两种，即硬铜芯绝缘导线和硬铝芯绝缘导线，如图7-24所示。

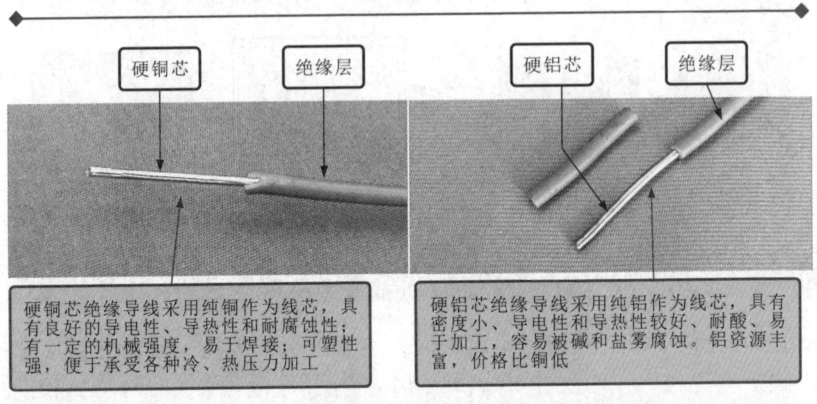

图7-24 硬铜芯绝缘导线和硬铝芯绝缘导线

相关资料

家庭配电系统中使用的线缆也需要用不同的颜色进行区分，通常相线的绝缘电线多采用黄、红、绿色线，零线一般采用淡蓝色线，地线一般采用黄绿相间的双色线，图7-25所示为不同颜色的绝缘线。

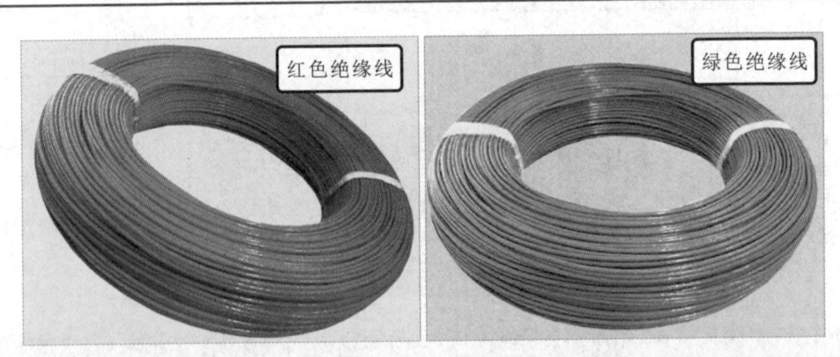

图7-25 不同颜色的绝缘线

常见塑料绝缘硬线的规格型号、性能参数及应用见表7-2。

表 7-2　常见塑料绝缘硬线的规格型号、性能参数及应用

型号	名称	截面积/mm^2	应用
BV	铜芯塑料绝缘导线	0.8~95	常用于家装电工中的明敷和暗敷，最低敷设温度不低于-15℃
BLV	铝芯塑料绝缘导线	0.8~95	
BVR	铜芯塑料绝缘软导线	1~10	固定敷设，用于安装时要求柔软的场合，最低敷设温度不低于-15℃
BVV	铜线塑料绝缘护套圆形导线	1~10	固定敷设于潮湿的室内和机械防护要求高的场合（卫生间），可用于明敷和暗敷
BLVV	铝芯塑料绝缘护套圆形导线	1~10	
BV—105	铜芯耐热 105℃ 塑料绝缘导线	0.8~95	固定敷设于高温环境的场所（厨房），可明敷和暗敷，最低敷设温度不低于-15℃
BVVB	铜芯塑料绝缘护套平行线	1~10	适用于照明线路敷设
BLVVB	铝芯塑料绝缘护套平行线		

1）规格参数。电线的主要规格参数有截面积和安全载流量等，通常情况下电线的截面积越大，其安全载流量也就越大，下面列举几种常用硬铜芯绝缘导线的截面积与安全载流量的对应关系。

2.5mm^2 铜芯绝缘导线的安全载流量为 28A；

4mm^2 铜芯绝缘导线的安全载流量为 35A；

6mm^2 铜芯绝缘导线的安全载流量为 48A；

10mm^2 铜芯绝缘导线的安全载流量为 65A；

16mm^2 铜芯绝缘导线的安全载流量为 91A；

25mm^2 铜芯绝缘导线的安全载流量为 120A。

2）选配要求。需要输送的电力经过电能表、总断路器到达室内的配电盘，这一过程中所使用的电线可称之为进户线。目前普通用户，在家庭配电规划中一般用到的进户线为 6~10mm^2，照明为 2.5mm^2，插座为 4mm^2，空调器为 6mm^2 专线。

（4）弱电线缆的选配

1）有线电视线缆。有线电视线又称为馈线，大多采用同轴电缆，同轴电缆由同轴结构的内外导体构成，具体分内导体（铜芯线）、绝缘介质和护套（保护层）等。

家庭用户在选用同轴电缆时，首先应考虑家庭使用电视机的数量及位置，一般选择专用的SYV75欧姆系列的同轴电缆，普通用户可以选用SYV75-5型的同轴电缆，如图7-26所示，该类电缆对视频信号可以无中继传输300~500m的距离。

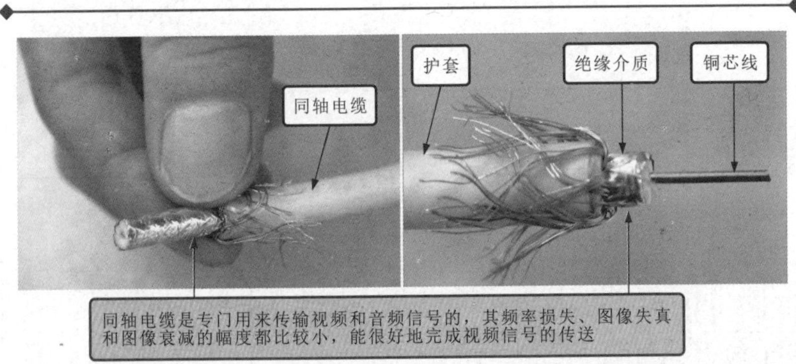

图7-26　有线电视线缆的选用

2）电话线缆。电话线是家庭中不可缺少的线路，主要可以分为2线芯和4线芯两种类型，如图7-27所示。在模拟电话的环境下，通常使用2线芯的电话线，若是使用4线芯的电话线，则其中有两根线芯是作为备用线芯使用。

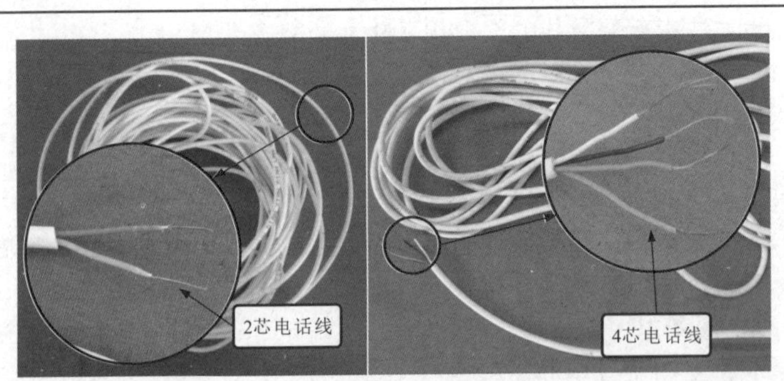

图7-27　电话线的选用

对于普通的家庭用户来说，若是安装普通的电话，可以选用2线芯的电话线；若要安装可视电话或智能电话等，则需要使用4线芯的电话线，以满足正常的工作需要。

3）网络线缆。网络线缆是将一个网络设备连接到另外一个网络设备，用以传递信息的介质，是网络的基本构成部分。常见的网络线缆有光纤、同轴电缆和双绞线。其中双绞线是家装配电中应用最为广泛的网络线缆。

双绞线是由许多对线组成的数据传输线，该类线材可以分为屏蔽双绞线和非屏蔽双绞线两种，其结构如图7-28所示，屏蔽双绞线比非屏蔽双绞线多了一层金属网，称为屏蔽层（铜纺织网），它具有抗干扰的功能，在屏蔽层外面是绝缘外皮，屏蔽层可以有效地隔离外界电磁信号的干扰。

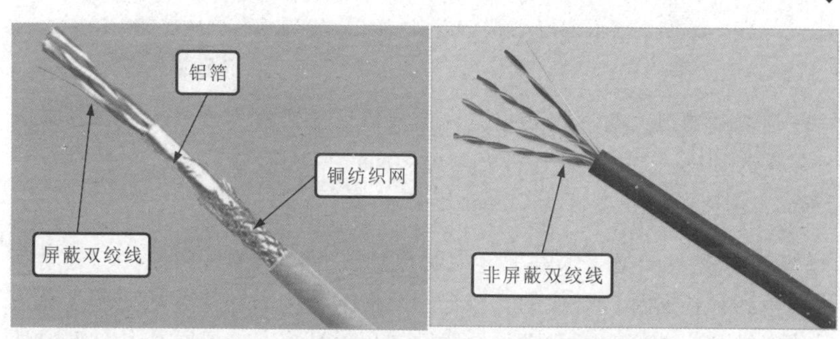

图7-28 双绞线的选用

（5）线管和线槽的选配

1）线管。线管在家庭配电中，是导线暗敷时使用最多的材料之一，在选用线管时，首先应保证内部导线的总截面积不要超过线管截面积的40%，这样才可以保证线路在使用过程中的正常散热。

家庭配电中常使用的线管为PVC管，如图7-29所示。PVC管实际上是一种乙烯的聚合物质，其材料是一种非结晶材料，具有不易燃、高强度、耐气候变化以及优良的几何稳定性。

PVC管根据直径的不同，通常可以分为6分和4分两种规格，由于4分规格的PVC管最多可以穿3条截面积为1.5mm^2的照明线，所以若条件允许的情况下，可以选用6分的PVC管，该类的线管可以同时穿3根截面积为2.5mm^2的导线。

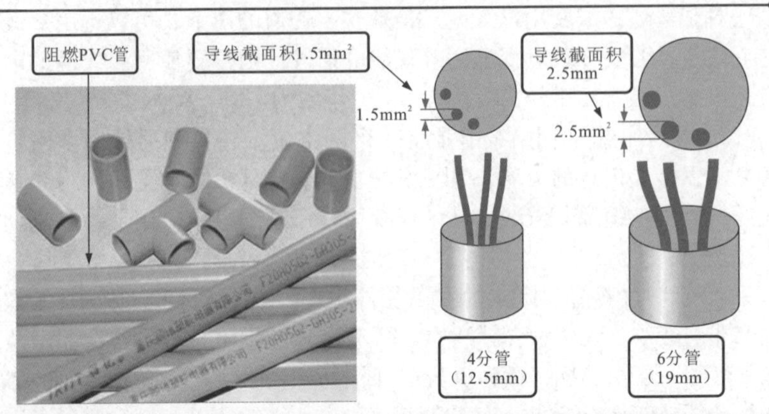

图 7-29 线管的选用标准

相关资料

选配线管时，也可以根据室内开槽的深度来进行选择，例如，若开槽深度为 20mm，则可以选用直径为 16mm 的 PVC 管；若开槽的深度为 25mm，则可以选用直径为 20mm 的 PVC 管。

2）线槽。线槽是家庭配电中明敷导线时常用的材料之一，通常是由盖板和板槽两部分组成的。在选用线槽时，应以导线的填充率及截流导线的根数来选择，遵循满足导线散热、敷设线安全的原则，图 7-30 所示为 PVC 线槽的实物外形。

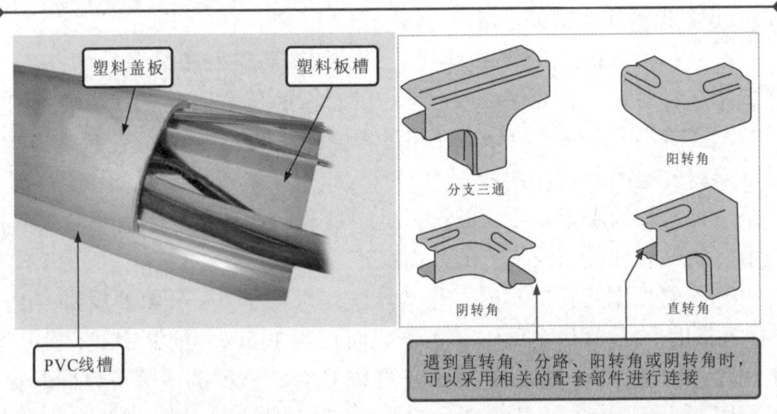

图 7-30 PVC 线槽的实物外形

7.2 供配电线路的施工

7.2.1 楼宇供配电线路的施工

楼宇供配电系统规划完成后，即可按施工规划一步一步完成楼道总配电箱和楼层配电箱的安装布线。

1. 楼道总配电箱的安装

楼道总配电箱的箱体多采用嵌入式安装，箱体距地面高度应不小于1.8m。配电箱输出的入户线缆应暗敷于墙壁内，如图7-31所示。

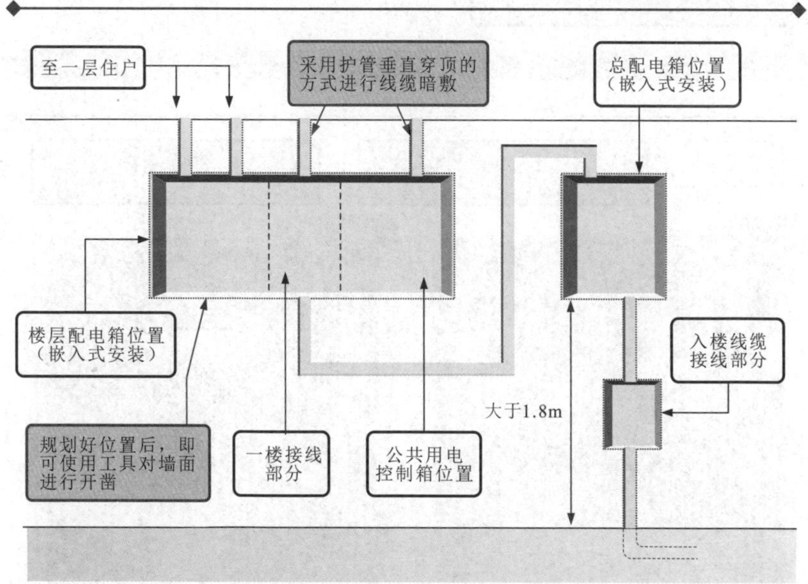

图7-31　总配电箱的安装标准

三相供电的干线敷设好后，将总配电箱放置到安装槽中，如图7-32所示，安装槽中应预先敷设木块或板砖等铺垫物，配电箱放入后，应保证安装稳固，无倾斜、振动等现象。

图7-33所示为三相电能表和总断路器的安装。绝缘木板固定在底板

上方，距底板上沿 5cm 处，支撑板安装在绝缘木板下方，距木板 20cm 处。保证电能表和总断路器安装牢固，无松动后，再将底板安装回配电箱中。

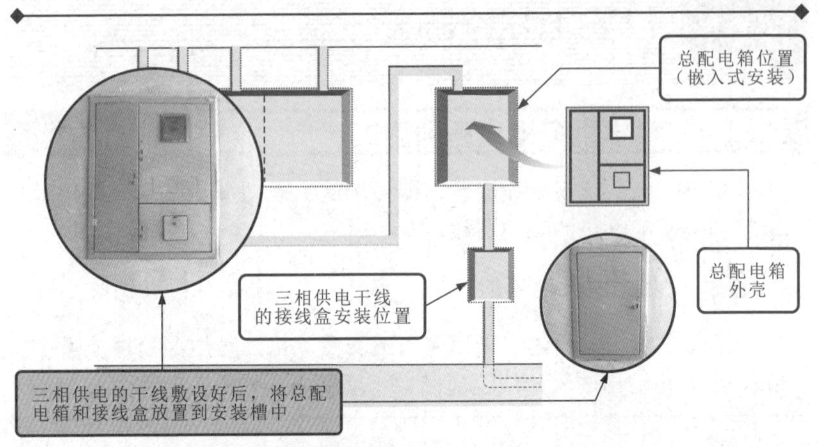

图 7-32 安装总配电箱

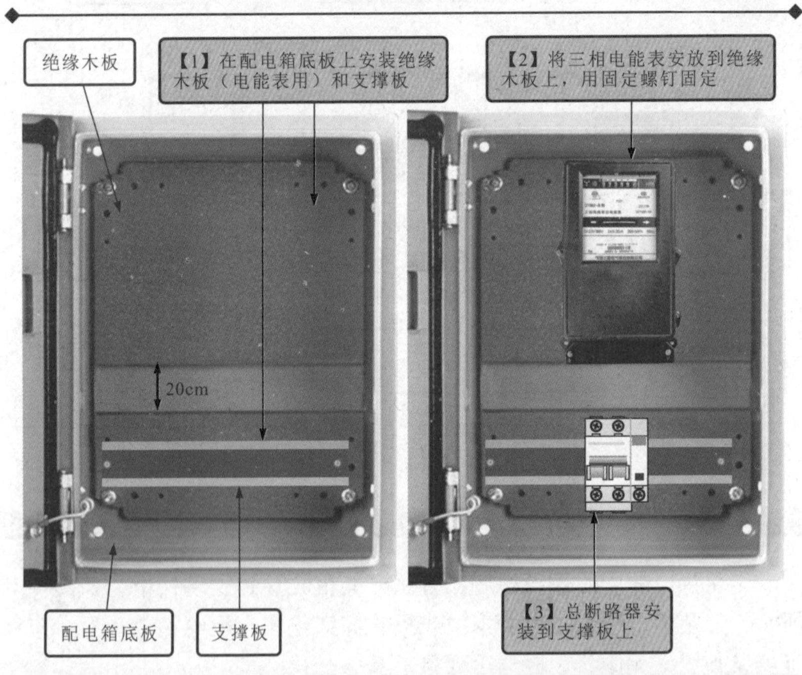

图 7-33 三相电能表和总断路器的安装位置

使用绝缘硬线（黄色、绿色、红色、蓝色）对电能表和总断路器进行连接，如图7-34所示。连接时要保证连接处牢固，无裸露铜线，线缆弯曲角度自然。

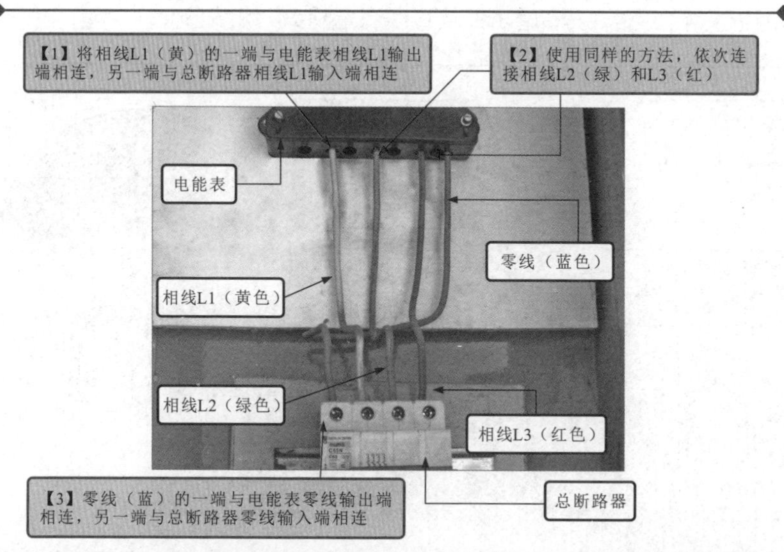

图7-34 电能表与总断路器的线路连接

接下来将输出的三相供电线缆与总断路器进行连接，按照标识将相线（L1、L2、L3）、零线（N）连接到断路器中，并拧紧紧固螺钉，如图7-35所示。

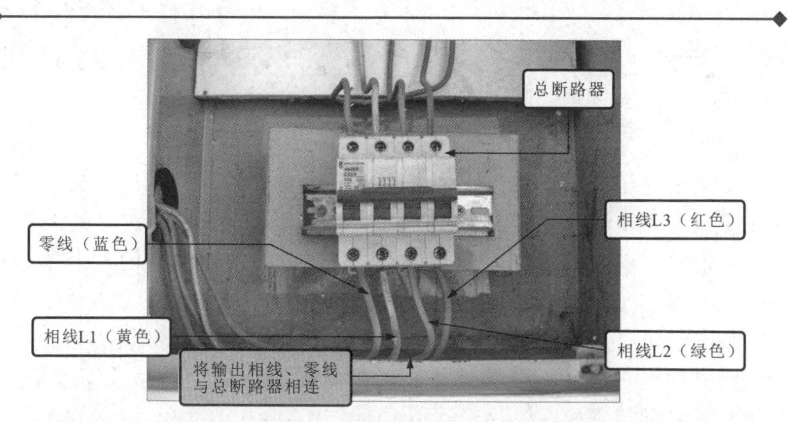

图7-35 输出线路的连接

连接电能表时，要注意电能表上的标识，将相线（L1、L2、L3）和零线（蓝色）连接到电能表的输入端，如图 7-36 所示。接线处一定要固定良好，以免产生电火花引起火灾等危险情况。配电箱内的供电线缆连接好后，将输入和输出的接地线固定到 PE 线端子上。

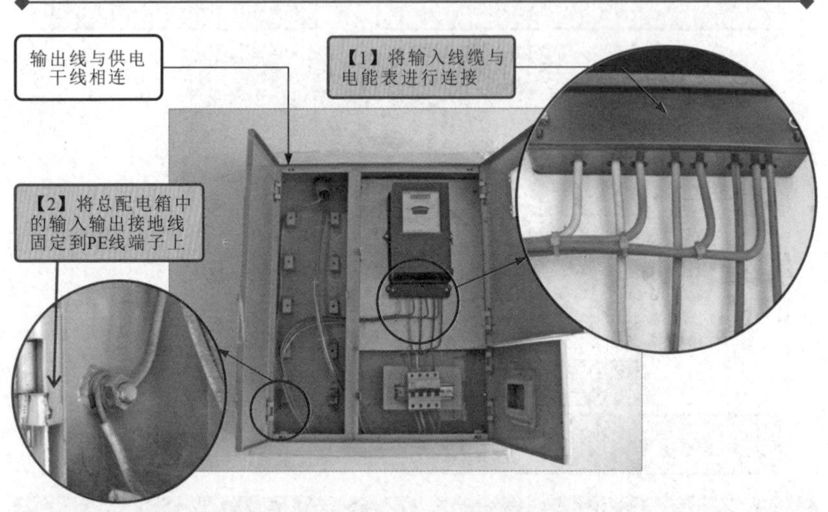

图 7-36 输入线路以及接地线的连接

要点说明

总配电箱的输入线缆暂时不要与入楼干线相连，待整栋楼供配电系统安装完成后，再进行连接。

2. 楼层配电箱的安装

楼层配电箱应靠近供电干线采用嵌入式安装，配电箱应放置于楼道内无振动的承重墙上，距地面高度不小于 1.5m。配电箱输出的入户线缆应暗敷于墙壁内，取最近距离开槽、穿墙，线缆由位于门左上角的穿墙孔引入室内，以便连接住户配电盘，如图 7-37 所示。

管路敷设好后，将配电箱放置到安装槽中，如图 7-38 所示，安装槽中应预先敷设木块或板砖等铺垫物，配电箱放入后，应保证安装稳固，无倾斜、松动等现象。

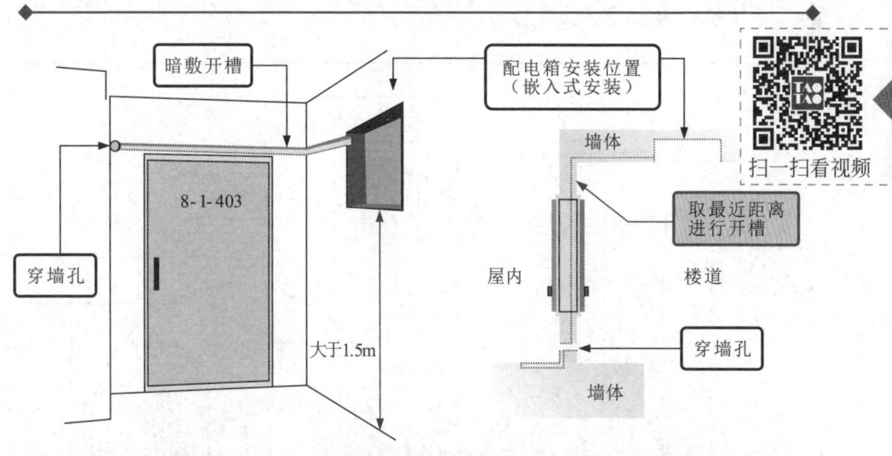

图 7-37 楼层配电箱的安装标准

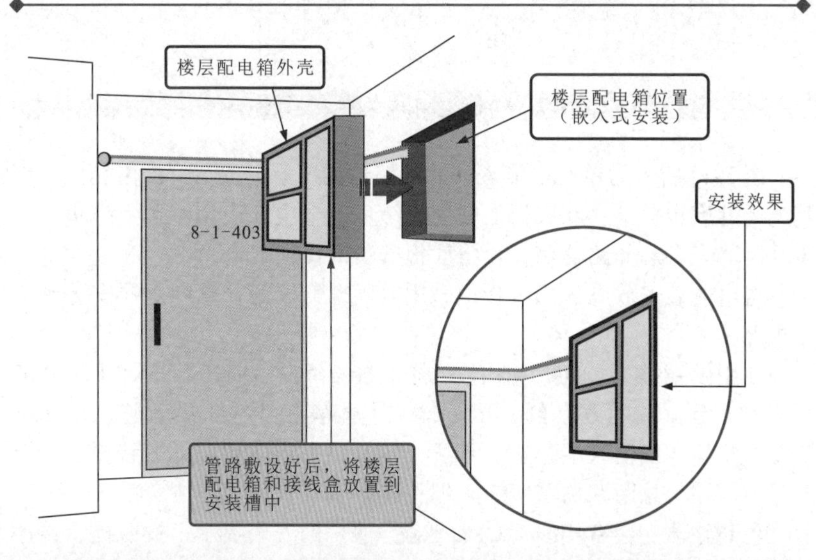

图 7-38 安装楼层配电箱

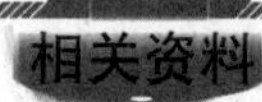

图 7-39 所示为配电箱的直接安装方法。安装时，应在墙壁上预先钻出安装孔，再通过胀管、紧固螺钉将配电箱固定到墙壁上，保证箱体安

装后无倾斜、松动等现象。

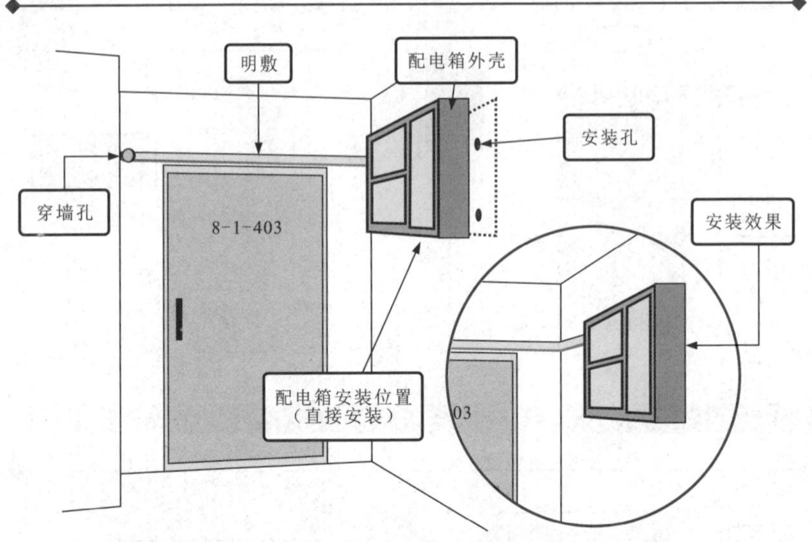

图 7-39 配电箱的直接安装方法

图 7-40 所示为单相电能表和总断路器的安装。安装好配电箱后，将其内部的底板拆下，在底板上安装绝缘木板（电能表用）和支撑板。安装好电能表和总断路器后，再将底板安装回楼层配电箱中。

将电能表安放到绝缘木板上，用紧固螺钉固定，总断路器安装到支撑板上。

使用硬铜线（红色、蓝色）将电能表和总断路器进行连接，如图 7-41 所示。将相线（红）的一端与电能表相线输出端相连，另一端与总断路器相线输入端相连；零线（蓝）的一端与电能表零线输出端相连，另一端与总断路器零线输入端相连。

总断路器上会有相线（L）、零线（N）的安装提示，按照提示将相应的输出线缆连接到断路器中，并将断路器上的螺钉拧牢固，如图 7-42 所示。

连接电能表时，要注意电能表上的标识，将相线（红色）和零线（蓝色）连接到电能表的输入端，如图 7-43 所示。接线处一定要固定良好，以免产生电火花引起火灾等危险情况。

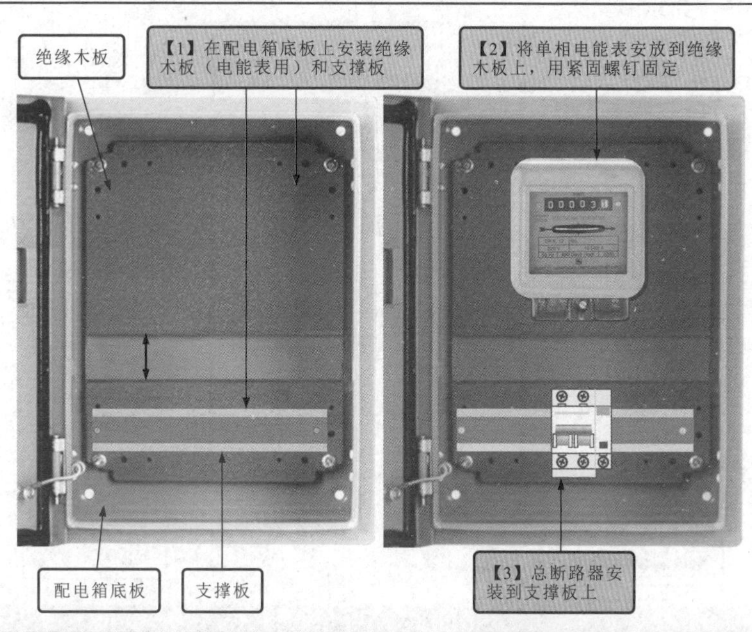

图 7-40 单相电能表和总断路器的安装

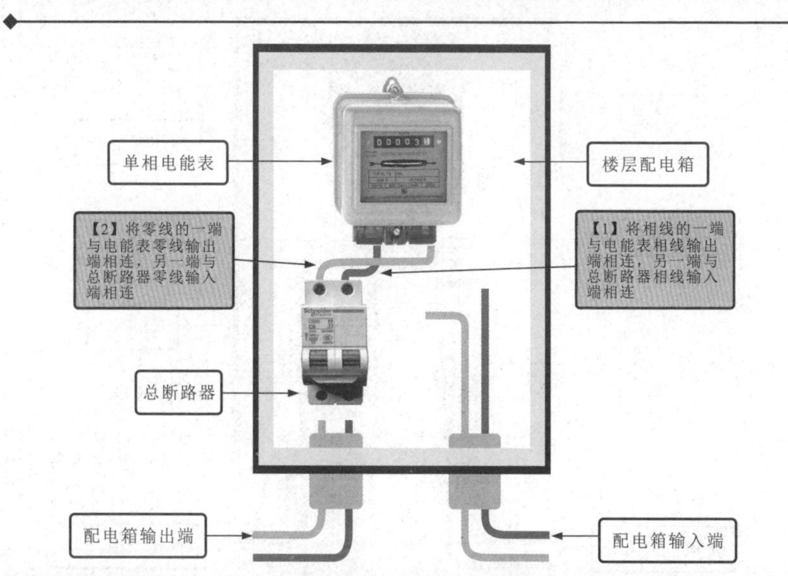

图 7-41 电能表与总断路器的线路连接

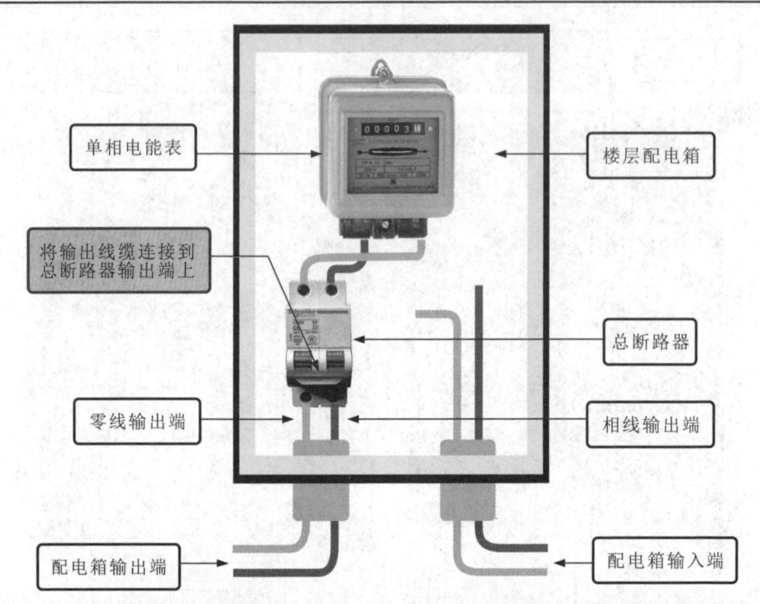

图 7-42 输出线路连接

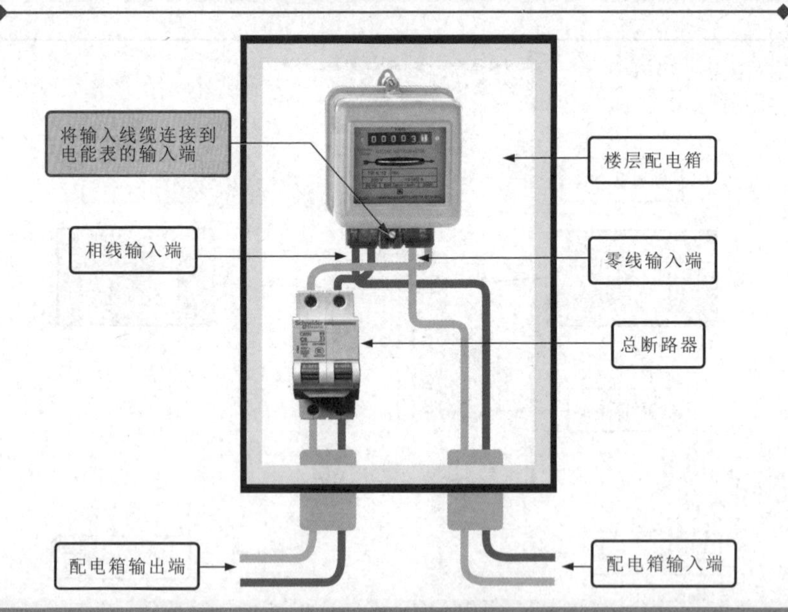

图 7-43 输入线路连接

楼层配电箱内的线路连接好后，再将输入线缆与供电干线进行连接，如图7-44所示。接线处一定要固定良好，以免产生电火花引起火灾等危险情况。

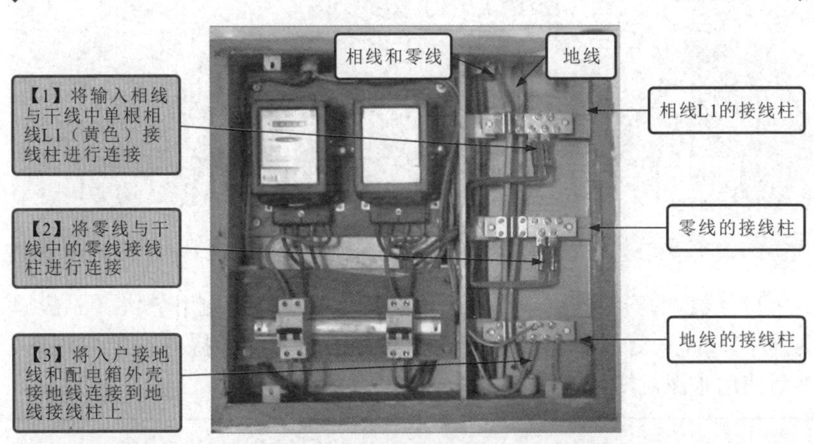

图7-44 输入线缆与供电干线进行连接

7.2.2 室内供配电线路的施工

室内供配电系统规划完成后，即可按施工规划一步一步完成家庭配电系统中电气部件的安装与布线。

1. 室内线路的敷设

室内线路的敷设也可以称为内线工程，是在家庭配电施工中的首要工作，线路敷设连接的质量直接影响家庭配电的进程、效果以及质量。这里采用暗敷进行室内线路的布线，在房子土建抹灰之前将室内的线路埋设在墙内、顶棚内或地板下。

（1）开线槽

使用工具对规划好的线路和部位进行开线槽操作，如图7-45所示，这里主要使用冲击钻对室内进行开线槽操作，保证线管和接线盒的顺利安装。

（2）线管及接线盒的安装固定

线槽开凿完成后，接下来需要借助水泥将线管以及接线盒进行安装固定。

图 7-45　开线槽操作

1）线管的安装固定。在安装固定线管时，通常使用垫块（一般厚为 10~15mm）将线管垫高，使线管与开槽的内壁保持有一定的距离，然后使用水泥对线槽进行封固，如图 7-46 所示。

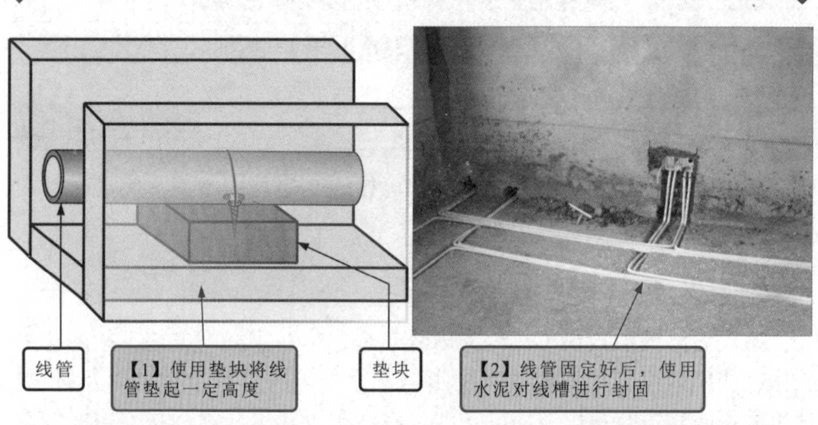

图 7-46　线管的安装固定方法

2）接线盒的安装固定。安装接线盒时，首先将线管从接线盒的侧孔中穿出，并使用相关配件将接线盒进行固定，如图 7-47 所示，然后将线管的管口用木塞堵上，用水泥对接线盒安装槽进行封固。木塞可防止水泥、砂浆或其他杂物进入线管内，堵塞线管。

（3）导线的敷设

首先将导线与弹簧进行连接，并从线管的一端穿入，直到从另一端穿出，如图 7-48 所示，当穿出导线后，拉动导线的两端，查看导线在线管中是否有过紧或卡死的情况。

图 7-47　接线盒的固定方法

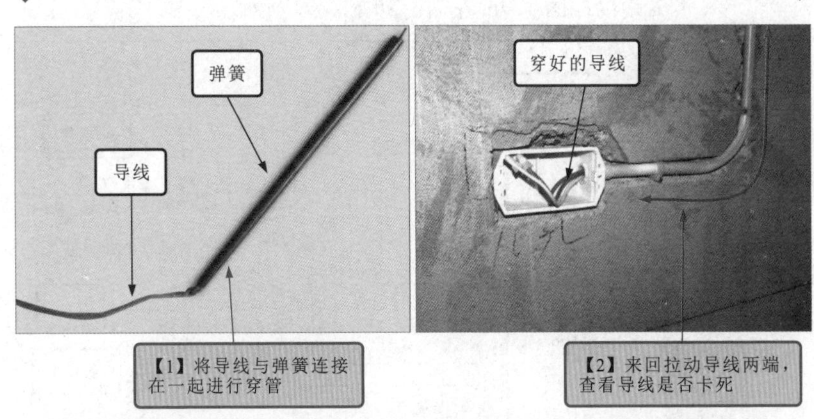

图 7-48　导线的敷设方法

要点说明

在布线时，塑料管分线盒需要使用接头将塑料管和分线盒进行连接，并且需要使用线夹将电线线芯连接起来使其固定，如图 7-49 所示。

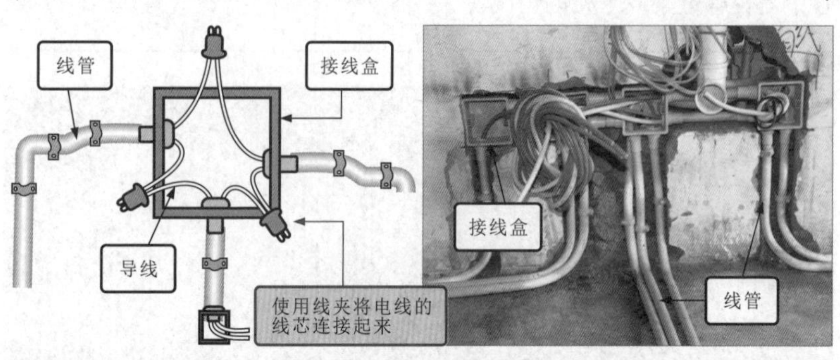

图 7-49 塑料管布线的方法

2. 配电盘的安装

住户配电盘应放置于屋内进门处，方便入户线路的连接以及用户的使用。配电盘放置在无振动的承重墙上，配电盘下沿距离地面 1.9m 左右，如图 7-50 所示。

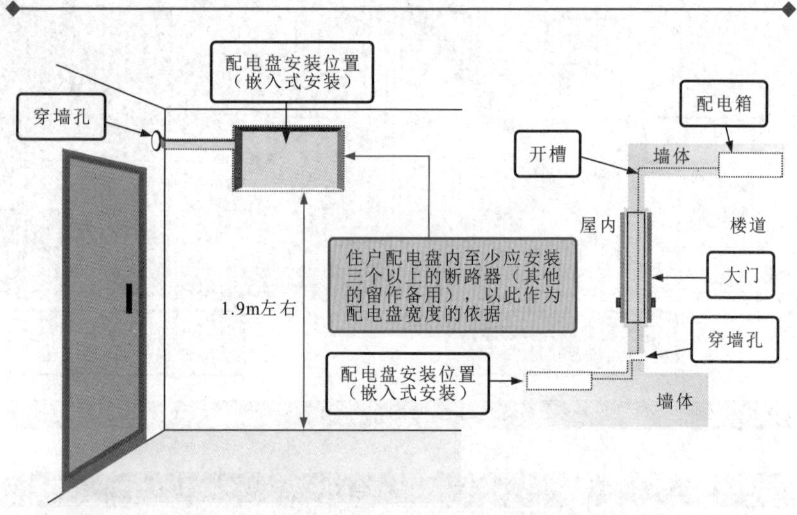

图 7-50 配电盘的安装标准

（1）导线的引入

在室内穿墙孔与配电盘间安装固定明敷导线的板槽，将引入的导线敷于板槽内，并盖上板槽的盖板，如图 7-51 所示。

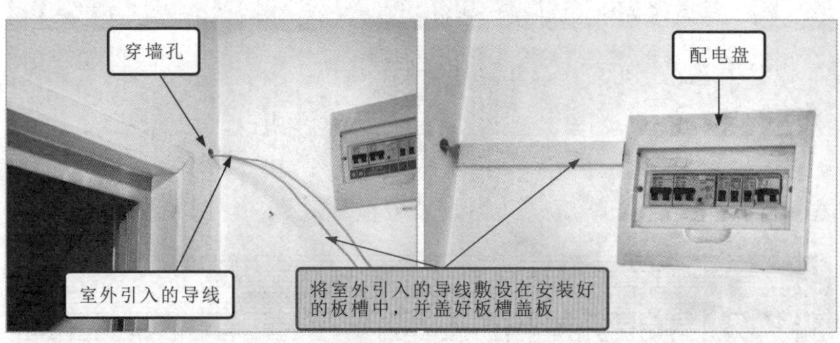

图 7-51　导线的引入方法

（2）断路器的连接

将从室外引来的相线和零线分别与配电盘中的总断路器进行连接时，总断路器引出的相线与支路断路器的 L 端相连，引出的零线与 N 端和零线接线柱相连，支路断路器的输出端分别与对应管路中的线缆连接，如图 7-52 所示。

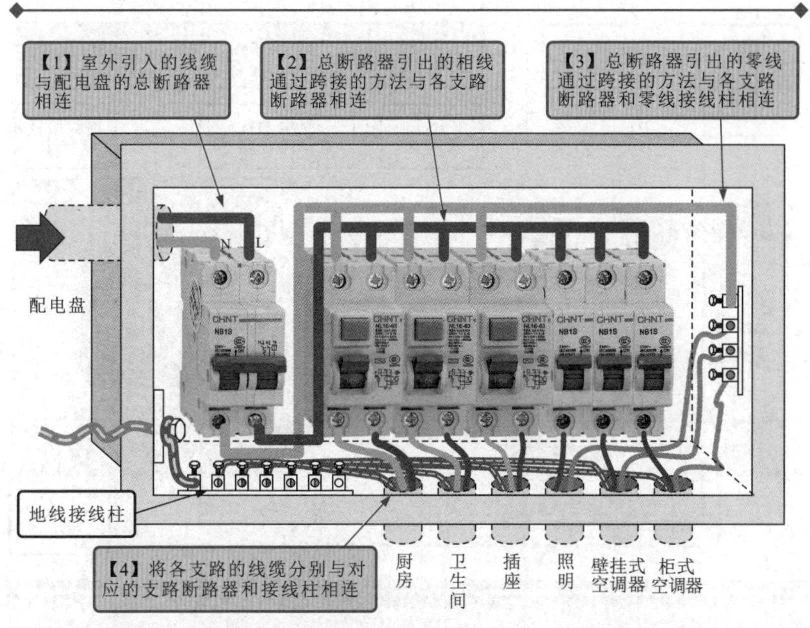

图 7-52　断路器的连接

要点说明

熔断器在使用时是串联在被保护电路中，当被保护电路的电流超过规定值，并经过一定时间后，由熔体自身产生的热量熔断熔体，使电路断开，从而起到保护的作用，熔体熔断后，在完成电路检修后，需要用同规格熔体代换。

7.3 供电插座的安装连接

7.3.1 三孔插座的安装连接

三孔电源插座是指插座面板上仅设有相线孔、零线孔和接地孔三个插孔的电源插座。在实际安装操作前，需要首先了解三孔电源插座的特点和接线关系，如图 7-53 所示。

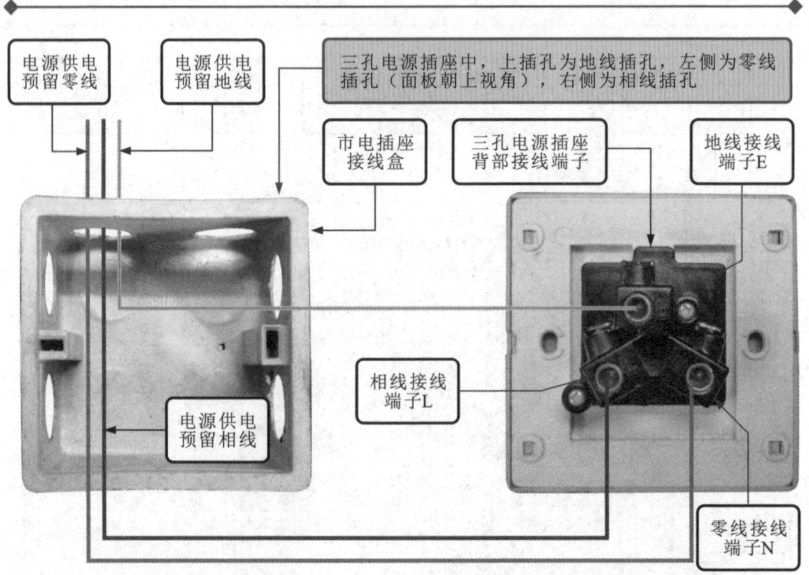

图 7-53 三孔电源插座的特点和接线关系

安装三孔电源插座时，可以分为接线、固定与护板安装两个环节。

（1）接线

接线是将三孔电源插座与电源供电预留导线连接。接线前，需要先将三孔电源插座护板取下，为接线和安装固定做好准备，如图 7-54 所示。

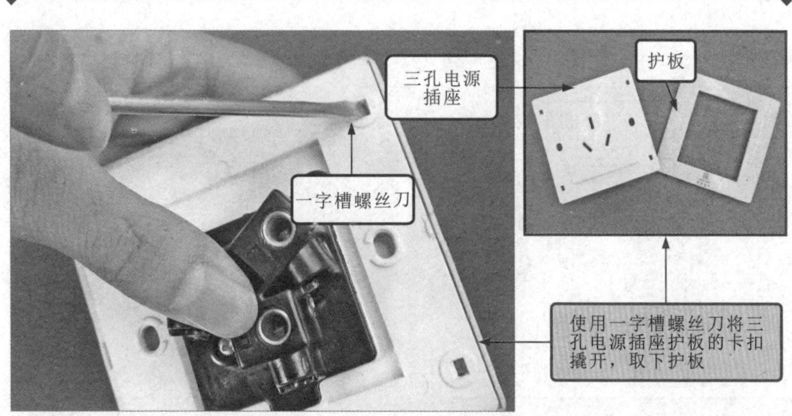

图 7-54　三孔电源插座接线前的准备

接下来，先将预留插座接线盒中的三根电源线进行处理，剥除线端一定长度（约 3cm，即完全插入插座即可）的绝缘层，露出线芯部分，准备接线，如图 7-55 所示。

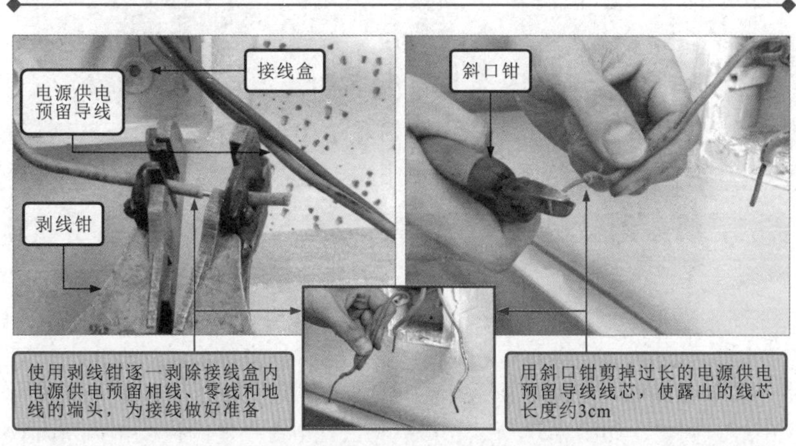

图 7-55　电源供电预留导线的处理

接着，将三孔电源插座背部接线端子的紧固螺钉拧松，并将预留插座接线盒中的三根电源线线芯对应插入三孔电源插座的接线端子内，即相线插入相线接线端子内，零线插入零线接线端子内，保护地线插入地线接线端子内，然后逐一拧紧紧固螺钉，完成三孔电源插座的接线，如图 7-56 所示。

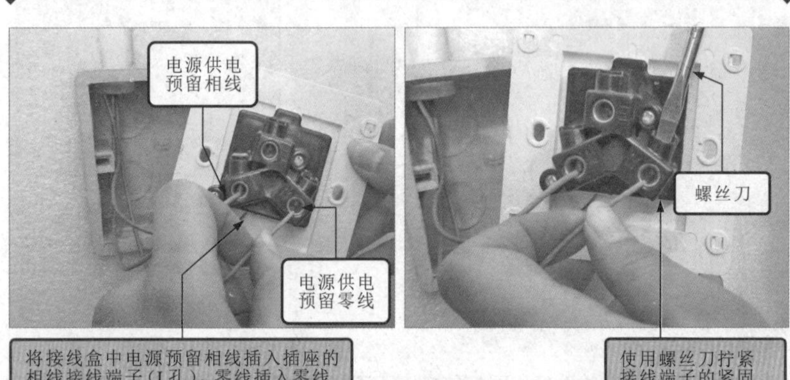

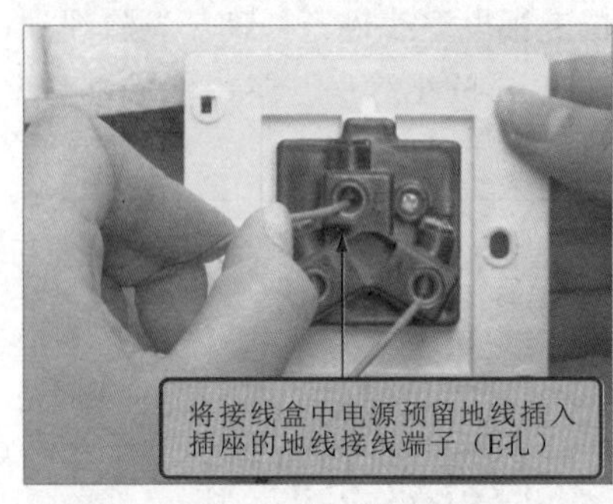

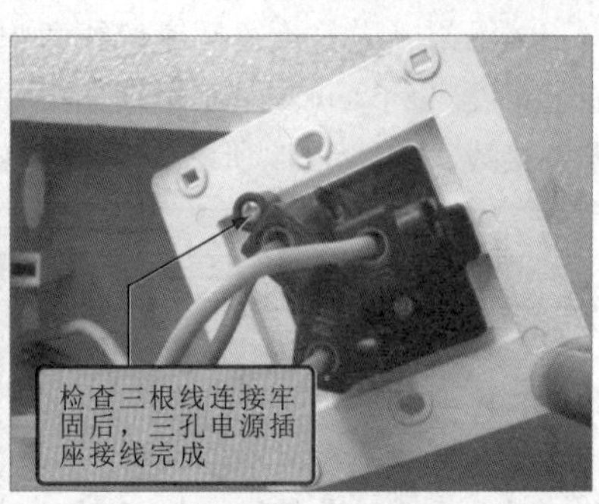

图 7-56　三孔电源插座的接线操作演示

（2）固定与护板的安装

三孔电源插座接线完成后，将连接导线合理盘绕在接线盒中，然后将三孔电源插座固定孔对准接线盒中的螺钉固定孔推入、按紧，并使用紧固螺钉固定，如图 7-57 所示，最后将三孔电源插座的护板扣合到面板上，确认卡紧到位后，三孔电源插座安装完成。

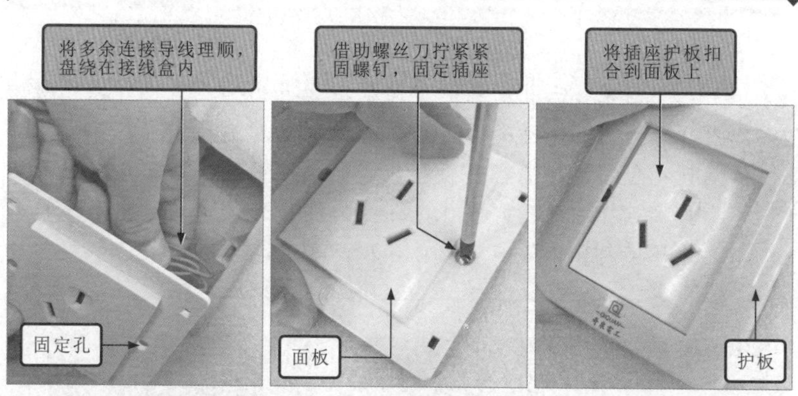

图 7-57　三孔电源插座的固定与护板的安装

7.3.2　五孔插座的安装连接

五孔电源插座实际是两孔电源插座和三孔电源插座的组合，面板上面为平行设置的两个孔，用于为采用两孔插头电源线的电气设备供电；下面为一个三孔电源插座，用于为采用三孔插头电源线的电气设备供电。

在动手安装组合插座之前，首先要了解组合插座的连接方式，如图 7-58 所示。

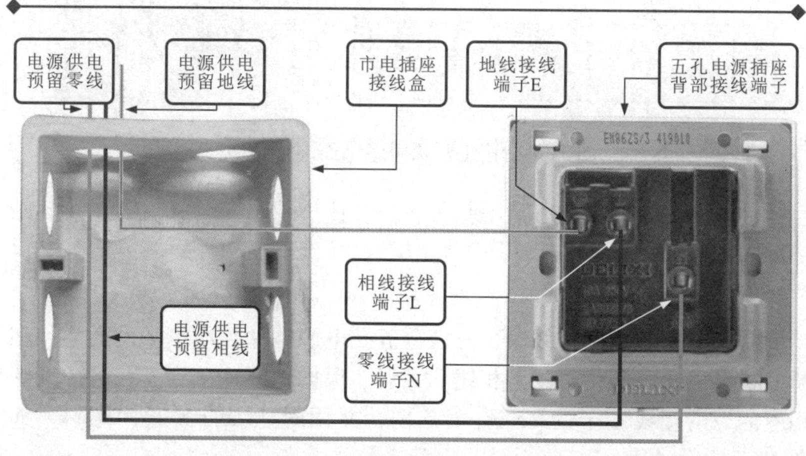

图 7-58　五孔电源插座的特点和接线关系

相关资料

目前，五孔电源插座面板侧为五个插孔，但背面接线端子侧多为三个插孔，这是因为大多电源插座生产厂家在生产时已经将五个插座进行相应连接，即两孔中的零线与三孔的零线连接，两孔的相线与三孔的相线连接，只引出三个接线端子即可，方便连接，如图7-59所示。

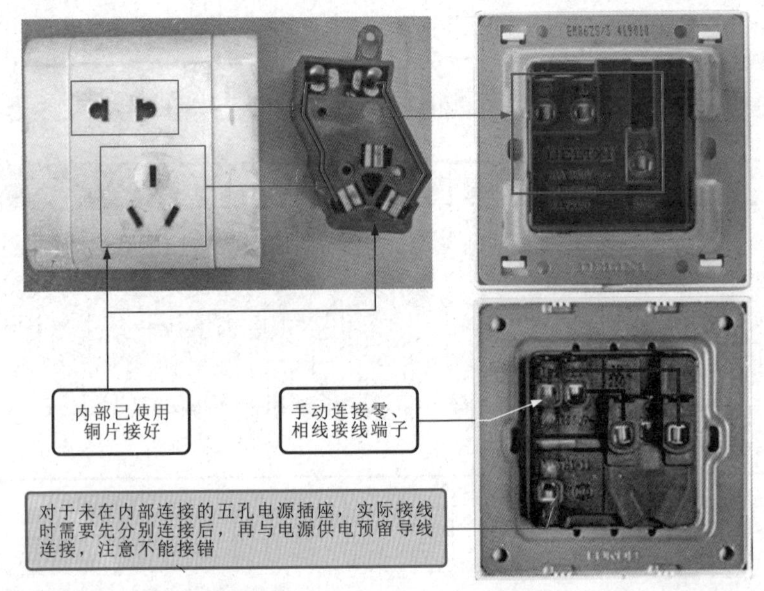

图7-59　五孔电源插座背面连接情况

了解了五孔电源插座的安装方式后，接下来需要对其进行接线和固定操作。

(1) 接线

对五孔电源插座接线时，先区分五孔电源插座接线端子的类型，在断电状态下将电源供电预留相线、零线、保护地线连接到五孔电源插座相应标识的接线端子（L、N、E）内，并用螺丝刀拧紧紧固螺钉，如图7-60所示。

（2）固定

将五孔电源插座固定到预留接线盒上。先将接线盒内的导线整理后盘入盒内，然后用紧固螺钉紧固电源插座面板，扣好挡片或护板后，安装完成，如图 7-61 所示。

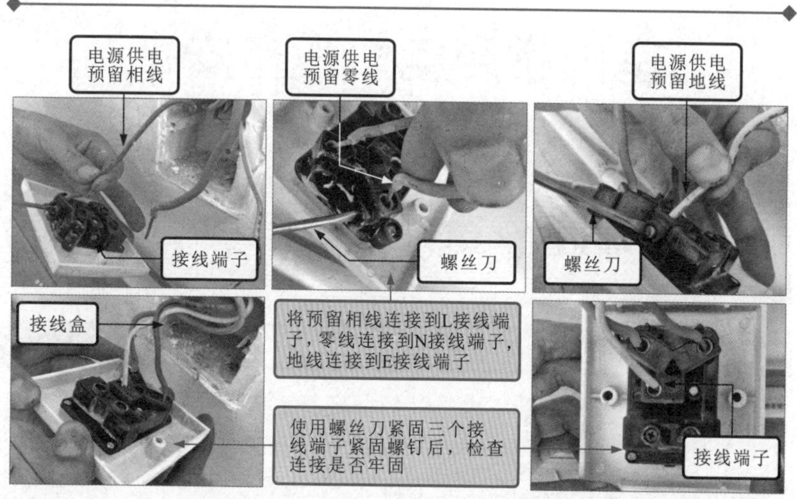

图 7-60 五孔电源插座的接线操作

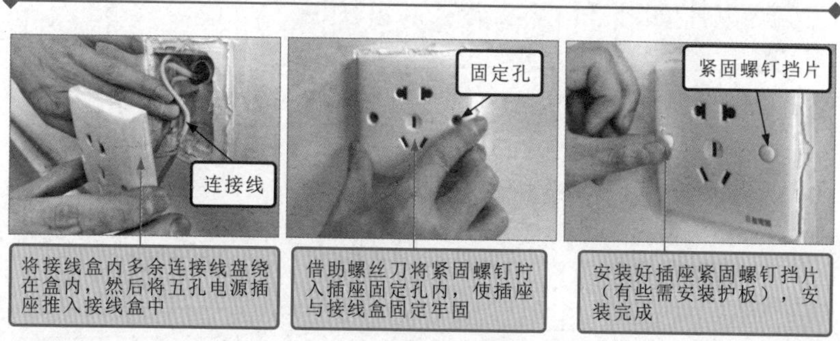

图 7-61 五孔电源插座的固定

第 8 章 室内常用电气设备安装

8.1 排风扇的规划与安装

8.1.1 排风扇的安装规划

排风扇主要用来调节室内空气的循环，尤其是在厨房、卫生间等，常需要安装排风扇及时排出室内的污浊空气。安装排风扇时，应按用户要求，确定好线路的规划，在此基础上，选配整个系统所需要的电气设备，并制定出整体施工方案及流程，如图 8-1 所示。

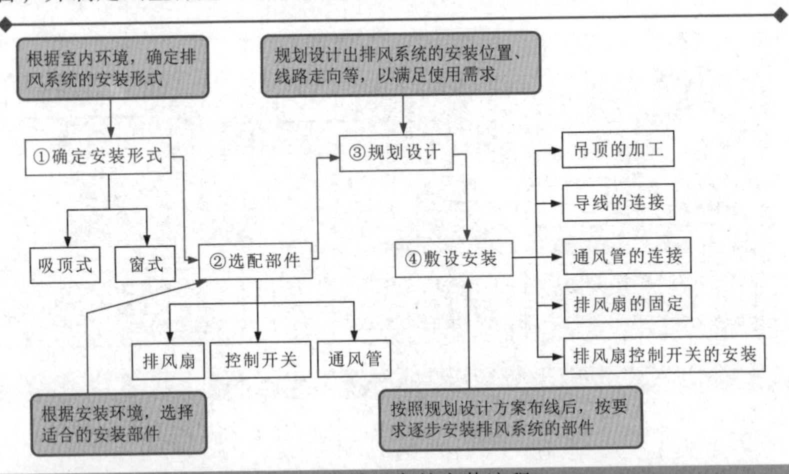

图 8-1 排风扇的安装流程

1. 排风扇的安装形式

如图 8-2 所示，目前常见的排风扇主要有吸顶式和窗式两种。

吸顶式排风扇是指安装在屋顶的排风设备。该排风扇适合安装在封闭的空间内，如卫生间和地下室。吸顶式排风扇的排风管路与楼内的排风口相连，或直接通过排风管路引出室外。

窗式排风扇是指安装在窗户上的排风设备。该排风扇一般安装在厨房的窗户上，可直接将厨房内污浊的空气排出室外。

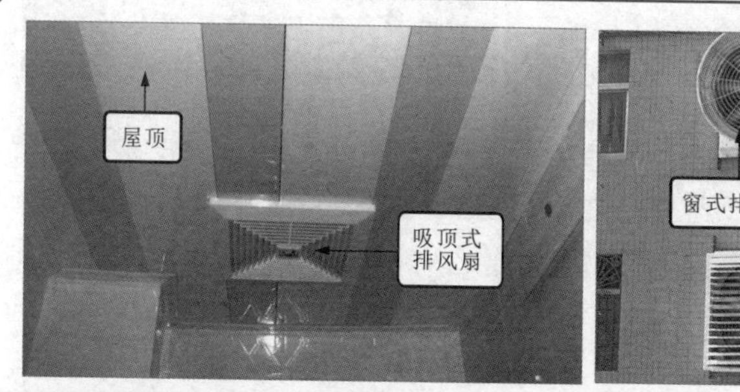

图 8-2 排风扇的安装形式

2. 排风扇配件的选配

如图 8-3 所示，安装排风扇之前，应先选配合适的配件，并检查各配件是否完好。在不同的应用场合可安装不同类型的排风扇。若需要将室内污浊的空气排往室外，同时吸进新鲜空气，可选择百叶窗式排风扇（隔墙式排风扇），安装在墙壁的孔洞上；若需要安装在公共场所的玻璃门窗上，可选择橱窗式排风扇；若室内天花板上有预留的管道或出风口，可选择吸顶式或管道式排风扇。

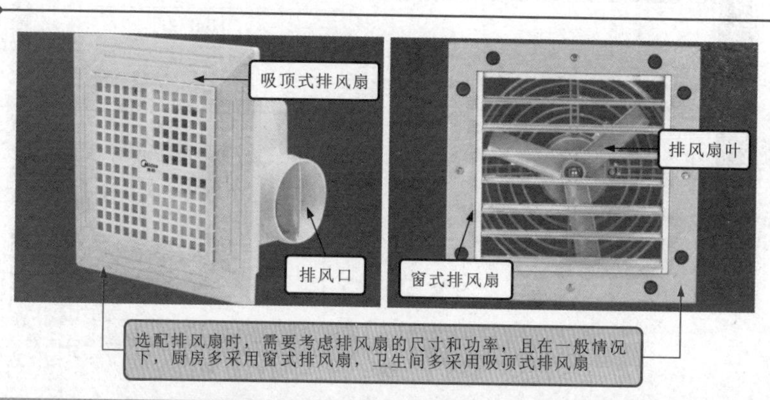

图 8-3 排风扇配件的选配

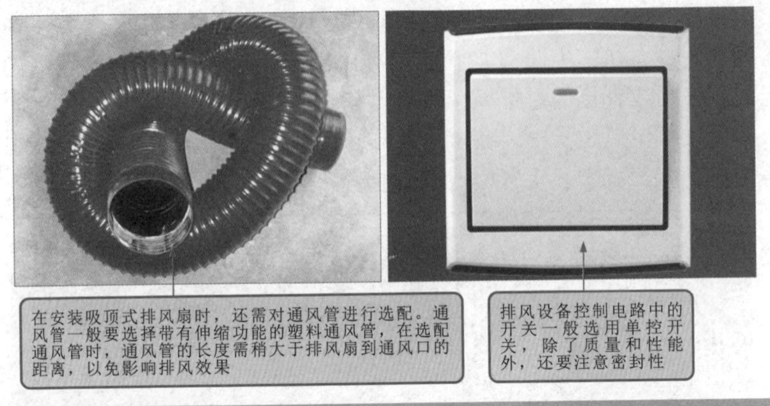

图 8-3　排风扇配件的选配（续）

3. 排风扇的安装规划

图 8-4 为典型吸顶式排风扇的安装规划。排风扇应安装在厨房或卫生间的吊顶上，不要离墙面上的通风孔太远。同时，为取得最佳的换气效果，需要对通风孔加装通风止逆阀，并且对四周进行密封处理。另外，排风扇距屋顶和地面的距离也都有明确的规定。

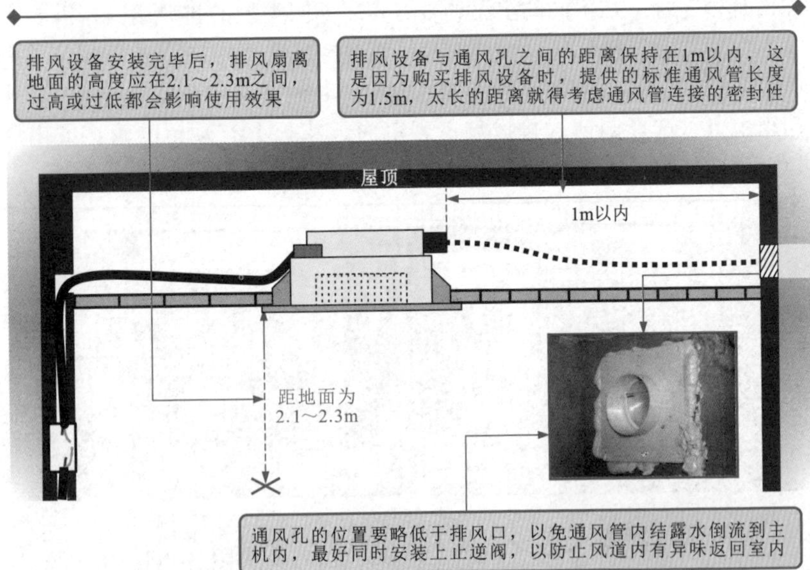

图 8-4　典型吸顶式排风扇的安装规划

8.1.2 排风扇的安装

下面继续以吸顶式排风扇为例，介绍排风扇的安装方法。

1. 吊顶开孔

如图 8-5 所示，根据排风扇尺寸对吊顶进行开孔处理，开孔位置要符合安装规划。为确保安装牢固，开孔四周要敷设木框。

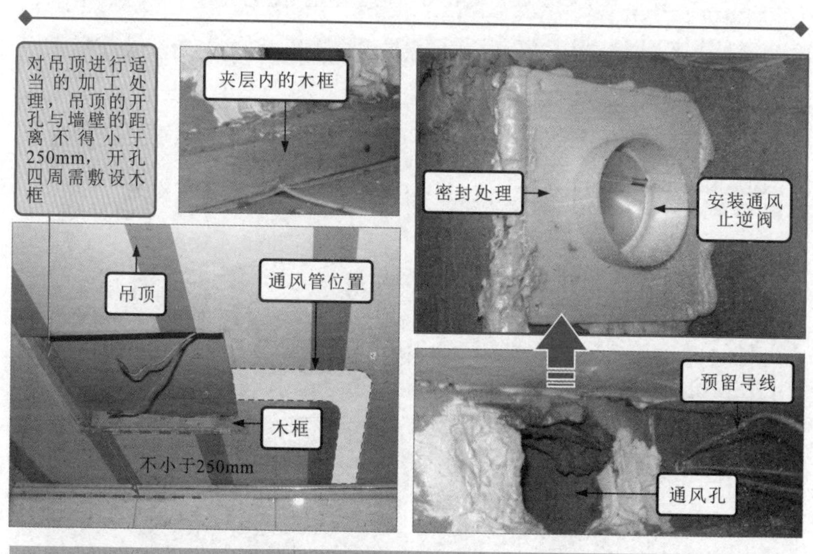

图 8-5　吊顶开孔

2. 排风扇的接线

按图 8-6 所示，首先将排风扇的面罩卸下，找到排风扇的连接导线。排风扇的连接导线通常采用 2 芯绝缘导线。通常，根据规定，蓝色的引线用以和零线连接。红色的引线用以和相线连接。

接下来，将排风扇的导线与装修预留的供电导线进行连接。由于排风扇的工作环境较为潮湿，因此，排风扇导线与预留供电导线的连接处必须采用防水绝缘胶带进行妥善的绝缘保护处理。具体操作如图 8-7 所示。

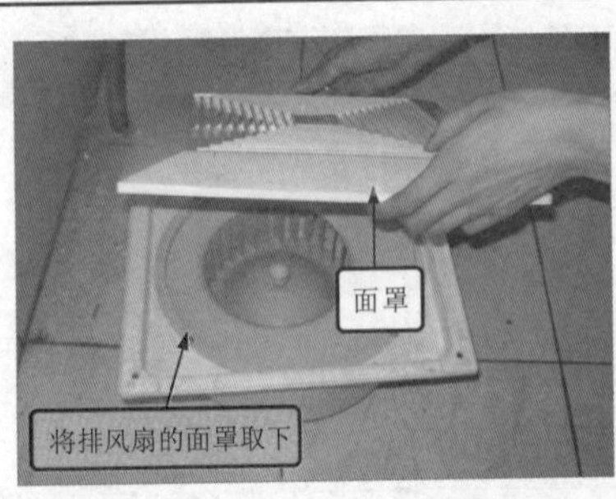

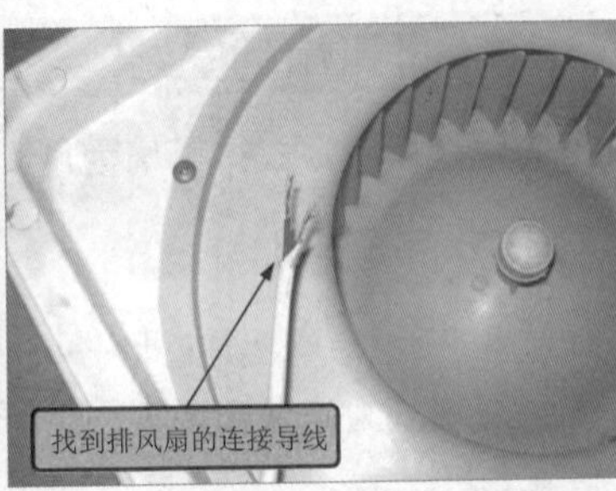

图 8-6 排风扇的连接引线

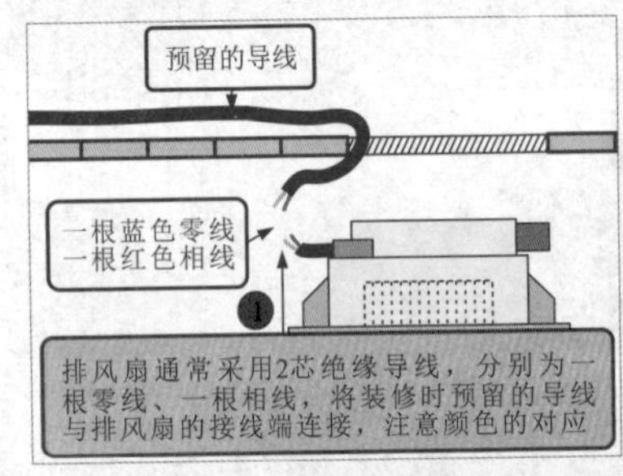

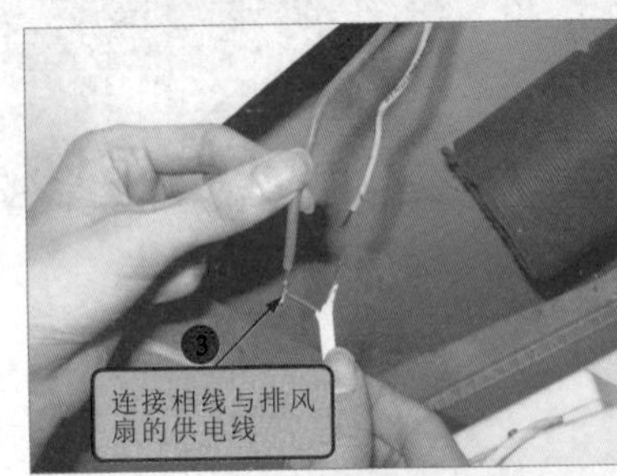

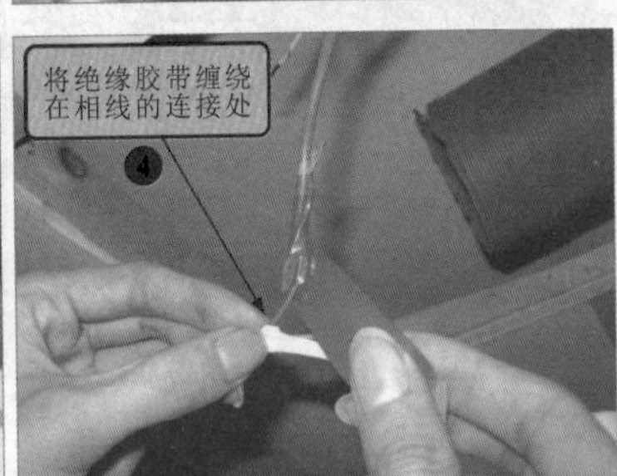

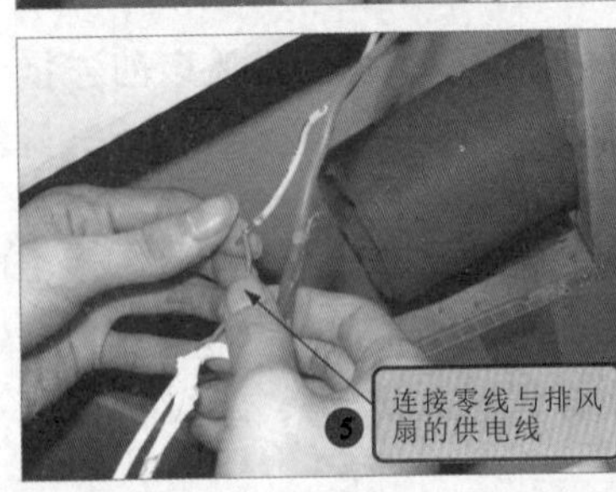

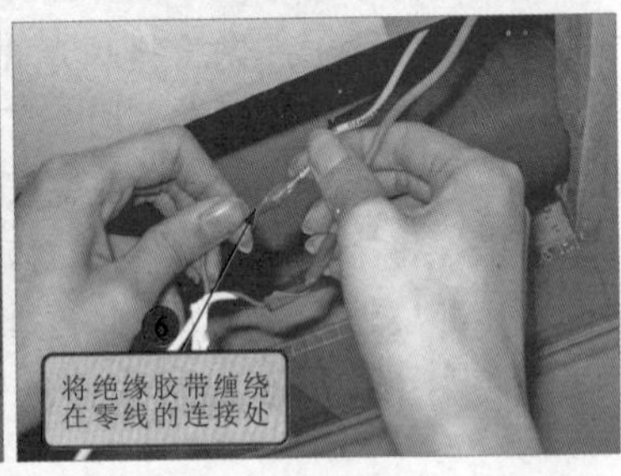

图 8-7 排风扇导线与预留供电导线的连接操作

3. 通风管道的安装连接

排风扇导线与供电导线连接完毕，将通风管的一端与吊顶内的通风孔连接，另一端与排风扇的排风口连接。具体操作如图 8-8 所示。

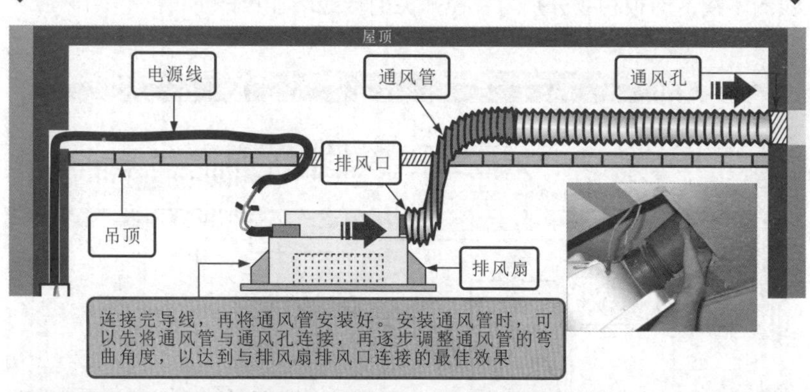

图 8-8　排风扇通风管道的安装连接

4. 排风扇的固定

确认排风扇的导线连接和通风管道的安装连接都没有问题，就可以将排风扇安装固定到吊顶上了。如图 8-9 所示，将排风扇小心放入预留的吊顶开孔处，然后使用紧固螺钉将排风扇箱体固定敷设在吊顶开孔四周的木框上即可。

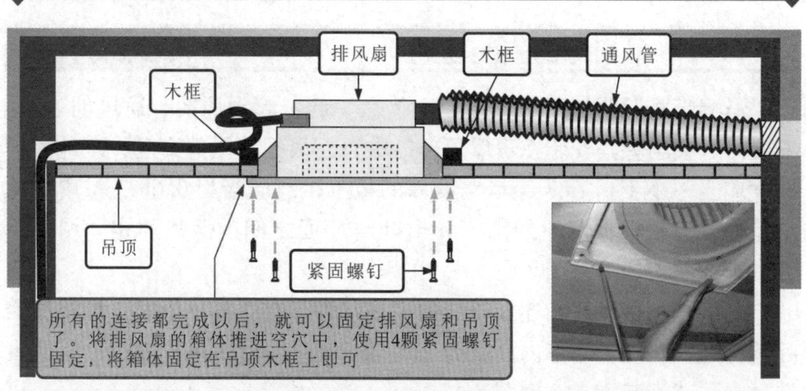

图 8-9　排风扇的固定

5. 排风扇控制开关的安装连接

排风扇固定到位，接下来按图 8-10 所示连接控制开关的连线。通常排风扇的控制开关多为单控开关，只需将排风扇的零线直接连接供电导线的零线，两根相线分别与单控开关的接线端连接即可。

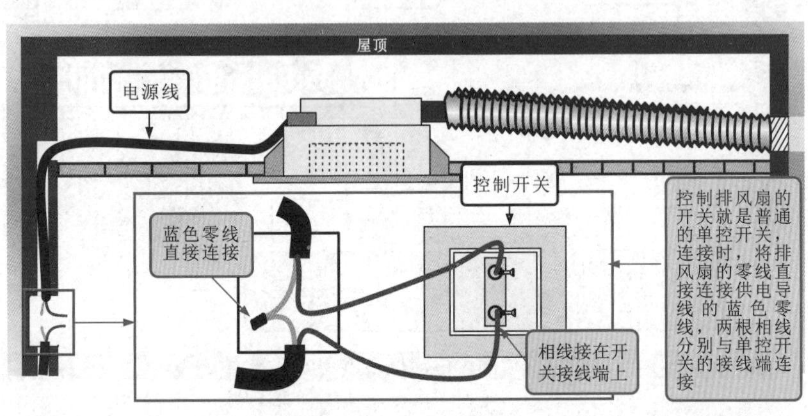

图 8-10 排风扇控制开关的安装连接

8.2 吊扇灯的规划与安装

8.2.1 吊扇灯的安装规划

吊扇灯将照明灯与吊扇结合安装在一起，起到照明、通风的效果。安装时，应当将其安装在房屋顶部的中央，根据房屋的高度，距地面的高度应当不小于 2.2m，扇叶与墙面的最小距离应当为 0.6m，吊扇灯的吊管长度应当根据房屋的高度和扇叶与地面之间的距离而定。图 8-11 为吊扇灯的安装示意图。

吊管是承接风扇和连接导线的主要部件，在选择吊管时，可根据实际情况选择长度，当室内高度为 2.5~2.7m 时，可使用较短的吊管或者选择吸顶式安装方式，如图 8-12 所示；当室内高度为 2.7~3.3m 时，可使用原配的吊管；当室内高度在 3.3m 以上时，则需要另外加长吊管，吊管的长度应为室内高度减去扇叶距离地面的高度（约为 2.2m）。

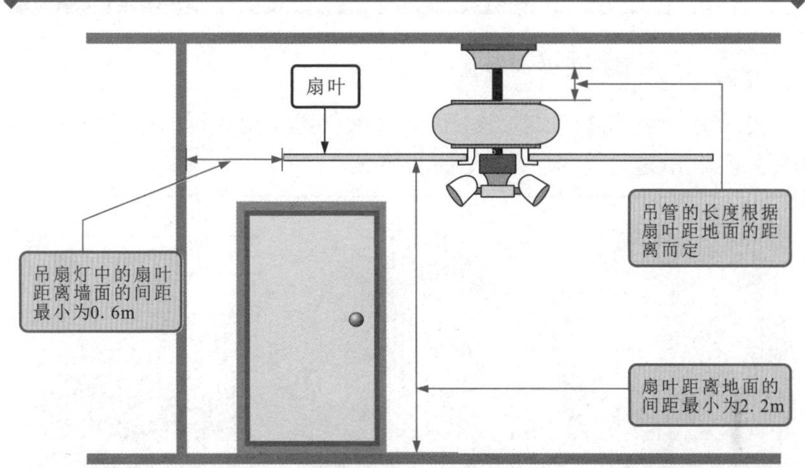

图 8-11 吊扇灯的安装示意图

图 8-12 吊管的选配

吊扇灯的直径是指对角扇叶间的最大距离，选择吊扇灯时，可根据房间的大小进行选择，在通常情况下，若房屋面积为 6~12m²，则可选择直径为 42in㊀的吊扇灯；若房屋面积为 10~15m²，则可选择直径为 48in 的吊扇灯；若房屋面积为 12~20m²，则可选择直径为 52in 的吊扇灯；若房屋面积为 18m² 以上，则可选择直径为 54in 及以上的吊扇灯。

㊀ 1in=0.0254m。

8.2.2 吊扇灯的安装

1. 吊扇灯配件的检查

在安装吊扇灯之前，应先对吊扇灯配件进行检查。如图 8-13 所示，确定灯具、吊扇组件等均完好，部件齐全。

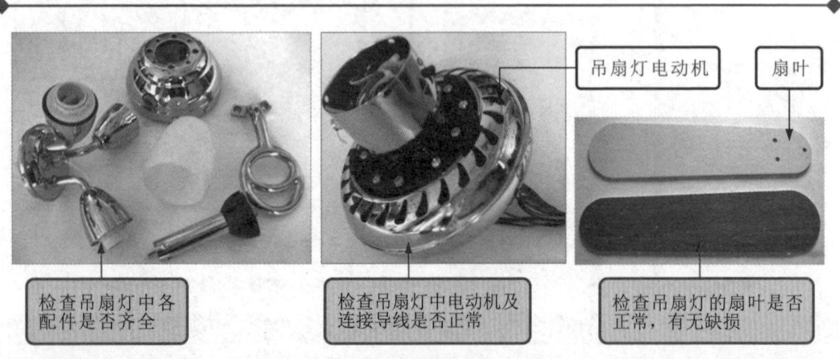

图 8-13 吊扇灯配件的检查

2. 吊架的安装

如图 8-14 所示，安装吊架之前，要对需要安装吊扇灯的房顶进行了解，若为水泥材质，则应当先使用电钻对需要安装的地方进行打孔，使用螺钉固定；若房屋顶部的材质为木吊顶材质，则应选择承重能力较强的木脊位置安装，并使用木螺钉固定。

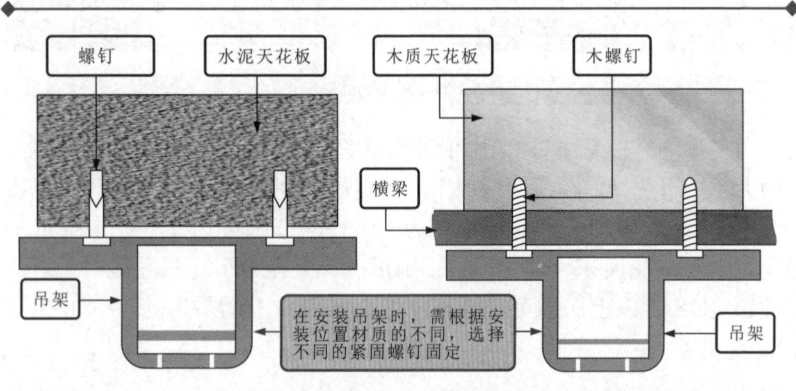

图 8-14 吊架的安装

3. 吊管的安装固定

根据安装环境的需要选择合适的吊管，将电动机上的导线穿过吊管，然后连接吊管与电动机，并固定吊管，具体操作如图 8-15 所示。

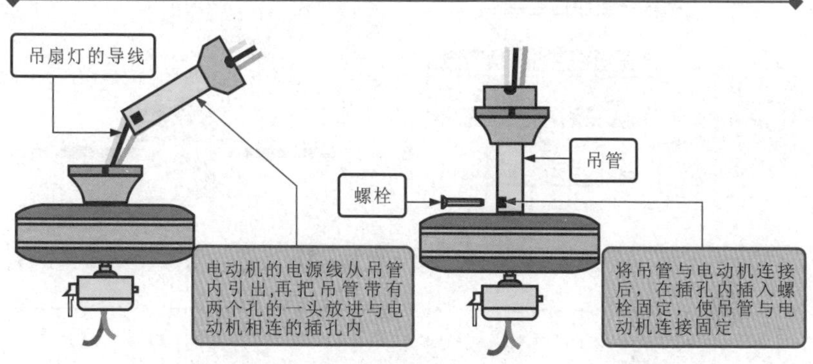

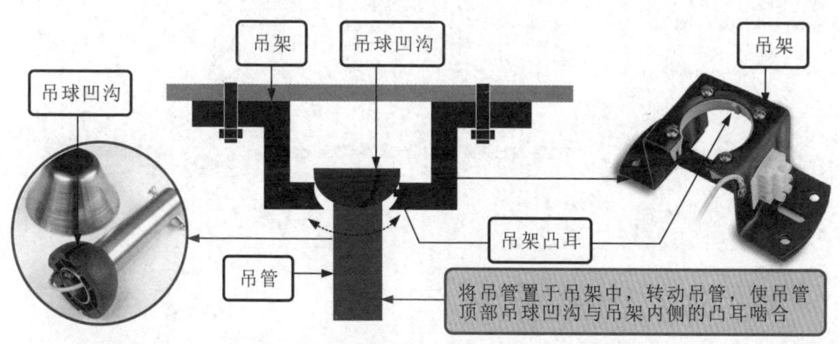

图 8-15 吊管的安装固定

4. 吊扇灯的接线

吊扇灯在进行接线操作时，先将灯具中的蓝线连接电源中的零线，灯具中的红线连接风扇开关的相线，吊扇中的红线连接灯具开关的相线，绿线连接接地端，具体连接方法如图 8-16 所示。

要点说明

根据吊扇灯的控制方式不同，其连接线的连接方式也有所区别。图 8-17 为几种常见的吊扇灯接线方式。

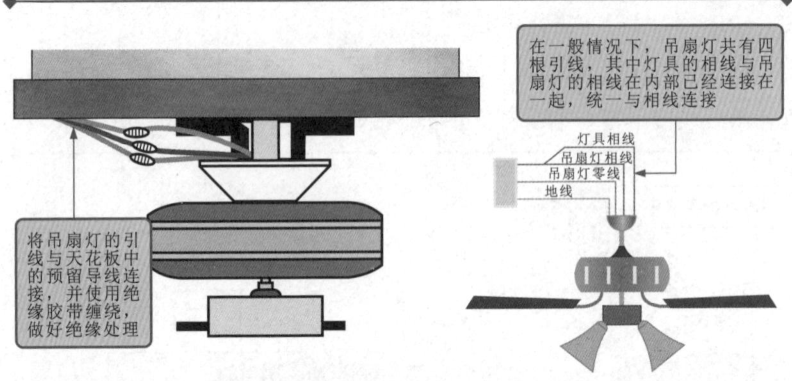

图 8-16　吊扇灯的接线

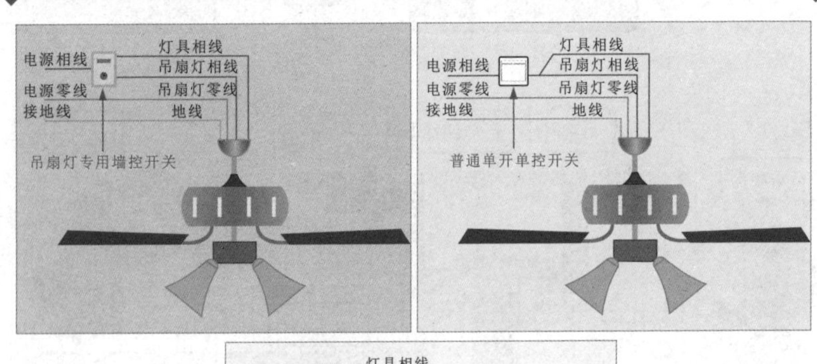

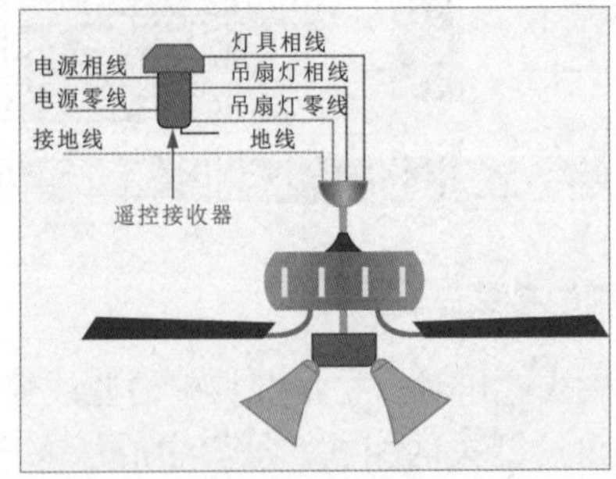

图 8-17　吊扇灯的常见接线方式

5. 吊扇灯扇叶的固定

完成以上操作后，需要组合扇叶与叶架，分清扇叶的正面与反面，将叶架放在扇叶的正面，在扇叶的反面垫上薄垫片，叶片螺钉通过垫片将扇叶与叶架连接，具体操作如图 8-18 所示，安装时不应用力过度，防止叶片变形。

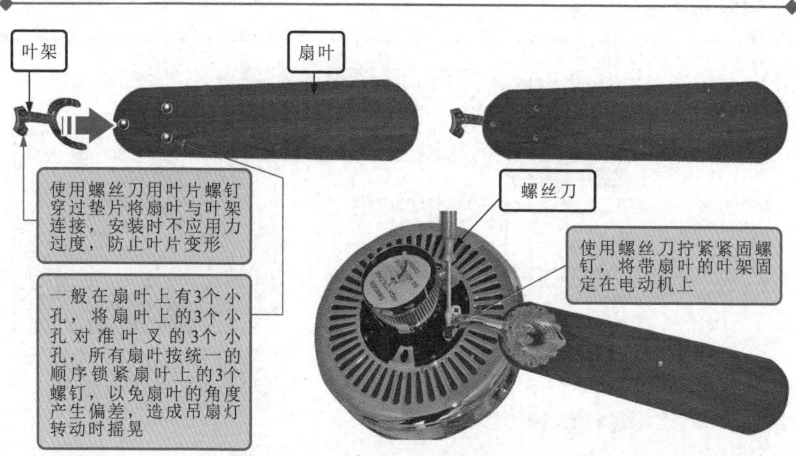

图 8-18 吊扇灯扇叶的固定

要点说明

将扇叶固定到电动机上，可用手轻轻转动电动机，查看电动机转动是否灵活，确认扇叶是否碰撞到任何物体，除此之外，还需要确定扇叶的平行度，如图 8-19 所示。

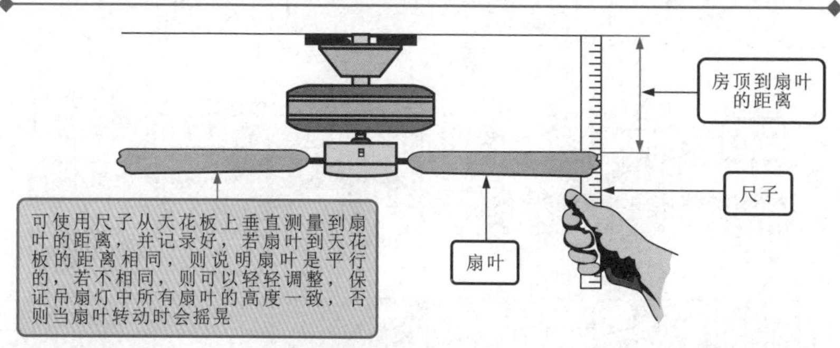

图 8-19 检查扇叶安装情况

6. 吊扇灯灯具的安装固定

扇叶安装完毕，接下来需要对灯具进行组合，首先将电动机盖的紧固螺钉拧开，将灯具上的导线从电动机盖孔中穿过，对其进行固定，再使用六角螺母固定在开关盖上，使灯具的连接更为稳定，具体操作如图 8-20 所示。

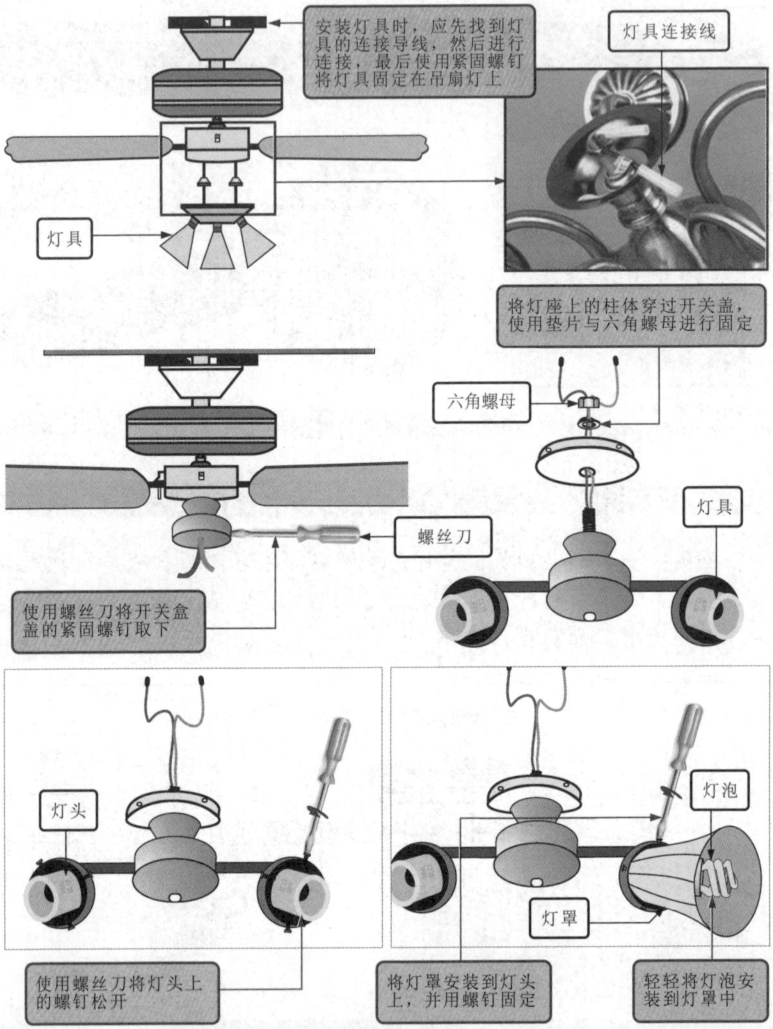

安装灯具时，应先找到灯具的连接导线，然后进行连接，最后使用紧固螺钉将灯具固定在吊扇灯上

灯具连接线

灯具

将灯座上的柱体穿过开关盖，使用垫片与六角螺母进行固定

六角螺母

螺丝刀

灯具

使用螺丝刀将开关盒盖的紧固螺钉取下

灯头

灯泡

灯罩

使用螺丝刀将灯头上的螺钉松开

将灯罩安装到灯头上，并用螺钉固定

轻轻将灯泡安装到灯罩中

图 8-20　吊扇灯灯具的安装固定

7. 吊扇灯拉绳的安装

完成灯具的安装后，最后需要连接吊扇和灯具的拉绳，方便用户控

制，至此，完成吊扇灯的安装操作，如图 8-21 所示。

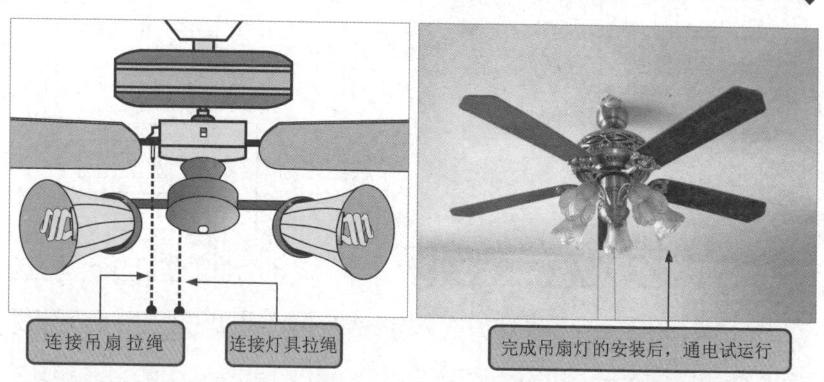

图 8-21　吊扇灯拉绳的安装

相关资料

吊扇灯安装完成后，应对其进行检验，即检查吊扇灯上各紧固螺钉是否拧紧，避免有松动的现象。然后通电运行大概 10min 后，再次检查各紧固螺钉及连接部件是否正常。

采用拉绳的吊扇灯，应对其进行控制检验，其中一个拉绳是控制照明灯的开关，另外一个拉绳是控制风扇的开关及转速。可分别拉动两根拉绳，检查是否控制正常。若正常，还需要对拉绳的长度进行检查，避免拉绳过长，否则操作时，可能会出现弹跳的现象，从而与转动的扇叶缠绕在一起，发生危险。若是具有反转功能的吊扇灯，则还需要在电动机停止后，对其反转功能进行检查，均无异常时，才可以使吊扇灯进入正常使用状态。

8.3 浴霸的规划与安装

8.3.1 浴霸的安装规划

浴霸是照明、取暖功能集于一体的家庭用电设备，学会浴霸的安装是家装电工操作人员必须掌握的一种技能。在安装浴霸之前，应先规划出具体的施工流程及方案，如图 8-22 所示。

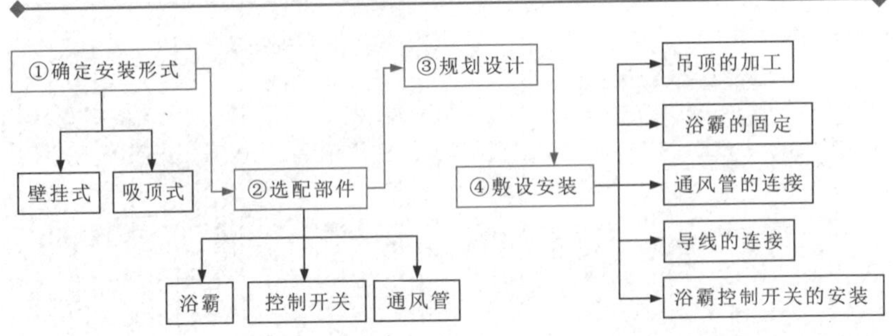

图 8-22 浴霸的安装流程

1. 浴霸的安装形式

如图 8-23 所示，浴霸是许多家庭淋浴时首选的取暖设备。常见浴霸的安装形式有壁挂式和吸顶式两种。

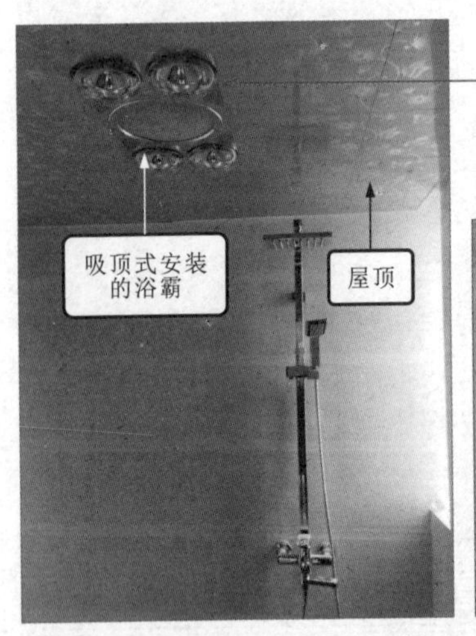

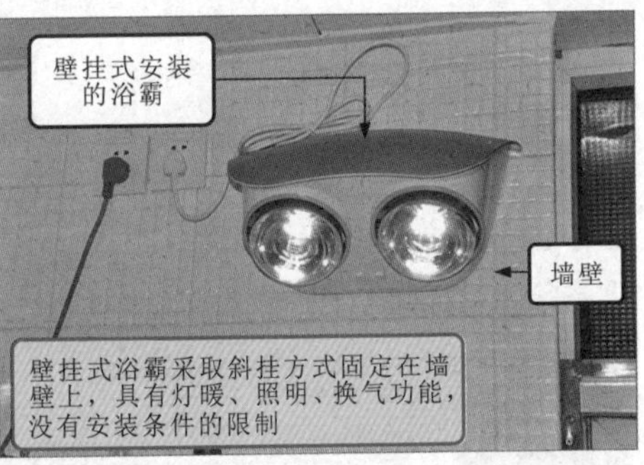

图 8-23 浴霸的安装形式

2. 浴霸配件的选配

如图 8-24 所示，目前市场上销售的浴霸按其发热原理有灯泡系列浴霸、PTC 系列浴霸及双暖流系列浴霸三种。不同的浴霸有不同的特点。

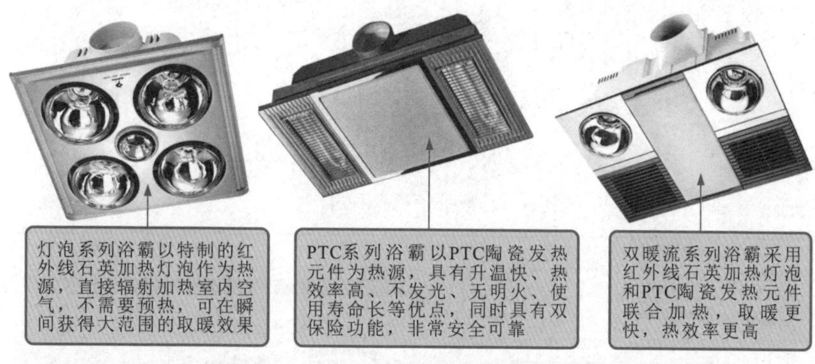

图 8-24 浴霸的种类特点

浴霸线路中的主要部件就是浴霸、控制开关及通风管，选配浴霸是非常重要的，具体选配标准如图 8-25 所示。

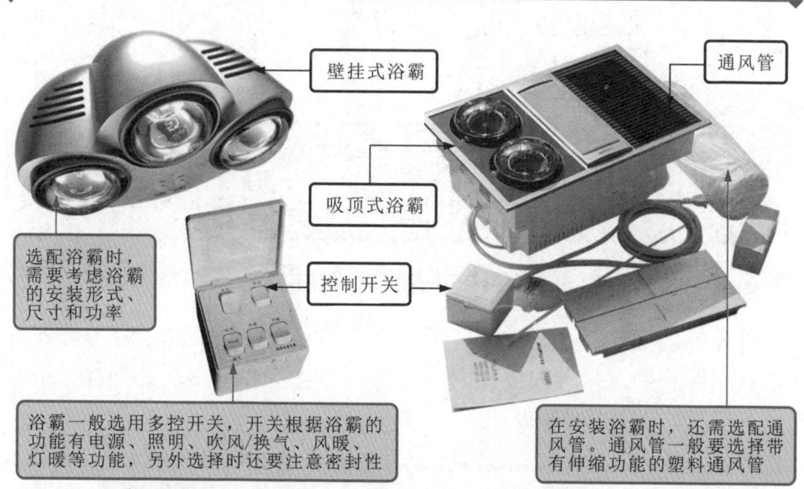

图 8-25 浴霸配件的选配

要点说明

选配浴霸时，需要考虑浴霸的安装形式、尺寸和功率，在一般情况下，小浴室因为面积小，水雾比较大，因此最好选择换气效果较好的浴霸；如果是新装修的房间，可考虑安装不占空间、款式外观选择余地较大的吸顶式浴霸；如果是老房，则根据是否有吊顶及吊顶厚度是否足够等，可以考虑选择壁挂式浴霸。

3. 浴霸的安装规划

图 8-26 为浴霸的安装规划。对于不同类型的浴霸，其安装方式、安装注意事项及具体的安装位置等都有明确的规定。

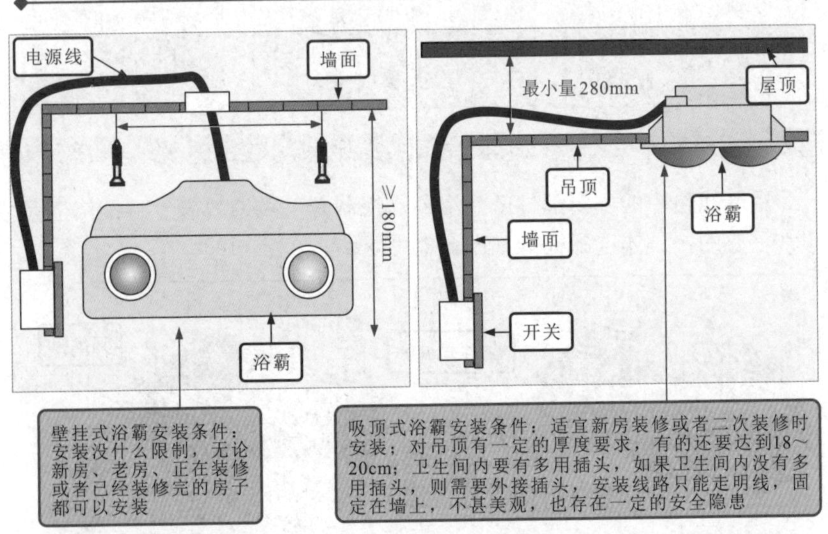

图 8-26 浴霸的安装规划

除硬性的安装尺寸要求外，不同类型的浴霸在安装时还需考虑安装环境、实际应用效果等人性化因素。图 8-27 为吸顶式浴霸和壁挂式浴霸在实际安装时的注意事项。

相关资料

浴霸在安装时应注意以下几点：

◆ 浴霸电源配线系统要规范

浴霸的功率最高可达 1100W 以上，因此安装浴霸的电源配线必须是防水线，最好是不小于 $1mm^2$ 的多丝铜芯电线，所有电源配线都要走塑料暗管镶在墙内，绝不许有明线设置，浴霸电源控制开关必须是带防水罩、10A 以上容量的合格产品，特别是老房子卫生间安装浴霸更要注意规范。

图 8-27 吸顶式浴霸和壁挂式浴霸在实际安装时的注意事项

◆ 注意浴霸的厚度不宜太大

在安装问题上，一定要注意浴霸的厚度不能太大，一般在 20cm 左右即可。因为浴霸要安装在房顶上，若要把浴霸装上，必须在房顶以下加一层顶，也就是常说的 PVC 吊顶，这样才能使浴霸的后半部分夹在两顶中间，如果浴霸太厚，装修就困难了。

◆ 浴霸应装在卫生间的中心位置

很多家庭将其安装在浴缸或淋浴位置上方，这样表面看起来冬天升温很快，但却有安全隐患。正确的方法应该将浴霸安装在卫生间顶部的中心位置，或略靠近浴缸的位置，以免红外线辐射灯升温快，离得太近，灼伤人体。

8.3.2 浴霸的安装

目前浴霸的安装多采用吸顶式，安装在卫生间顶部，下面以吸顶式浴霸为例，介绍一下浴霸的安装方法。

1. 确定浴霸的安装位置

如图 8-28 所示，在安装浴霸之前，首先要根据浴霸尺寸和实际空间要求确定浴霸的安装位置。

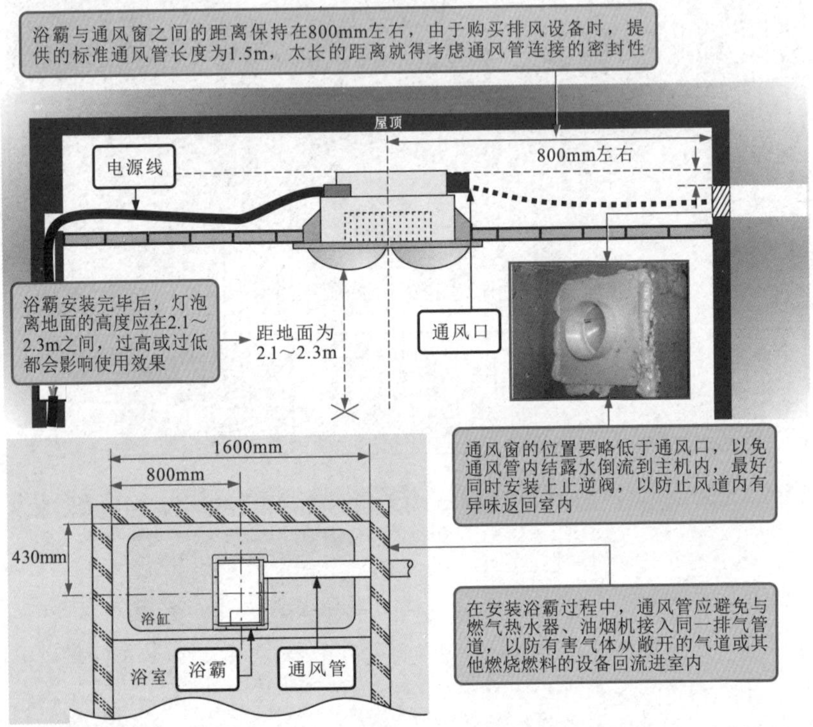

图 8-28　确定浴霸的安装位置

2. 吊顶开孔与框架加固

确定完浴霸的安装位置之后，需要对吊顶进行适当的加工处理，吊顶的加工根据安装位置及浴霸包装盒内的开孔模板在吊顶上开孔，并对开孔四周进行加固处理。如图 8-29 所示，通常采取在开孔周围架设浴霸框架的方法使吊顶能够承受浴霸的重量。

3. 浴霸的接线

按图 8-30 所示，找到浴霸的连接引线，将其按照规定分别与装修预留的供电导线进行连接。

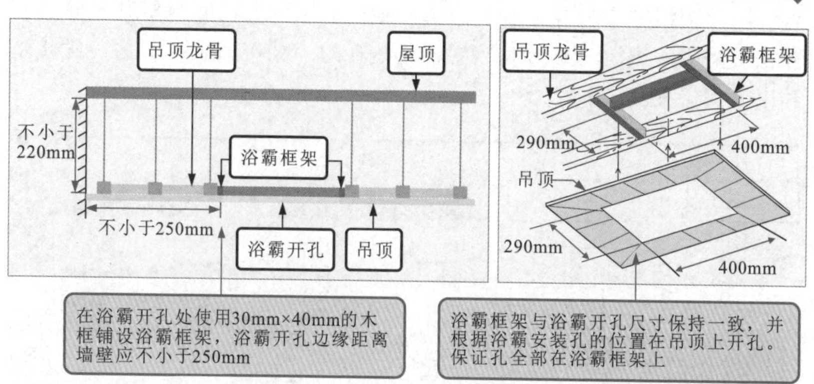

图 8-29 吊顶开孔与框架加固

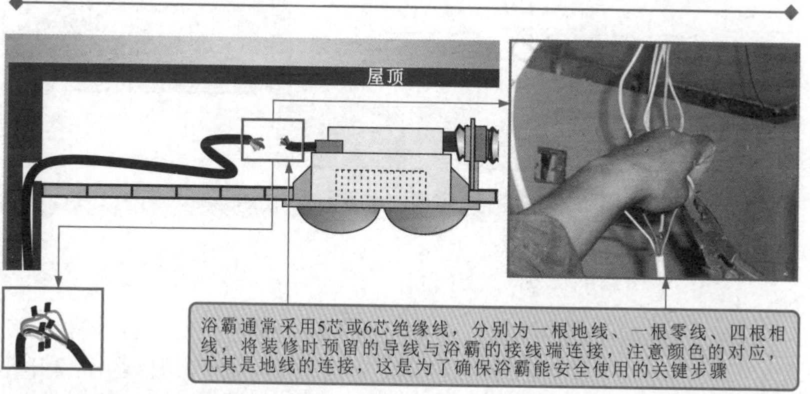

图 8-30 浴霸的接线

要点说明

通常，浴霸采用 6 芯（或 5 芯）绝缘线。其中一根地线（黄绿相间）用以与地线连接。一根零线（蓝色）用以与零线连接。四根相线（红、绿、黄任意），分别与电源供电线的相线连接。其中，两根用来连接浴霸暖灯，一根用来连接照明灯，一根用来连接排风扇。

4. 浴霸通风管道的安装连接

浴霸接线完毕，开始安装连接浴霸的通风管道。如图 8-31 所示，首先安装浴霸的出风口接头，然后将通风管的一端接通风孔，另一端接浴霸出风口接头。

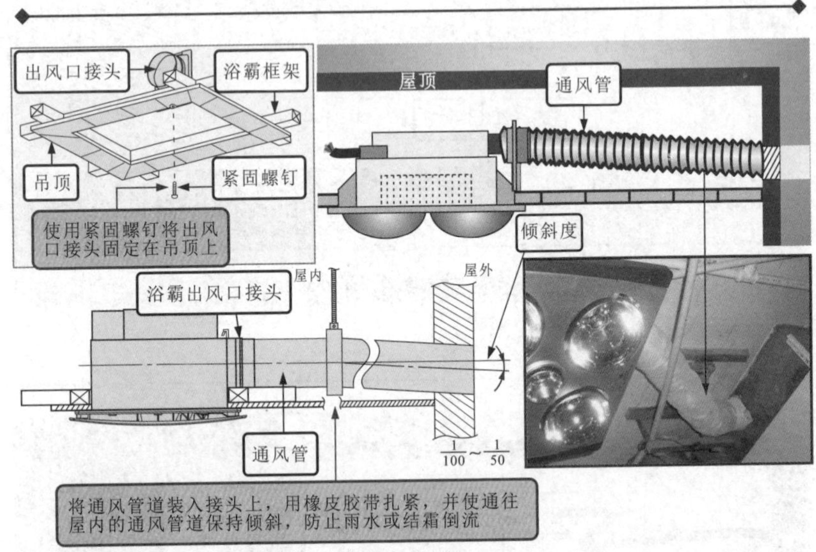

图 8-31　浴霸通风管道的安装连接

5. 浴霸的固定

确认浴霸的导线连接和通风管道的安装连接完毕，就可以将浴霸安装固定到吊顶上了。如图 8-32 所示，将浴霸小心放入预留的吊顶开孔处，确保浴霸出风口接头与浴霸卡位正确插接后，使用紧固螺钉将浴霸箱体固定在架设的浴霸框架上即可。

6. 浴霸控制开关的安装连接

图 8-33 所示为典型的浴霸控制开关。浴霸所使用的开关是专用开关，不能用普通的四联开关代替。通常浴霸开关共有四个开关，两个开关控制四盏取暖灯，一个开关控制照明灯，还有一个开关控制排风扇。

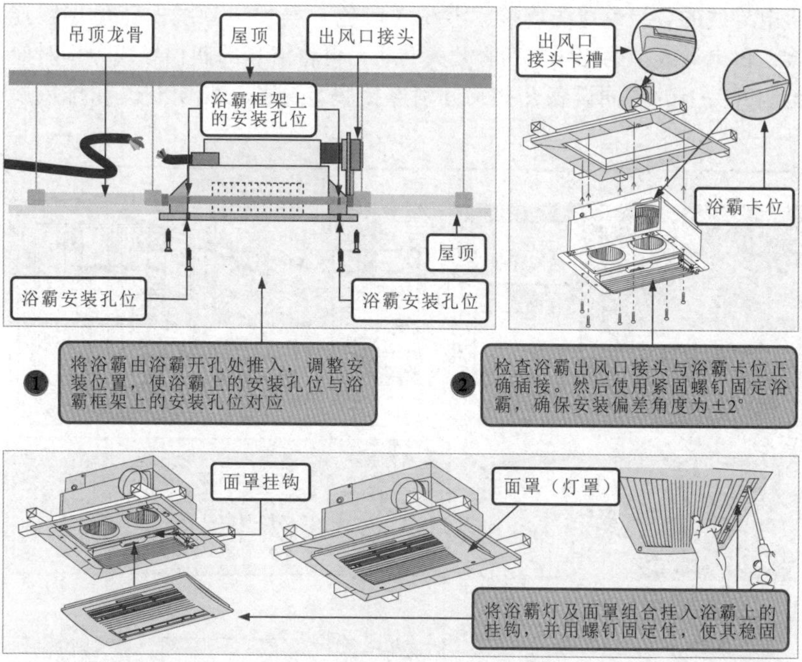

吊顶龙骨
屋顶
出风口接头
浴霸框架上的安装孔位
屋顶
浴霸安装孔位
浴霸安装孔位
1 将浴霸由浴霸开孔处推入，调整安装位置，使浴霸上的安装孔位与浴霸框架上的安装孔位对应
出风口接头卡槽
浴霸卡位
2 检查浴霸出风口接头与浴霸卡位正确插接。然后使用紧固螺钉固定浴霸，确保安装偏差角度为±2°
面罩挂钩
面罩（灯罩）
将浴霸灯及面罩组合挂入浴霸上的挂钩，并用螺钉固定住，使其稳固

图 8-32　浴霸的安装固定

用以控制一组(两个)暖灯
用以控制一组(两个)暖灯
灯暖
ON
灯暖
ON
换气
ON
照明
ON
浴霸开关背面图
灯暖
灯暖
照明
换气
用以控制排风扇(换气扇)
用以控制照明灯

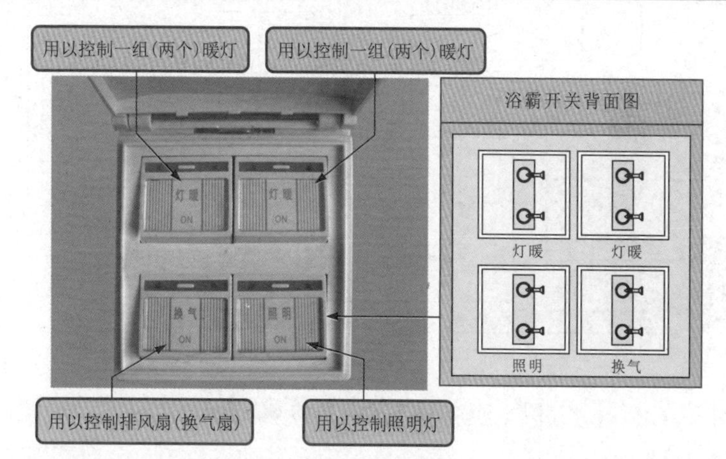

图 8-33　典型的浴霸控制开关

如图 8-34 所示，连接浴霸开关，首先将浴霸的地线（黄绿色）与供电导线的黄绿色地线连接，零线（蓝色）与供电导线的蓝色零线连接，供电导线中的相线与四联开关并联，再将浴霸的四根导线分别对应控制开关上的不同设备开关，分别连接暖灯开关、照明开关和排风扇开关。

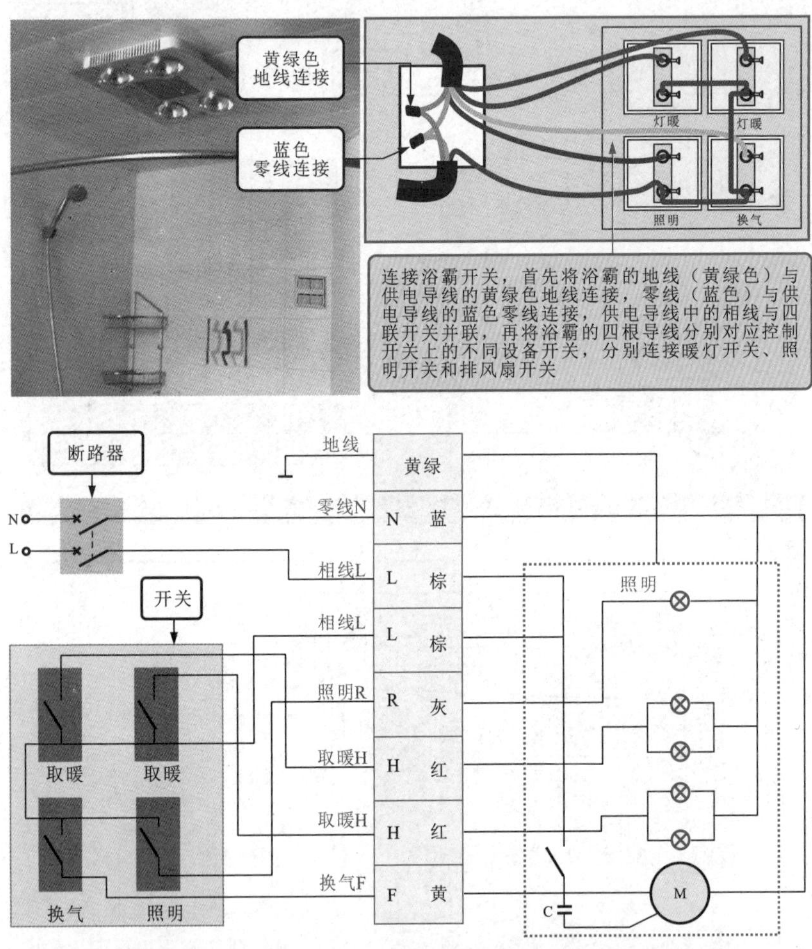

图 8-34 浴霸控制开关的安装连接

第 9 章

家庭照明控制线路的规划与施工

9.1 家庭照明控制线路的规划

9.1.1 单灯单控方式

单灯单控式，就是一个单控开关控制一盏照明灯的线路，它是室内照明线路中最常用的一种控制线路，例如厨房、卫生间的照明控制线路，不需要多个控制开关，只需在门口处设置一个单控开关对照明灯进行控制即可，如图 9-1 所示。

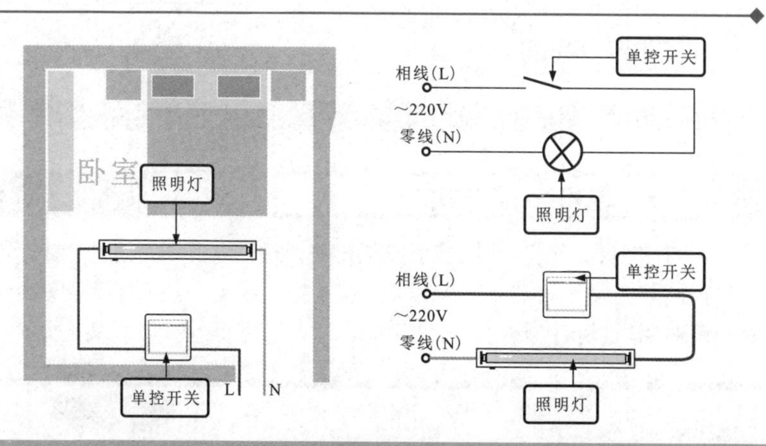

图 9-1 单灯单控方式

9.1.2 多灯单控方式

多灯单控式，就是一个单控开关控制多盏照明灯的亮灭，或者对多个房间的照明灯进行控制，这种控制线路多用于室内装饰射灯或大型地下室等一些空间较大，使用一盏照明灯无法照亮整个空间的地方，如图 9-2 所示。

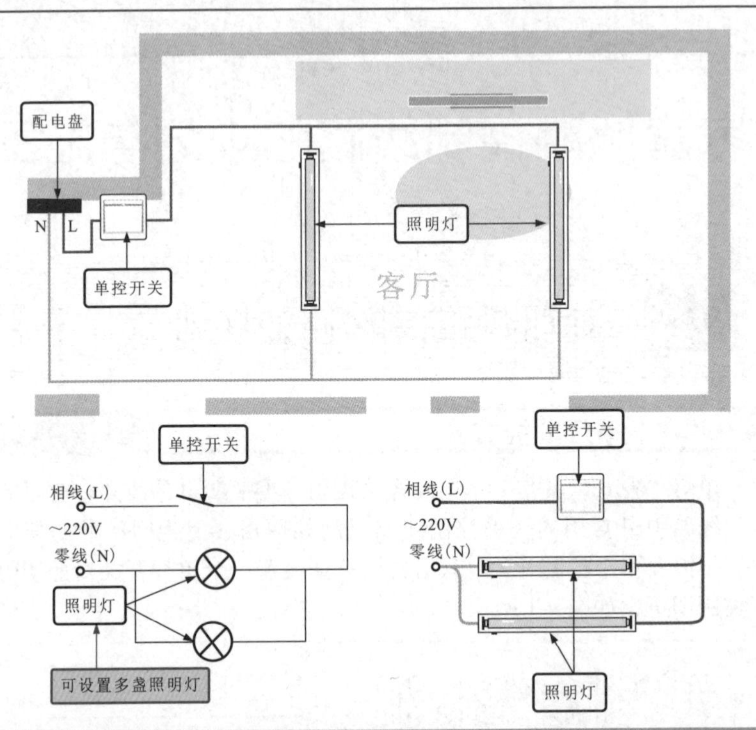

图 9-2 多灯单控方式

9.1.3 单灯多控方式

单灯多控式，就是使用多个控制开关，对一盏照明灯进行控制，所采用的控制开关多为双控或三控开关。这种控制线路一般用于需要多个方位对一盏照明灯进行控制的地方，例如客厅、卧室等地，如图 9-3 所示。

相关资料

客厅的空间较大，需要在入户门口和卧室门口各设置一个开关对客厅内的照明灯进行控制，这样住户也可在卧室门口控制客厅的照明灯；而卧室需要在门口和床头各设置一个开关，这样住户可在出入卧室或床上对照明灯进行控制。

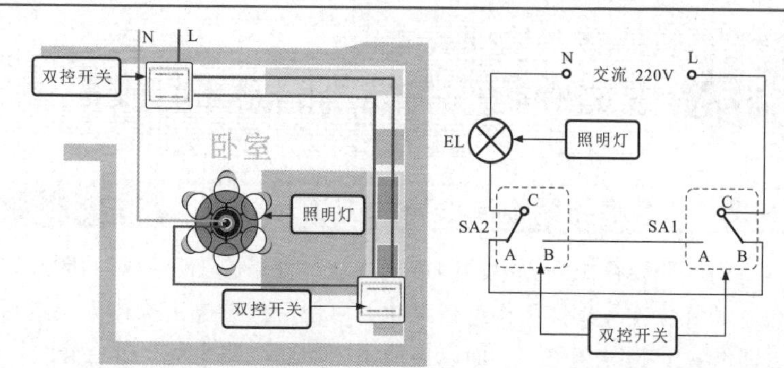

图 9-3　单灯多控方式

9.1.4　多灯多控方式

多灯多控式，就是用一个多控开关，对多个照明灯进行控制，该控制线路一般用于家庭的走廊、客厅或需要多控开关对多个照明灯进行控制的环境中，如图 9-4 所示。

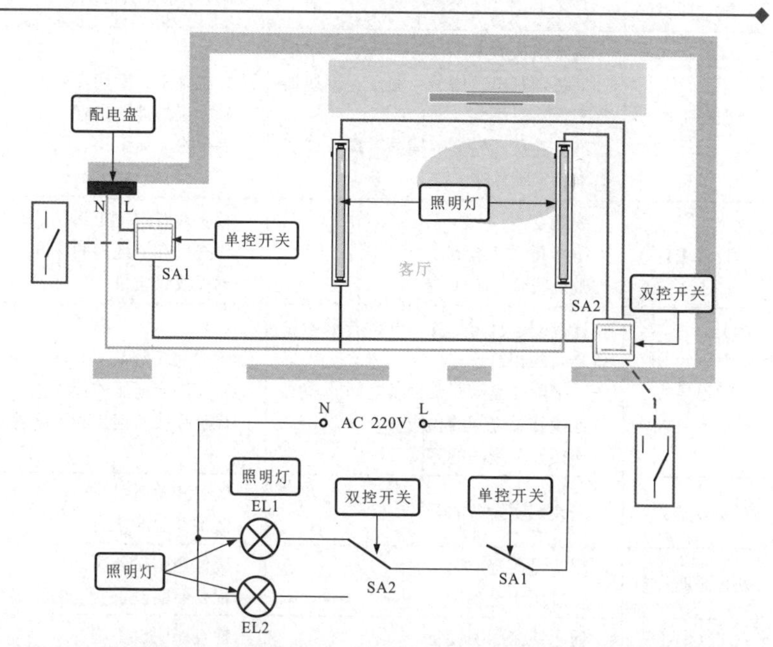

图 9-4　多灯多控方式

9.2 家庭照明控制线路的施工与安装

9.2.1 家庭照明控制线路的施工

室内照明线路规划方案的制定主要就是根据施工环境对照明线路的分布、安装位置等具体工作进行细化，以便于指导电工操作人员进行开槽、布线和安装等作业。下面以典型室内照明线路为例，进行介绍。

1. 家庭照明线路施工要求

室内照明线路从配电盘的照明支路引出相线和零线，主要通过开槽和凿墙孔的方法暗敷在客厅周围。在连接时以配电盘、控制开关、照明灯具处为连接点，分段连接照明线路，施工细则见表9-1。

表9-1 室内照明线路的规划方案

施工项目	施工方案	质量监控
准备工作	制定施工方案 准备切割机、凿子、钳子、剥线器等工具 准备卷尺、铅笔等辅助工具 准备水泥砂浆	检查施工方案切实可行 确保工具性能良好 确保水泥质量
暗敷线管	线路定位 凿墙孔、开地槽 敷设线管	核查线路定位正确 检查墙孔、地槽的深度 确保线管质量
敷设导线	连接配电盘与开关、开关与照明设备之间的相线 连接配电盘与照明设备之间的零线 连接开关之间的相线 连接开关之间的零线	确保导线质量 监控导线连接的正确 检查导线的连接和绝缘处理
安装开关	安装照明设备的开关	确保开关质量 监控开关的接线
安装照明设备	照明设备定位 安装照明设备	确保照明设备质量 检查照明设备安装的稳定性
调试照明设备	通电检测照明设备 处理墙孔和地槽	检查照明设备 确保墙孔、地槽恢复平整

在对室内照明线路进行安装前，还应了解线路的设计安装要求，根据规定的要求进行安装，才能保证线路的安全，且比较美观。

(1) 照明灯具的位置要求

照明灯具的安装样式常常可以分为两种类型，即悬挂式和吸顶式，如图9-5所示。

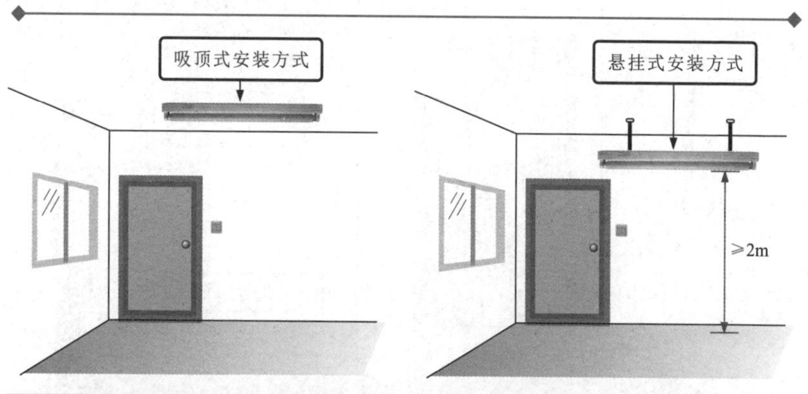

图9-5 荧光灯的安装方式

要点说明

采用悬挂式安装方式的时候，要重点考虑眩光和安全因素。眩光的强弱与荧光灯的亮度以及人的视角有关，因此悬挂式灯具的安装高度是限制眩光的重要因素，如果悬挂过高，既不方便维护，又不能满足日常生活对光源亮度的需要。如果悬挂过低，则会产生对人眼有害的眩光，降低视觉功能，同时也存在安全隐患。图9-6所示为眩光与视角之间的关系。

(2) 控制开关及线缆敷设要求

在对控制开关进行规划时，需要注意开关的安装位置，控制开关距地面的高度应为1.3~1.5m，与门框的距离应为30cm，如果距离过大或过小，则可能会影响使用及美观。控制开关及线缆敷设要求如图9-7所示。

2. 家庭照明控制线路的施工操作

室内照明线路实施方案制定完成，确认无误后，下面马上开始进行室内照明线路的施工布线，按照施工规划一步一步完成室内照明线路各部分部件的安装和布线。

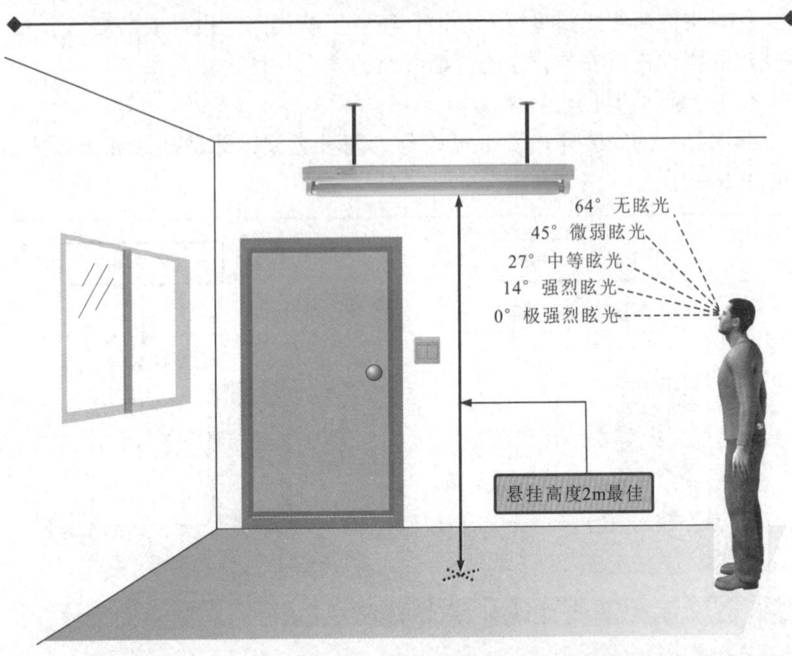

图 9-6 眩光与视角之间的关系

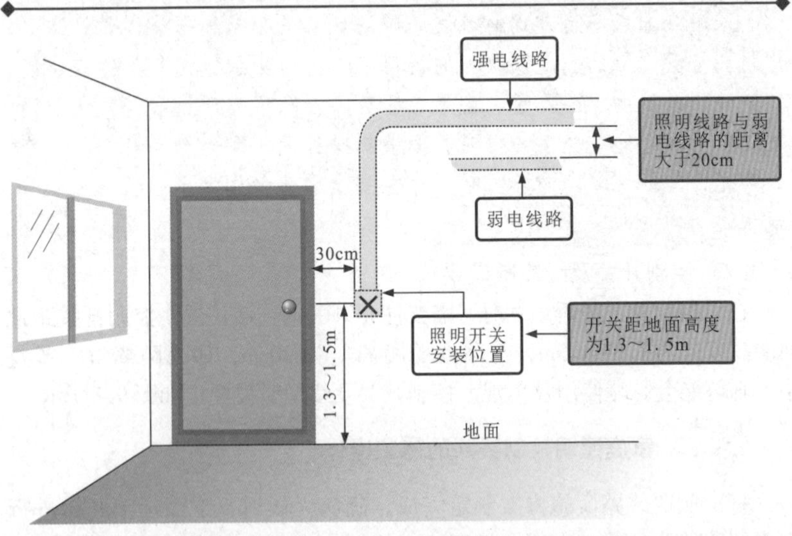

图 9-7 控制开关及线缆敷设要求

（1）切断电源

在进行接线操作前，首先要断开室外配电箱中的总断路器，切断电源，如图 9-8 所示。切断供电后，电工人员才可安全地进行线路的连接等操作。

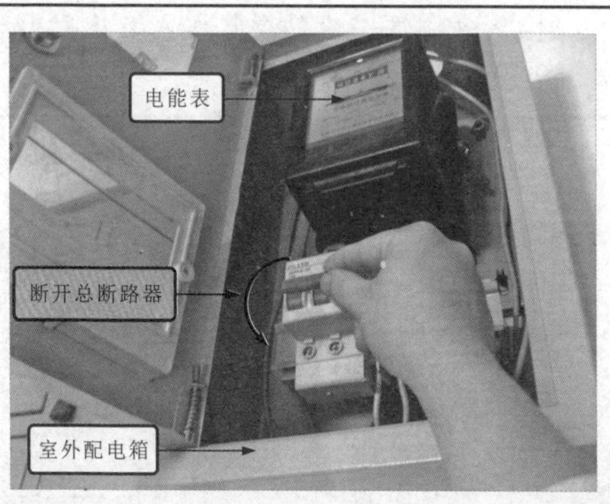

图 9-8　断开室外配电箱总断路器

（2）开槽布线

图 9-9 所示为室内照明线路的开槽。使用铅笔在安装位置的中心画出“×”标记后，按施工要求开槽布线。开关安装位置处要安装开关接线盒，PVC 管埋在线槽中，在线管弯折处要进行弯角处理。尽量要确保圆弧状弯曲，以便穿线或日后换线时方便操作。

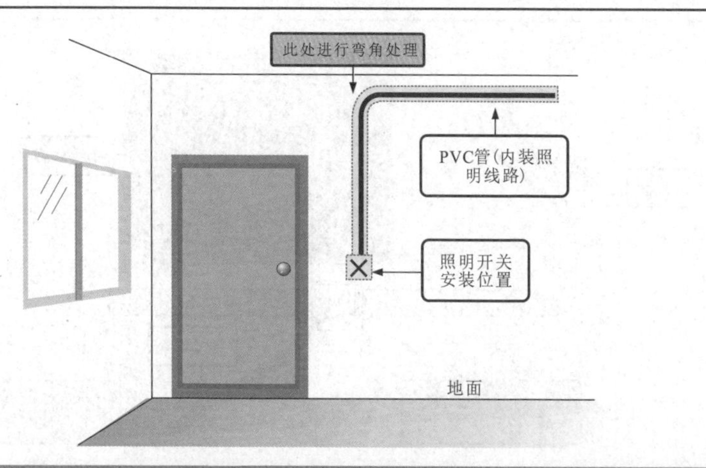

图 9-9　室内照明线路的开槽

相关资料

开槽布线时要使线槽内整齐无突起，并且保证线槽的深度能够容纳线管和接线盒，通常开凿深度一般以线管埋入墙体后距墙表面距离为15mm为宜，如图9-10所示。

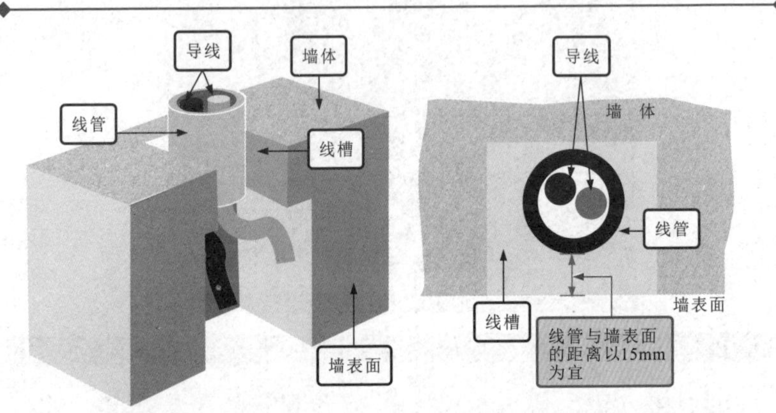

图9-10　线路定位后即可进行凿墙孔和开地槽的操作

穿线时，使用连接着导线的穿线软管从线管的一端穿入，直到从另一端穿出。导线从另一端穿出后，拉动导线的两端，查看是否有过紧卡死的现象。图9-11所示为穿线效果示意图。

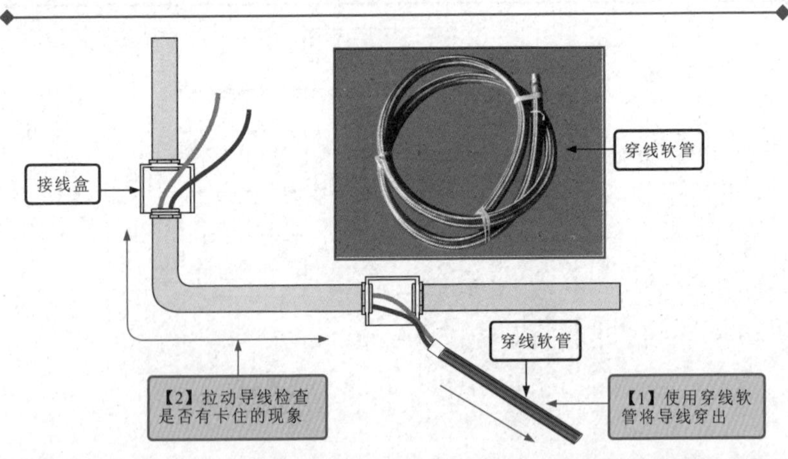

图9-11　穿线效果示意图

（3）连接线缆

将照明线缆按方案敷设完成后，就需要进行照明线缆的连接，即从配电盘的照明断路器开始，直至控制开关接线盒和照明灯具连接端口处所有照明线缆的连接操作，使之构成完整的照明供电网络，以便接下来安装照明控制开关和照明灯具，如图 9-12 所示。

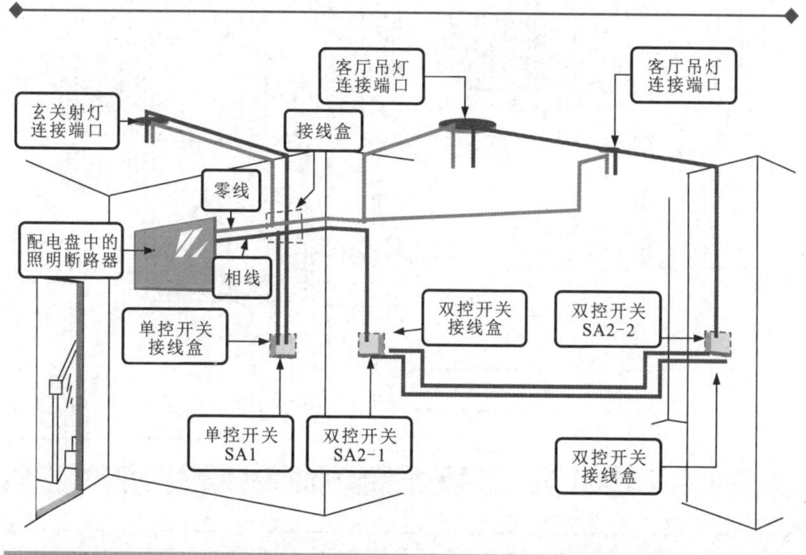

图 9-12　线缆连接示意图

通常，对线缆的连接操作主要包括照明支路断路器输出端的连接以及供电线路（相线和零线）的支路连接，如图 9-13 所示。

要点说明

一般供电线路的连接采用绞接形式，将两根照明线缆加工处理后绞接在一起，在连线接头处夹紧压线帽即可，若无压线帽，也可用绝缘胶带进行绝缘处理，如图 9-14 所示。

9.2.2　家庭照明控制开关的安装

室内照明线路常用的控制开关主要有单控开关和多控开关，下面就分别介绍一下这两种开关的安装连接。

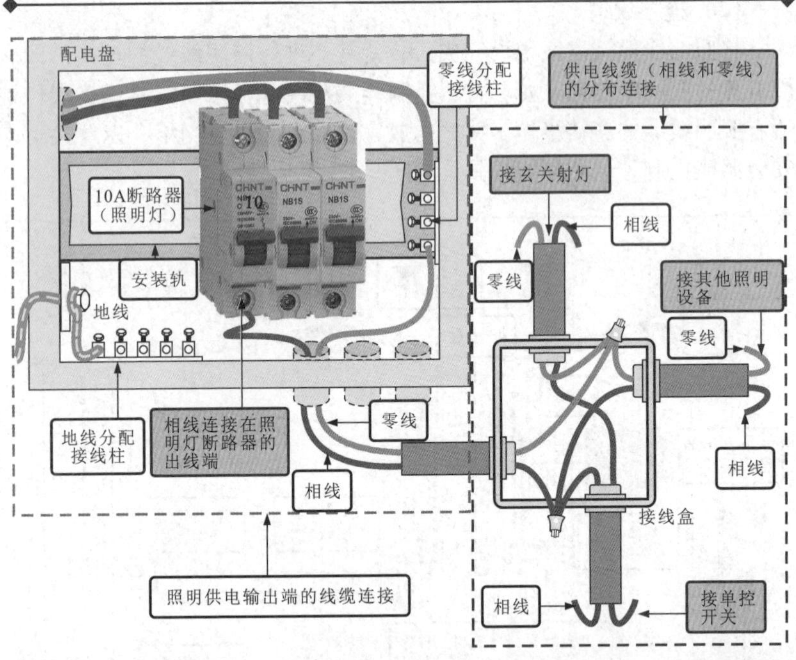

图 9-13 照明线缆的连接

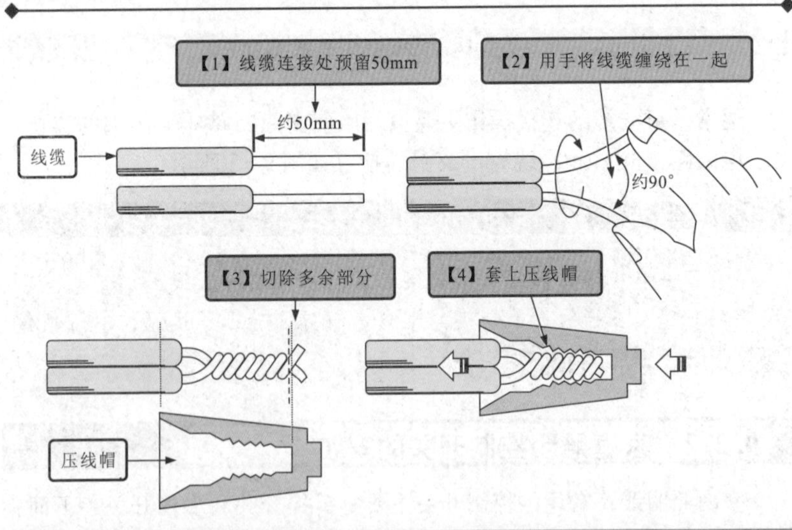

图 9-14 照明线路的绞接与绝缘

1. 单控开关的安装

根据单控开关的形式和规划安装要求对其进行安装，如图 9-15 所示。

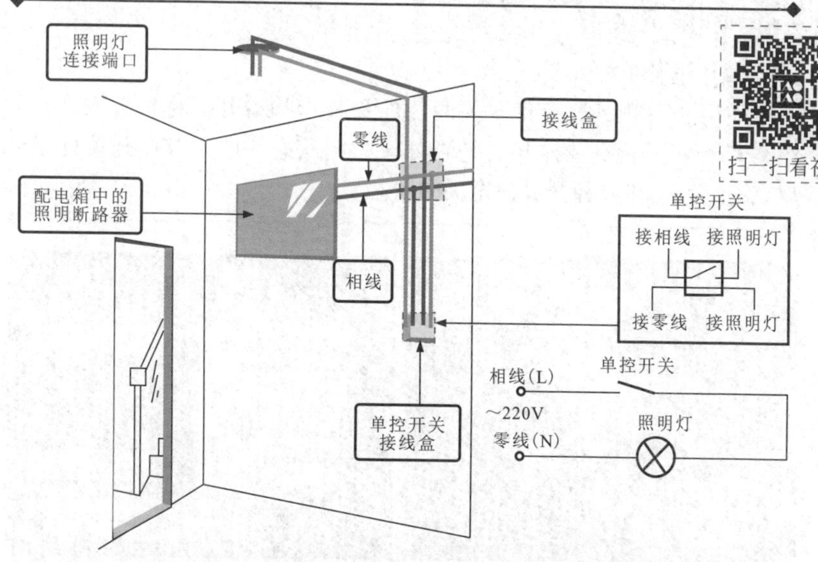

图 9-15　单控开关的安装示意图

（1）安装接线盒

根据布线时预留的照明支路导线位置，将接线盒的挡片取下。接下来，再将接线盒嵌入到安装槽中，如图 9-16 所示。按要求将接线盒嵌入墙内后，再使用水泥砂浆填充接线盒、线管与墙之间的多余空隙。

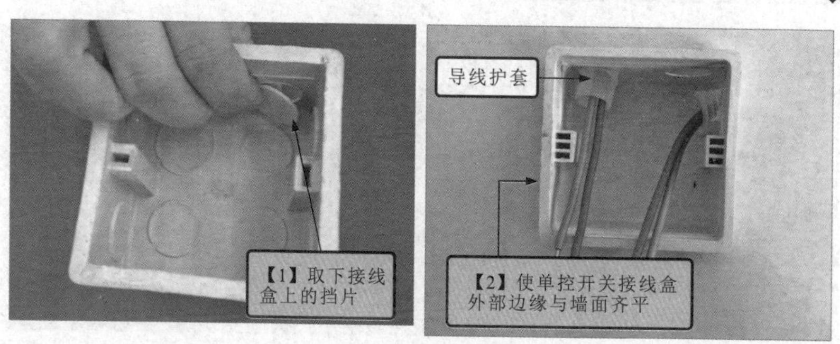

图 9-16　嵌入接线盒

要点说明

嵌入时，要注意接线盒不允许出现歪斜，要将接线盒的外部边缘处与墙面保持齐平。

（2）调整单控开关

使用一字槽螺丝刀将开关两侧的护板卡扣撬开，将护板取下，如图 9-17 所示。检查单控开关是否处于关闭状态，如果单控开关处于开启状态，则要将单控开关拨至关闭状态。

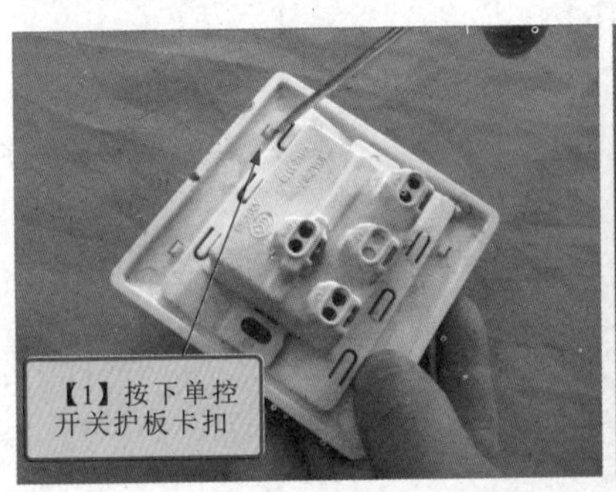

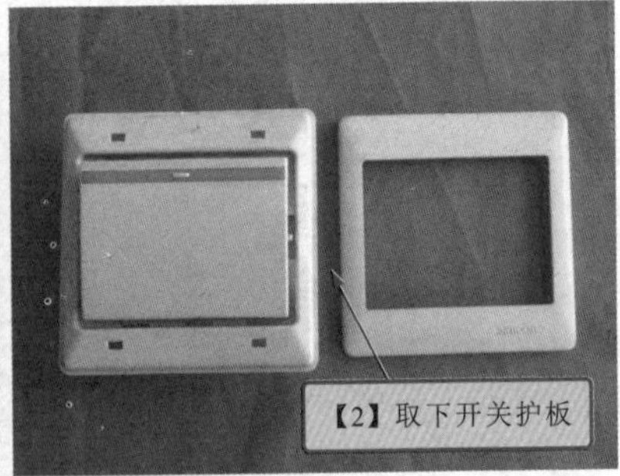

图 9-17 调整单控开关

（3）连接零线

将接线盒中的电源供电及照明灯的零线（蓝色）进行连接，由于照明灯具的连接线均使用硬铜线，因此，在连接零线时需要借助尖嘴钳进行连接，并使用绝缘胶带对连接处进行绝缘处理，如图 9-18 所示。

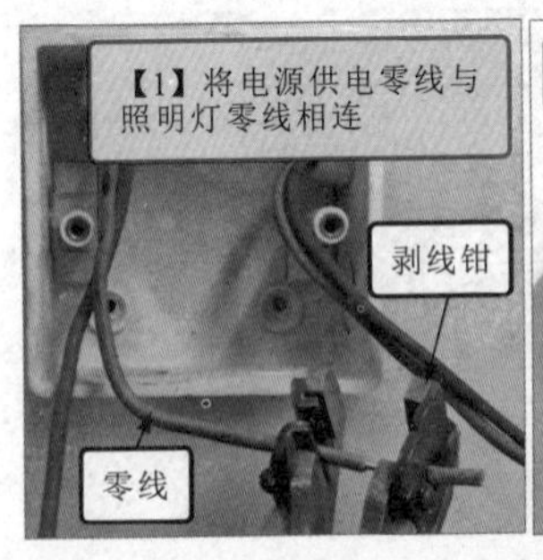

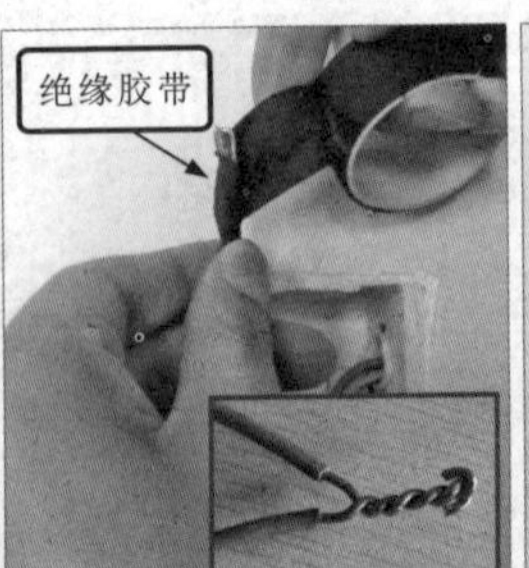

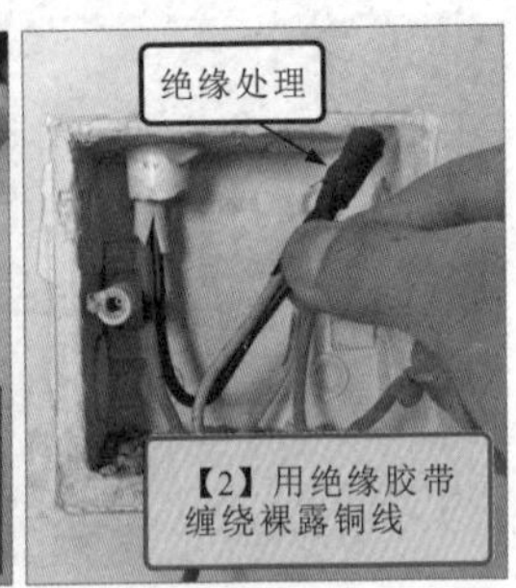

图 9-18 连接零线并进行绝缘处理

（4）连接相线

将电源供电端相线（红色）穿入开关其中一根接线柱中，选择合适的螺丝刀拧紧接线柱的紧固螺钉，如图9-19所示。再将照明灯连接端的相线（红色）接入另一个接线柱中，用螺丝刀拧紧紧固螺钉。

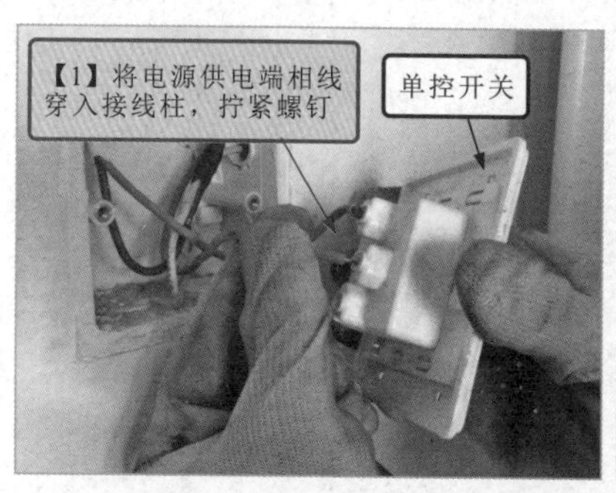

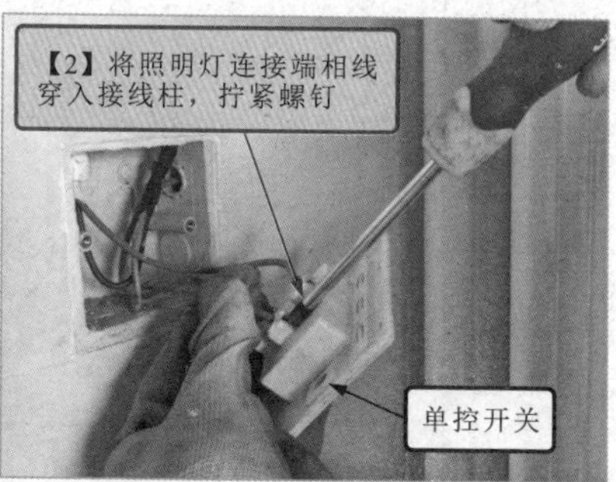

图9-19　连接电源供电端和照明灯连接端相线

（5）固定开关

连接好线缆后，将连接线盘绕在接线盒中。然后将开关底板固定点与接线盒两侧的固定点对齐，然后通过螺钉对底板进行固定，如图9-20所示。最后将开关两侧的护板安装到开关上，至此，开关便安装完成。

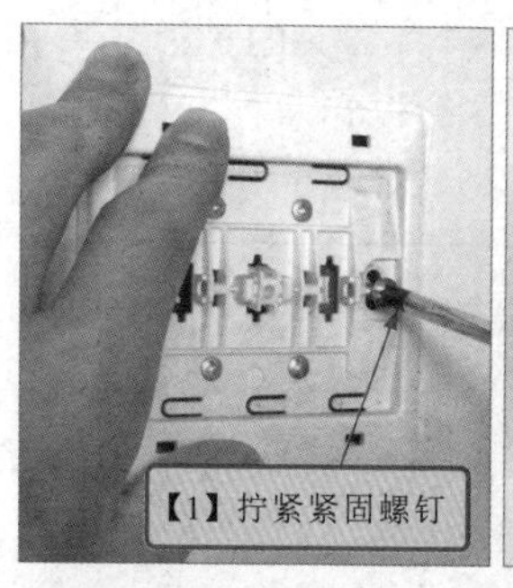

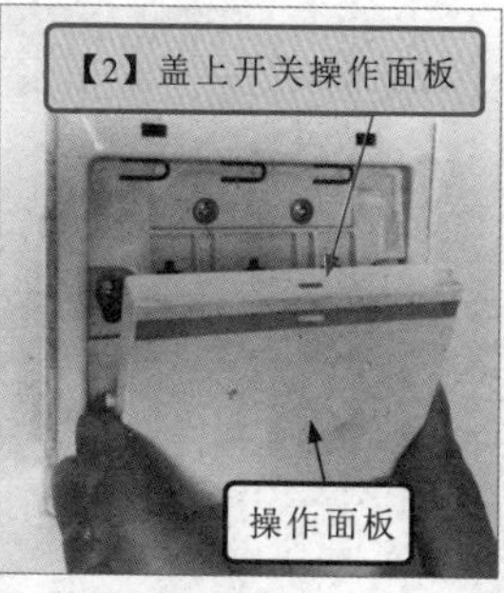

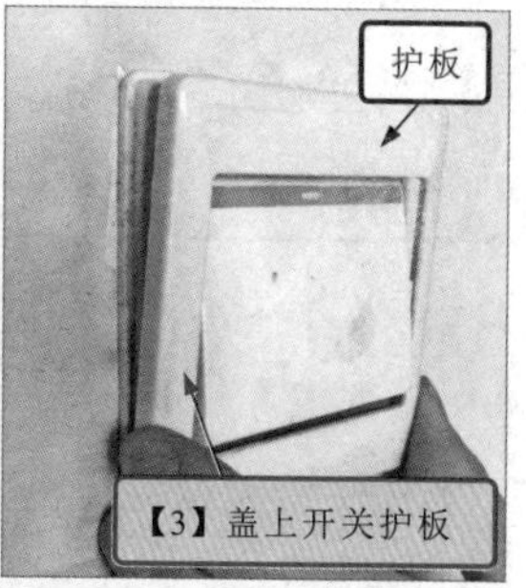

图9-20　固定开关

2. 双控开关的安装

两个双控开关控制照明线路时，按动任何一个双控开关，都可控制照明灯的点亮和熄灭，也可按动其中一个双控开关点亮照明灯，然后通过另一个双控开关熄灭照明灯，图 9-21 所示为双控开关的安装示意图。

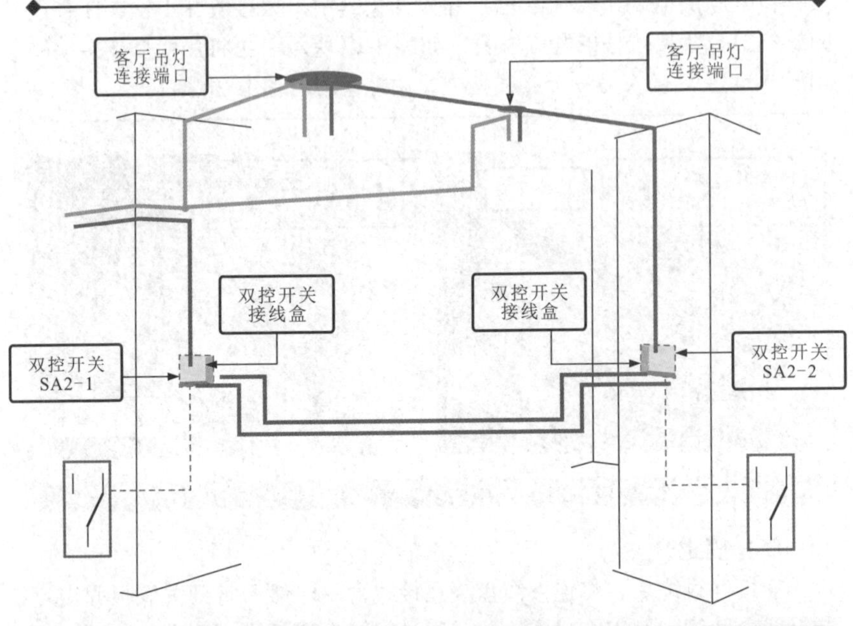

图 9-21 双控开关的安装示意图

(1) 取下双控开关护板

双控开关安装时也应做好安装前的准备工作，将开关的护板取下，如图 9-22 所示。使用一字槽螺丝刀插入双控开关护板和双控开关底座的缝隙中，撬动双控开关护板，将其取下，即可进行线路的连接了。

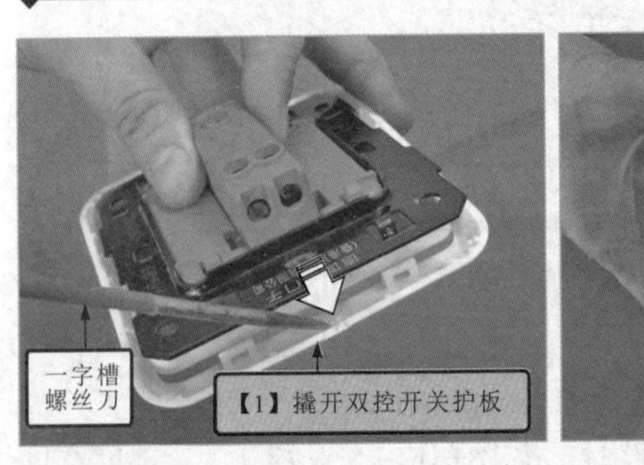

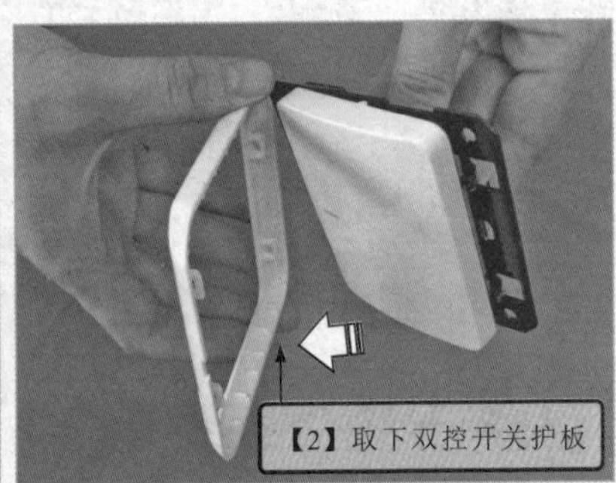

图 9-22 护板的拆卸

（2）连接零线

将双控开关接线盒中的电源供电端的零线（蓝色）与照明灯的零线（蓝色）进行连接，并使用绝缘胶带对连接处进行绝缘处理，如图 9-23 所示。

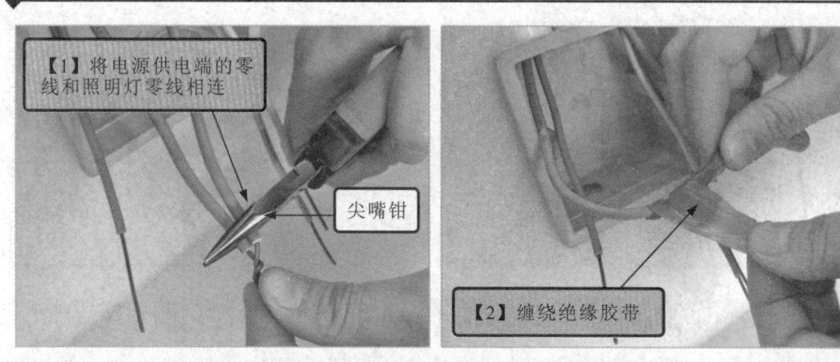

图 9-23　连接零线并进行绝缘处理

（3）拧松接线柱紧固螺钉

对双控开关进行连接时，先使用螺丝刀将三个接线柱上的紧固螺钉拧松，以便插接导线，如图 9-24 所示。

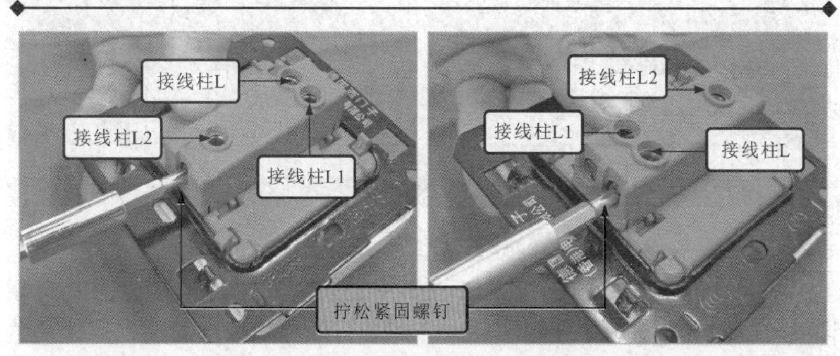

图 9-24　拧松开关接线柱紧固螺钉

（4）连接供电相线

将电源供电端相线（红色）插入双控开关的接线柱 L 中，插入后，选择合适的螺丝刀拧紧该接线柱的紧固螺钉，固定电源供电端的相线，如图 9-25 所示。

（5）连接控制线

将两根控制线（黄色）分别插入双控开关的接线柱 L1 和 L2 中，插入后，选择合适的十字槽螺丝刀拧紧紧固螺钉，固定控制线，如图 9-26 所示。

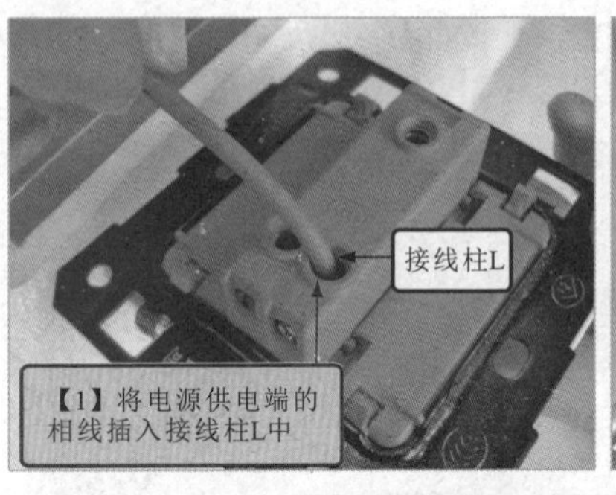

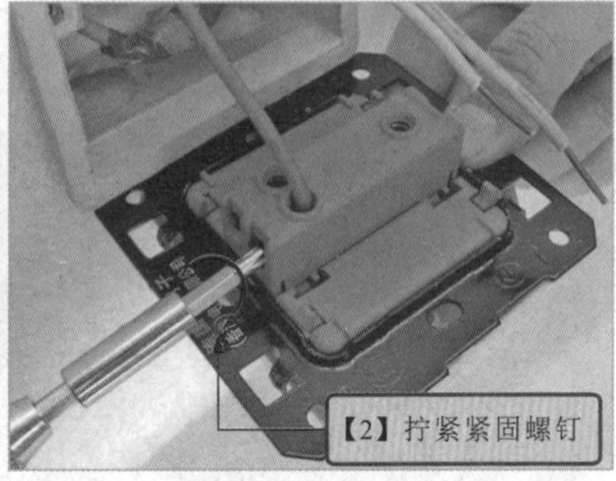

图 9-25 连接电源供电端相线

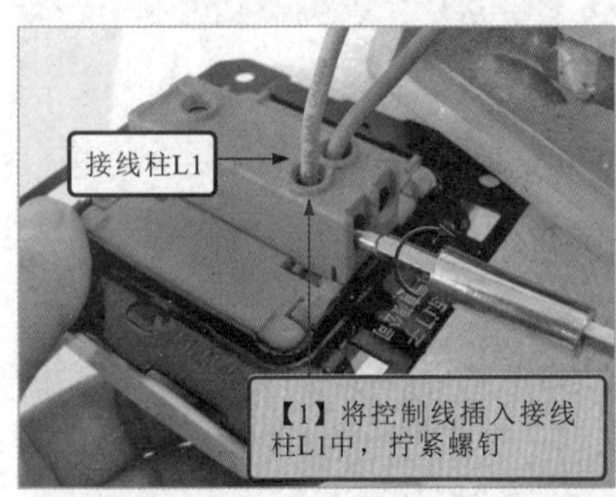

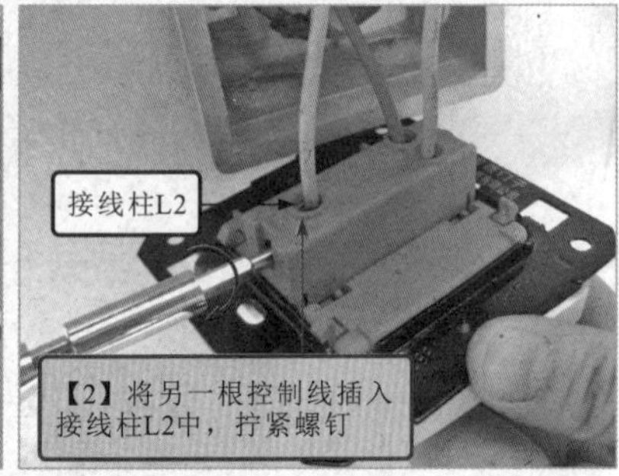

图 9-26 连接控制线

（6）另一个双控开关的连接

另一个双控开关的连接方法与第一个双控开关的连接方法基本相同，首先对导线进行加工，再将加工完毕后的导线依次连接到双控开关的接线柱上，并拧紧紧固螺钉，如图 9-27 所示。

（7）取下开关按板

双控开关接线完成后，将多余的导线盘绕到双控开关接线盒内，并将双控开关放置到双控开关接线盒上，使面板的固定点与接线盒两侧的固定点相对应，然后将双控开关按板取下，如图 9-28 所示。

（8）固定双控开关

在固定孔中拧入紧固螺钉，固定双控开关，再将双控开关按板安装上，如图 9-29 所示。然后将双控开关护板安装到双控开关面板上，再用同样的方法将另一个双控开关固定好，至此，双控开关便安装完成了。

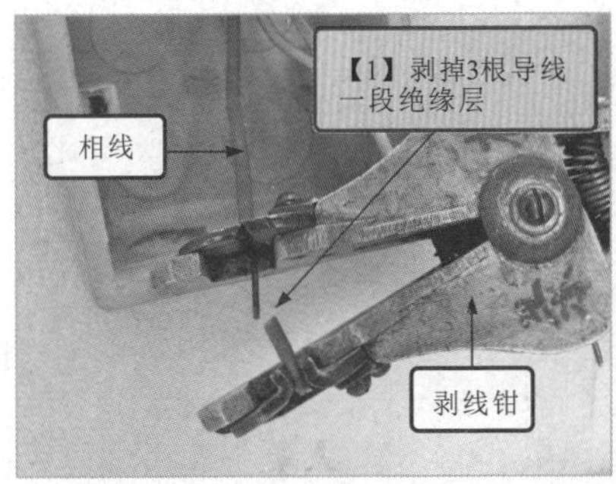

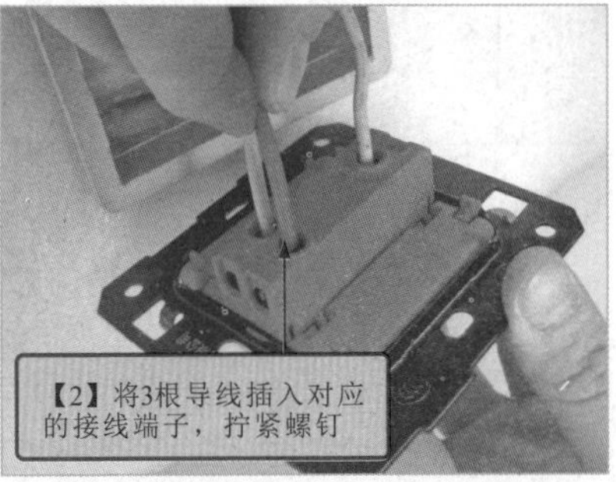

图 9-27 另一个双控开关的连接

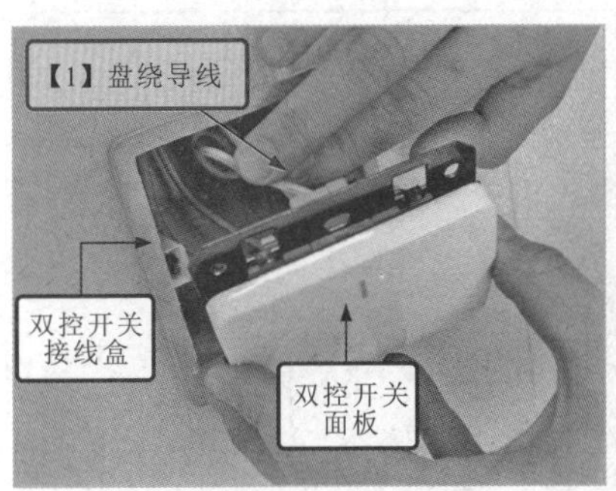

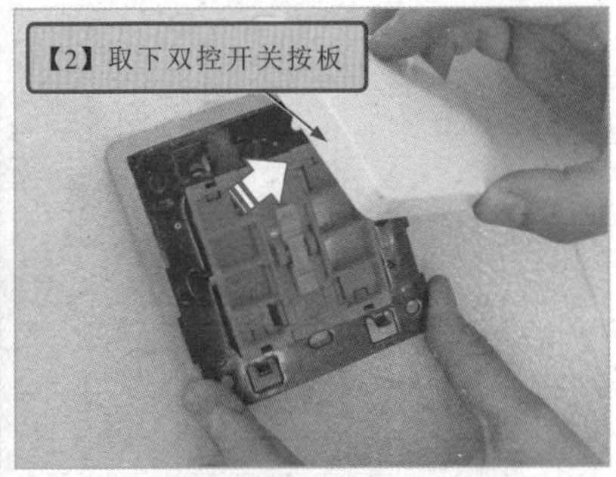

图 9-28 取下双控开关按板

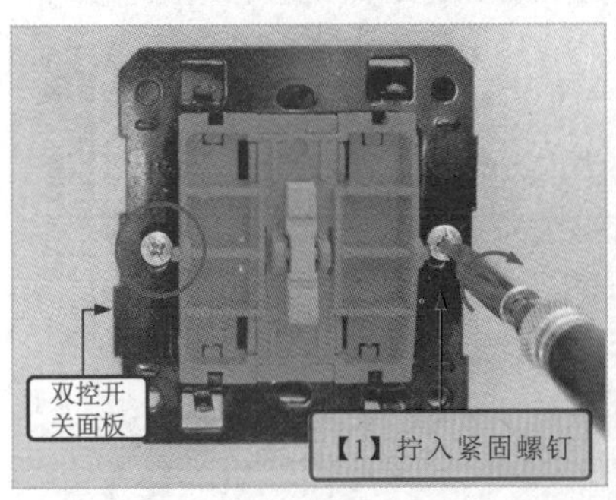

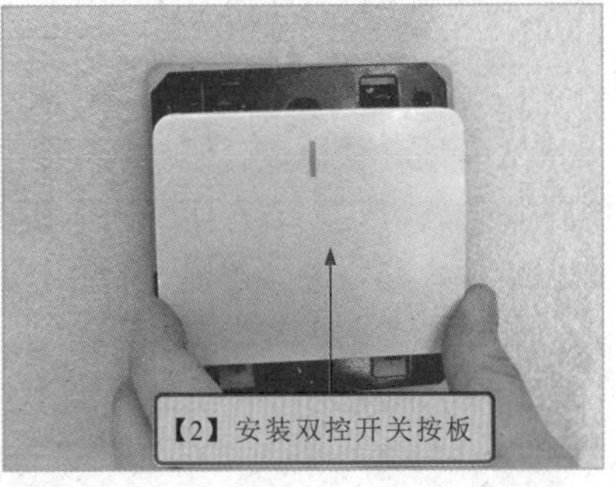

图 9-29 固定双控开关

9.2.3 家庭照明灯具的安装

1. 荧光灯的安装

荧光灯是家庭照明的常用的照明工具，可满足日常照明需要，应用范围十分广泛。

（1）荧光灯安装前的准备工作

通常荧光灯应安装在房间顶部或墙壁上方，荧光灯发出的光线可以覆盖房间的各个角落。荧光灯的供电线路应遵循最近原则进行开槽、布线，在荧光灯的安装位置应预先留下出线孔和足够的线缆。

图 9-30 为出线孔和预留的线缆。在该图中预留有两条供电线缆，可分别连接不同线路的照明灯。

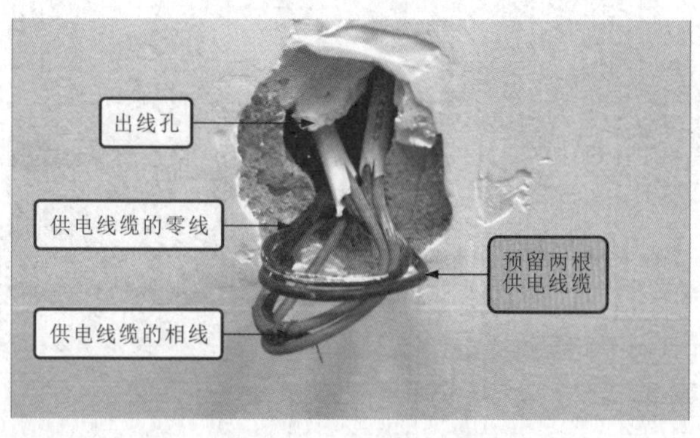

图 9-30　荧光灯安装位置留下的出线孔和预留线缆

（2）选择荧光灯的安装方式

荧光灯有吸顶式、壁挂式和悬吊式三种常规安装方式，三种安装方式除灯架的固定方式有所不同外，常规的装配连接操作都基本相同，其中以吸顶式安装最为普遍。图 9-31 所示为吸顶式安装的固定方式。

（3）荧光灯的安装操作

1）拆下荧光灯灯架的外壳。在对荧光灯灯架进行安装时，应先使用螺丝刀将灯架两端的紧固螺钉拧下，拆下荧光灯灯架的外壳，如图 9-32 所示。

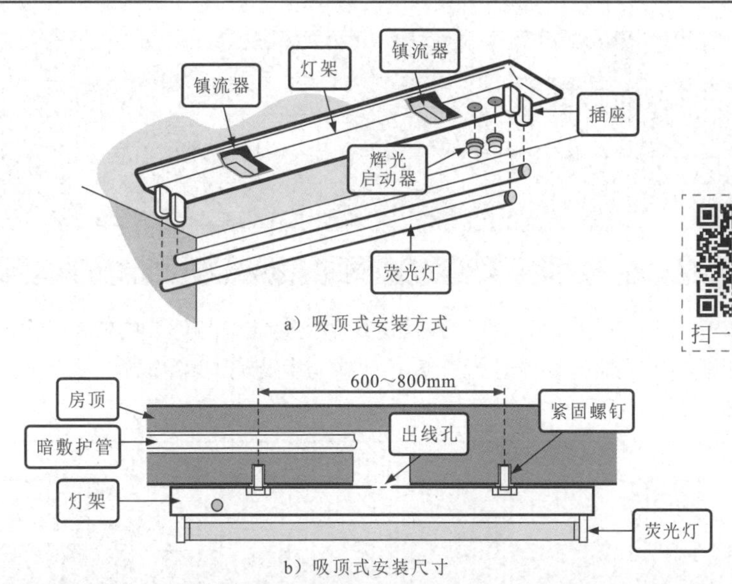

a）吸顶式安装方式

b）吸顶式安装尺寸

扫一扫看视频

图 9-31　吸顶式安装的固定方法

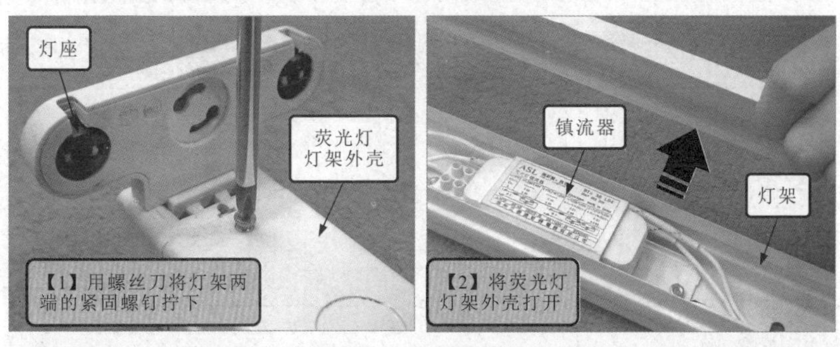

图 9-32　拆下荧光灯灯架的外壳

2）安装胀管和灯架。将灯架放到房顶预留导线的位置上，用手托住灯架，另一只手用铅笔标注出紧固螺钉的安装位置，然后根据标注使用电钻在房顶上钻孔。按图 9-33 所示，钻孔完成后，选择与孔径相匹配的胀管埋入钻孔中，由于所选择的胀管与孔径相同，因此，需要借助锤子将胀管敲入钻孔中。然后用手托住灯架，将其放到安装位置上，将与胀管匹配的紧固螺钉拧入房顶的胀管中，灯架便被固定在房顶上了。

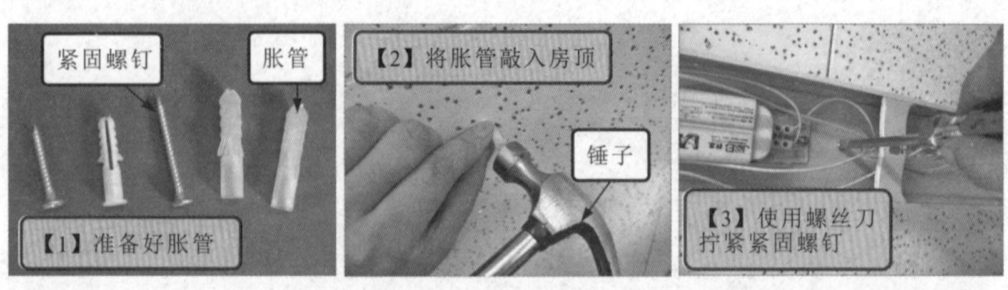

图 9-33 安装胀管和灯架

3）连接线缆。将布线时预留的照明支路线缆与灯架内的电线相连。将相线与镇流器连接线进行连接；零线与荧光灯灯架连接线进行连接，如图 9-34 所示。

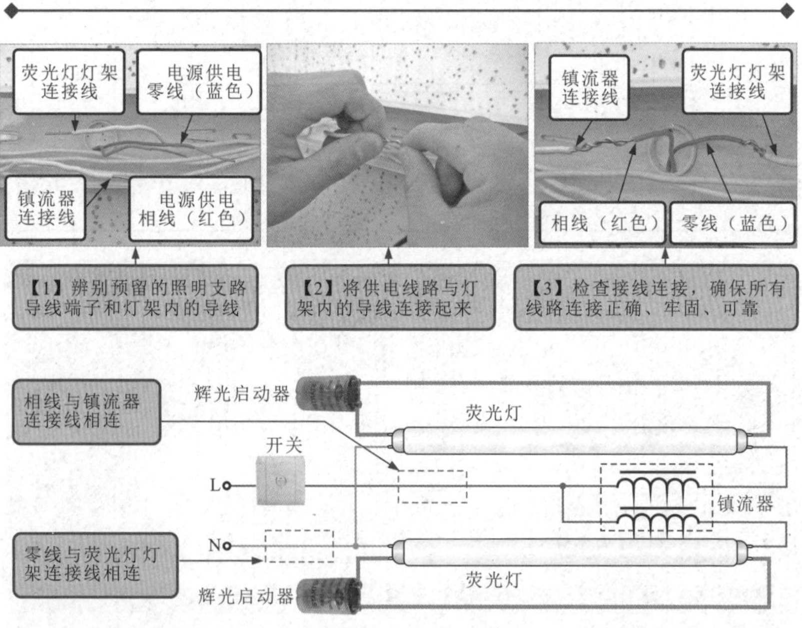

图 9-34 连接线缆

提示说明

在连接照明灯线缆时，注意先将照明支路断路器或总断路器断开，以防出现触电事故。

4）安装灯架外壳和荧光灯管。使用绝缘胶带对线缆连接部位进行缠绕包裹，并将其封装在灯架内部，然后将灯架的外壳盖上。如图 9-35 所示，将荧光灯管两端的电极按照插座缺口安装到插座上，然后旋转灯管约 90°，荧光灯便安装好了。

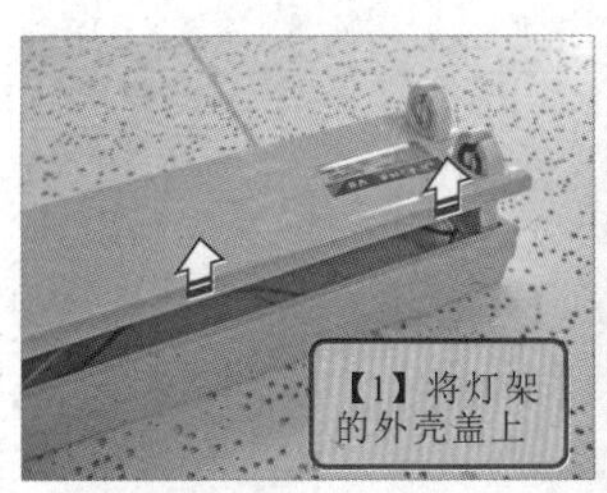

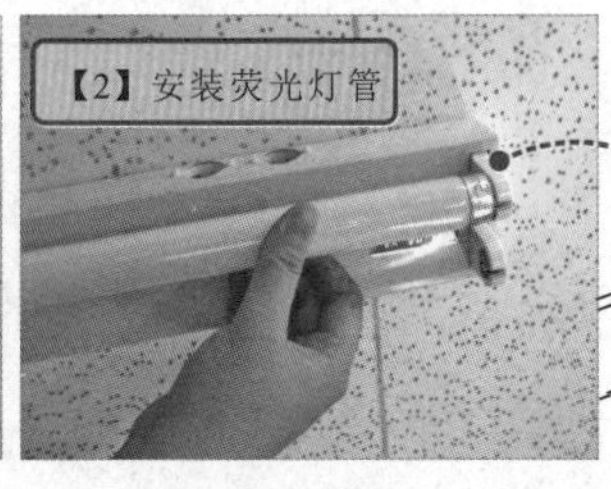

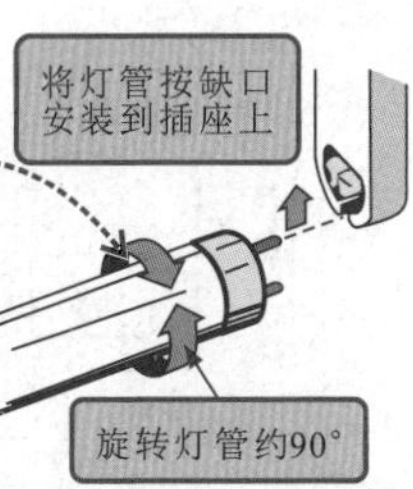

图 9-35 安装荧光灯

5）安装辉光启动器。最后安装辉光启动器。辉光启动器装入时，需要根据辉光启动器座的连接口的特点，如图 9-36 所示，先将辉光启动器插入，再旋转一定角度，使其两个触点与灯架的接口完全契合。

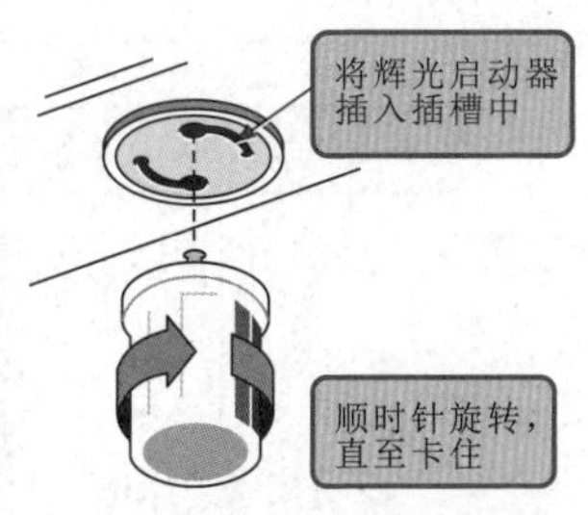

图 9-36 安装辉光启动器

2. 节能灯的安装

节能灯又称为紧凑型荧光灯，具有节能、环保、耐用等特点，适合安装在家庭、办公室、工厂等长时间照明的场所中。

这里以节能灯的悬吊式安装为例，介绍节能灯的安装。图 9-37 为悬吊式节能灯的安装示意图。

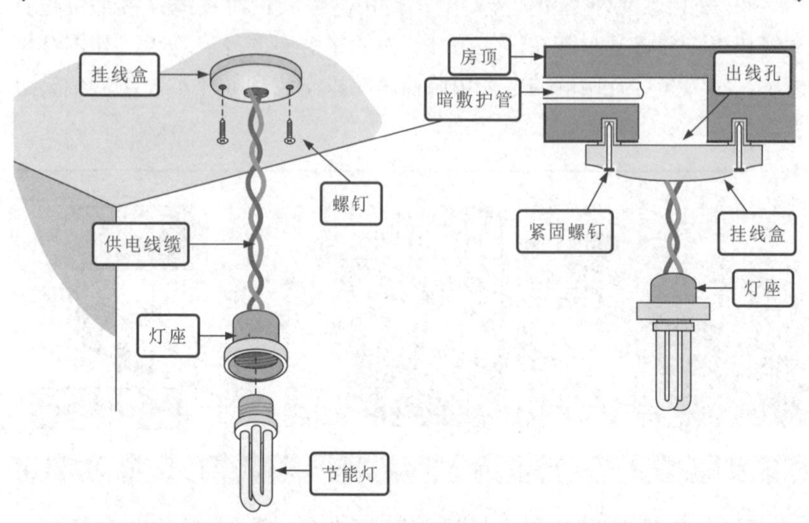

图 9-37　悬吊式节能灯的安装示意图

（1）对挂线盒进行对位

将挂线盒盖拧开，然后将阳台天花板上预留的导线穿入挂线盒底座中，对挂线盒进行对位操作，如图 9-38 所示。

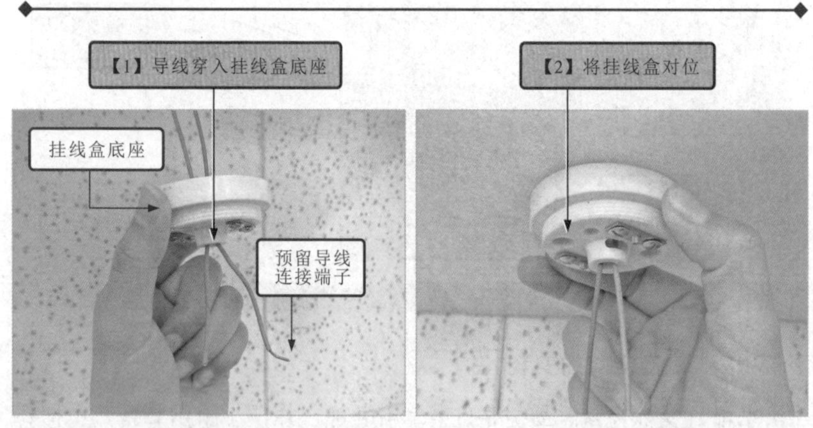

图 9-38　对挂线盒进行对位

（2）标注挂线盒的固定位置并钻孔

对位过程中使用比较细的圆珠笔芯或其他工具在天花板上标注出挂

线盒的固定位置，用电钻在天花板标注的位置上钻孔，如图 9-39 所示。然后借助锤子将胀管埋入钻孔中，但不需将胀管全部埋入。

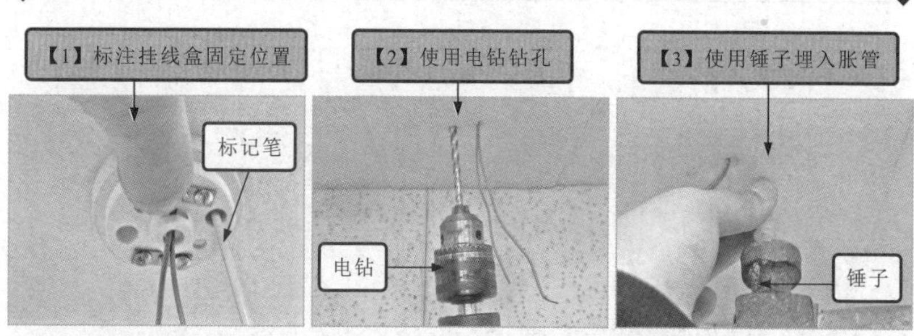

图 9-39　标注挂线盒的固定位置并钻孔

（3）固定挂线盒

选择合适的十字槽螺丝刀将螺钉拧入固定孔中，以达到固定挂线盒的目的，如图 9-40 所示。

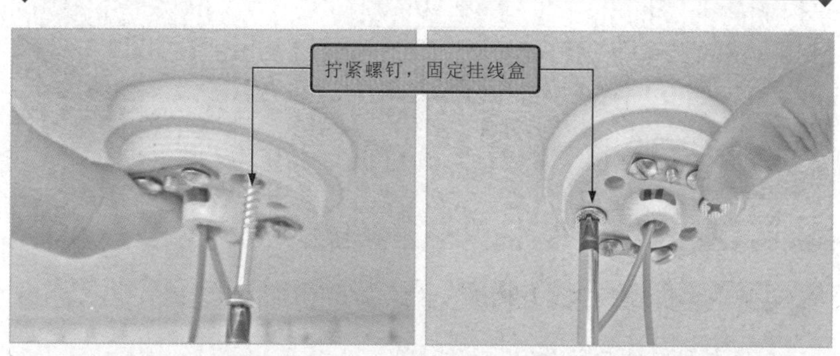

图 9-40　固定挂线盒

（4）连接零线和相线

使用一字槽螺丝刀将挂线盒底座的接线柱螺钉松开，借助尖嘴钳将电源供电端的零线弯成钩状，将其连接到挂线盒接线柱上，然后使用一字槽螺丝刀将接线柱的紧固螺钉拧紧，再用同样的方法连接相线，如图 9-41 所示。

（5）连接挂线盒盖、灯座和灯座线缆

将灯座的连接线从挂线盒盖中心孔中穿出，将灯座相线与挂线盒的相线接线柱连接，如图 9-42 所示。将灯座的另一根连接线（零线）与挂线盒的零线接线柱连接，其连接方法与灯座相线连接方法相同。

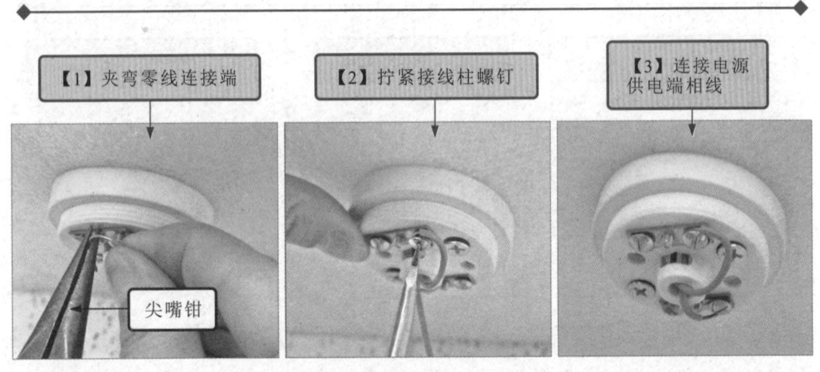

图 9-41 连接零线和相线

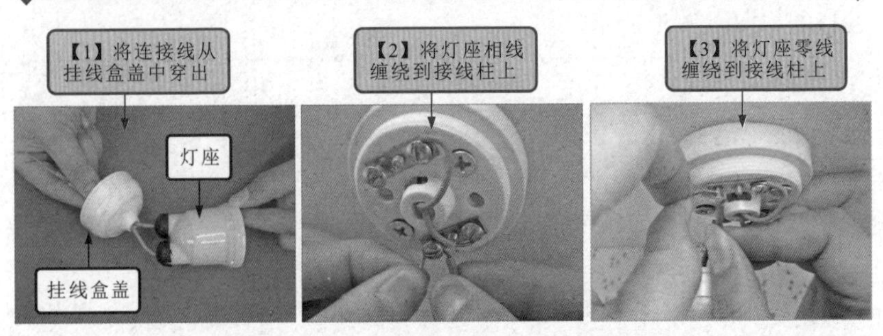

图 9-42 连接挂线盒盖、灯座和灯座线缆

（6）拧回挂线盒盖并安装节能灯

当灯座与挂线盒线缆连接完成后，将挂线盒盖重新拧在挂线盒上。将节能灯拧入灯座中，如图 9-43 所示，在拧入节能灯时，应当用一只手握住灯座，另一只手握住节能灯护口，将节能灯慢慢拧入灯座中。

3. 射灯的安装

射灯是一种小型的可以营造照明环境的照明灯，通常安装在室内吊顶四周或家具上部，光线直接照射在需要强调的位置上，在对其进行安装时，通常需要先在安装的位置上进行打孔，然后将供电线缆与其进行连接，完成射灯的安装。

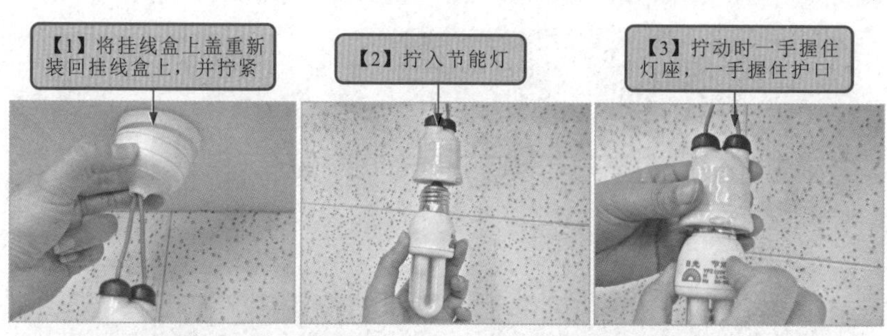

图 9-43　拧回挂线盒盖并安装节能灯

（1）选择射灯的安装方法

安装射灯时，应先根据需要安装射灯的直径确定需要开孔的大小。然后将射灯的供电线缆与预留的供电线缆进行连接。最后将射灯插入天花板中，并进行固定，完成射灯的安装。

图 9-44 为射灯的安装示意图。

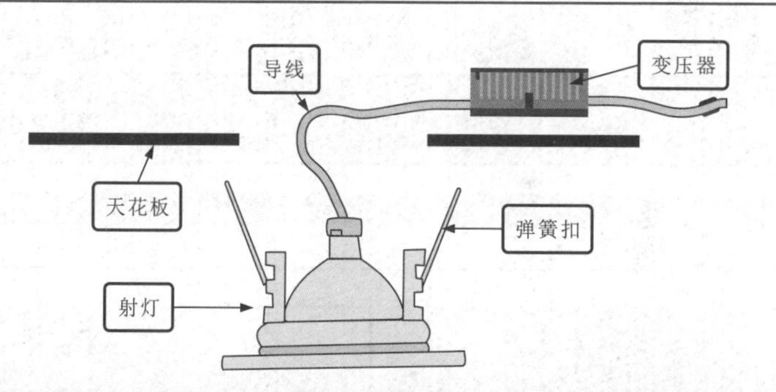

图 9-44　射灯的安装示意图

（2）射灯的安装方法

1）确定开孔尺寸。根据射灯的大小，可以确定开孔的直径尺寸，如图 9-45 所示。

2）确定安装位置。使用卷尺根据之前测量的数据，确定射灯安装时需要开孔的直径，并做好对应的标记。

然后如图 9-46 所示，完成钻孔和接线的操作。

3）固定射灯。如图 9-47 所示，将射灯固定到开孔位置，顺好线路，通电调试。

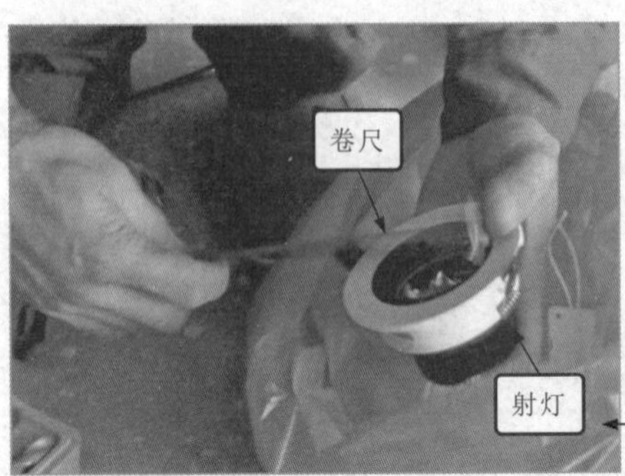

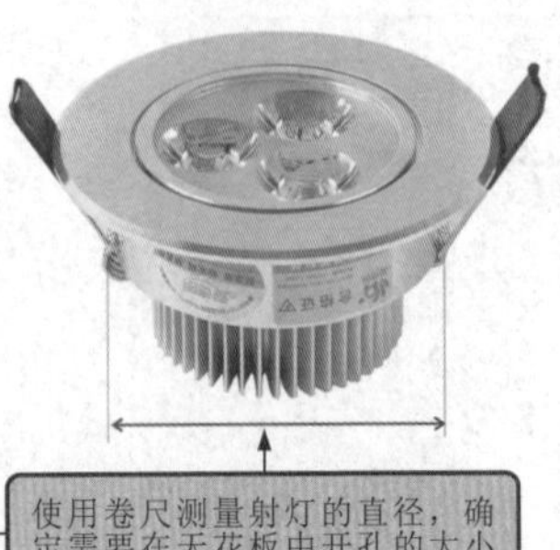

图 9-45　确定开孔尺寸

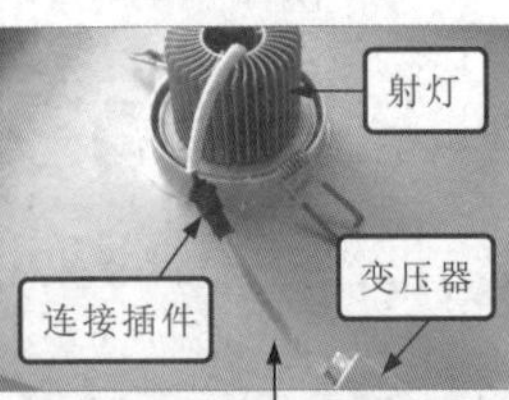

图 9-46　打孔接线操作

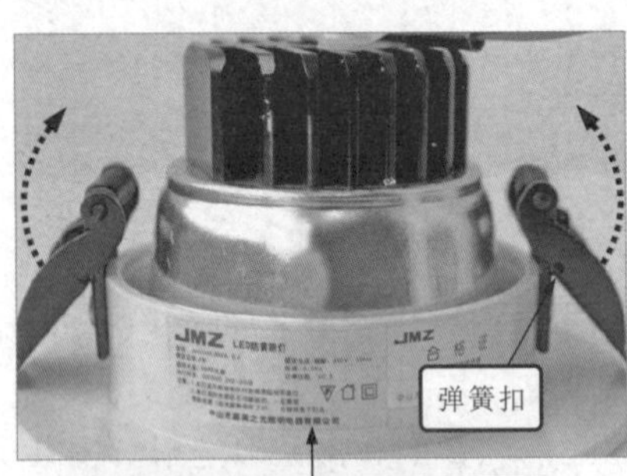

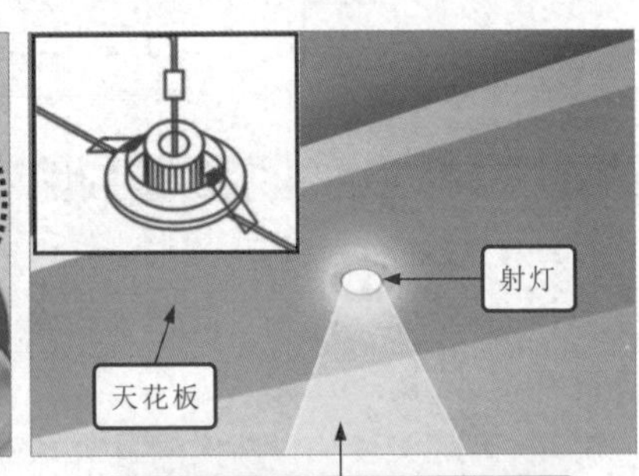

图 9-47　射灯的固定操作

4. LED 照明灯安装

LED 照明灯是指由 LED（发光二极管）构成的照明灯具。目前，LED 照明灯是继紧凑型荧光灯（即普通节能灯）后的新一代照明光源。

（1）LED 照明灯的特点和安装方式

LED 照明灯相比普通节能灯具有环保（不含汞）、成本低、功率小、光效高、寿命长、发光面积大、无眩光、无重影、耐频繁开关等特点。

目前，用于室内照明的 LED 照明灯，根据安装形式主要有 LED 荧光灯、LED 吸顶灯、LED 节能灯等几种，如图 9-48 所示。

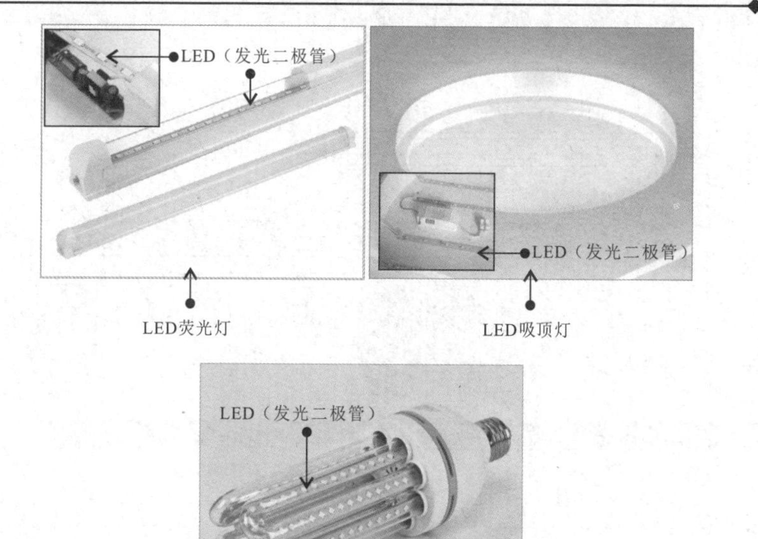

图 9-48　常见照明用 LED 照明灯

LED 照明灯的安装形式比较简单。以 LED 荧光灯为例，一般直接将 LED 荧光灯接线端与交流 220V 照明控制电路（经控制开关）预留的相线和零线连接即可，如图 9-49 所示。

（2）LED 照明灯的安装方法

下面以 LED 荧光灯为例，介绍该类新型照明灯具的安装方法。

图 9-50 为 LED 照明灯的安装方法示意图。

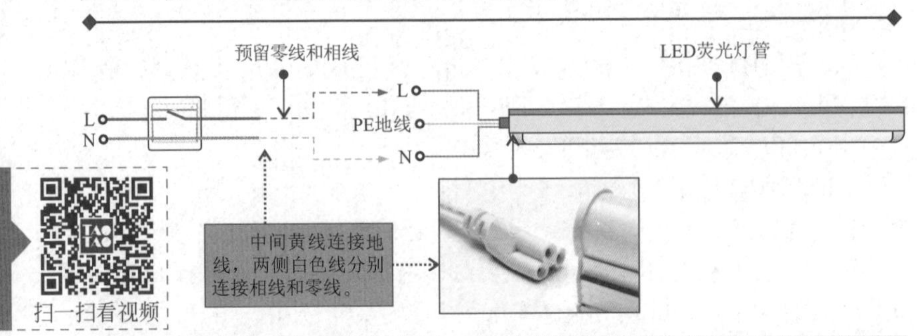

图 9-49 LED 照明灯的安装形式

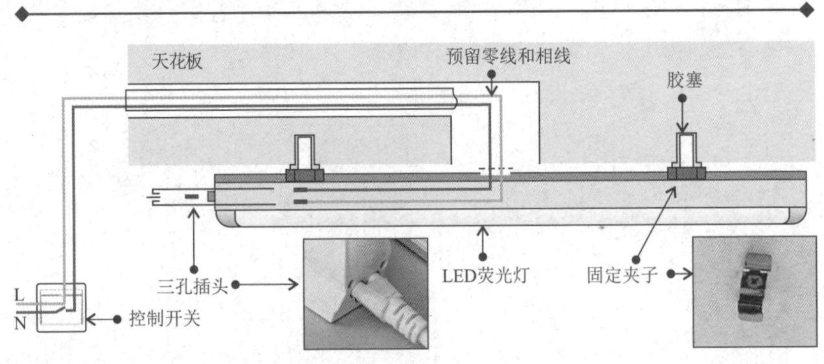

图 9-50 LED 照明灯安装方法示意图

图 9-51 为 LED 荧光灯的具体安装步骤。

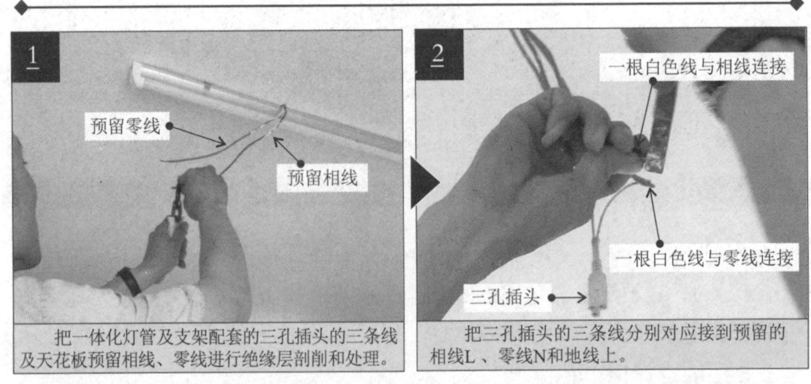

图 9-51 LED 荧光灯的具体安装步骤

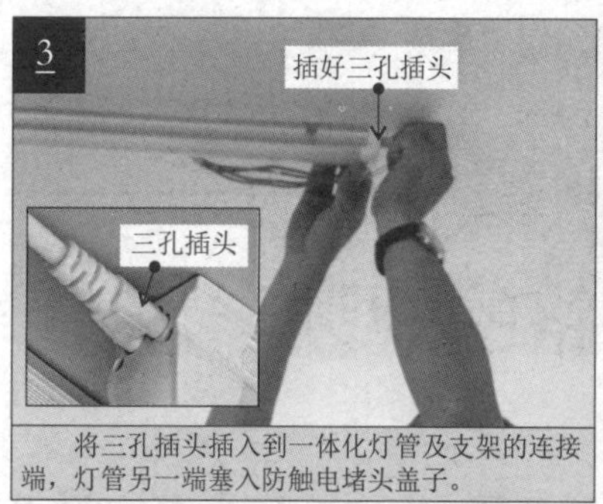

将三孔插头插入到一体化灯管及支架的连接端，灯管另一端塞入防触电堵头盖子。

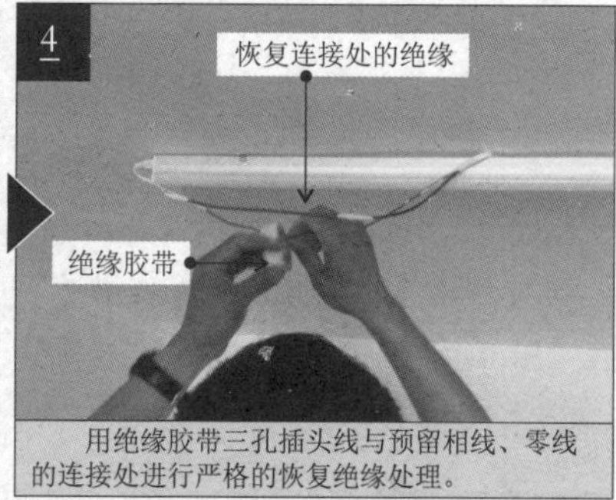

用绝缘胶带三孔插头线与预留相线、零线的连接处进行严格的恢复绝缘处理。

图 9-51　LED 荧光灯的具体安装步骤（续）

第 10 章 公共照明控制线路的规划与施工

10.1 小区照明控制线路的规划与施工

10.1.1 小区路灯照明控制线路的规划

1. 小区路灯照明控制线路的结构

小区路灯照明线路是小区中不可缺少的一部分，它主要包括在夜间为小区内部和周围边界提供路灯照明和地灯照明用电，它们都是设置在物业小区周围边界或园区内，具有照明和维护的作用。

一个小区的路灯照明线路主要由多个路灯和多个地灯组成，如图 10-1 所示，每个路灯都包括灯罩（防尘罩）、灯杆、路灯和相关的线缆，每个地灯也相应地包括防尘罩、灯具和相关的线缆。

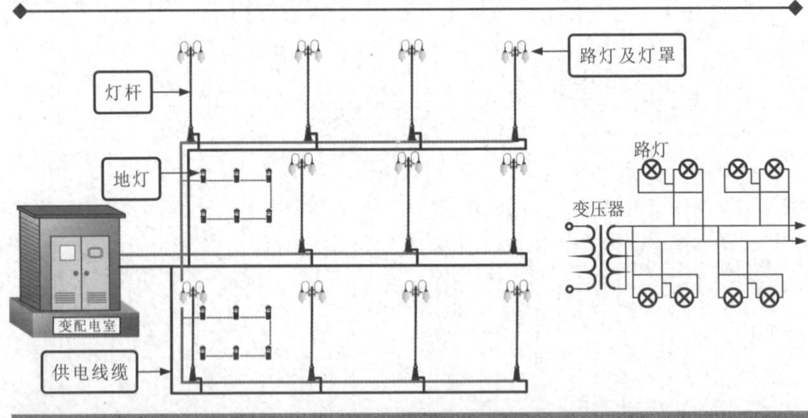

图 10-1　小区路灯照明控制线路的结构组成

（1）灯杆

在路灯照明控制线路中，灯杆主要用来敷设供电线缆以及承载路灯，在灯杆上可承载的路灯可分为单、双两种，如图10-2所示，灯杆的高度约为5m。

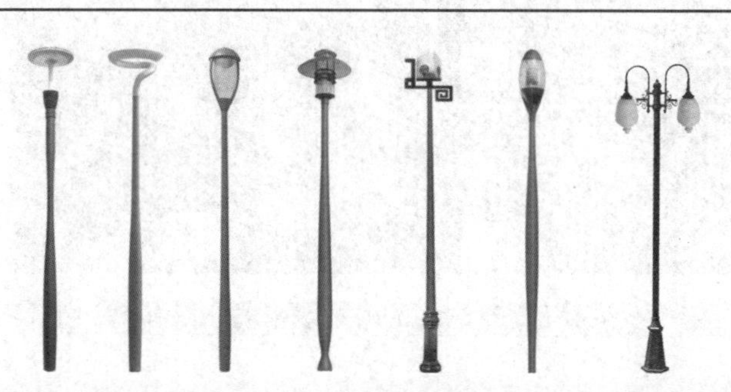

图10-2 灯杆

（2）路灯及灯罩

路灯作为一种光源器件是该照明系统中最重要的部件，路灯的种类较多，可分为高压钠灯、金属卤化物灯、高压汞灯、低压钠灯、LED路灯，根据使用环境的不同，可分别选用不同类别的路灯。

图10-3为常见路灯的实物外形。

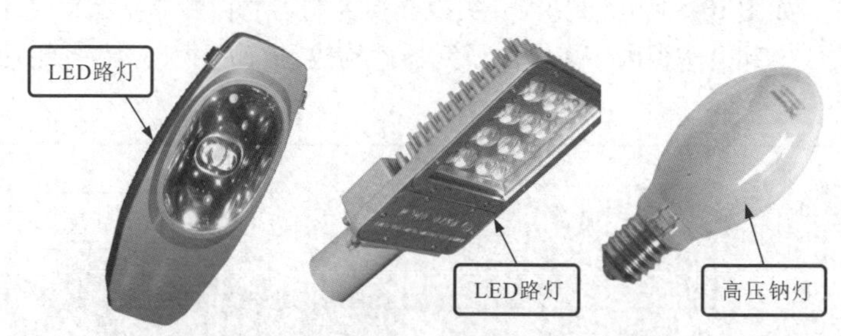

图10-3 常见路灯的实物外形

灯罩主要是用来保护路灯，同时还可以起到防尘的作用，除此之外，还可以根据不同形状的灯罩来美化周边的环境，如图10-4所示。

（3）供电线缆

供电线缆在路灯照明控制线路中主要是连接配电箱与路灯，作为供电电压的传输通道，供电线缆的截面积可根据供电电量进行匹配选择不同截面积的供电线缆。

图 10-4 灯罩

2. 小区路灯照明控制线路的设计规划

下面以小区路灯照明控制线路中最常见的光控照明线路为例。光控照明线路是一种由光线明暗来自动控制照明灯点亮与熄灭的电路，即当光线强度较低时，线路工作自动接通照明灯供电回路，照明灯点亮；当光线强度较高时，线路控制照明灯供电回路截止，照明灯自动熄灭。

光控照明线路在设计规划时要考虑照明控制的方式和照明控制的时间。通常，光控照明线路主要采用光控开关或光控控制器等作为控制核心部件，如图 10-5 所示。光控开关或光控控制器的控制电路都集成在光控开关的内部电路板内，多个电子元器件构成具有光线感应和控制功能的电路。

图 10-5 光控照明线路中的光控开关或光控控制器

图 10-6 所示的典型光控照明线路中，左边为基本的照明供电电路部分，右边为光控开关控制电路部分。

电路的控制关系主要由光敏电阻器 MG、555 时基电路、晶闸管 VTH、电容器 C4、可调电阻器 RP 等元器件组成。

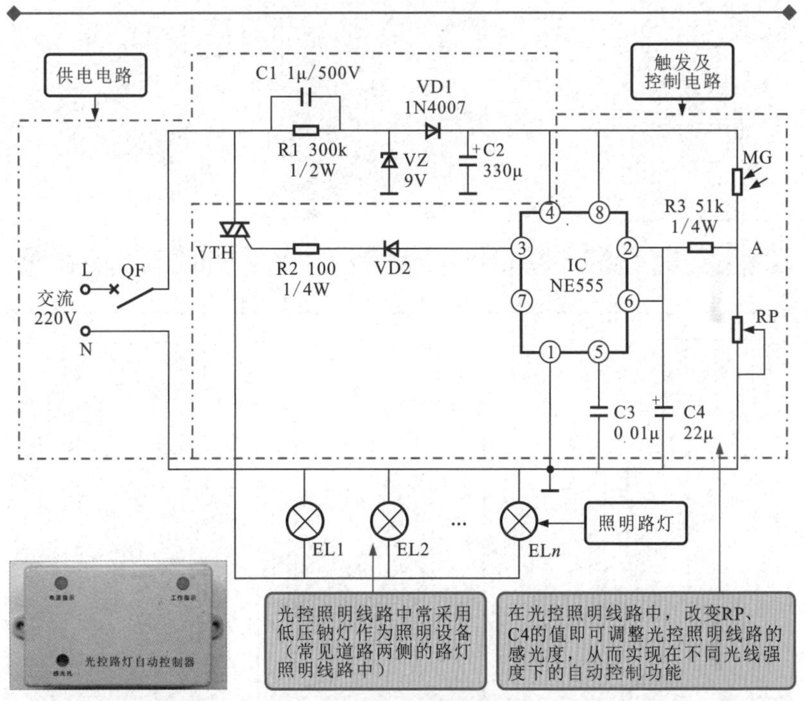

图 10-6 典型光控照明线路

光控照明线路在使用时，根据光线变化即可实现自动控制，无需人为干预，非常适合路灯照明控制使用，既方便集中控制，实现一定区域内路灯的同步控制，又节能、环保。

光控照明线路中的核心元件即为光线的感知器件，常见的光线感知器件主要有光敏电阻器，如图 10-7 所示。

光敏电阻器主要由光导电材料、电极、绝缘衬底等构成。根据照射光线强度的不同，光敏电阻器阻值可发生变化（一般光照强度越大，电阻值越小）。

光控照明线路除采用 555 时基电路外，还可借助光敏电阻器、晶体管、继电器等构成简单的光控照明线路，如图 10-8 所示。由光敏电阻器的阻值大小决定晶体管的导通状态，用以控制继电器线圈的得电和失电，进而控制照明灯能否接通供电回路。

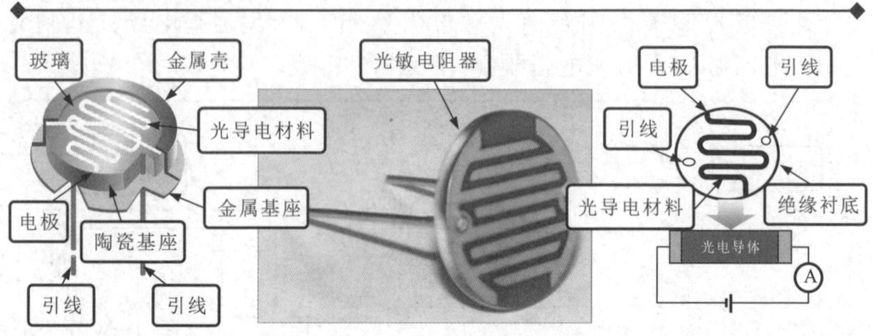

图 10-7 光敏电阻器

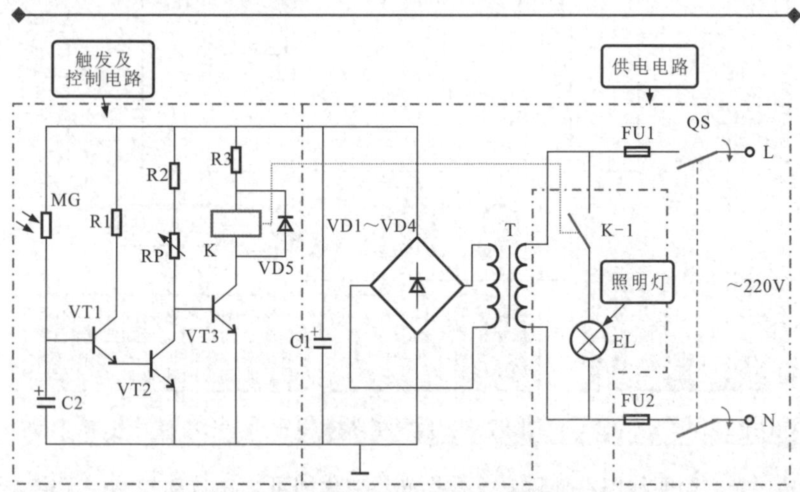

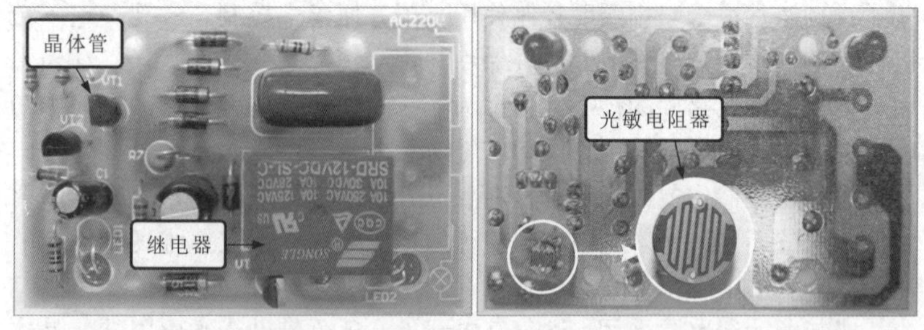

图 10-8 典型光控照明线路

10.1.2 小区路灯照明控制线路的施工

在进行小区路灯照明控制线路施工时，应尽量使线路短直、安全、稳定、可靠，便于以后的维修；在设备的安装时，要严格按照照度及亮度的标准及设备的标准去安装，安装完成后，应按规定进行日常的维护。

在施工操作前，应选择合适的路灯、线缆，通常需要考虑灯具的光线分布，以使路面有较高的亮度和均匀度，并应尽量限制眩光的产生。小区路灯照明控制线路的施工操作可大致分为3步：线缆的敷设、灯杆的安装、灯具的安装。

1. 线缆的敷设

目前小区路灯照明控制线路中常见的线路的敷设一般都采用埋地暗敷的方式。挖好沟道后，将电缆穿过套管，再将套管敷设在电缆沟道内，在电缆套管上方盖好盖板，并将盖板间的缝隙密封，完成线缆的敷设。

2. 灯杆的安装

安装灯杆前，应根据需要选择合适的一些灯杆，通常灯杆的高度可选择为5m，路灯之间的距离为25m左右，可根据道路路型的复杂程度，使路口多、分叉多的地方有较好的视觉导向作用，所以在主次干道采用的均为对称排列。

安装灯杆时，首先将灯杆在敷线时预留的位置确定好，然后将线缆引入灯杆，并将灯杆埋在地下适当深度，并固定牢固，最后将供电线缆与灯线接好，如图10-9所示。

图10-9 灯杆的安装

3. 灯具的安装定位与固定

灯杆安装固定完成后，接下来就需要对照明灯具和灯罩进行安装了，首先将选择好的照明灯固定在灯杆上，然后再将灯罩固定在灯杆上，并检查是否端正、牢固，避免松动、歪斜的现象。

图 10-10 所示为灯具的安装定位与固定。

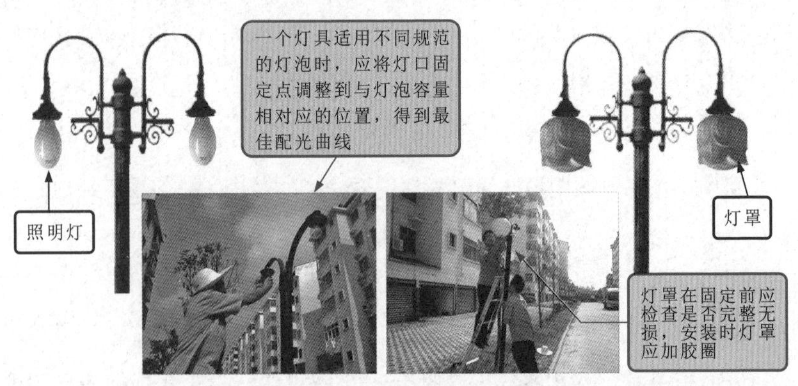

图 10-10 灯具的安装定位与固定

10.2 楼道照明线路的规划与施工

10.2.1 楼道照明线路的规划

1. 楼道照明线路的结构

楼道照明线路是指在楼宇中为公共场所设置的照明系统，主要是为用户提供照明服务，通常设置安装于楼梯、楼道和楼体等位置，楼道照明线路是由照明灯、控制开关和线路等部分组成，正常采用交流 220V 电源进行供电。

图 10-11 所示为典型楼道照明线路。

（1）照明灯

照明灯主要是为楼道提供光源，目前市场上的楼道照明灯具品种繁多，如白炽灯、荧光灯、碘钨灯等。在日常生活中通常使用白炽灯和荧光灯作为楼道照明光源。

图 10-12 所示为典型楼道照明线路中照明灯的实物外形。

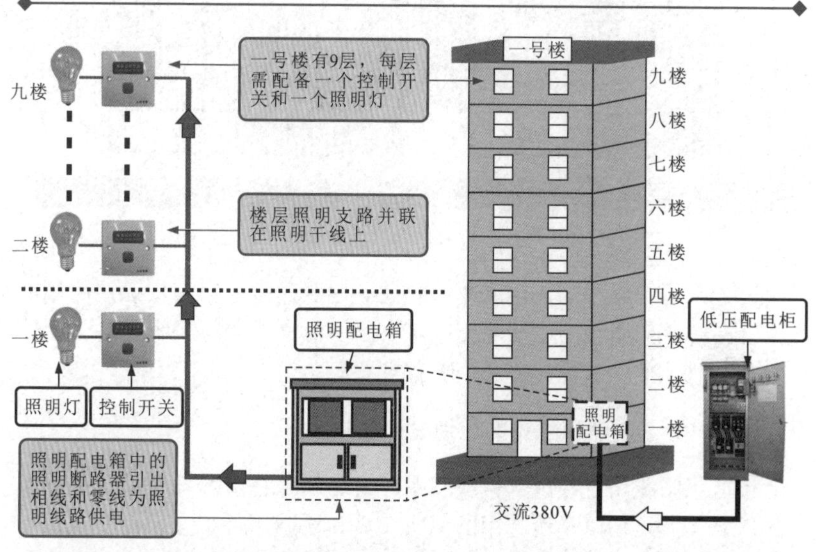

图 10-11 典型楼道照明线路

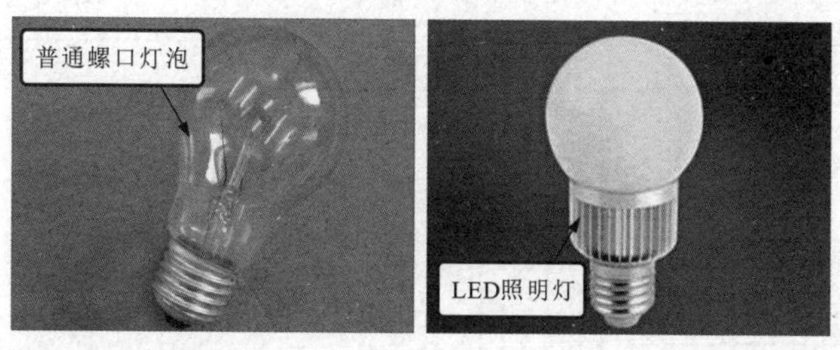

图 10-12 典型楼道照明线路中照明灯的实物外形

（2）控制开关

控制开关用于控制电路的接通或断开，在这里用来控制楼道照明灯的点亮或熄灭。目前，楼道开关一般会选用声控开关（或声光控开关）、人体感应开关和触摸开关等。

图 10-13 所示为典型楼道照明线路中控制开关的实物外形。

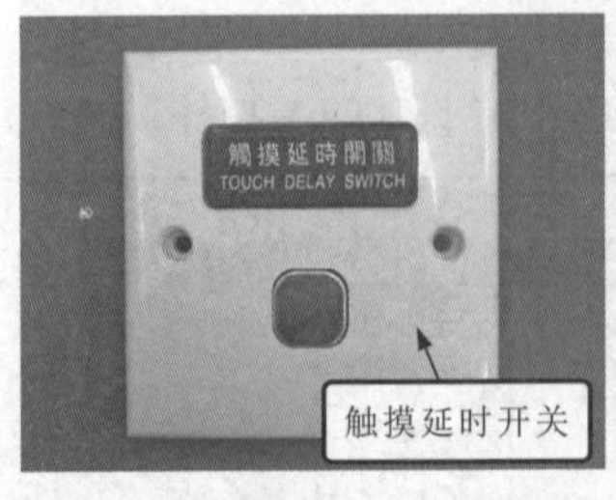

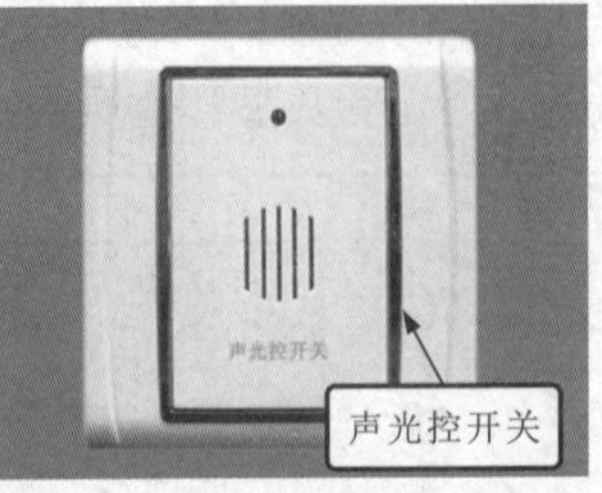

图 10-13 典型楼道照明线路中控制开关的实物外形

（3）供电线缆

楼道照明线路中的供电线缆主要是实现照明配电箱与楼道照明灯的连接。在楼道照明线路中照明配电箱引出的供电线缆与照明线路（支路线缆）的供电线缆有所区别，通常需要进行区分。

2. 楼道照明线路的规划设计

楼道照明线路各组成部件与照明灯具之间存在着密切联系，根据不同的需要，其结构以及所选用的照明灯具和控制部件也会发生变化，也正是通过对这些部件巧妙的连接和组合设计，使得照明线路可以实现各种各样的功能。

图 10-14 为楼道照明线路的规划简图。

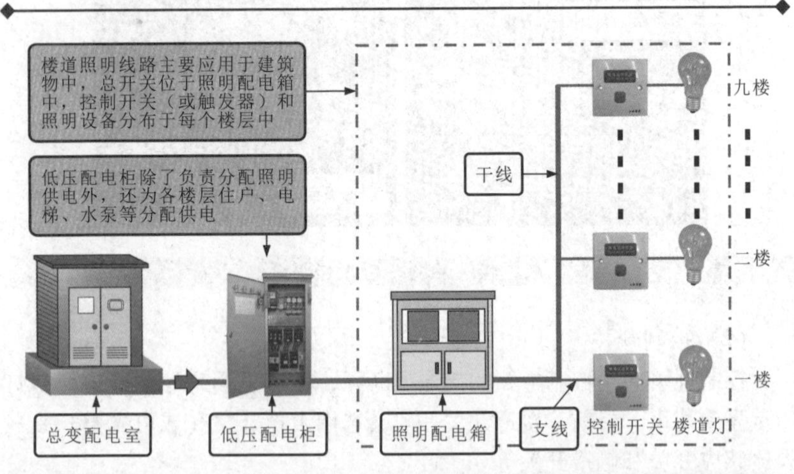

图 10-14 楼道照明线路的规划简图

对楼道照明线路进行设计规划时要根据具体的施工环境，考虑照明设备、控制部件的安装方式以及数量，然后从实用的角度出发，选配合适的部件及线缆。

楼道照明主要为建筑物内的楼道、走廊等提供照明，方便人员通行。照明灯大都安装在楼道或走廊的中间（空间较大可平均设置多盏照明灯），需要手动控制的开关（触摸开关）通常设置在楼梯口，自动开关（如声控开关）通常设置在照明灯附近。

（1）楼道照明的分配

一号楼共有9层，低压配电柜为一号楼输送380V交流电压（三相四线制），电压通过照明配电箱转换成220V供电线路，为各楼层的公用照明设备供电。通常，照明配电箱安装在一楼，每一层都安装控制开关（触摸或声控）和照明灯。

（2）照明相关设备及线缆选配

针对楼道照明线路的规划方案要对照明相关设备及线缆进行选配。楼道照明线路主要包括传输电力的线缆、照明灯具和用来控制灯具的控制开关。

1）照明灯。目前，市场上的灯具品种很多，例如，白炽灯、荧光灯、碘钨灯等。这里我们选择普通的白炽灯，即40W螺口白炽灯作为楼道照明灯具。

2）控制开关。控制开关用于控制电路的接通或断开，在这里用来控制楼道照明灯的点亮或熄灭。目前，楼道开关一般会选用声控开关（或声光控开关）、人体感应开关和触摸开关等。这里我们选择触摸开关作为控制设备。

3）配线和护管。对于照明配电箱引出的线缆（干路线缆），应选择载流量大于或等于实际电流的绝缘线，这里我们选择$10mm^2$的绝缘线，护管选择直径为25mm的即可。照明线路（支路线缆）中所选择的绝缘线的载流量也要大于或等于该支路实际电流，这里我们选择$4mm^2$的绝缘线，护管选择直径为19mm的即可。整个线路的安装过程中的相线、零线颜色要统一区分。

10.2.2 楼道照明线路的施工

楼道照明线路是智能楼宇中应用最多的一种照明系统，该系统应按照相应的标准进行安装，保证施工的质量，完成安装后，应对其进行日常及必要的维护工作。

楼道照明线路中的照明灯进行安装时应将照明灯安装在楼道的中心位置，以保证光源的分布均匀；将照明灯具的控制开关安装在楼梯或电梯口处，安装时应注意其安装的高度，距地面的高度应为1.3m。

1. 开槽布线

对楼道照明灯安装前，应先使用开凿工具按照设计要求在指定的墙体位置开槽，并确定照明灯、控制开关接线盒及照明支路接线盒的安装位置，然后进行穿线操作。

图10-15所示为开槽布线的方法。

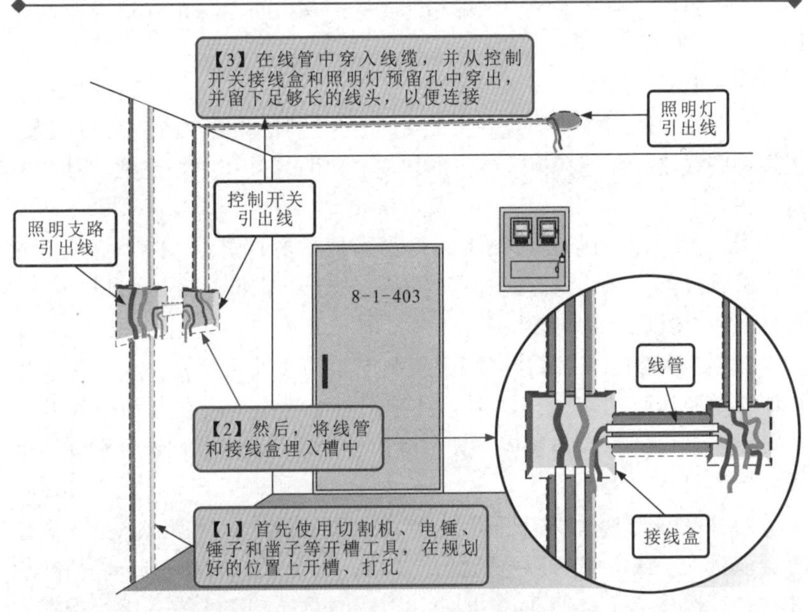

图10-15　开槽布线的方法

2. 楼层照明支路的连接

开槽布线完成后，对照明支路接线盒中的引出线与控制开关接线盒中的引出线进行连接，通过照明支路为楼道照明灯进行供电。

图10-16所示为楼层照明支路的连接方法。

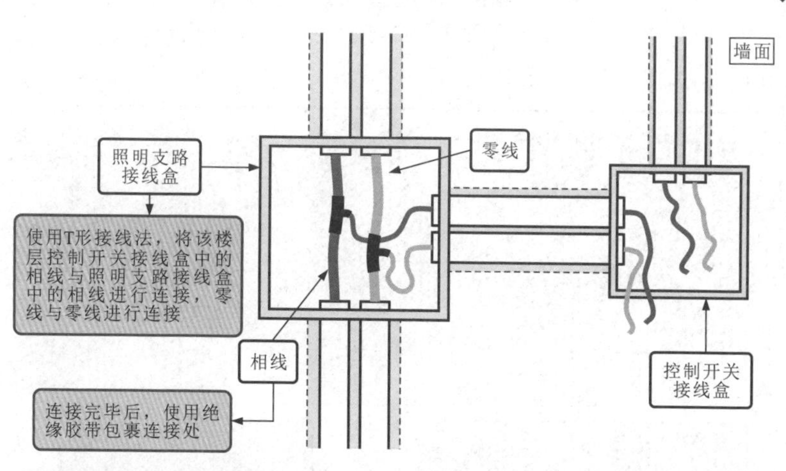

图 10-16　楼层照明支路的连接方法

3. 控制开关的安装连接

控制开关是用于控制楼道照明灯具通断的器件，楼层照明支路的连接完成后，接下来就可以对控制开关进行安装连接了。以触摸延时开关为例，如图 10-17 所示。

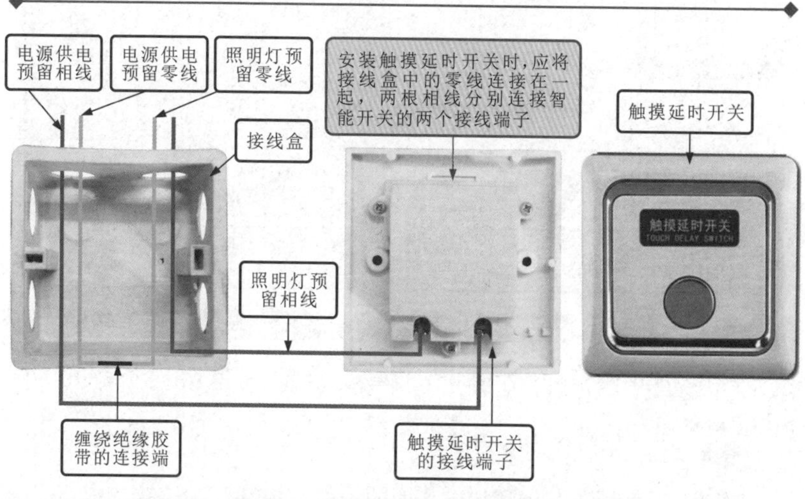

图 10-17　触摸延时开关的接线关系

首先使用剥线钳对预留导线的绝缘层进行剥线操作，并将控制开关接线盒中与照明支路连接的零线和照明灯具的零线（蓝色）接线端子进行连接，如图 10-18 所示。

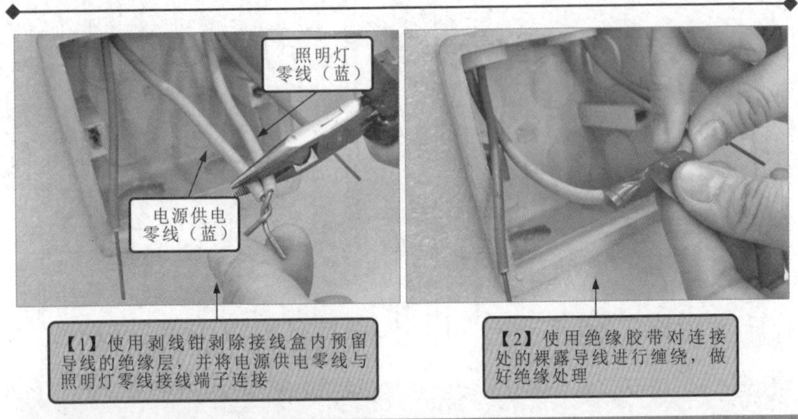

图 10-18　导线的加工和零线的连接

撬开触摸延时开关护板，拧松接线端子紧固螺钉，为安装做好准备，如图 10-19 所示。

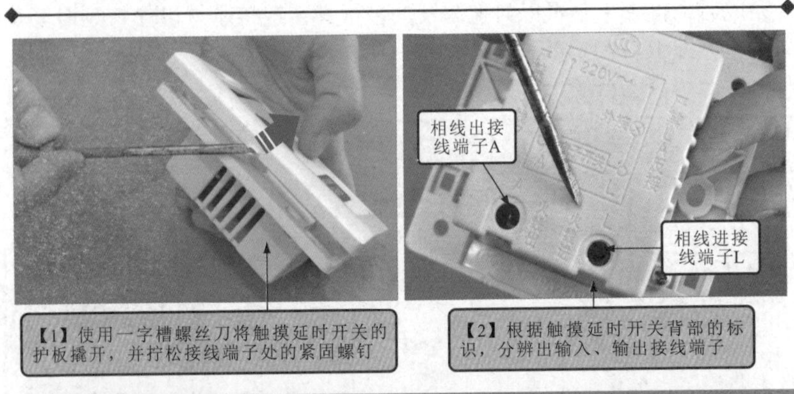

图 10-19　触摸延时开关安装前的准备

连接线缆并固定触摸延时开关，完成安装，如图 10-20 所示。

4. 照明灯的安装连接

照明灯具是用于为楼道提供亮度的器件，控制开关连接完成后，接下来就可以对照明灯具进行安装连接了。

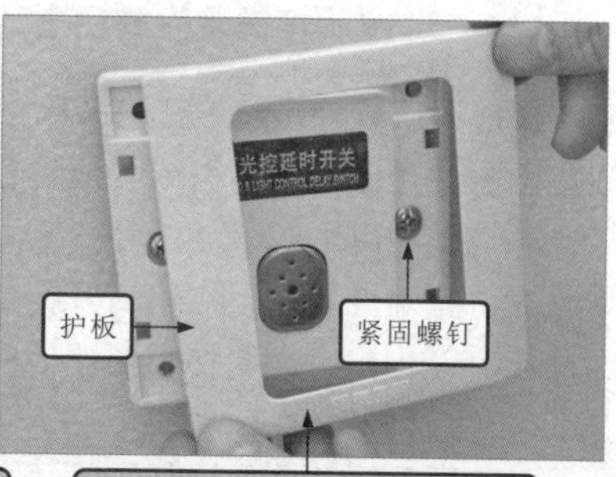

【1】根据触摸延时开关背部的提示，将相应的供电线缆接入触摸延时开关的接线端子中

【2】使用紧固螺钉将触摸延时开关固定在接线盒上，并装回护板

图 10-20　触摸延时开关的接线与固定

首先将照明灯预留的相线端子和零线端子分别连接在灯座的相线和零线连接端上，然后将灯座定位在楼道灯设定的位置，使用十字槽螺丝刀拧紧灯座的紧固螺钉，将其固定在墙板上，最后将灯泡拧入灯座中，至此便完成了楼道照明线路的安装。

图 10-21 所示为照明灯的安装方法。

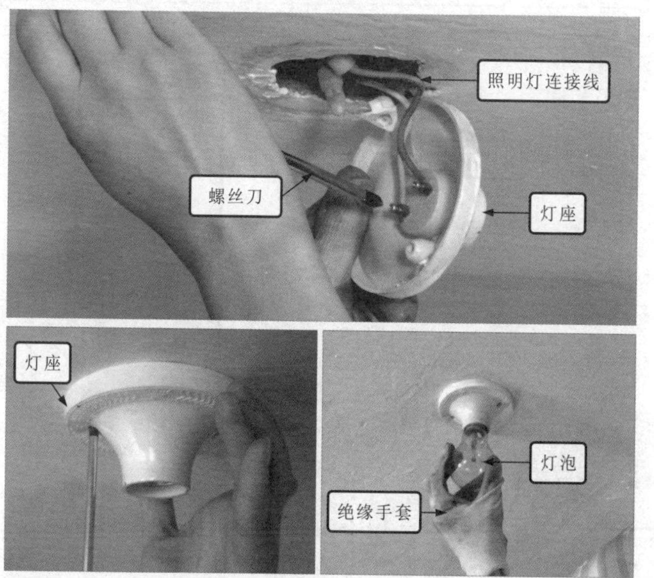

图 10-21　照明灯的安装方法

5. 照明灯安装完成后进行验证

楼道照明线路安装连接完成后，需要对其进行检验操作，以免开关、照明灯具已经损坏，或接线错误等情况的发生。

通常先开启电源，然后用手触摸控制开关（触摸延时开关），正常情况下，照明灯点亮，当手离开控制开关（触摸延时开关）一会后照明灯自动熄灭，此时说明楼道照明线路安装正常。

10.3 应急照明线路的规划与施工

10.3.1 应急照明线路的规划

应急照明线路是指正常照明电源发生断电后立即采用应急照明灯具通电发光，维持继续照明的一种照明系统。应急照明线路一般设在特定的部位，是智能楼宇的一种特殊公共照明用电系统。

图 10-22 所示为典型应急照明线路规划简图。

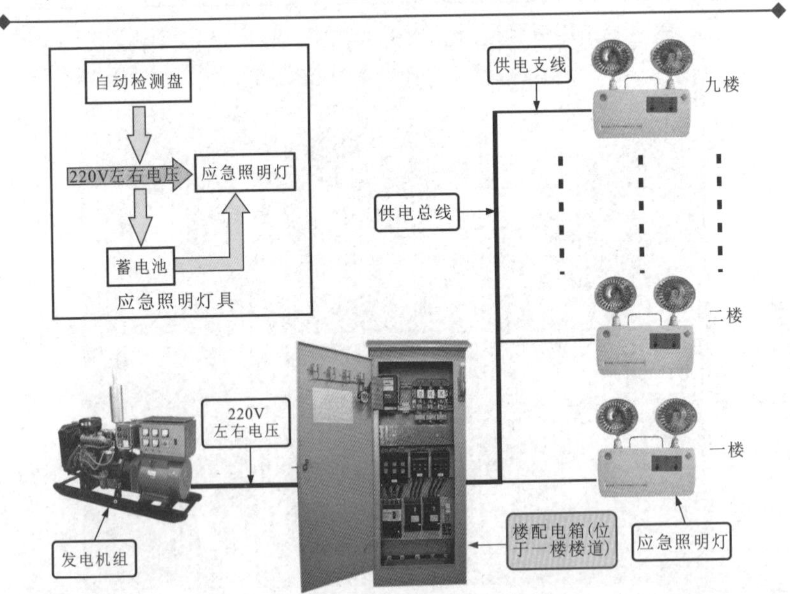

图 10-22 典型应急照明线路规划简图

相关资料

应急照明线路分为三种，即备用照明、安全照明和疏散照明。

备用照明是指在正常照明灯突然熄灭，采用备用照明使正在进行的工作正常运行或安全停止的一种照明装置，如工厂、学校等通常安装这种照明装置。

安全照明是指正常照明突然熄灭，采用安全照明使处于潜在危险中的人员安全脱离危险的一种照明装置，如医院、煤矿等通常安装这种照明装置。

疏散照明是指发生火灾时，保证人员立即疏散，安全逃离火灾现场的一种照明装置。在物业小区中通常安装这种照明装置。

1. 应急照明灯

智能楼宇中的应急照明灯主要是在断电情况下，提供光源。应急照明灯通常为双头应急照明灯，该类应急照明灯应用范围比较广，安装使用方便，光源一般采用钨丝灯泡。

图 10-23 所示为应急照明灯的实物外形。

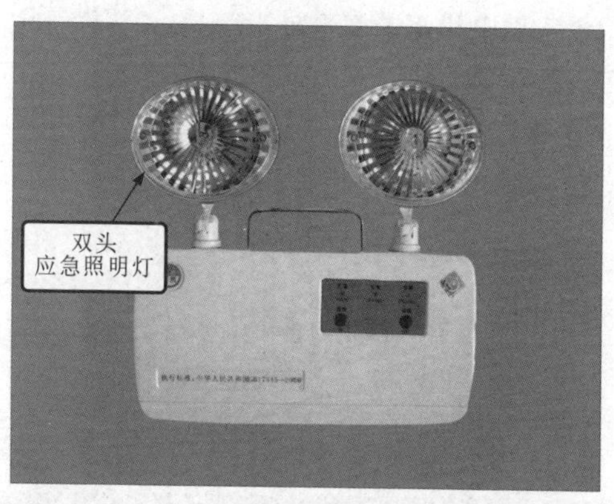

图 10-23 应急照明灯的实物外形

相关资料

应急照明灯除了使用较多的双头应急照明灯外，还有荧光型应急照明灯和吸顶应急照明灯，如图 10-24 所示。荧光型应急照明灯光效高，启动速度快，光源一般采用荧光灯管或节能灯。如果采用荧光型应急照明灯具，还需要有一个与之相匹配的逆变器和镇流器。

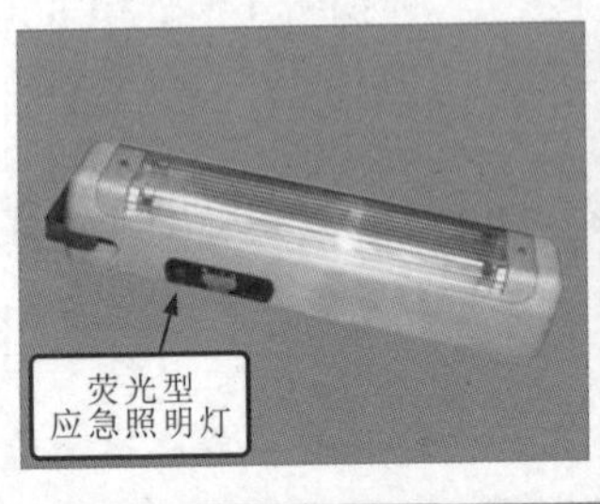

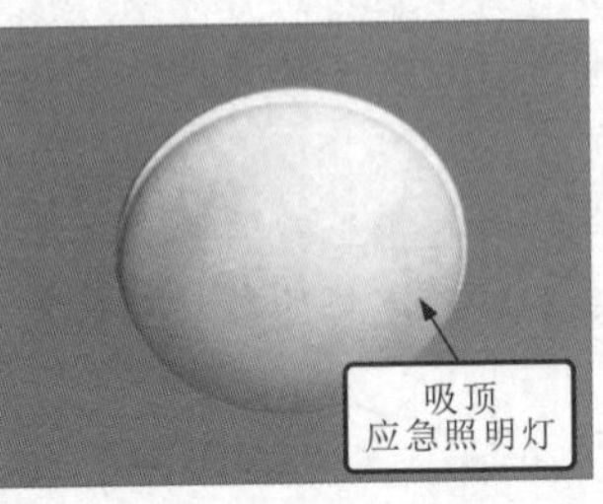

图 10-24　其他应急照明灯的实物外形

2. 发电机组

当正常电源断电后，由发电机组发电，供给应急照明灯具所需的电，发电机组应具有连续三次自动起动的功能，但由于发电机组从停电到起动需要大约 15s 的时间，因此它一般用于疏散照明和备用照明。

图 10-25 所示为发电机组的实物外形。

图 10-25　发电机组的实物外形

10.3.2　应急照明线路的施工

应急照明线路是智能楼宇中非常便民的一种照明系统，该线路的安装应按照相应的原则进行施工。

应急照明线路在安装时，该用电系统中的线路通常与楼道照明线路、家庭用电线路的电缆敷设在一起，安装前应先对应急照明线路进行敷设，线路敷设完成后便可对灯具进行安装连接。

1. 配电箱的连接

将敷设好的线路与各栋楼的配电箱进行连接，连接时应注意导线与配电箱要使用正规的接线柱进行连接，然后将连接好的导线再从配电箱引出，分配到各楼层。

要点说明

不同类别的线路不能穿在同一个管内或线槽内，如不同电压、电流、防火墙的线路都不可敷设在同一个管内，而且在配电箱内的端子板也要进行标注并做好隔离；敷设于管内或线槽内的绝缘导线或电缆的总截面积应小于线槽或管孔的净截面积。

2. 应急照明灯的连接

应急照明灯的安装和连接方法主要有两种，分别为两线制接线方法和三线制接线方法。其中，两线制接线方法适用于应急照明灯只在应急时使用，平时不工作，正常电源断电后，应急照明灯自动点亮。对于安装了普通的楼宇照明系统来说，只需采用两线制接线方法，让应急照明灯只起到应急的作用即可。

图 10-26 为应急照明灯的两线制接线方式。

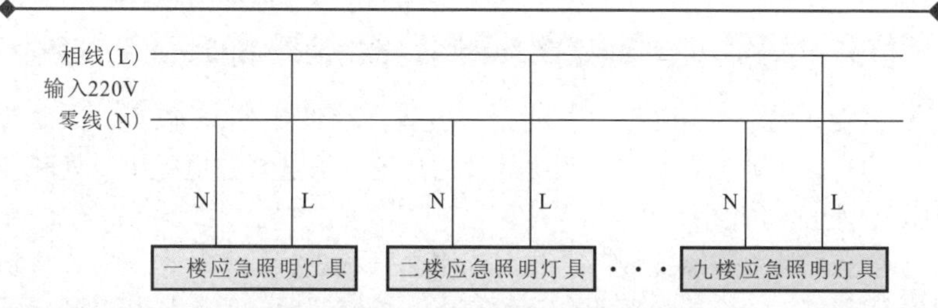

图 10-26 应急照明灯的两线制接线方式

三线制接线方法可以对应急照明灯进行平时的开关控制，正常电路断电后不论开关的状态是开还是关，应急照明灯具都会自动点亮。

图 10-27 为应急照明灯的三线制接线方式。

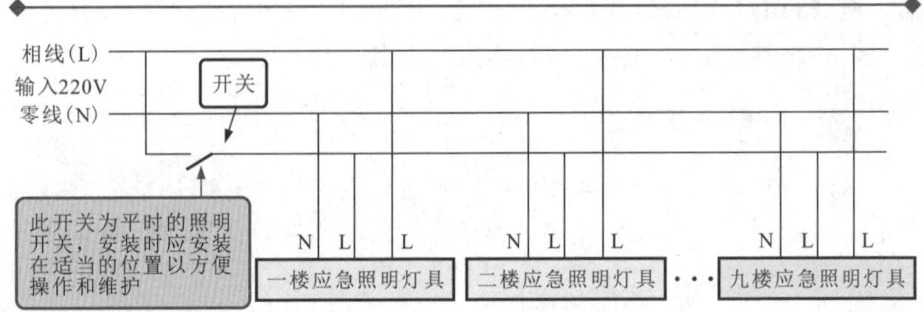

图 10-27　应急照明灯的三线制接线方式

安装应急照明灯时，将为应急照明灯预留的相线与应急照明灯的相线进行连接，零线与零线进行连接。然后使用绝缘胶带进行绝缘处理，完成导线的连接，接着将应急照明灯固定在墙面上，并使用工具进行调整，最后连接好相应的供电插座，如图 10-28 所示。

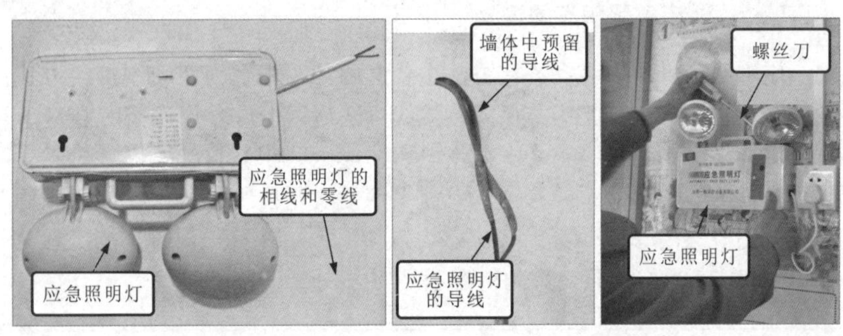

图 10-28　应急照明灯的线路连接和安装固定

在安装固定应急照明灯具时，一般将高度设置在 2m 以上，以使普通人的身高不能触及，应急照明灯具的位置一般选择在电梯出口处和楼道出口处。

应急照明灯安装完成后，要对该用电系统进行检测。检测时，将正常电源切断，检测应急照明灯具的亮度、持续照明时间、从断电到启动的时间等是否符合要求，正常情况下应急照明灯的实际持续时间不应小于应急照明灯标注的持续时间。

第 11 章 楼宇对讲系统的规划与施工

11.1 楼宇对讲系统的规划

楼宇对讲系统是一种进行访客识别的电控信息管理系统。该系统的主要功能是确保楼门平时处于闭锁状态，可有效避免非本楼人员未经允许进入楼内。楼内的住户可以在楼内通过手动旋钮或控制开关控制楼门电控锁打开，也可以通过钥匙或密码开启电控锁进入楼内；当有访客需要进入楼宇时，则需要通过楼宇对讲系统，呼叫楼内住户，当楼内住户通过对讲系统进行对话或通过图像对来访者进行身份识别后，由楼内住户控制门控锁打开，允许来访者进入。

除此之外，一些楼宇对讲系统还具有一定的管理功能，通过管理部分实现对楼宇对讲系统进行监视（线路故障报警或非法入侵报警）、管理部门与住户或住户与住户之间进行通话，住户可以在紧急情况下向楼宇管理部门报警求救等。

图 11-1 所示为典型楼宇对讲系统的基本组成示意图。

目前，不同类型、不同规模的楼宇所采用的楼宇对讲系统有不同的规划形式，通常按是否可视主要分为非可视楼宇对讲系统和可视楼宇对讲系统两种。

11.1.1 非可视楼宇对讲系统的规划

非可视楼宇对讲系统是指能够实现语音通信（户内与室外的对讲）、楼门开关控制以及监控或报警功能的对讲系统。一般根据是否联网分为不联网的非可视楼宇对讲系统和联网的非可视楼宇对讲系统。

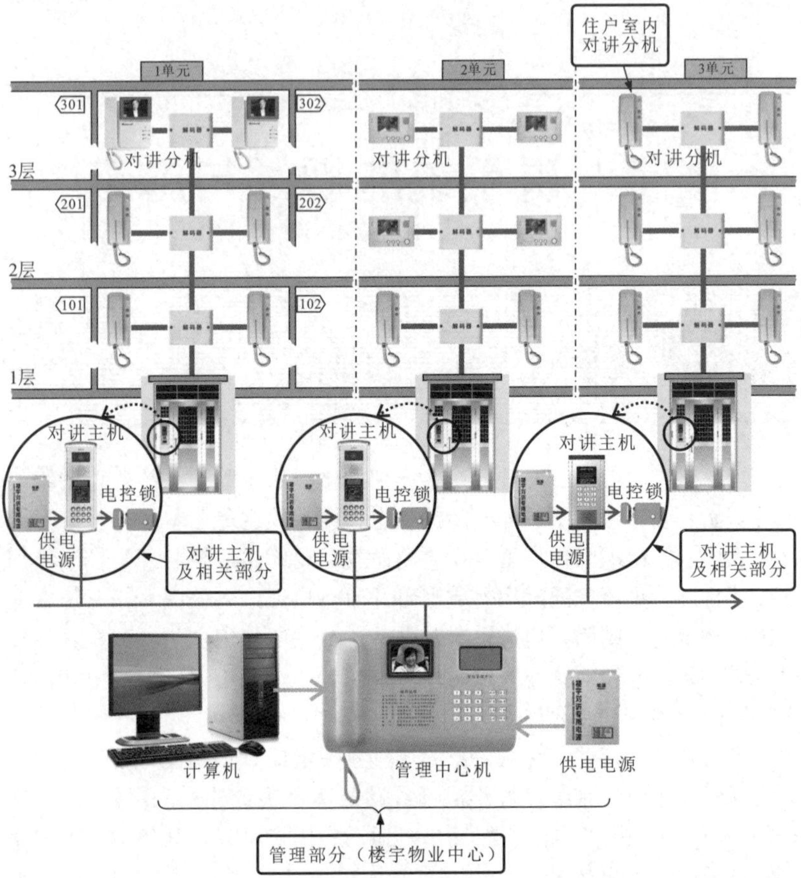

图 11-1　典型楼宇对讲系统的基本组成示意图

1. 不联网的非可视楼宇对讲系统的规划

不联网的非可视楼宇对讲系统是指结构上相对独立的一种具有基本对讲功能、遥控开锁功能的简单对讲系统。一般比较适用于相对独立的普通单户住宅、多户单元楼等类型的建筑楼宇。

图 11-2 所示为典型不联网的非可视楼宇对讲系统的规划示意图。

可以看到，该类对讲系统主要包括非可视对讲主机、解码器或楼层分线器、非可视对讲分机、电控锁、供电电源、传输线缆等部分。

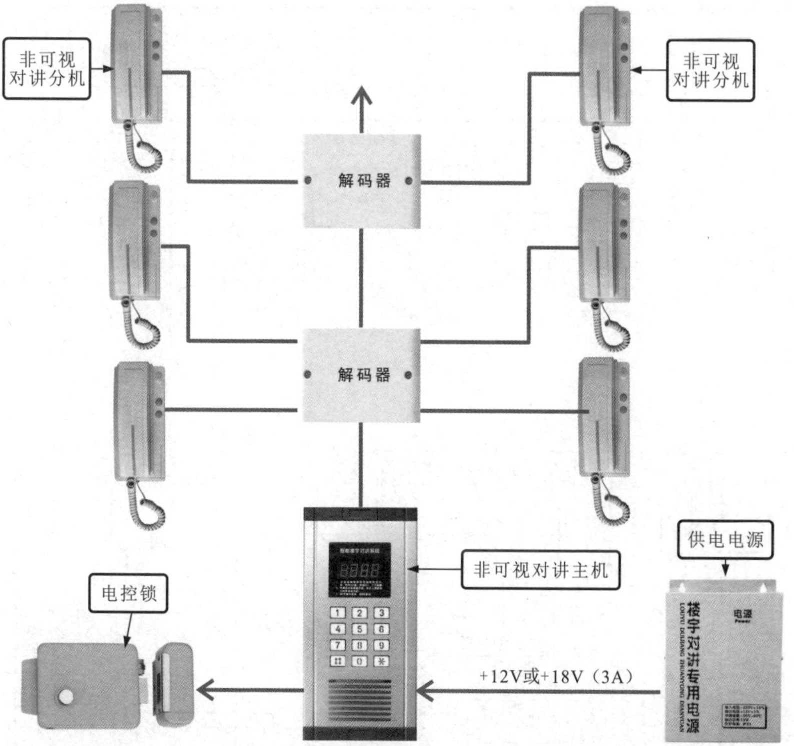

图 11-2　典型不联网的非可视楼宇对讲系统的规划示意图

非可视楼宇对讲系统的电路构成如图 11-3 所示。

2. 联网的非可视楼宇对讲系统

联网的非可视楼宇可以看作是几个或多个非可视楼宇对讲系统的连接，除了基本的对讲功能、遥控开锁功能外，在相互联网的几个或多个非可视楼宇对讲系统内还可实现相互通信，并能够与管理部分通信，即具备联网呼叫功能。一般适用于各种经济型多用户住宅楼、多单元门写字楼等的建筑楼宇。

图 11-4 所示为典型联网的非可视楼宇对讲系统的规划示意图。

可以看到，该类对讲系统主要包括管理中心机、围墙机、联网器、非可视对讲主机、解码器或楼层分线器、非可视对讲分机、电控锁、供电电源、传输线缆等部分，有些还设有联网控制器。

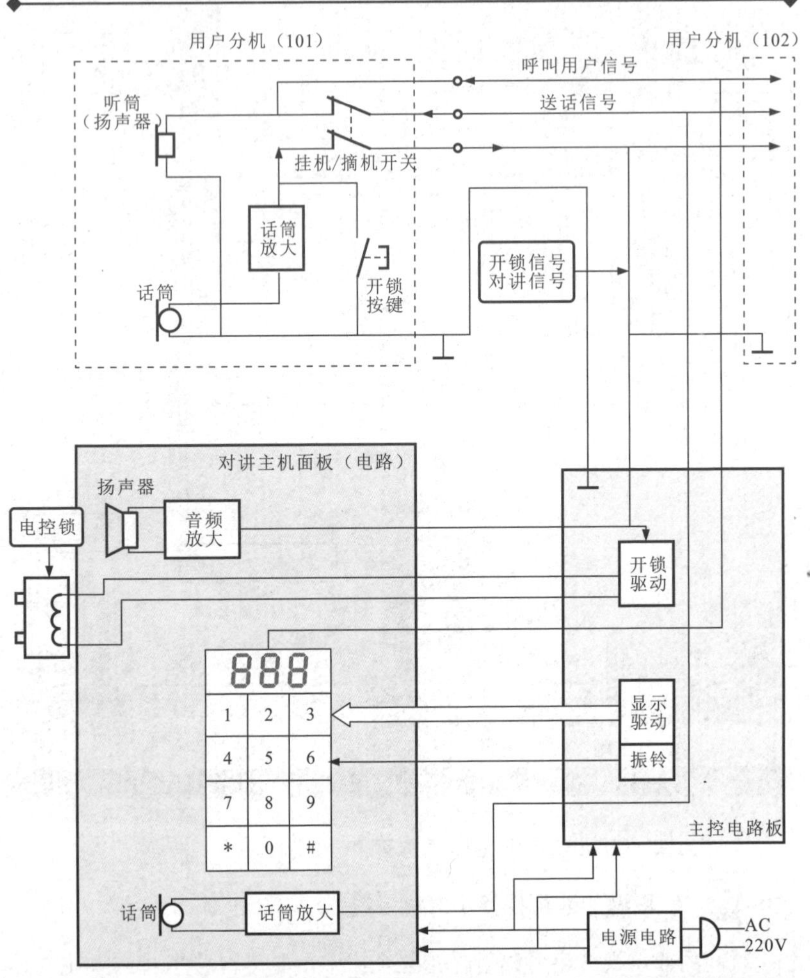

图 11-3　不联网的非可视楼宇对讲系统的电路构成

11.1.2　可视楼宇对讲系统的规划

可视楼宇对讲系统是指能够实现语音通信（户内与室外的对讲）、图像传输、楼门开关控制以及监控或报警功能的对讲系统。一般也可根据是否联网分为不联网的可视楼宇对讲系统和联网的可视楼宇对讲系统。

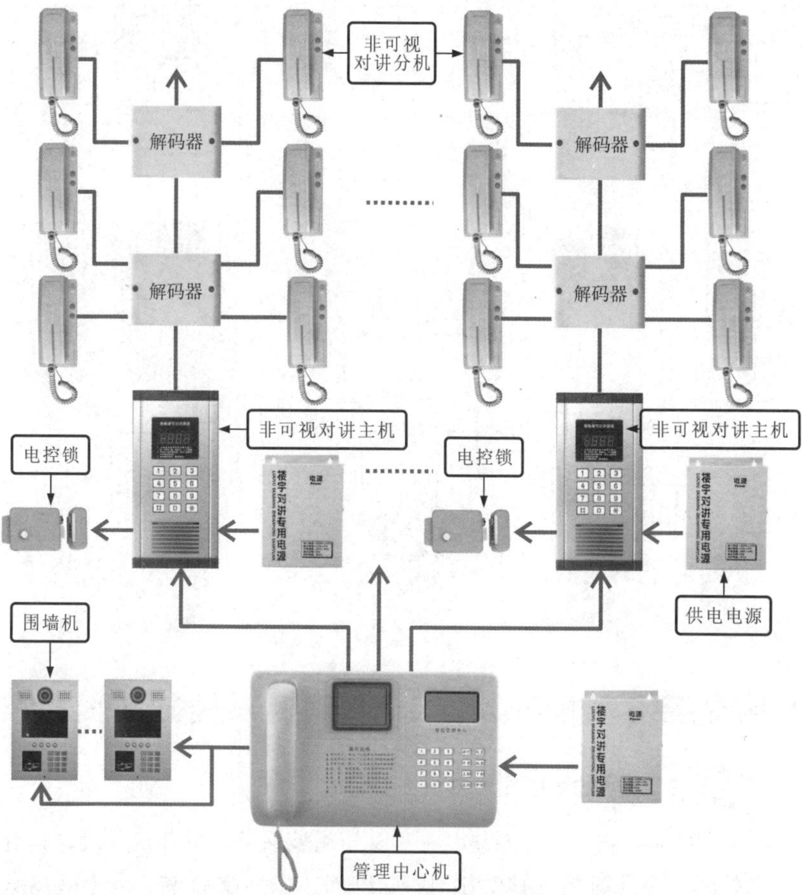

图 11-4　典型联网的非可视楼宇对讲系统的规划示意图

1. 不联网的可视楼宇对讲系统的规划

不联网的可视楼宇对讲系统是指具有基本的可视对讲、遥控开锁、图像信息显示等功能的对讲系统，一般比较适用于单户住宅、独栋别墅、小型的多层单元门楼等类型的建筑楼宇。

图 11-5 所示为典型不联网的可视楼宇对讲系统的规划示意图。

可以看到，该类对讲系统主要包括可视对讲主机、解码器、可视对讲分机、电控锁、供电电源、传输线缆等部分。

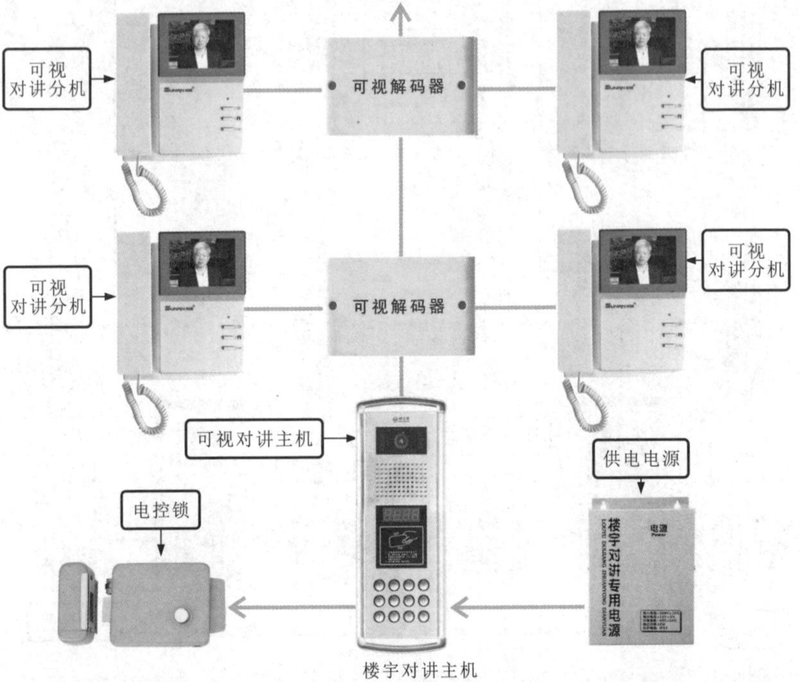

图 11-5　典型不联网的可视楼宇对讲系统的规划示意图

2. 联网的可视楼宇对讲系统

联网的可视楼宇对讲系统是一种基于局域网结构的对讲系统，具有可视对讲、语音通信、遥控开锁、联网通信、远程监视、集中信息发布、家居安防集中管理、联网报警等多项智能化功能，比较适用于大型社区、多单元楼、写字楼等建筑或建筑群。

图 11-6 所示为典型联网的可视楼宇对讲系统的规划示意图。

可以看到，该类对讲系统主要包括管理中心机、围墙机、联网控制器、可视对讲主机、解码器、可视对讲分机、电控锁、供电电源、传输线缆等部分，一些大型小区中还需要设置放大器、集线器等设备。

楼宇对讲系统通常被称为保障楼宇居住安全的最后一道屏障，在对

楼宇对讲系统进行规划设计时，需要全方面考虑楼宇结构、小区分布、功能要求等因素，即需以楼宇的实际特点为入手点，合理、科学规划楼宇对讲系统，以实现系统性能的高效发挥。

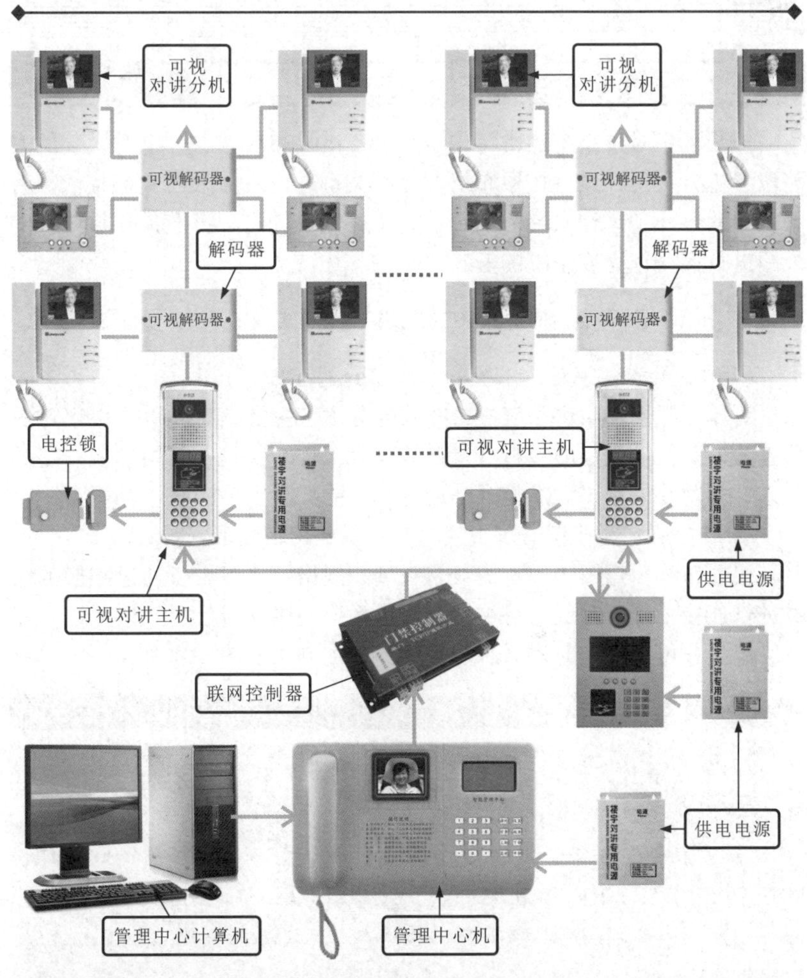

图 11-6　典型联网的可视楼宇对讲系统的规划示意图

例如，有些楼宇属于非封闭式管理，则规划楼宇对讲系统需要满足基本的呼叫、对讲和遥控开锁即可；一些封闭式管理楼宇或高层楼宇、大型住宅小区等则可规划具有联网报警、可视对讲、刷卡开锁、密码开锁、与管理中心联网通信等高智能化楼宇对讲系统。

11.2 楼宇对讲系统的施工与调试

11.2.1 楼宇对讲系统的施工

安装楼宇对讲系统通常可先了解设备接线布线方式，再对设备的安装位置进行定位，然后按照布线和分配关系进行线路敷设，接着依次将系统中的各设备进行安装和固定，安装过程中可同时将设备与敷设好的线路进行接线，完成系统的安装。

1. 了解楼宇对讲系统的接线布线方式

(1) 非可视楼宇对讲系统的布线与分配方法

对非可视楼宇对讲系统进行布线与分配，主要是将非可视楼宇对讲系统的设备通过规定的线材进行连接和分配，使各设备之间形成一定的关系，实现双向对讲和遥控开锁的基本功能。

图 11-7 所示为典型非可视楼宇对讲系统的布线示意图。

根据布线示意图中规定的线材类型、规格，将各设备通过相应的线材进行连接，即可完成非可视楼宇对讲系统的接线与分配。

典型非可视楼宇对讲系统的接线与分配方法如图 11-8 所示。

要点说明

由于楼宇对讲系统的布线属于弱电系统，所以在布线时要按照一定的布线原则进行布线。小区楼宇对讲系统的布线原则主要有以下几点：

1) 对讲主机与电源供电系统连接时，宜采用 RVV4×0.5mm^2、SYV75-5、UTP、RVV2×0.75mm^2、SYV75-7 等多种电缆连接。

2) 对讲主机与电控锁连接时，宜采用 RVV4×0.5mm^2 型 4 芯线连接。

3) 对讲联网控制器与解码器连接时，宜采用 SYV75-3、RVV8×0.5mm^2 等线连接。

4) 解码器与对讲分机连接时，宜采用 SYV75-3、RVV5×0.5mm^2 等线连接。

5）视频线必须经过视频分配器后再连接延伸到各可视分机，入户视频线宜采用 SYV75-5，每层户数不多时可采用 SYV75-3；单元楼内垂直视频干线宜采用 SYV75-5 视频线（楼层较低可用 SYV75-3），门口主机上的摄像机视频信号经过视频放大器后，再向各楼层的视频分配器传送（如楼层较低，每楼小于 14 户，也可不接视频放大器）。

6）楼宇对讲系统的语音信号、图像信号和控制信号线不得与其他系统的开关或电源线布设在同一根管槽内，以免发生信号串扰。

7）联网布线时，从单元门口到管理中心的距离以 300m 以内为宜；网络点对点传输距离以 80m 左右为宜。另外，系统中尽量铺设屏蔽线材，务必将每个断点的屏蔽网与该断点的系统地连接好；尽可能远离强电。

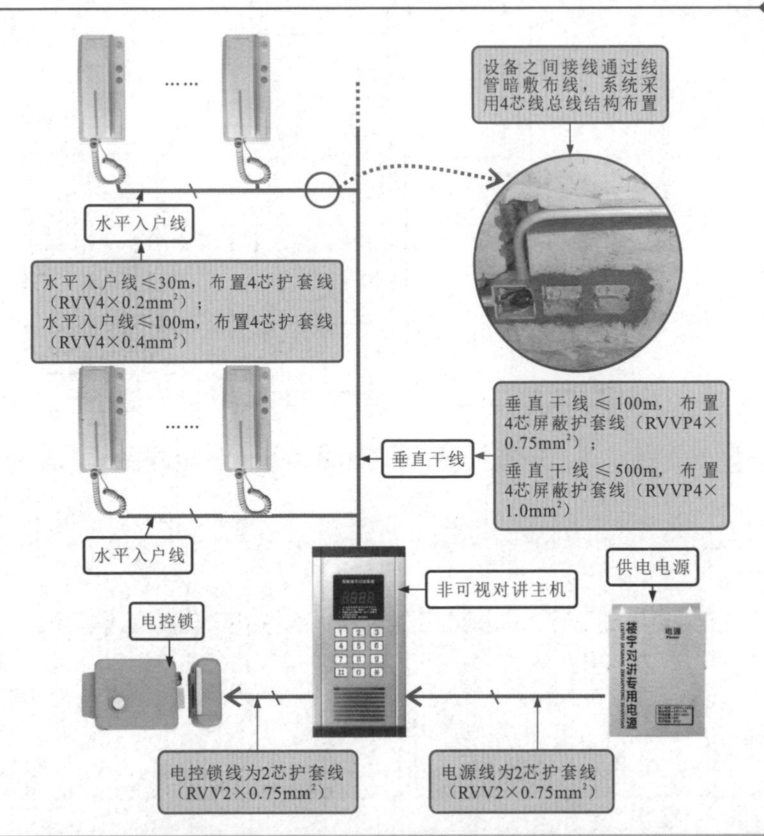

图 11-7 典型非可视楼宇对讲系统的布线示意图

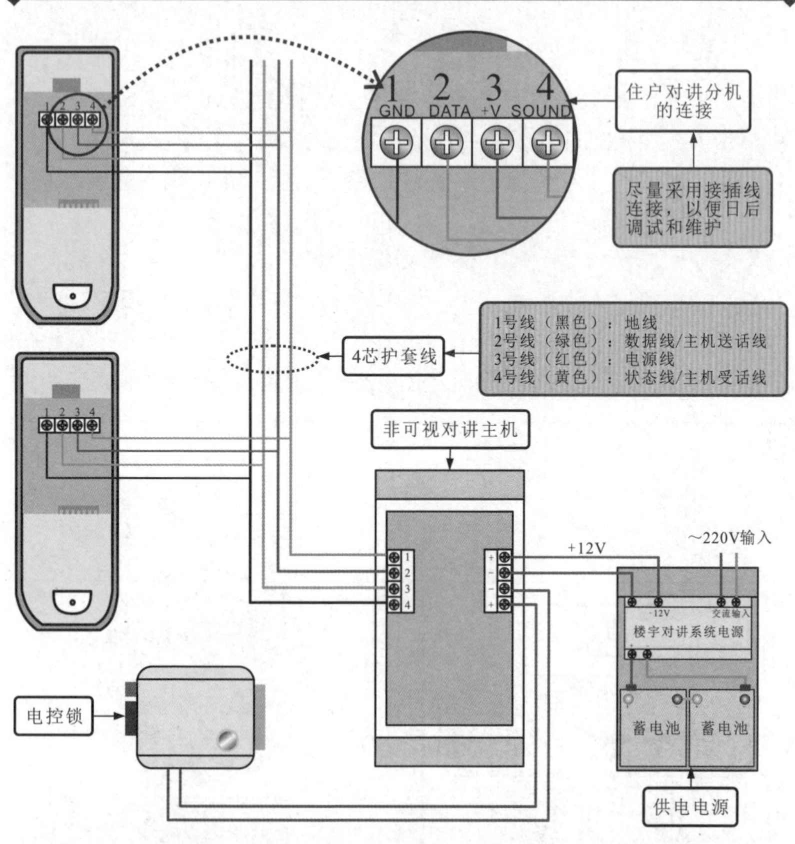

图 11-8　典型非可视楼宇对讲系统的接线与分配方法

8）在楼宇对讲系统的每一根视频或音频连接线的两端标上相同的标记，以方便连接。

9）布线时要远离干扰源，如电力线、动力线等。走线时建议使用 PVC 线管或 PVC 槽单独走线。

10）楼宇对讲系统中的信号线布置在 PVC 线管内时，选择线管要按照对讲系统的型号选择管材种类和规格，如没有要求，可按线管内所敷设的导线的总截面积进行选管，选管要求按不超过线管截面积的 70%的标准进行选配。

11）线管在转弯处或在直线长度超过 1.5m 以上时应加上固定卡子。

为了方便线管的布线和以后的维护，线管的长度和位置要有一定的要求。

① 在管路长度超过40m，并无弯曲时，中间应加装一个接线盒或拉线盒。

② 在管路长度超过25m，并有一个弯时，中间应加装一个接线盒或拉线盒。

③ 在管路长度超过15m，并有两个弯时，中间应加装一个接线盒或拉线盒。

④ 在管路长度超过10m，并有三个弯时，中间应加装一个接线盒或拉线盒。

12）一般情况下，楼宇对讲系统线管宜采用暗敷布线方式，要求管路短、畅通、弯头少。

（2）可视楼宇对讲系统的接线布线方式

可视楼宇对讲系统是指能够实现语音通信（户内与室外的对讲）、图像传输、楼门开关控制以及监控或报警功能的对讲系统。

可视楼宇对讲系统的布线和分配方法与非可视楼宇对讲系统的布线和分配方法相似，需要注意的是，可视楼宇对讲系统中对视频线布线和分配的要求。

图 11-9 所示为典型可视楼宇对讲系统的布线示意图。

根据布线示意图中规定的线材类型、规格，将各设备通过相应的线材进行连接，即可完成可视楼宇对讲系统的接线与分配。

典型可视楼宇对讲系统的接线与分配方法如图 11-10 所示。

在可视楼宇对讲系统中，通常还需要在对讲主机与对讲分机之间连接解码器，实现信号的解码和寻址。

解码器的布线与分配方法如图 11-11 所示。

2. 了解楼宇对讲系统的安装

安装楼宇对讲系统通常可先对设备的安装位置进行定位，然后按照布线和分配关系进行线路敷设，接着依次将系统中的各设备进行安装和固定，安装过程中可同时将设备与敷设好的线路进行接线，完成系统的安装。

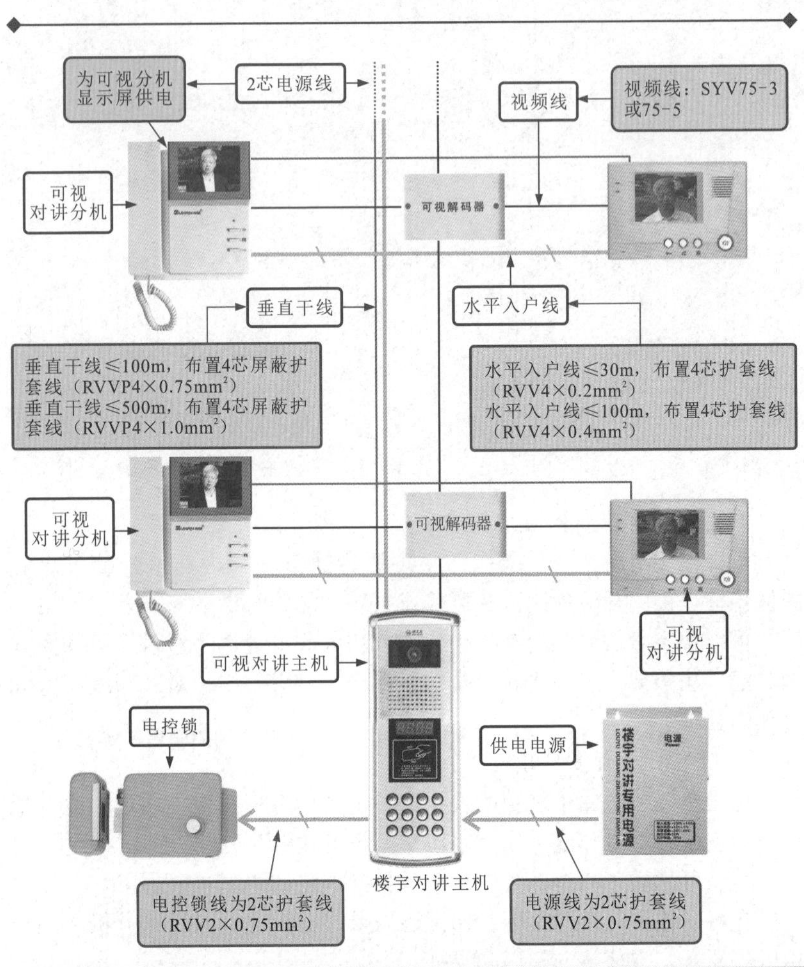

图 11-9 典型可视楼宇对讲系统的布线示意图

(1) 确定位置

在对楼宇对讲系统进行安装前，首先确定各设备的安装位置，进行基本的规划定位，特别是室外对讲主机和室内对讲分机的高度确定有一定的要求，安装高度要求满足设备基本的语音和图像信息的采集功能。

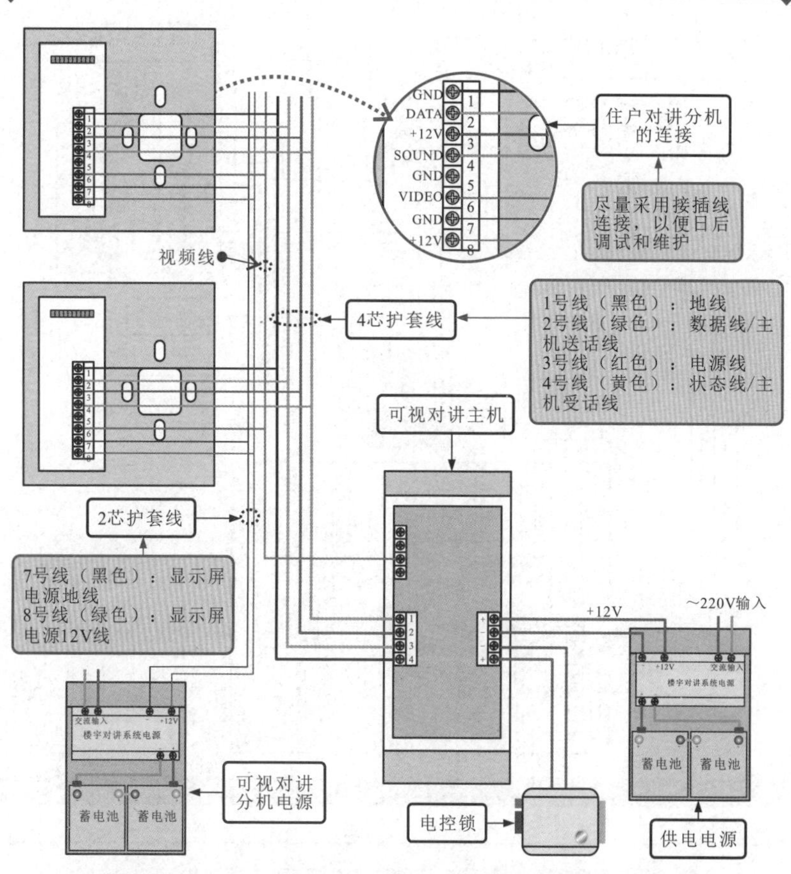

图 11-10　典型可视楼宇对讲系统的接线与分配方法

图 11-12 为楼宇对讲系统中室外对讲主机和室内对讲分机的定位。

（2）线路敷设

楼宇对讲系统在楼内敷设线管时通常采用暗敷方式，所以在敷线和敷管时要求线路必须简明，具体操作步骤如下：

1）首先要对线管的安装位置进行定位，并在墙上画出预设线路。

2）选择合适的线管，检查线管是否符合线路敷设的要求。

3）量好线路所需尺寸长度，并估算出各段线管需要预留出的长度。

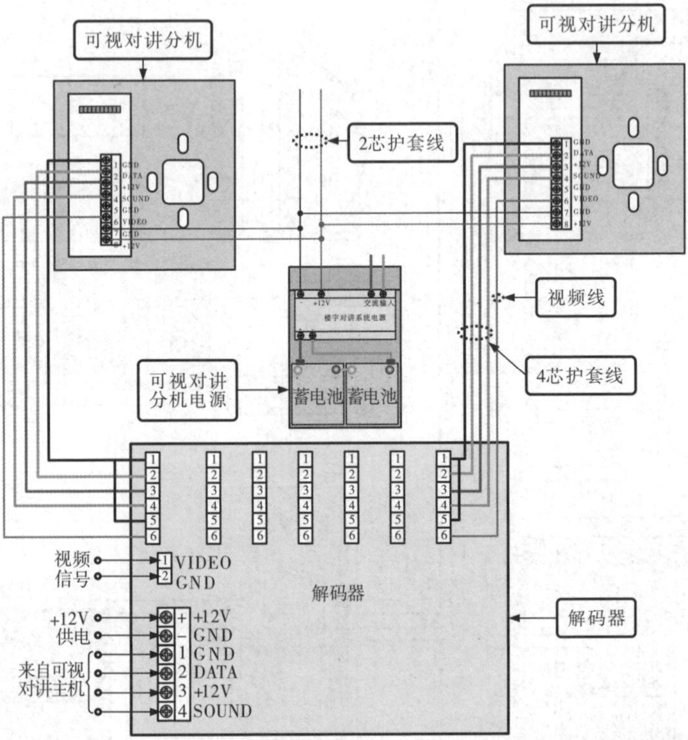

可视对讲分机
可视对讲分机
2芯护套线
1 GND 2 DATA 3 +12V 4 SOUND 5 GND 6 VIDEO 7 GND 8 +12V
- +12V 交流输入
楼宇对讲系统电源
视频线
4芯护套线
可视对讲分机电源
蓄电池 蓄电池
视频信号 1 VIDEO 2 GND
解码器
解码器
+12V供电 + +12V − GND
来自可视对讲主机 1 GND 2 DATA 3 +12V 4 SOUND

图 11-11 解码器的布线与分配方法

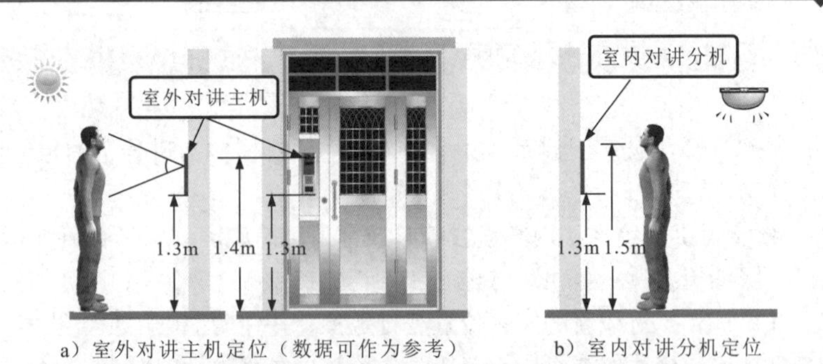

a）室外对讲主机定位（数据可作为参考） b）室内对讲分机定位

图 11-12 楼宇对讲系统中室外对讲主机和室内对讲分机的定位

4）在线管要裁剪的位置用笔做上标记，然后用裁管工具进行裁切，裁切时要注意将管口剪齐。

5）接下来进行穿墙打眼，通常用到的工具是冲击钻。需要提醒的是，使用冲击钻在室内和室外之间打眼时，最好由室内向室外进行打眼，因为在冲击钻要穿出墙的时候，会将墙的外皮带下，以避免破坏室内装修。

6）最后将裁切好的线管敷到管槽内，并将连接线缆穿到线管内，敷线要尽量短。

（3）室内对讲分机的安装

可视对讲分机或非可视对讲分机通常安装于用户户内大厅门口，具体操作步骤如下：

1）先用螺钉将对讲分机的挂板固定在墙上（分机位置距地 1.3~1.5m），对应机体后面的槽口。

2）将对讲分机与敷设、预埋好的线路进行连接（视频线和音频线分别接在对讲分机相应的接口上）。

3）最后将室内机挂在挂板上，并摇动检查安装是否牢固。

室内对讲分机的安装方法如图 11-13 所示。

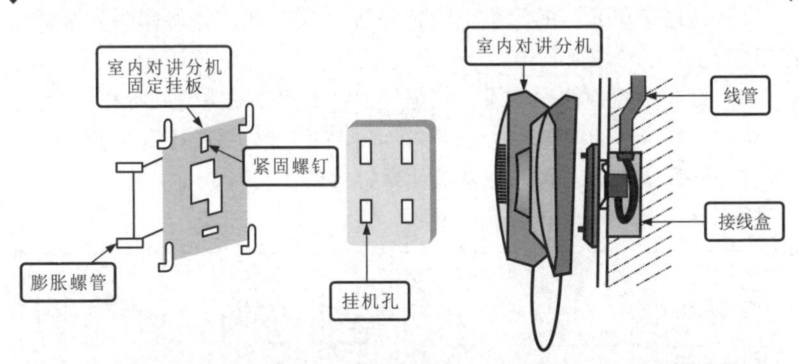

图 11-13　室内对讲分机的安装方法

（4）室外对讲主机的安装

室外对讲主机通常安装在楼宇的单元防盗门上或单元楼外的墙壁上，具体操作步骤如下：

1）用螺钉将对讲主机的挂板固定在墙上，对讲主机位置距地 1.4~1.5m。

2）把室外对讲主机后的接线柱标记端与预埋好的线缆一一对应接好（信号线、电源线、视频线等）。

3）用螺钉将对讲主机的固定架安装固定在对讲主机的挂板上，并检查安装是否牢固。

室外对讲主机的安装方法如图 11-14 所示。

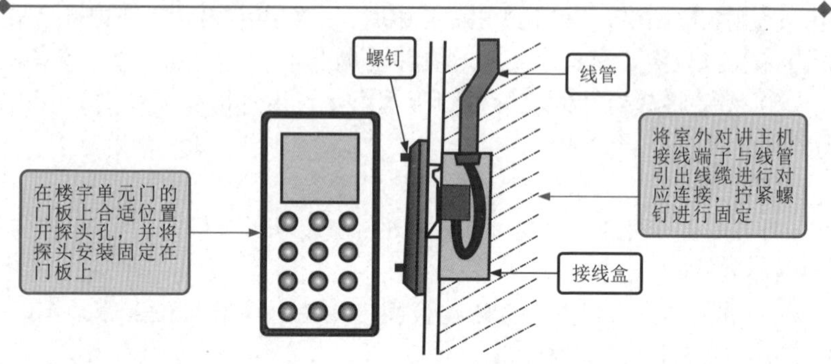

图 11-14 室外对讲主机的安装方法

（5）电控锁的安装

电控锁在安装时，所选用的型号要适合单元防盗门的类型，通常情况下电控锁安装在单元门靠近扶手的门板边缘，具体操作步骤如下：

1）在楼宇单元门的门板上合适位置开探头孔，并将探头安装固定在门板上。

2）打开电控锁的后盖板，用螺丝刀将电控锁用螺钉固定在门板上。

3）选好合适的线缆，并将线缆的各控制线及电源线接到相应的接头。

4）然后盖上后盖板，并将端面螺钉拧紧。

图 11-15 为电控锁的安装示意图。

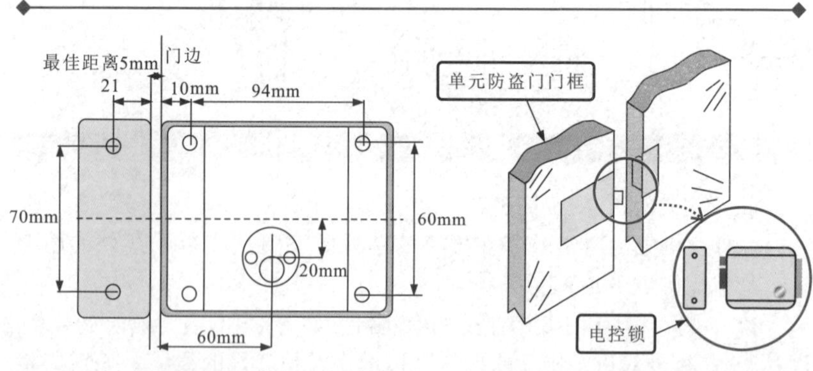

图 11-15 电控锁的安装示意图

(6) 解码器的安装

解码器通常安装于弱电井内，具体操作步骤如下：

1) 首先用螺丝刀将解码器的外盖螺钉拆下。

2) 用螺钉将解码器固定在墙上，距离地面或楼面保持在1.5m左右。

3) 将连接对讲主机输入的主线接在解码器的主线接头上。

4) 将连接对讲分机输出的主线接在解码器的用户分线接头上。

5) 最后将解码器的外盖盖好，并拧紧螺钉。

(7) 供电电源的安装

对讲系统电源箱等通常安装于弱电井内，具体操作步骤如下：

1) 在距离地面2m左右，用螺钉把电源箱固定在墙上，然后打开电源箱箱门，并检查固定是否牢固。

2) 关闭系统电源开关。

3) 将市电的220V输出线连接到对讲系统的电源上。接线要分清极性，相线接在电源箱的相线输入端，零线接在电源箱的零线输入端。

4) 锁好电源箱的箱门。

要点说明

安装供电电源时需要注意，供电电源应安装在距离单元对讲主机最近的地方，一般不可超过10m，以保证系统正常工作。

要点说明

在安装楼宇对讲系统时，需要注意：

1) 在安装楼宇对讲系统过程中严禁带电操作。

2) 不可将对讲系统（特别是对讲主机）安装于太阳直接暴晒、高温、雪霜、化学物质腐蚀及灰尘太多的地方。

3) 在安装完成后，应仔细检查连接是否正常，确保安装无误后才可通电。

11.2.2 楼宇对讲系统的调试

楼道电子门控制系统安装完成后，并不能立即通电使用，还要对安装后的线路进行调试与检测，以免系统中存在安装不到位、接线错误等情况，造成系统中设备的损坏或为日后整个系统的稳定运行埋下隐患。

由此可知，调试与检测是楼道电子门控制系统安装完成后必须进行的一个操作环节。根据调试范围不同，我们通常可分成供电状态测试、单机调试、单元调试和统一调试 4 个基本调试步骤。

1. 供电状态测试

在对系统进行调试前，首先要确保系统供电条件满足，即用万用表的直流电压档检测供电电源的输出及室外对讲分机供电端子上的直流电压是否正常。

系统供电条件的测试方法如图 11-16 所示。

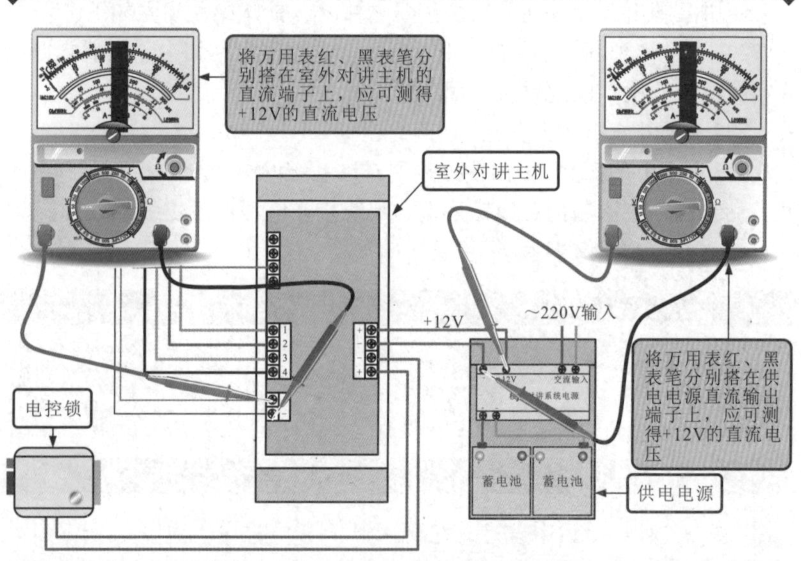

图 11-16　系统供电条件的测试方法

2. 单机调试

单机调试是指在满足电源供电正常的前提下，先测试一台对讲分机和对讲主机之间的呼叫、对讲、开锁功能是否正常。

例如，在室外对讲主机处呼叫测试的室内对讲分机，检查室内对讲分机是否提示、响铃，应接后是否可以进行双方通话，若属于可视对讲系统还需检查显示屏图像显示是否正常、清晰等。如有问题需要对两个设备之间的线路进行调整或重新连接。

当进行单机测试出现主机啸叫、无响铃、主机无法送话等异常时的调试方法如图 11-17 所示。

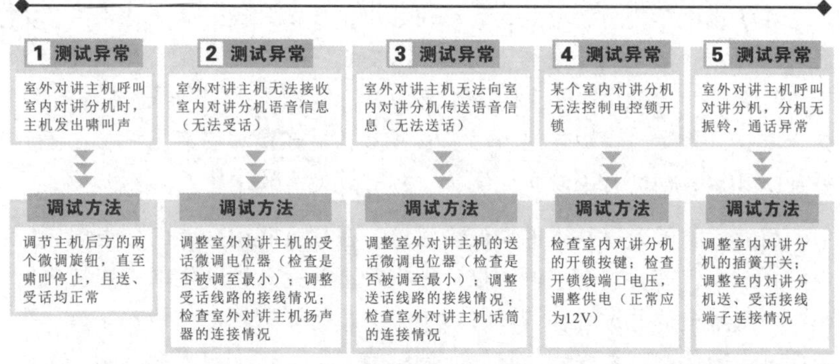

图 11-17　单机调试方法

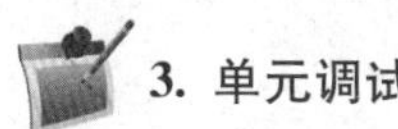

3. 单元调试

单元调试是在分机调试基础上的扩展调试，它是指在一个单元门内所有的设备安装完成后，对一个单元系统的调整和测试。

例如，在供电正常的前提下，从室外对讲主机逐一呼叫单元室内的每一台对讲分机，检查每一条对讲线路中的呼叫、振铃、对讲、图像显示等是否正常，然后对异常线路进行有针对性的调试，直到系统完全正常。

例如，利用室外对讲主机呼叫室内对讲分机时，如果分机无振铃，则应调整主机至分机之间的数据线路。

若振铃正常，但无法对讲或声音较小，除应调试设备内部与声音有关的电位器等元件外，还需检查设备之间语音线路。

若在可视对讲系统中，无图像或图像质量不佳，则需要对视频线、解码器等进行调试。

4. 统一调试

统一调试是指在单机调试和单元调试分别完成后，再统一将整个系统调试一遍，并对整个系统全部正常使用时的各项测试参数做好记录，作为日后维护的参考依据。

在楼道电子门控制系统的实际应用中，很多时候安装与调试环节是同时进行的，如在进行系统安装时，每安装一层就检测调试一下（相当于单机调试环节），若出现问题立即解决，可有效缩小线路检测范围，大大减少工作量。当确定当前楼层正常后，再连接和安装上一层，直到每层正常后，再进行一次单元调试，可有效提高调试的效率。

另外，除了上述基本的调试方法外，在具有联网功能的楼道电子门控制系统中，需要进行联网调试，即将每个单元与管理机网络连接进行调试，直至全部通过。在调试过程中，主要需要进行数据传输调试、声音调试、图像调试和联网信息发布调试等。

第 12 章 小区广播与安防系统的规划与施工

12.1 小区广播系统的规划与施工

12.1.1 小区广播系统的规划

广播系统主要用于将播放的音乐或发出的声音信号传送到各个区域。小区广播系统主要包括广播室设备和各音区扬声器。

图 12-1 为典型楼宇广播系统的基本结构组成。

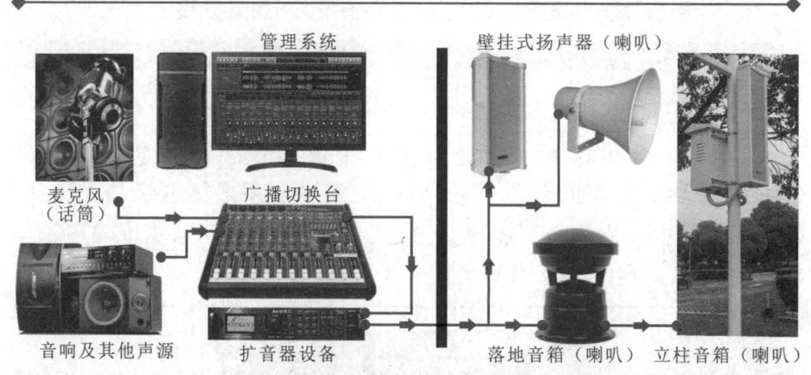

图 12-1 典型楼宇广播系统的基本结构组成

广播系统是一种常见的公共设施，它主要用来广播和扩音，其中广播是该系统的基本功能，如在清晨可以利用该系统播放园区音乐，为晨练的人们提供一种轻松愉快的听觉氛围，在黄昏同样可以播放幽雅舒适的音乐，成为散步休闲的背景音乐。这种功能的音乐声音并不大，以能够听得到、听得清楚为宜。另一种扩音功能多用于小区发生紧急情况时使用，如发生火灾时，可以利用该系统进行报警以及指挥疏散人群，此时需要的声音特别大，因此称之为扩音功能。

1. 小区广播系统的结构

广播系统包括广播室设备和音区扬声器两部分。其中广播室设备包括麦克风、扩音器设备、音响、管理系统等；楼宇音区主要设备就是用来发出声音的扬声器。麦克风、音响机、其他音源与广播切换设备相连由管理系统统一控制，输出的声音，经扩音放大后，通过音频输出线送到各扬声器。

图 12-2 为广播系统中的主要设备。

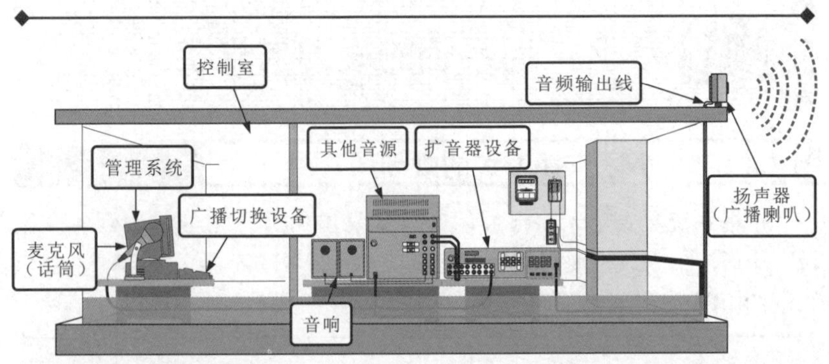

图 12-2 广播系统中的主要设备

(1) 麦克风

如果楼宇发生意外，如火灾，物业工作人员需要使用广播扩音系统进行扩音喊话以便疏散人群，此时就需要使用采集声音的麦克风。麦克风的主要作用是将声能转变为电能，通过电线、电缆传输声音信号。图 12-3 为典型麦克风的实物图。

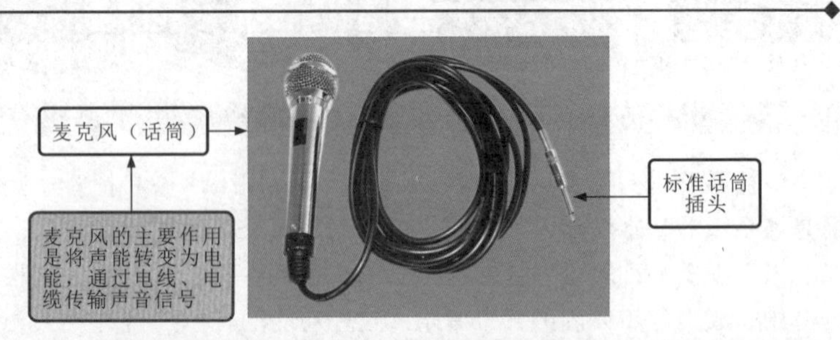

图 12-3 典型麦克风的实物图

相关资料

麦克风将声波转变成电波后，电波的电压比较微弱，此时即可使用话筒放大器对微弱的电压加以放大，放大后的电波信号（声音信号）就可记录到相应的媒介中。

在楼宇广播系统中，为了能播放各种背景音乐，因此需要能播放音频文件的播放器，如音响机、组合音响等。

（2）扩音器设备

扩音器设备主要具有功率放大器和音频放大器的功能，是广播扩音系统中必不可少的重要部件之一。该套设备中不但具有麦克风放大器的功能，同时还具有功率放大器的功能。图 12-4 为典型的扩音器设备。

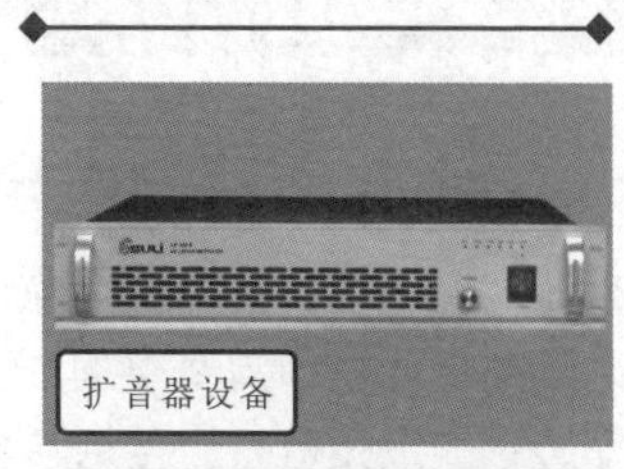

图 12-4　典型的扩音器设备

（3）广播切换台

由于楼宇广播扩音系统中有许多不同的音源，如麦克风采集的声音、音响机播放的音乐以及一些其他声音的来源等。为了便于管理和播放，楼宇广播扩音系统中还需要广播切换台进行各种声源的切换管理。广播切换台具有多个通道进行声音的输入和输出，每一路的声音信号可以单独进行处理。图 12-5 为典型的广播切换台。

（4）管理系统

管理系统是楼宇广播扩音系统的核心组成部件，通过一套软件程序将楼宇广播扩音系统合理地进行整合和管理。图 12-6 为广播管理系统。

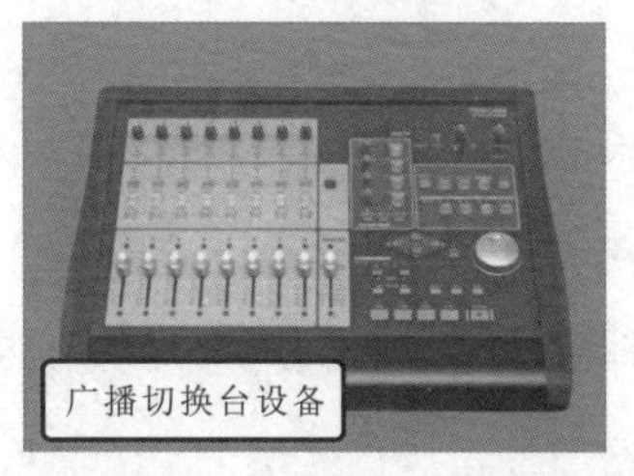

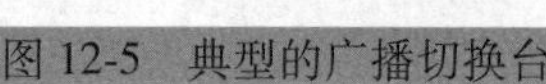

图 12-5　典型的广播切换台

图 12-6　广播管理系统

（5）音区扬声器

音区扬声器是楼宇声音输出的设备，通过扬声器，楼宇内的居民可以欣赏到广播室放出的各种音乐以及紧急报警的提示。

图 12-7 为几种广播系统中常见扬声器的实物外形。

高空扬声器

休闲区扬声器

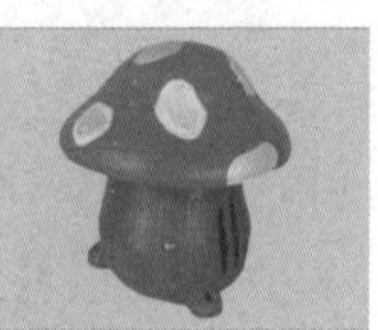
绿地扬声器

图 12-7 几种广播系统中常见扬声器的实物外形

2. 小区广播系统的设计规划

广播系统各设备配接前需要首先了解系统的布线规划或原则。广播系统的设计规划需要根据具体的施工环境，考虑广播设备、控制部件的安装方式以及数量，然后从实用的角度出发，选配合适的部件及线缆。

整个楼宇所安装的扬声器应做到音区基本上能覆盖楼宇内各楼层，能够在紧急报警的情况下通知到所有的居民，楼宇外扬声器及小区内的户外扬声器应确保所组成的音区能够覆盖整个小区，不要过多地安装扬声器以免造成资源浪费。

图 12-8 为楼宇内扬声器的安装规划示意图。

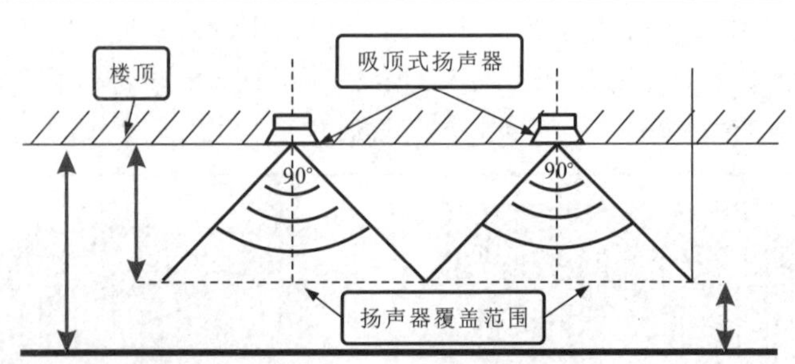

图 12-8 楼宇内扬声器的安装规划示意图

楼宇建设的时候，应该根据实际情况选择适合该楼宇主体风格的扬声器，使扬声器也能成为楼宇内部环境的一部分，避免扬声器与楼宇环境发生冲突，显得不自然。

设置在通道上的扬声器可以安装在楼宇外墙上或也可以单独架设直

杆进行安装，而在楼宇内部则应多采用吸顶式扬声器，安装在楼顶吊板上，不论是哪种安装方式，都应避免妨碍生活。

设置在地面等安装位置较低的扬声器在安装接线时要严格按照施工要求进行，不能留有安全隐患，以免在休闲区活动的居民不慎接触时出现触电事故。

在楼宇内部所安装的扬声器多采用吸顶式扬声器，在安装时应充分考虑每个扬声器之间的安放距离，以确保所有扬声器（广播喇叭）所形成的音区覆盖整个楼层。

要点说明

为便于维护和日常检修，楼宇内的扬声器（广播喇叭）可采用并联方式进行连接。这样可以避免某个扬声器出现故障，而使整个系统瘫痪。

12.1.2 小区广播系统的施工

1. 扬声器的安装与配线

小区内安装的外放扬声器形成的音区应能够覆盖不同的区域，因此安装扬声器时应根据设计要求选择扬声器的具体安装位置和方式，然后根据具体安装位置进行线路的连接。

（1）扬声器的布线连接

确定扬声器的安装位置以后，就可以进行布线操作了。由于广播线路是通过地下管网敷设的，在楼宇供电线路敷设时，已同楼宇内的其他供电线路敷设在一起，而从地下管网引出地面的线路则需通过明敷的方式引入扬声器上。

使用保护管将广播线路从地下管网中引出地面，使用塑料卡子或铝皮卡子在楼宇外墙上对引出的广播线路进行固定。

图 12-9 为扬声器的布线方法。

如果线路敷设过长，可以使用布线护管进行线路的敷设，敷设的时候，一定要按照施工参数进行施工，将线路引到扬声器安装的位置，并进行线路连接。

图 12-10 为扬声器的布线并连接。

外放扬声器线路敷设完成后，接下来便可进行外放扬声器的固定安装了，外放扬声器的安装方式有多种，可以安装在楼顶、墙壁、电杆等处。

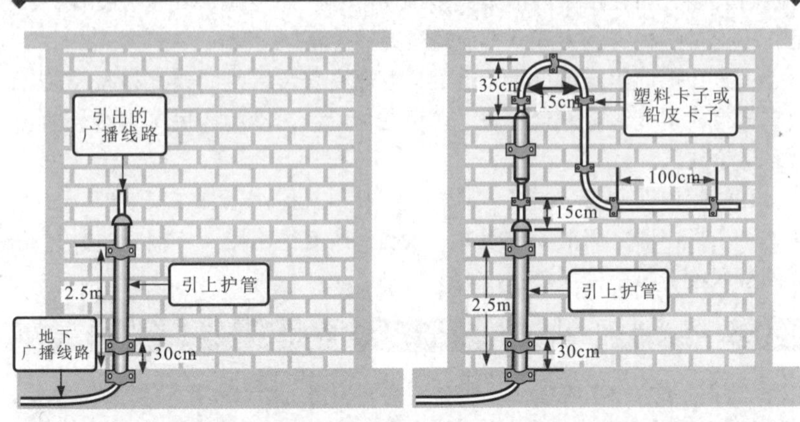

图 12-9 扬声器的布线方法

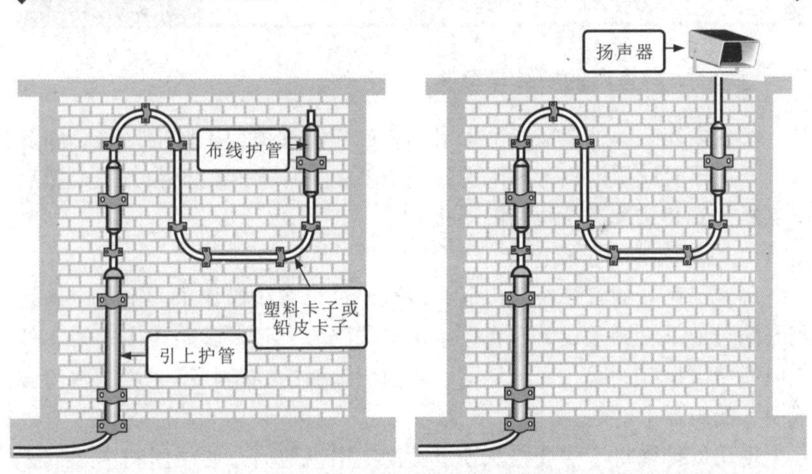

图 12-10 扬声器的布线并连接

（2）楼顶固定式扬声器的安装

外放扬声器安装在楼顶时，需要使用沉头式膨胀螺栓固定支架，图 12-11 为安装示意图。

如图 12-12 所示，使用冲击钻按照扬声器的固定孔位置在楼顶上打一个孔，将沉头式膨胀螺栓穿过扬声器固定孔装入墙孔中。在沉头式膨胀螺栓上套入垫圈、弹簧垫，然后旋紧螺母，使沉头式膨胀螺栓胀开，使其卡紧，固定住扬声器。

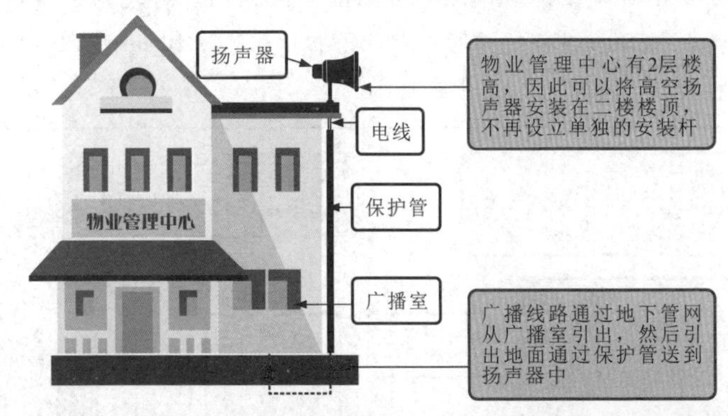

图 12-11　楼顶固定式扬声器的安装示意图

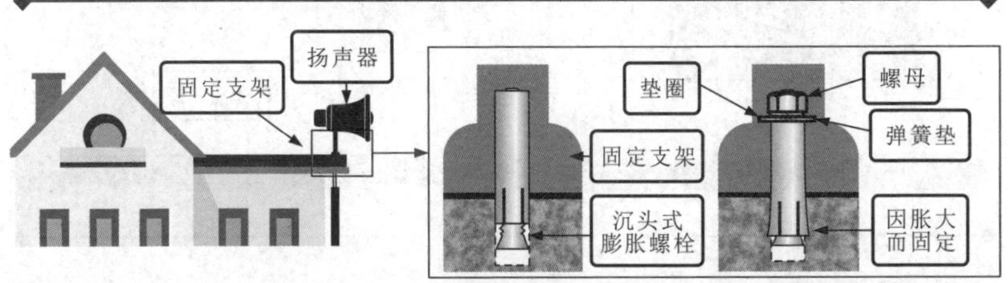

图 12-12　楼宇外部扬声器的安装固定

（3）壁挂固定式扬声器的安装

外放扬声器若采用壁挂固定式，只需将户外扬声器（音箱或音柱）固定在墙体上，然后将所需连接的音频线缆插接在户外扬声器（音箱或音柱）的相应接口上即可，如图 12-13 所示。

（4）电杆固定式扬声器的安装

采用电杆固定扬声器时，可将扬声器固定在横担上。

利用电线杆的接线柱搭建传输线路，功放输出的音频信号经阻抗匹配变压器（升压变压器）升压后，由传输电缆和接地电缆形成构成有线广播系统的线路连接。

以一根电线杆为例，将高音扬声器输出的引线连接到阻抗匹配变压器（降压变压器）的低阻抗端，然后由高阻抗端输出的连线分别与传输电缆和接地电缆进行连接。

高音扬声器如果采用接线柱的连接方式，应将供电线与接线柱接牢。有些扬声器设有外接焊盘，应先用导线与焊盘焊牢。由广播站输送出来的传输电缆和接地电缆经阻抗匹配变压器与高音扬声器进行连接，并将电缆延伸到电线杆的接线柱上。接着将扩音器接地电缆与电线杆另一接线柱相连，如图 12-14 所示。

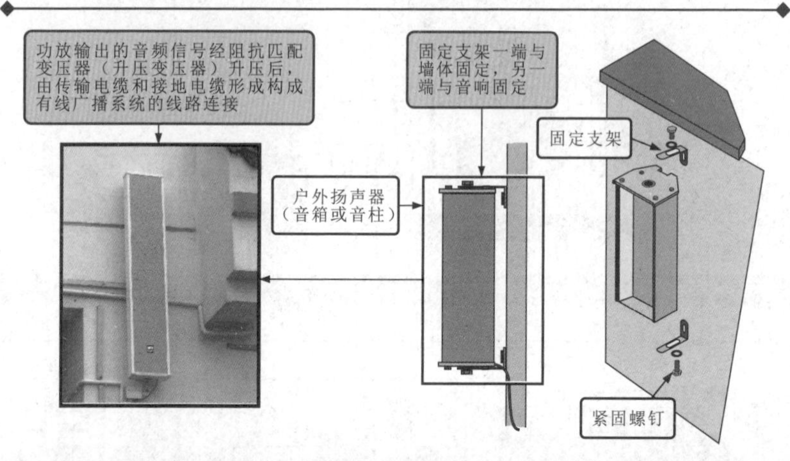

图 12-13 壁挂固定式扬声器的安装示意图

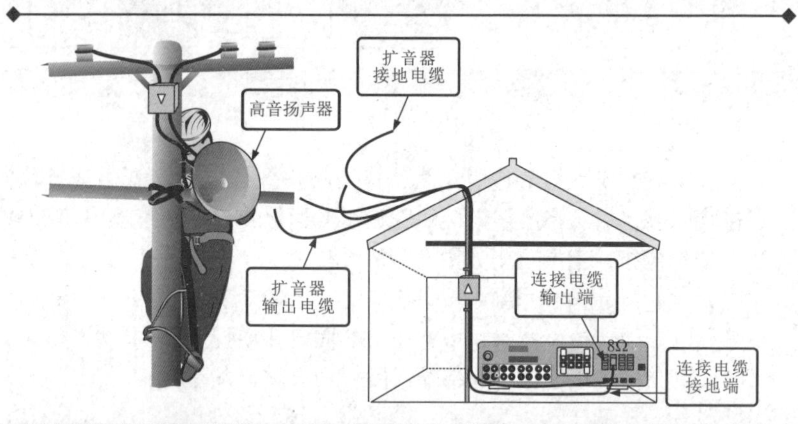

图 12-14 户外扬声器（喇叭）与扩音器的连接示意图

连接两个串联扬声器之间的电缆，第一个高音扬声器连接完毕，由扬声器 1 的一根引线连接到扬声器 2 的一端，然后扬声器 2 的另一端接扩音器的接地线（将第一根电线杆的接地线延长），如图 12-15 所示。

扩音器的输出线要与高音扬声器的引脚接牢。高音扬声器如采用接线柱的连接方式，应将供电线与接线柱接牢。有些扬声器设有外接焊盘，应先用导线与焊盘焊牢，再与扩音器输出的电线接好。

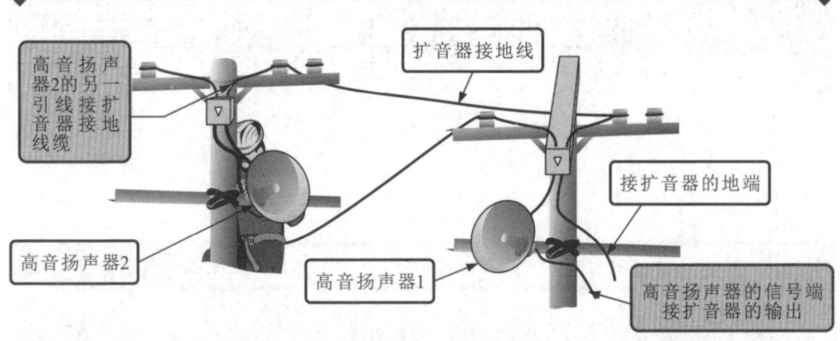

图 12-15　两个串联扬声器连接示意图

2. 广播中心设备间的安装与配线

扬声器安装固定完成后应进一步对广播中心设备进行连接。图 12-16 为广播系统中各设备的连接关系。

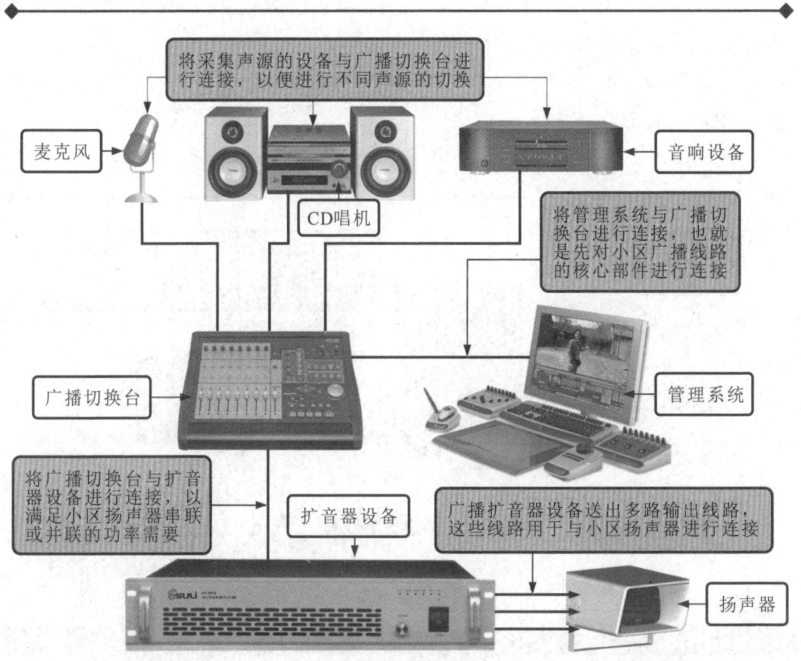

图 12-16　广播系统中各设备的连接关系

12.2 视频监控系统的规划与施工

视频监控系统是指对重要的边界、进出口、过道、走廊、停车场、电梯等区域安装摄像设备，在监控中心通过监视器对这些位置进行全天候的监控，并自动进行录像。

12.2.1 视频监控系统的规划

视频监控系统的应用方式有很多，根据监控范围的大小、功能的多少以及复杂程度的不同，视频监控系统所选用的设备也会不同。但总体上，楼宇视频监控系统的总体结构比较相似，基本上是由前端摄像部分、信号传输部分、控制部分以及图像处理显示部分组成的。

图 12-17 所示为视频监控系统的结构。

前端摄像部分用来采集视频（以及音频）信号，通过信号线路传送到图像显示处理部分，在专用的设备控制下，通过调节摄像设备的角度及焦距，还可改变采集图像的方位和大小。

信号传输部分用来传送采集的音/视频信号以及控制信号，是各设备之间重要的通信通道。

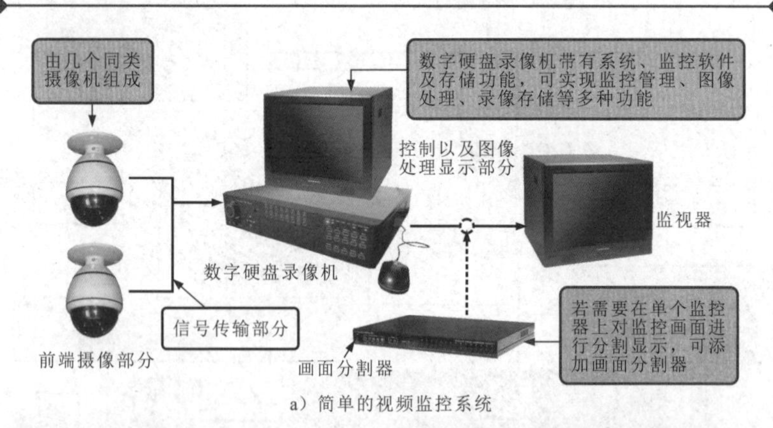

a）简单的视频监控系统

图 12-17 视频监控系统的结构

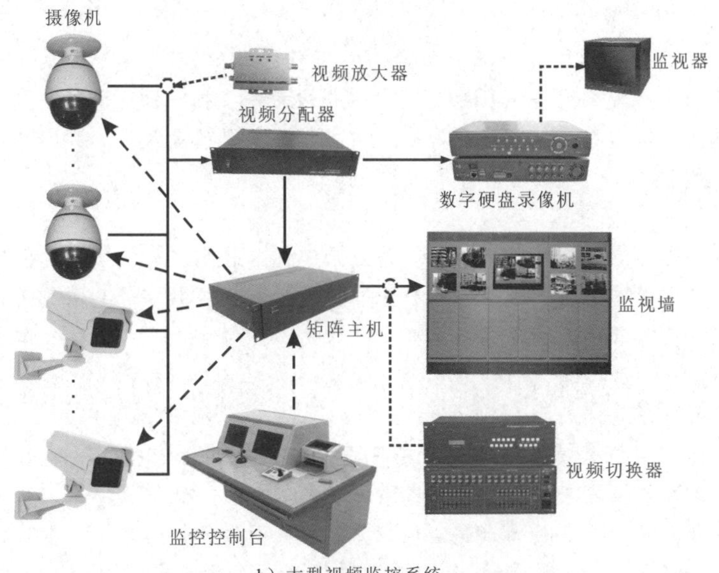

b）大型视频监控系统

图 12-17 视频监控系统的结构（续）

控制部分是整个系统的控制核心，它可被理解为一台特殊的计算机，通过专用的视频监控软件对整个系统的监控工作、图像处理、图像显示等进行协调控制，保证整个系统能够正常工作。

图像处理显示部分主要用来显示处理好的监控画面，保证图像清晰完整地呈现在监控工作人员的眼前。

相关资料

楼宇视频监控系统常用到的装置包括摄像机及其配件、数字硬盘录像机、视频分配器、矩阵主机、监视器、控制台等。

1. 摄像机及其配件

摄像机是视频监控系统中重要的图像采集部分，摄像机本身就有很多种类，而且摄像机还需要云台、镜头、护罩、解码器和辅助灯等部分。

云台是安装、固定摄像机的支承设备，它分为电动和固定两种。固定云台适用于监视范围不大的环境。电动云台适用于大范围进行扫描监视的环境，它可以自动或手动调节摄像机的监视范围。

2. 数字硬盘录像机

数字硬盘录像机的基本功能是将模拟的音/视频信号转变为MPEG数字信号存储在硬盘（HDD）上，并提供录制、播放和管理等功能。常见的类型有单路数字硬盘录像机、多画面数字硬盘录像机和数字硬盘录像监控主机。

3. 视频分配器

一路视频信号对应一台监视器或录像机，若想一台摄像机的图像送给多个监视器，建议选择视频分配器，因为并联视频信号衰减较大，送给多个输出设备后由于阻抗不匹配等原因，图像会严重失真，线路也不稳定。

4. 矩阵主机

矩阵主机是模拟设备，主要负责对前端视频源与控制线的切换控制，常配合监视墙使用，不具备录像功能。

矩阵主机最大的特点是实现对输入视频图像的切换输出，也就是将视频图像从任意一个输入通道切换到任意一个输出通道显示。一般来讲，一个 $M \times N$ 矩阵可以做到同时支持 M 路图像输入和 N 路图像输出，这里 $M>N$。

5. 监视器

监视器是视频监控系统的重要显示部分，有了监视器的显示，我们才能观看前端送过来的图像。多台监视器组合在一起，便构成了监视墙。若需要在一台监视器上同时显示多个监控画面，可在监视器前连接配备一台画面分割器。使用画面分割器可在一台监视器上进行4分割、9分割、16分割的显示。

6. 控制台

控制台通常设置在监视器或监视墙的前面，通过观察监视图像可对某一摄像机的监控范围进行调整。通过监控软件控制摄像机，查看采集图像。

为了保证安装后的视频监控系统能够正常运行，有效监视周边及建筑物内的主要区域，减少火灾事故、盗窃案件的发生，并为日后的取证采集做好备份，在安装视频监控系统前，需要对楼宇及周边环境进行仔细考察，确定视频监控区域，制定出合理的视频监控系统布线安装规划。

图12-18为典型园区视频监控系统的总体布线规划。园区内的全部

摄像机通过并联的方式接在电源线和通信线路上，为减少线路负荷，可从监控中心分出多路干线，通过埋地敷设连接某区域内的几个摄像机。

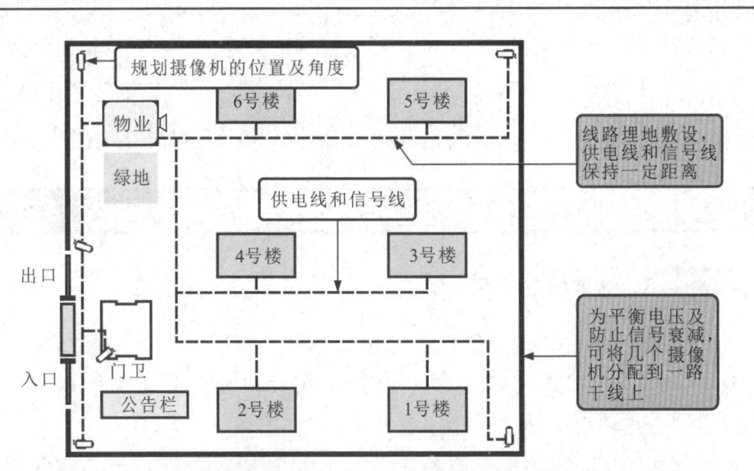

图 12-18　园区视频监控系统的总体布线规划

图 12-19 为办公楼内的摄像机位置以及布线规划，合理布局各摄像机的位置，线路可暗敷在墙壁中。

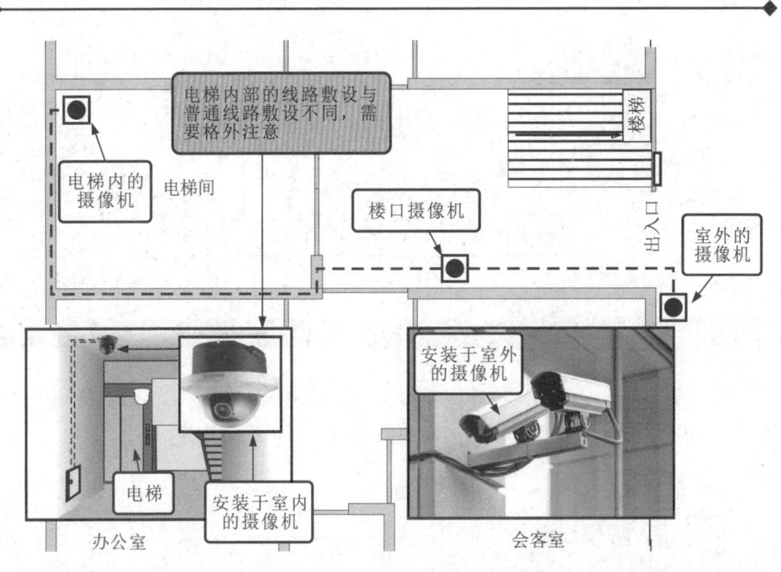

图 12-19　办公楼内的摄像机位置以及布线规划

要点说明

对于视频信号线缆，300m以内可使用双绞线，超过300m建议使用同轴线缆；对于控制信号线，可根据配线位置使用6芯、4芯或2芯绞线；电源线使用普通铜芯护套线即可，但需要考虑线路的载流量，选择线径。

12.2.2 视频监控系统的施工

1. 摄像机的安装

安装固定好支架或云台后，可对摄像机进行安装，先将摄像机面板罩取下，然后使用螺钉将其固定到支架或云台上，再对摄像机进行接线，最后装回摄像机面板罩。

如图12-20所示，面板罩拆下后，可看到黑色的内球罩，再将其取下。固定好摄像机后，接下来进行连线。将视频线和电源线从支架孔中穿过，并按要求连接到摄像机上。一边观察监视器，一边调整水平、俯仰和方位，并检查摄像机动作是否正常，图像是否正常。

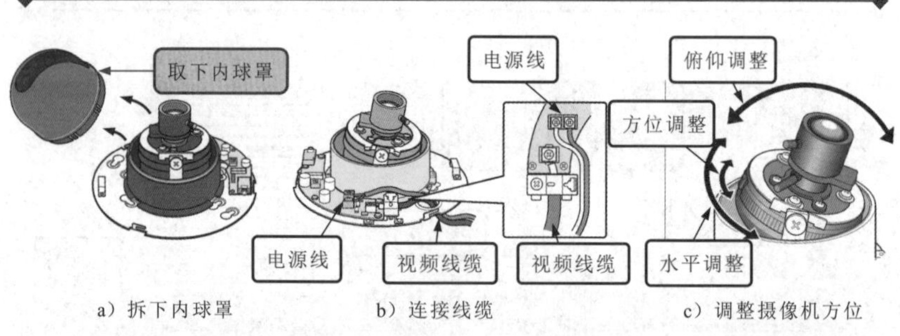

a）拆下内球罩　b）连接线缆　c）调整摄像机方位

图12-20　摄像机的安装

所有调整和连接完成后，将内球罩安装到摄像机上，然后将面板罩安装到摄像机上。最后使用十字槽螺丝刀将面板罩螺钉上紧，并将遮挡橡皮帽装到螺钉孔上。

2. 解码器连接

解码器通常安装在云台附近，主要通过线缆与云台及摄像机镜头进行连接。图 12-21 为解码器与云台、镜头的连接示意图。

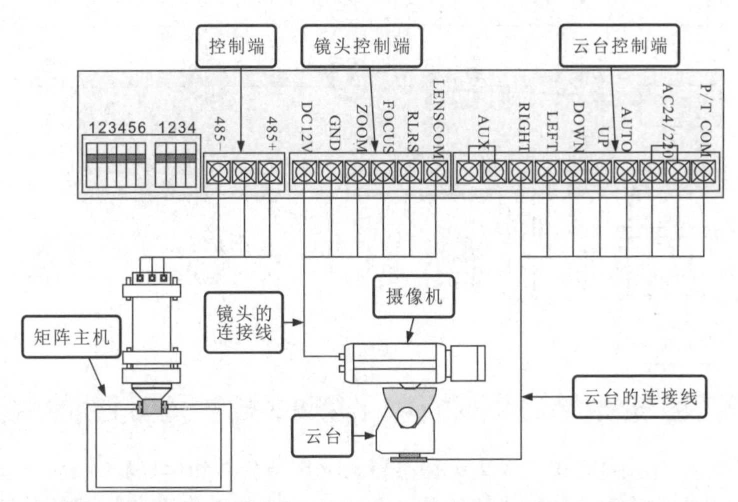

图 12-21　解码器与云台、镜头的连接示意图

12.3 火灾报警系统的规划与施工

12.3.1 火灾报警系统的规划

火灾报警系统（Fire Alarm System，FAS）也称为火灾自动报警系统，该系统担负着火灾报警和消防灭火的两大任务，是人们在楼宇内为了早期发现火灾，并及时采取有效措施控制和扑灭火灾的一种系统。

1. 火灾报警系统的结构

火灾报警系统包括区域报警系统、集中报警系统和控制中心报警系统几种结构。

（1）区域报警系统

区域报警系统（Local Alarm System）主要是由区域火灾报警控制器和火灾探测器等构成的，是一种结构简单的火灾自动报警系统，该类系统主要适用于小型楼宇或针对单一防火对象，通常情况下，在区域报警系统中使用火灾报警控制器的数量不得超过3台。

图12-22为典型的区域报警系统结构。

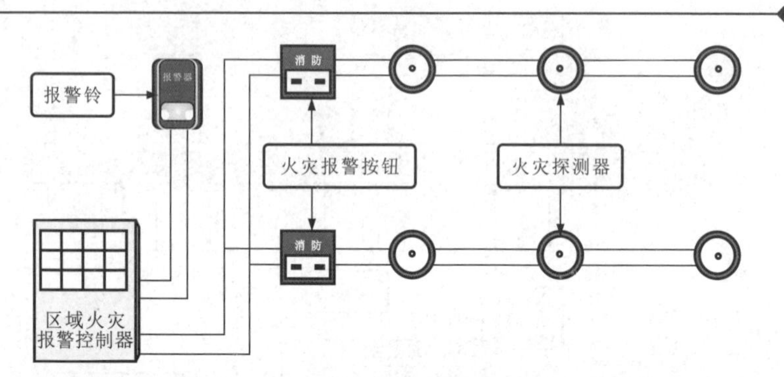

图12-22 典型的区域报警系统结构

在区域报警系统中，火灾探测器与火灾报警按钮串联在一起，同时与区域火灾报警控制器进行连接，再由火灾报警控制器与报警铃相连，若支路中一个探测器检测有火灾的情况，则通过火灾报警控制器控制报警铃发出警报。在该系统中每个部件均起着非常重要的作用。

（2）集中报警系统

集中报警系统（Remote Alarm System）主要是由集中火灾报警控制器、区域火灾报警控制器和火灾探测器等构成的，是一种功能较复杂的火灾自动报警系统。该类系统通常适用于高层宾馆、写字楼等楼宇中。图12-23为典型集中报警系统。

在集中报警系统中，区域火灾报警控制器和火灾探测器均与区域报警系统中的部件相同，只是在区域报警系统的基础上添加了集中火灾报警控制器，将整个火灾报警系统进行扩大化，适用的范围更广泛。

（3）控制中心报警系统

控制中心报警系统（Control Center Alarm System）主要是由消防控制室的消防控制设备、集中火灾报警控制器、区域火灾报警控制器和火灾探测器等构成的，是一种功能复杂的火灾自动报警系统，该类系统适合应用于小区楼宇中。

控制中心报警系统将各种灭火设施和通信装置进行联动，从而形成控制中心报警系统，由自动报警、自动灭火、安全疏散诱导等组成一个完整的系统。图12-24为典型控制中心报警系统。

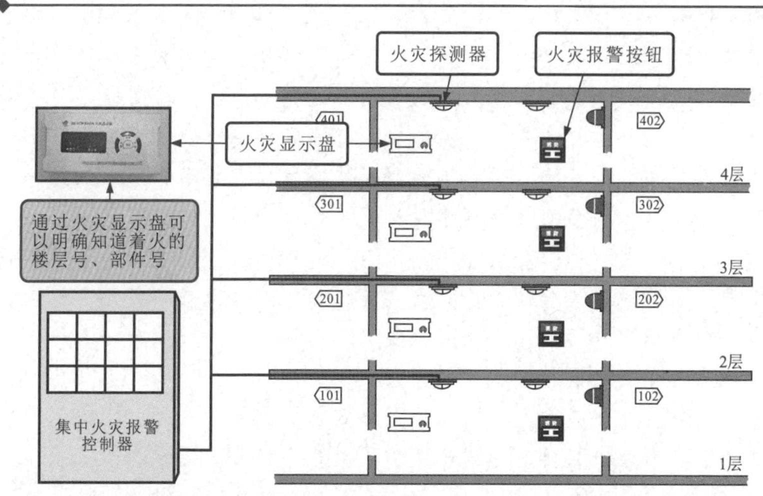

图 12-23　典型集中报警系统

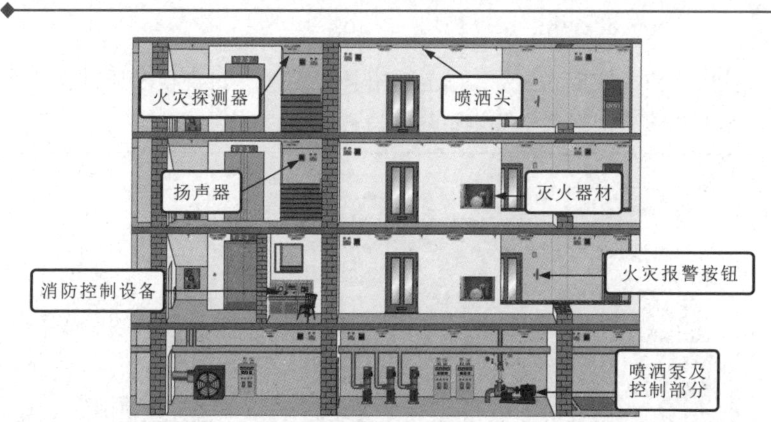

图 12-24　典型控制中心报警系统

相关资料

火灾报警系统主要包括火灾探测器、火灾报警控制器、消防报警设备和消防灭火联动设备等。

火灾探测器主要是用于检测火灾信号，根据火灾探测器探测类型的不同，主要分为感烟探测器、感温探测器、感光探测器和复合探测器几种。

消防报警设备主要包括火灾报警按钮和火灾报警铃或声光报警器等。

火灾报警按钮是通过人工操作进行火灾报警的控制装置，其种类多种多样，但都是由电极、触点（动触点和静触点）、按钮部件以及外壳组成的。当用手按压火灾报警按钮时，便开始触发火灾报警控制器控制火灾报警铃发出警报声，并向消防联动控制器发出报警信号。选择火灾报警按钮时应保证每个保护区至少设置一个火灾报警按钮。

火灾报警铃或声光报警器用于以声、光的方式发出警报，警示用户发生火灾，应采取安全疏散、灭火救灾措施。选择消防报警设备时应保证每个保护区至少设置一个火灾报警铃。

火灾报警控制器能将火灾探测器送来的火警信号上传至管理中心，以保证管理中心的工作人员能够及时地掌握火灾发生的地点、时间等准确的信息，然后由工作人员发出消防灭火指令信号，再通过火灾报警控制器准确送往消防设备。

消防灭火联动设备主要包括消防联动控制器以及消防控制主机。

2. 火灾报警系统的设计规划

以典型的小区楼宇为例，首先根据该小区的建筑规模和所需设备容量，对小区的火灾报警系统进行规划，如图 12-25 所示。

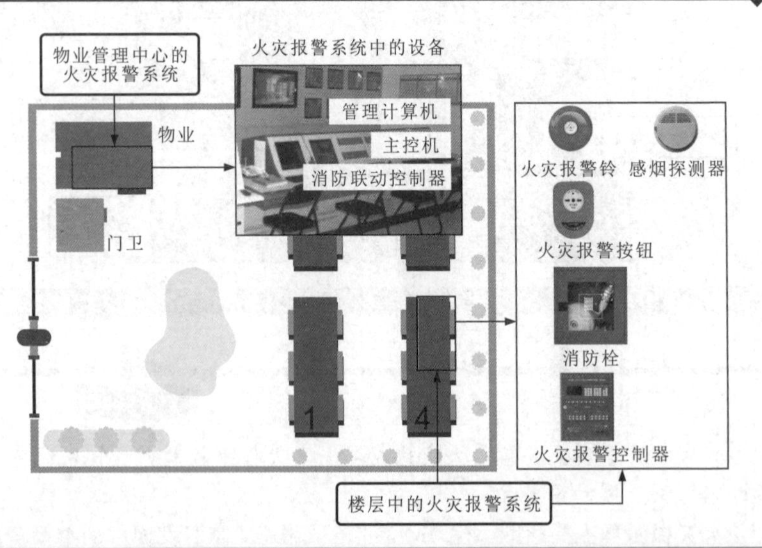

图 12-25　典型小区楼宇火灾报警系统的规划

由图可知，在整体火灾报警系统中可细划分为物业管理中心内部的规划和楼层内部的规划。在物业管理中心内部的火灾报警系统中，主要有火灾报警按钮、火灾探测器、火灾报警铃、消火栓以及火灾报警控制器，当发生火灾时，通过火灾探测器进行自动报警，若有人发现火灾，还可以通过火灾报警按钮进行手动报警，通过控制主机启动各报警铃进行报警，并控制消防设备进行消防工作。

在规划过程中，应根据各部件的性能进行合理设计，如感烟探测器的安装位置，在每500m的探测区域内应有一个相应的探测器。

物业管理中心所处的楼层相对较低，当发生火灾时，可以进行手动开启火灾报警系统，安装报警按钮时，应将其设置在各楼层的过道靠近楼梯出口处。

根据不同类型的探测器，规划时考虑的安装范围也应不同：红外光束线型感烟火灾探测器的探测区域范围不宜超过 $100m^2$；缆式线型感温火灾探测器的探测区域范围不宜超过 $200m^2$；空气管式线型差温火灾探测器的探测区域范围宜在 $20\sim100m^2$ 之间。

在楼层的火灾报警系统中，在每层都设置有火灾探测器、火灾报警按钮、报警铃、消火栓以及火灾报警控制器，如图12-26所示。由于楼层中用户较多，因此，在进行规划时，应在每楼层设置相应的部件，若有必要，还可以增加火灾应急广播设备，即发生火灾时通过广播方式进行提示。

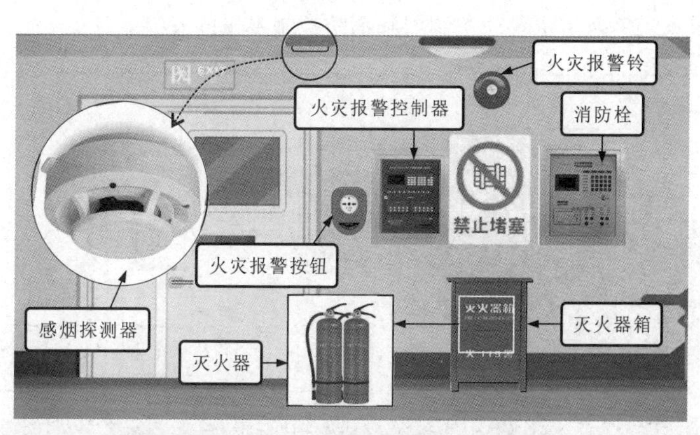

图12-26　消防联动控制设备的分布

在对火灾报警系统进行规划时，还需要考虑电源的安装，该类电源应专门用来为火灾报警系统进行供电。供电电源可以分为主电源和备用电源：主电源是通过专用配电箱向火灾报警系统供电；而备用电源则是使用蓄电池、逆变器向火灾报警系统供电。

在楼宇的火灾报警系统中，其主电源与备用电源可以自动切换，以保证市电停电后消防报警系统可以依靠备用电源正常运行，从配电箱至消防设备应是放射式配电，每个回路的保护应分开设置，以免相互影响。

12.3.2 火灾报警系统的施工

火灾报警系统的安装施工，可根据火灾报警系统的先后顺序，先安装消防联动控制器和消防控制主机，然后安装火灾探测器、火灾报警铃、报警按钮以及控制器等。

1. 消防联动控制器和消防控制主机的安装

安装火灾报警系统时，先需要将消防联动控制器和消防控制主机安装在消防控制室内，安装时注意安装的方式。

将消防联动控制器采用壁挂的方式安装在位于消防控制主机旁边的墙面上，然后将消防联动控制器与消防控制主机进行连接，将消防控制主机与管理计算机进行连接，实现数据的传输，最后将消防联动控制器与火灾报警控制器的信号线分别连入各楼层的火灾报警设备中。图 12-27 为消防联动控制器和消防控制主机的安装。

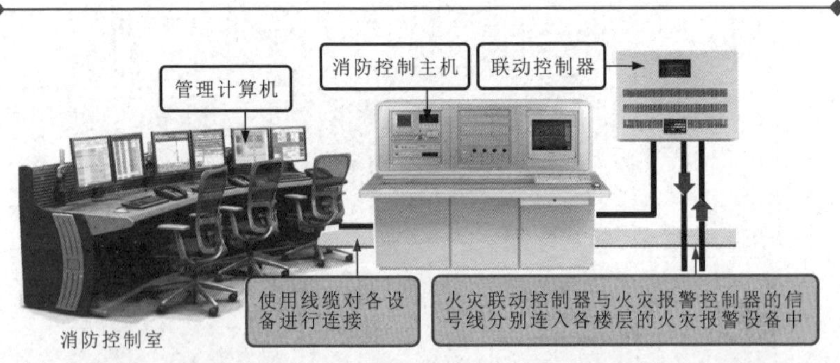

图 12-27 消防联动控制器和消防控制主机的安装

要点说明

消防联动控制器和消防控制主机应设置在消防中心或小区楼层中的值班室内，并且安装时，其显示操作面板应避开阳光直射，安装的房间内要保证无高温、无高湿、灰尘较少、无腐蚀性气体。在安装时，应注意以下几点：

1）消防联动控制器在墙上安装时，其底边距地面高度不应小于1.5m。

2）固定安装时，可使用金属膨胀螺栓或预埋螺栓进行安装，固定要牢固、端正。

3）安装在轻质墙上时应采取加固措施。

4）靠近门轴的侧面距离不应小于0.5m，正面操作距离不应小于1.2m。

2. 火灾探测器安装连接

安装火灾探测器时需要进行的操作有线缆的敷设、线缆的连接以及火灾探测器的连线。

（1）线缆的敷设

火灾报警线路通常采用暗敷的敷设方式对其线路进行敷设，但采用暗敷进行线路的敷设时，将线路敷设在不燃烧的结构中，即敷设在金属管内。如需要弯曲，注意金属管弯曲的曲率半径必须大于金属管内径的6倍以上，否则管内壁会变形，矿物绝缘电缆以及其他线缆不容易穿入。图12-28为矿物绝缘电缆的敷设方式。

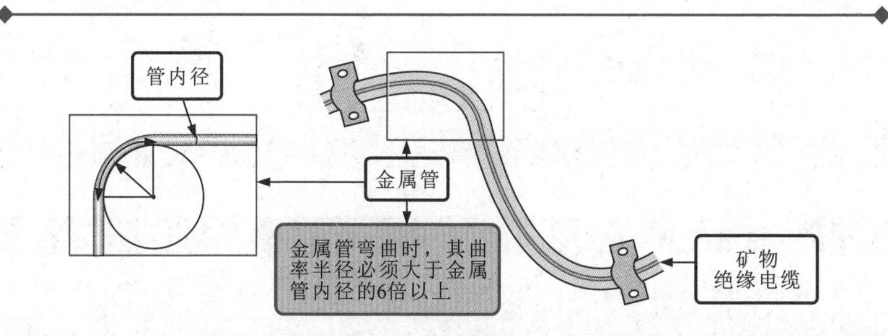

图12-28　矿物绝缘电缆的敷设方式

（2）中间连接器的连接

电缆敷设安装过程中，要在附件安装时进行割断分制操作，并且分制后及时进行终端的安装和连接。由于所采用的电缆为矿物绝缘电缆，在安装时会受到长度及不同电气回路电缆的影响，因此需要采用中间连接器将两根相同规格的电缆连接在一起。

图 12-29 为线缆中间连接器的连接方法。

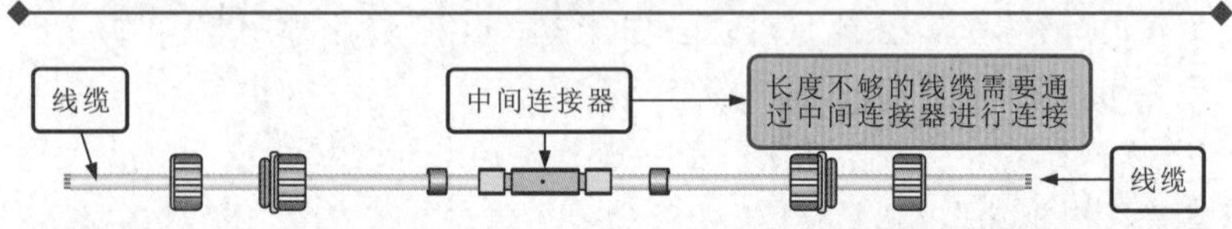

图 12-29 中间连接器的连接方法

（3）火灾探测器的安装及接线

在相关的线缆敷设完成后，将火灾探测器的接线盒安装到墙体内，再将火灾探测器的通用底座与接线盒通过紧固螺钉进行连接固定，固定完成后，对火灾探测器进行接线操作，即将与火灾探测器的连接线与火灾探测器通用底座的接线柱进行连接，最后将火灾探测器接在通用底座上，并使用紧固螺钉拧紧。

图 12-30 为火灾探测器的安装及接线方法。

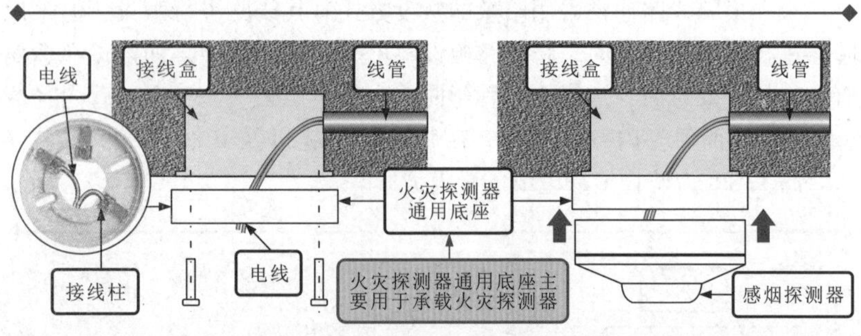

图 12-30 火灾探测器的安装及接线方法

要点说明

火灾探测器在安装时，应符合下列安装规定：

1）安装火灾探测器时，探测器至天花板或房梁的距离应大于 0.5m，其周围 0.5m 内不应有遮挡物。

2）当安装感烟探测器时，探测器至送风口的水平距离应大于1.5m，与多孔送风天花板孔口的水平距离应大于0.5m。

3）在宽度小于3m的楼道天花板上设置火灾探测器时，应居中安装火灾探测器，并且火灾探测器的安装间距不应超过10m，感烟探测器的安装间距不应超过15m，探测器距墙面的距离不大于探测器安装间距的一半。

4）火灾探测器应水平安装，若必须倾斜安装，其倾斜角度不大于45°。

5）火灾探测器的底座应与接线盒固定牢固，其导线必须可靠压接或焊接，探测器的外接导线，应留有不小于15cm的余量。

6）火灾探测器的指示灯应面向容易观察的主要入口方向。

7）连接电线的线管或线槽内，不应有接头或扭结。电线的接头应在接线盒内焊接或用接线端子连接。

3. 火灾报警铃、火灾报警按钮、火灾报警控制器的安装及接线

火灾探测器安装完成后，将火灾报警铃、火灾报警按钮、火灾报警控制器安装到楼道墙面的预留位置上，并进行线路的连接。

图12-31为火灾报警系统中其他部件的安装及接线方法。

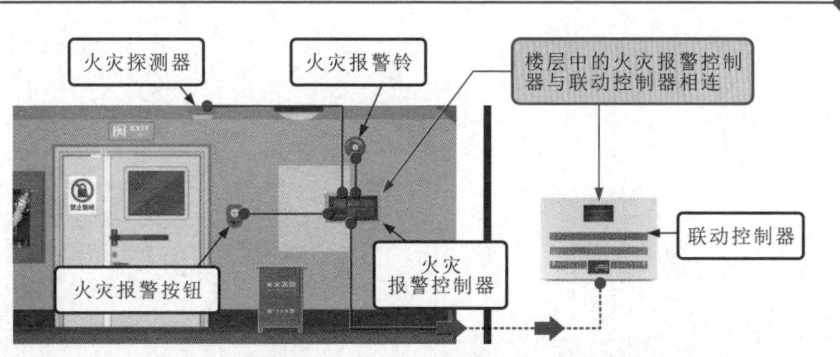

图12-31　火灾报警系统中其他部件的安装及接线方法

要点说明

由于火灾报警按钮是人工操作器件，因此，应将其安装在不可人为随意触碰的位置，否则将产生误报警的严重后果。

安装火灾报警按钮时，应注意以下几点：

1）安装时，每个保护区（防火单元）至少设置一个火灾报警按钮。

2）火灾报警按钮应安装在便于操作的出入口处，并且步行距离不得大于30m。

3）火灾报警按钮的安装高度应为1.5m左右。

4）火灾报警按钮安装时，应设有明显的标志，以防止发生误触发现象。

安装火灾报警铃时，应注意以下几点：

1）每个保护区至少应设置一个火灾报警铃。

2）火灾报警铃应设在各楼层楼道靠近楼梯出口处。

第 13 章

有线电视及通信系统的规划与施工

13.1 有线电视系统的规划与施工

有线电视系统（Cable Antenna Television，CATV）是指从有线电视中心（台）将电视信号以闭路传输方式送至电视用户的系统，该系统主要是以线缆（电缆或光缆）作为传输介质。

13.1.1 有线电视系统的规划

完整的有线电视系统分为前端、干线和分配分支三个部分，如图 13-1 所示。前端部分负责信号的处理，调制信号；干线部分主要负责信号的传输；分配分支部分主要负责将信号分配给每个用户。

由线路结构可以看到，有线电视线路主要包括光接收机、干线放大器、支线放大器、分配器和分支器、用户终端盒（电视插座）等设备。

相关资料

光接收机是一个接受前端部分发射的光信号的部件，通过光接收机把收集的光信号变成电信号传出。

干线放大器是有线电视系统干线上用来放大电视射频信号的部件。

支线放大器是一种设置于有线电视系统干线末端的部件，其作用是放大干线末端输出的射频信号和把干线末端输出的一路信号分为多个支路传送。

分配器是用来分配射频信号的部件，它可以将一路输入信号电平均等地分成几路输出，通常有二分配器、三分配器、四分配器、六分配器、八分配器等。

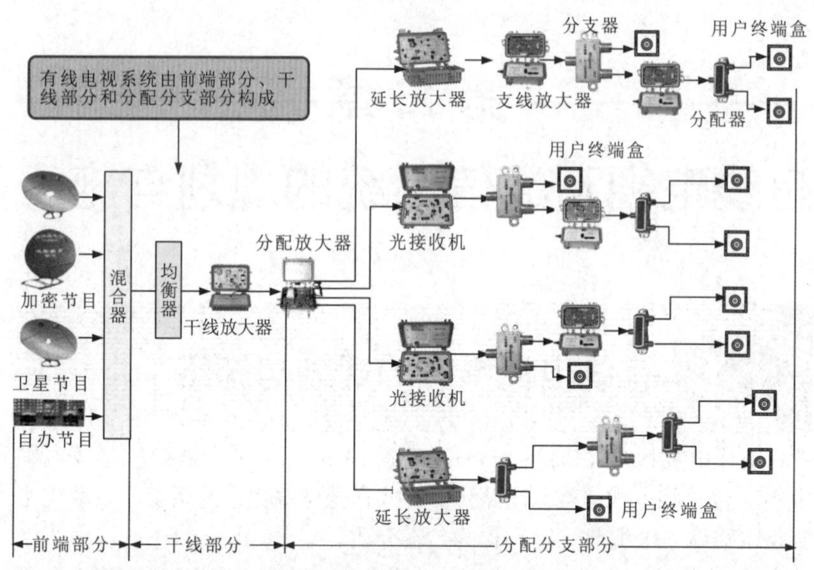

图 13-1 有线电视系统的布线连接方式

分支器用于从干线或支线主路分出若干路信号并馈送给后级线路，将主路信号以很小的损耗继续传输，常见的有二分支器、三分支器、四分支器等。

用户终端盒是有线电视线路的用户终端部分，可借助电视馈线将电视机的机顶盒与用户终端盒连接，实现有线电视信号到电视机的传输。

安装有线电视系统前，应根据楼宇的规模与位置进行适当的规划，合理地进行配置，下面以典型的楼宇为例进行规划。

图 13-2 所示为典型楼宇有线电视系统的规划示意简图。

由于小区位于城市中心附近，楼宇较多，可以使用无干线系统模式作为该楼宇的有线电视系统，使信号的覆盖范围更广，由城市有线电视的干线部分进入小区配电柜后成为小区有线电视系统的前端，再把有线电视的线路传输到每一栋楼房中，然后再在每一栋楼内通过干线放大器、分支放大器传送到用户，构成整个楼宇的有线电视系统。

在对有线电视系统的规划时，要确保把图像清晰、声音清楚的有线电视节目传送到各楼层每个家庭。

对有线电视系统进行组建，主要是将相关分支线部分的设备通过规定的线材进行连接，使各设备之间形成一定的系统，实现有线电视信号的传输。

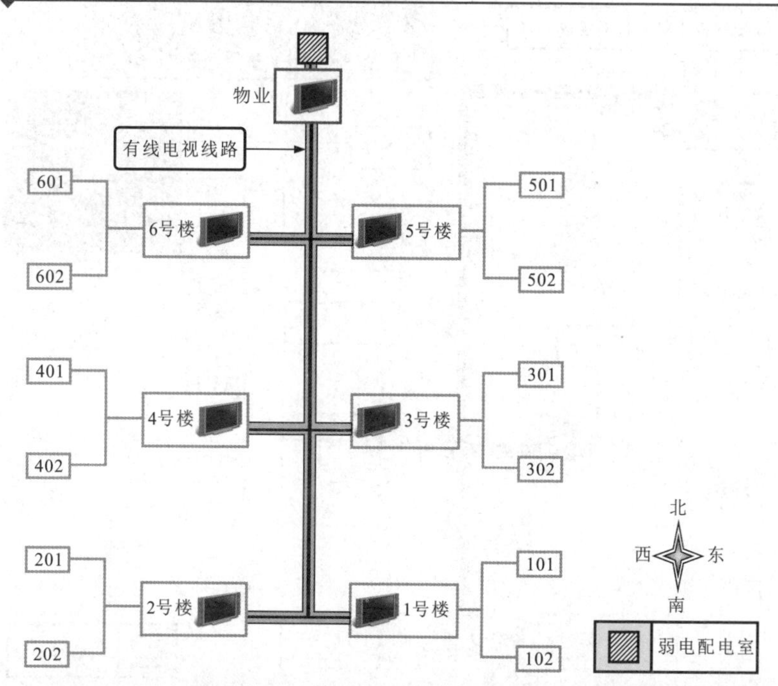

图 13-2　典型楼宇有线电视系统的规划示意简图

图 13-3 所示为典型楼宇有线电视系统的组建示意简图。

13.1.2　有线电视系统的施工

根据有线电视系统的规划设计，对有线电视系统的设备和线路进行敷设和安装。目前，有线电视系统设备大多安装在特定的机房中，线缆则通过地下管井敷设，然后管井线路引入楼宇竖井或弱电室中。

在楼宇中把有线电视系统的线路分配到每层每户，这就需要进行线路的敷设和每层每户设备的安装。

有线电视系统进入楼宇后可采用明装和暗装两种方式。

明装时电缆可由楼宇侧墙打孔进入楼道，明装的线缆和电力线缆之间的距离不得小于 0. 3m，孔内要求穿带防水弯的钢管保护，以免雨水进入，电缆要留滴水弯，在钢绞线处用绑线扎牢。

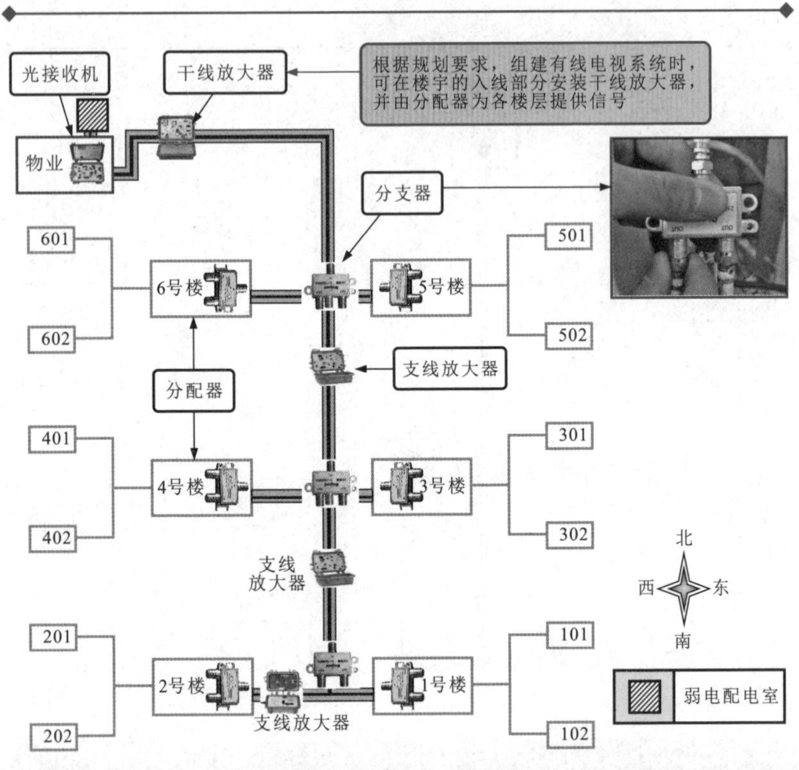

图 13-3　楼宇有线电视系统组建示意简图

电缆进入楼宇后，需沿楼梯墙上方用金属电缆或塑料电缆将电缆固定并引至分支器箱，电缆转弯处要注意电缆的弯曲半径要求。电缆卡之间的间距为 0.5~0.6m。

图 13-4 所示为明装电缆的固定方法示意图。

楼层之间的电缆必须加装不少于 2m 长的保护管（钢管）进行保护：一种是 ϕ45mm 或 ϕ30mm 的镀锌钢管，用于保护安放分支器的分支器箱，钢管用铁卡环固定在墙上；另一种是用铁盒或塑料防水盒配 ϕ20~25mm 的 PVC 管保护，分支器放在防水盒内，PVC 管用铁卡环、膨胀管、木螺钉固定在墙上。

图 13-5 所示为楼层间电缆的安装方法示意图。

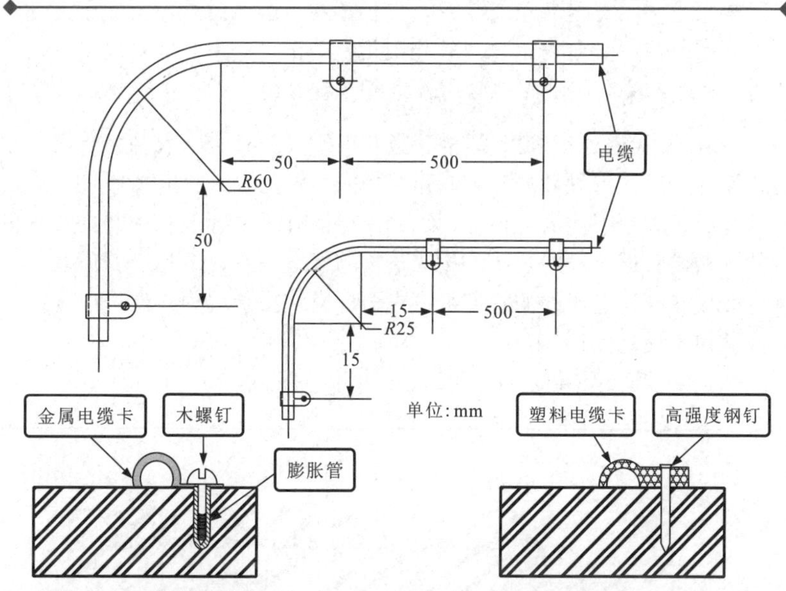

图 13-4 明装电缆的固定方法示意图

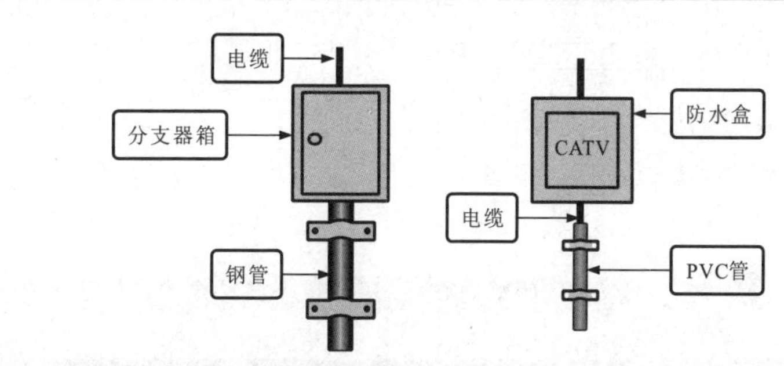

图 13-5 楼层间电缆的安装方法示意图

相关资料

● 分支器、分配器安装在吊顶内（可根据综合布线信息出口适当调整）。

● 电缆的架设过程中，不得对电缆进行挤压、扭绞及施加过大拉力，电缆外皮不得有破损。

● 楼宇内的电缆架设完毕后，楼板孔要用水泥封好，恢复原貌。

● 将楼宇内铺设好的电缆连接到用户的配电箱中，其他楼宇按照同样的方法进行安装，此时小区有线电视系统安装完成。

暗装是指电缆在管道、线槽、竖井内架设。有线电视网络管道是由建筑设计人员进行设计的，不同建筑物内的管道设计会有所不同。有的宾馆、饭店和写字楼的各种专用线路，包括有线系统是利用竖井和顶棚中的线槽或管道架设的。砖结构建筑物的管道是在建筑施工时就埋在墙中，而板状结构建筑物的管道可事先预埋浇注在板墙内。架设电缆时必须按照建筑设计图纸施工。

图 13-6 所示为明装电缆的安装方法示意图。

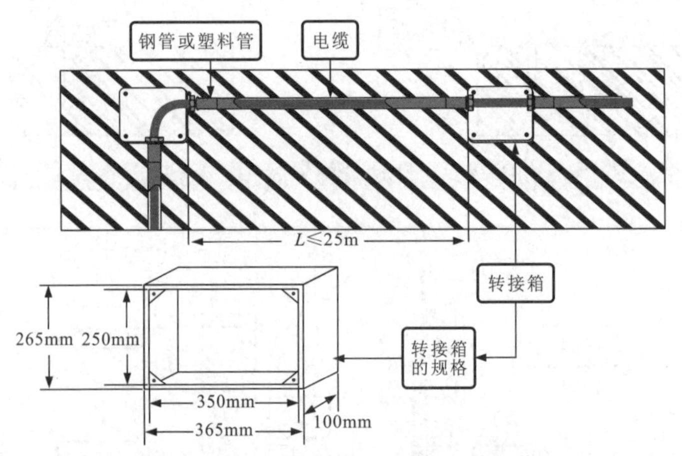

图 13-6 明装电缆的安装方法示意图

要点说明

在管道中架设电缆时应注意以下问题：

1）电缆管道在大于 25m 及转弯时，应在管道中间及拐角处配装预埋盒，以利电缆顺利穿过。

2）预埋的管道内要穿有细铁丝（称为带丝，ϕ1.6mm 以上），以便拉入电缆；管道口要用软物或专用塑料帽堵上，以防泥浆、碎石等杂物进入管道中。

3）电缆在线槽或竖井内架设时，要求电缆与其他线路分开走线，以避免出现对电视信号的干扰。

4）架设电缆的两端应留有一定的余量，并要在端口上做上标记，以免将输入、输出线搞混。

完成分支线部分的安装后，则需要对该部分的指标进行测量，对相关的参数进行调试。

图 13-7 所示为分支线部分的调试方法。

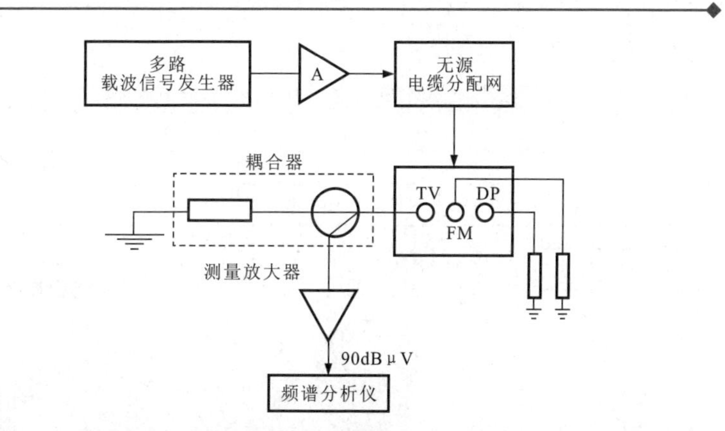

图 13-7　分支线部分的调试方法

由图可知，A 是多路微波信号的放大器。该信号经分配网送到 TV（电视）、FM（调频）和 DP（数字信号）的切换端。经此开关后再送到耦合器，再经测量放器送到频谱分析仪进行测量。

系统中信号经测量后表明系统工作正常，再恢复到运行状态，便能正常工作。

在有线电视系统中，用户终端盒是有线电视系统与用户电视机连接的端口。安装前，首先要了解其基本的安装要求，如图 13-8 所示。

如图 13-9 所示，有线电视线缆连接端制作好后，将其对应的接头分别与分配器、有线电视终端盒接线端子、有线电视机终端盒输出口、机顶盒等设备进行连接，完成有线电视终端的安装。

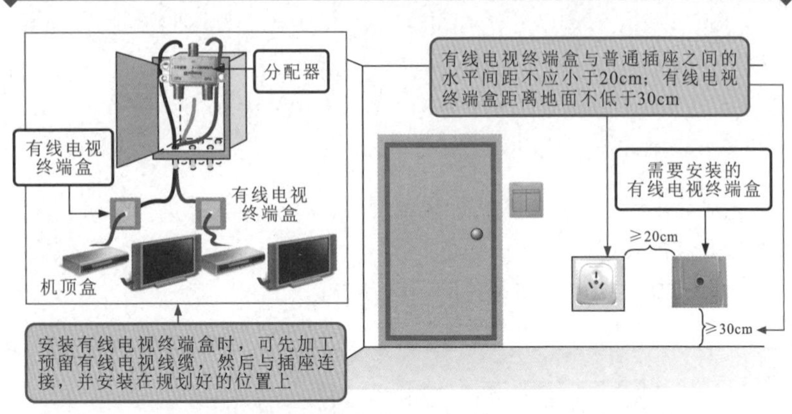

图 13-8 有线电视系统用户终端盒的安装要求

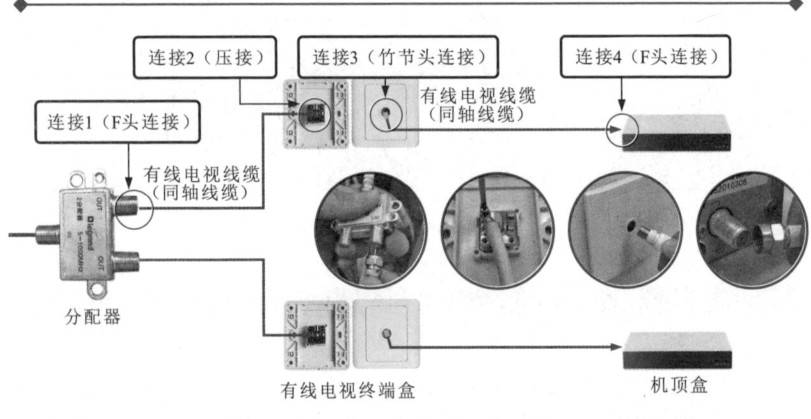

图 13-9 有线电视线缆的连接

13.2 电话及网络系统的规划与施工

13.2.1 电话系统的规划与施工

电话系统主要是通过市话电话以实现住户与外界通话的系统结构，主要是由交换机、分线盒、通信电缆和入户线缆等组成。

图 13-10 为楼宇电话系统的布线连接方式。

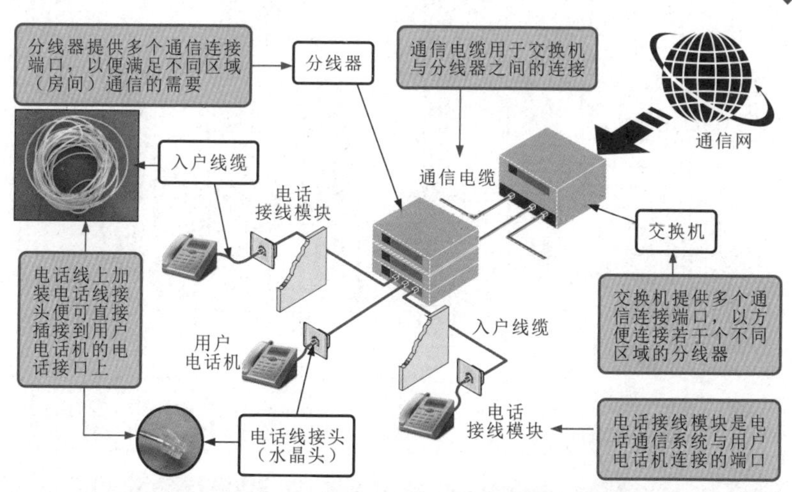

图 13-10　楼宇电话系统的布线连接方式

由图 13-10 可以看到，交换机、分线盒、通信电缆、入户线缆、用户电话机构成了主要的电话系统，电话网络与交换机相连，根据需要由分线盒分出多个网络支路，分别连接房间或区域的电话机。

电话系统的信号传输路径是，外界市话信号传输到小区控制室交换机中，再由小区控制室的交换机将信号传送到楼宇中的分线盒，经分线盒由线缆传输到住户内的电话线接线模块中。图 13-11 为典型小区电话系统的结构形式及传输过程。

电话线路从控制室的交换机进行分配，然后再通过小区各栋楼中的分线盒对楼层中的入户线缆进行分配。通过控制室的交换机将通信电缆分配到楼层中后，各栋楼中的分线盒将控制室传送过来的电话系统通信电缆分配到每栋楼的各楼层中。

1. 控制室交换机通信电缆的布线敷设

图 13-12 为控制室交换机通信电缆的布线敷设示意图。小区控制室的交换机应能满足整个小区楼宇的使用要求，因此安装交换机时应根据设计要求选择交换机的具体安装位置，然后根据具体安装位置进行通信电缆的敷设。

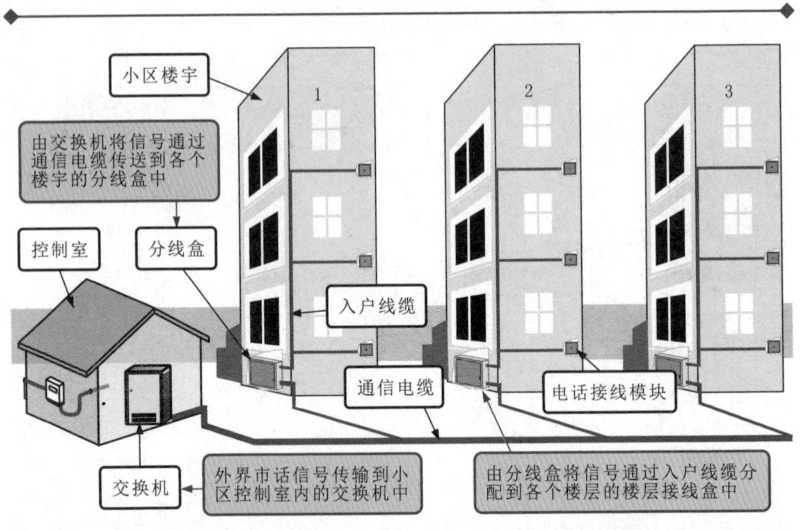

图 13-11　典型小区电话系统的结构形式及传输过程

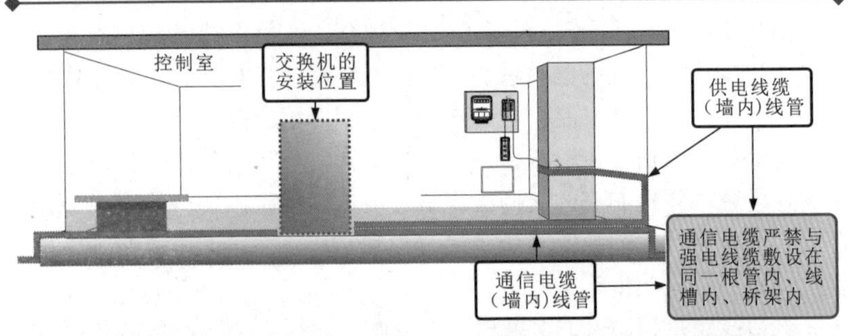

图 13-12　控制室交换机通信电缆的布线敷设示意图

控制室中的交换机通信电缆引出室外敷设完成后，接下来需要将从控制室中引出的通信电缆敷设至楼道的分线盒中。由于电话的通信电缆是通过地下管网敷设的，在小区室外通信电缆敷设时，已与小区的其他通信电缆敷设在一起，而从地下管网引出墙内的通信电缆则也需通过暗敷的方式引入墙内的分线盒上。

2. 交换机与分线盒之间通信电缆的布线敷设

图 13-13 为交换机与分线盒之间通信电缆的布线敷设示意图。

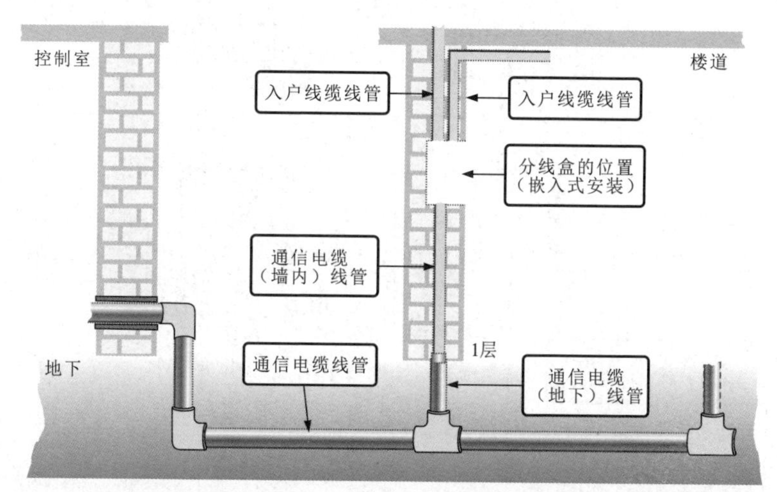

图 13-13 交换机与分线盒之间通信电缆的布线敷设示意图

交换机与分线盒之间通信电缆的敷设完成后，接下来敷设分线盒与楼层接线盒之间的入户线缆。

该建筑物的分线盒内部安装部件少，箱体可采用嵌入式安装，选择放置在一楼楼道的承重墙上，箱体距地面高度应不小于 1.5m，分线盒引出的入户线缆应暗敷于墙壁内。

3. 分线盒与楼层接线盒之间入户线缆的布线敷设

图 13-14 为分线盒与楼层接线盒之间入户线缆的布线敷设示意图。

楼层接线盒应远离楼层配电箱，入户线缆应采用嵌入式安装，楼层接线盒应安装在楼道内无振动的承重墙上，距地面高度不小于 1.5m。楼层接线盒输出的入户线缆应暗敷于墙壁内，取最近距离开槽、穿墙，线缆由位于门右上角的穿墙孔引入室内，以便连接住户接线端子。

4. 楼层接线盒入户线缆的布线敷设

图 13-15 为楼层接线盒入户线缆的布线敷设示意图。

楼层接线盒入户线缆的敷设完成后，接下来敷设室内电话入户线缆。

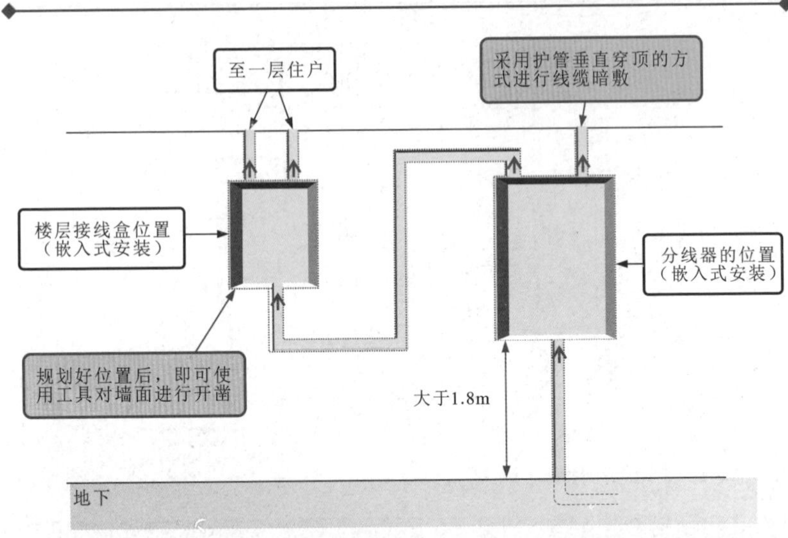

图 13-14 分线盒与楼层接线盒之间入户线缆的布线敷设示意图

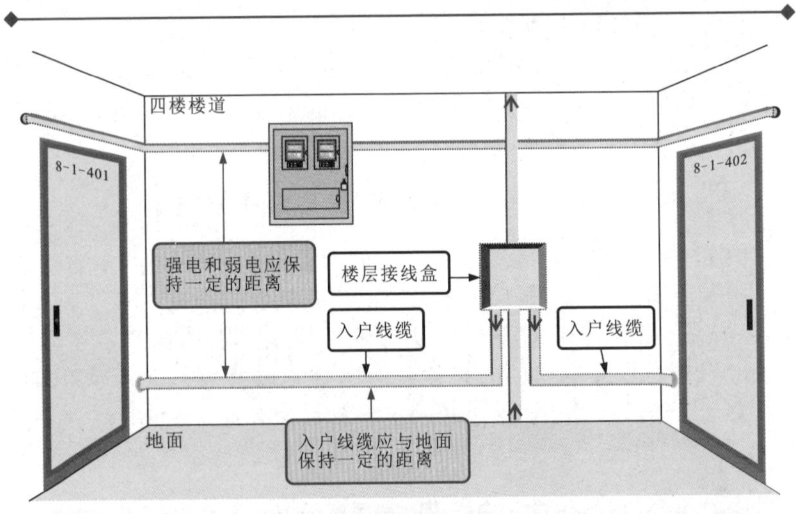

图 13-15 楼层接线盒入户线缆的布线敷设示意图

5. 室内入户接线盒线缆的布线敷设

图 13-16 为室内入户接线盒线缆的布线敷设示意图。

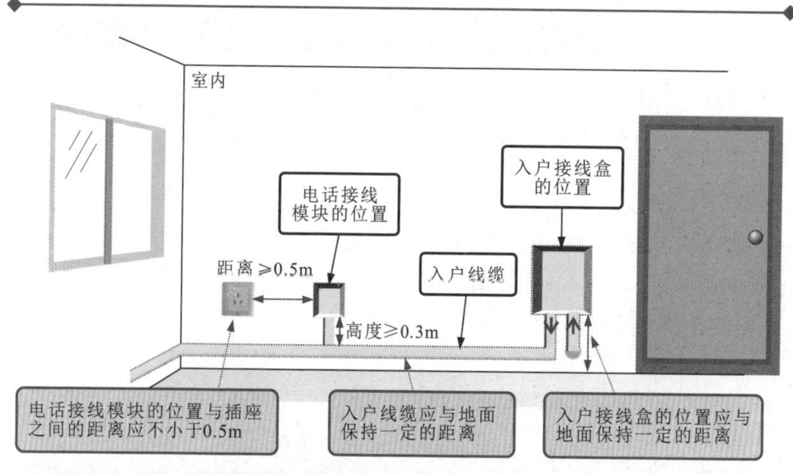

图 13-16 室内入户接线盒线缆的布线敷设示意图

室内入户线缆中的各接线端子敷设时，要满足布线的规范性，接线端子的安装位置距地面的高度应大于 0.3m；电话接线端子与强电端子接口之间的间隔距离也应大于 0.2m。

6. 交换机的安装连接

将市话的通信电缆引入后，将其与交换机进行连接。控制室中交换机的通信电缆敷设好后，首先将交换机放到交换机箱内的支架上，接着将紧固螺钉穿入交换机的固定孔和交换机箱的固定孔内，并使用螺钉固定牢固。

图 13-17 为安装控制室内的交换机。

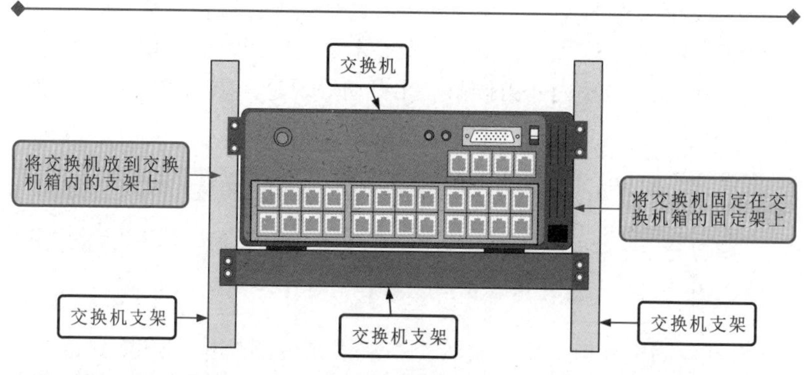

图 13-17 安装控制室内的交换机

要点说明

由于交换机重量较大，工作时会产生振动，因此要确保交换机放置稳固、无倾斜。

使用通信电缆连接控制室内的交换机，连接时将通信运营商引入控制室的通信电缆连接到电话交换机外线接口上，将分配输出的通信电缆连接在交换机内线接口上，最后将交换机的电源线连接好。

图 13-18 为控制室内交换机的连接方法。

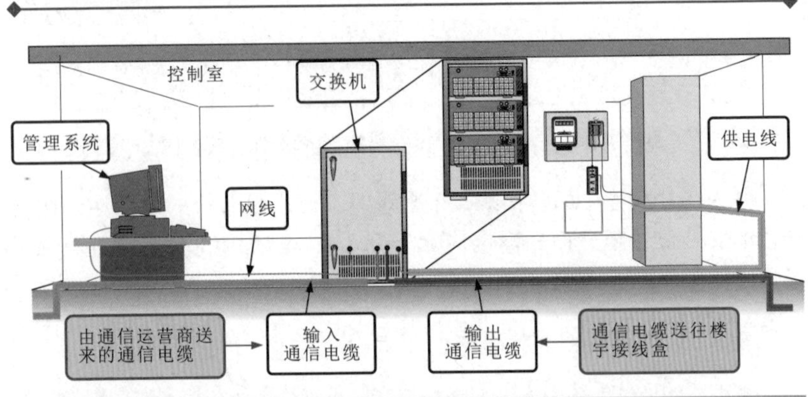

图 13-18 控制室内交换机的连接方法

7. 分线盒的安装连接

交换机连接完成后，接下来对楼宇分线盒进行安装连接。将分线盒放置到安装槽中，安装槽中应预先敷设木块或板砖等铺垫物，分线盒放入后，应保证安装稳固，无倾斜、无振动等现象。图 13-19 为分线盒的安装方法。

要点说明

安装时，应在墙壁上预先钻出安装孔，再通过胀管、紧固螺钉将分线盒固定到墙壁上，保证箱体安装后无倾斜、无振动等现象。

分线盒固定好后，接下来将交换机送来的通信电缆连接到接线盒中，连接分线盒时，要按照分线盒中的标号进行连接。然后，将通信电缆中的导线分别连接到分线盒中，并将预留出的入户线缆连接到分线盒中。分线盒引出的入户线缆主要采用2芯电话线进行连接。

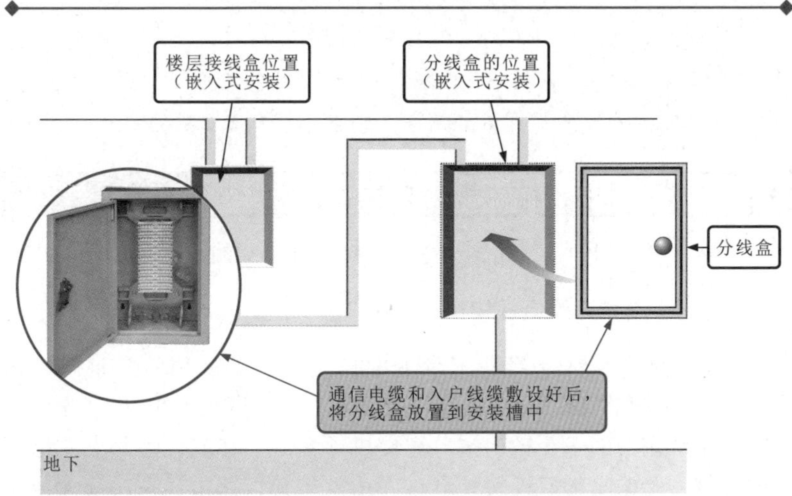

图13-19 分线盒的安装方法

图13-20为分线盒与通信电缆的连接。

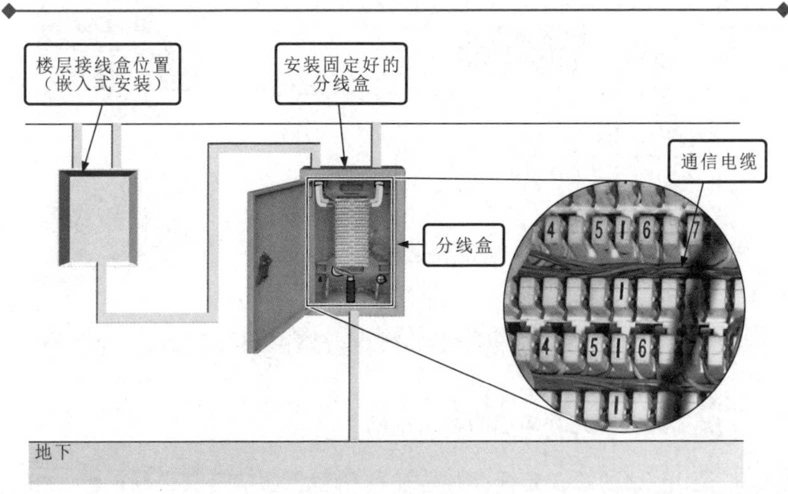

图13-20 分线盒与通信电缆的连接

要点说明

分线盒的安装连接完成后，接下来对楼层接线盒进行安装连接。

楼道线缆敷设好后，先将分线盒输出的入户线缆连接到楼层接线盒处，再将楼层接线盒放置到事先开凿出的凹槽中。连接入户线缆时，入户线缆的接头不得使电工绝缘胶带缠绕，应使用热塑套封装。

13.2.2 网络系统的规划与施工

目前，流行的网络线路结构根据网络接线形式的不同主要有 2 种。

1. 借助有线电视构建的网络结构

借助有线电视线路实现宽带上网也是目前常采用的一种网络形式。有线电视信号入户后，经调制解调器将上网信号和电视信号隔离：调制解调器的一个输出端口连接机顶盒后，将电视信号送入电视机中；另一个输出端口连接计算机（或连接无线路由器后实现无线上网），如图 13-21 所示。

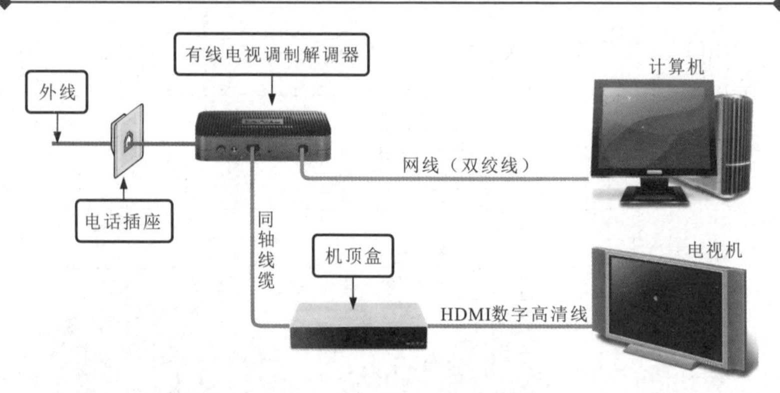

图 13-21　借助有线电视线路构建的网络系统

2. 借助光纤构建的网络结构

如图 13-22 所示，光纤以其传输频率宽、通信量大、损耗低、不受电源干扰等特点已成为网络传输中的主要传输介质之一，采用光纤上网需要借助相应的光设备。

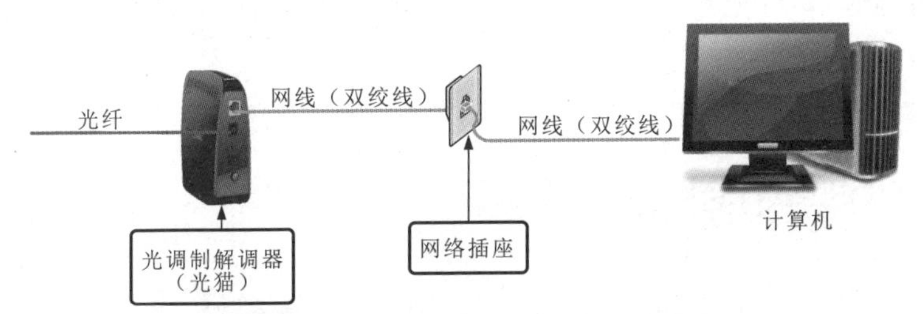

图 13-22 借助光纤构建的网络系统

当需要多台设备连接网络时，可增设路由器进行分配。为避免增设路由器的线路敷设引起装修问题，家庭网络系统多采用无线路由器实现无线上网，如图 13-23 所示。

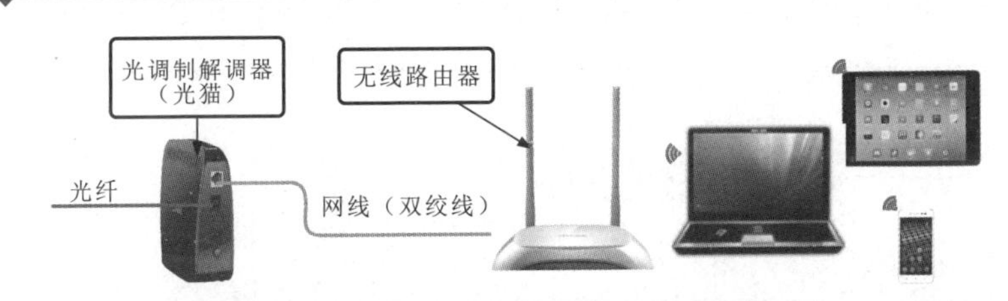

图 13-23 借助光纤构建的无线网络系统

网络系统的施工操作与有线电视系统、电话系统相似，相关设备安装在专用的机房中，线路敷设在管井中，通过楼宇竖井或弱电室引入用户。用户中的设备按照相应顺序进行线路连接即可。

相关资料

在上述的有线电视、电话及网络系统中，目前常见的有三网合一结构。三网合一是指将有线电视网、宽带网和电话网三个网络融合到一起，如图 13-24 所示。

在实际应用中，因环境、成本、设备等各种因素影响，很多地区只进行了有线电视网和宽带网的融合；也有些地区因实际功能需求，仅将电话网和有线电视网进行了融合，具体根据实际安装形式而定。

如图 13-25 所示，根据光纤接入用户端设备的接口类型和数量不同、用户需求不同，三网合一有些实际属于两网合一。有些光纤接入用户端设备自身具有 WiFi 功能，可直接作为无线路由使用，实现家庭无线网络覆盖。

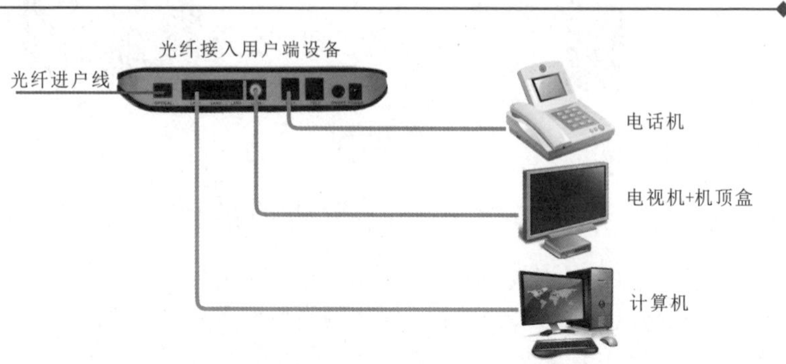

图 13-24 三网合一的结构组成

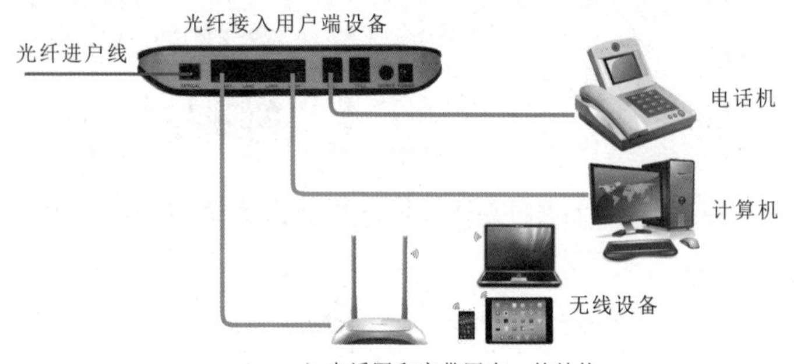

a）电话网和宽带网合一的结构

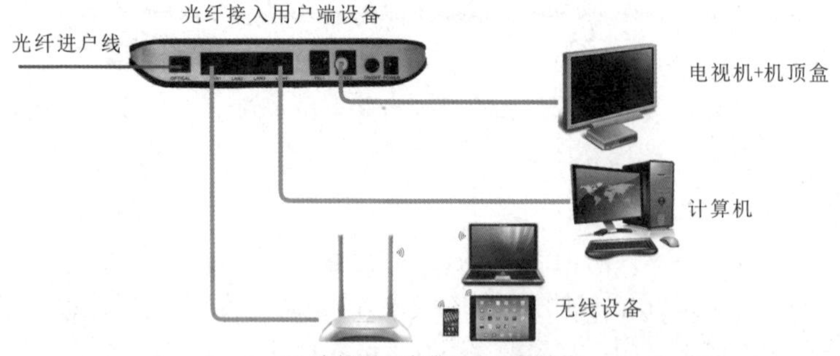

b）电视网和宽带网合一的结构

图 13-25 三网合一几种不同的结构形式

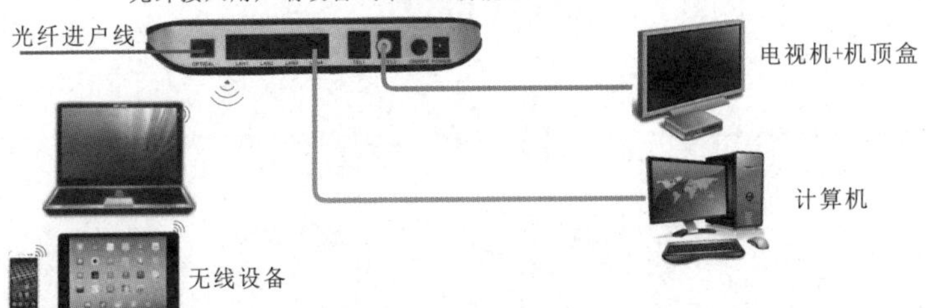

c）电视网和宽带网（光纤入户设备具有WiFi功能）合一的结构

图 13-25　三网合一几种不同的结构形式（续）

第 14 章 电梯维护与检修

14.1 电梯的结构组成

14.1.1 曳引式电梯

电梯是一种较为复杂的机电一体化电气设备。其主要功能是通过曳引电动机驱动曳引轮动作，从而通过曳引钢丝绳牵引轿厢，使轿厢可以沿导轨移动。

图 14-1 为典型电梯系统的整体结构。该电梯系统是典型曳引式电梯系统。这是垂直交通运输工具中最常见最普遍的一种电梯，具有可靠性高、允许的提升高度大等特点。

可以看到，这种电梯系统采用曳引机作为驱动机构。钢丝绳挂在曳引机的曳引轮上，一端悬吊轿厢，另一端悬吊对重装置。曳引机转动时，由钢丝绳与绳轮之间的摩擦力产生曳引力来驱使轿厢上下运动。

控制系统是整个电梯系统的控制核心，该部分核心电路部件安装在控制柜中，主要是由微机控制器、变频器、接触器等部分构成。主要负责对电梯驱动运行的升降起停控制，同时随时检测来自轿厢的位置及安全信息，一旦出现故障，立刻启动保护。

整个电梯系统按照功能可以划分成六个部分，分别为曳引系统、导向系统、轿厢系统、重量平衡系统、控制系统和安全保护系统。

（1）曳引系统

曳引系统是指输出与传递动力，驱动电动机运行的部分，主要包括曳引电动机、曳引钢丝绳、减速箱（器）、导向轮、制动器等。

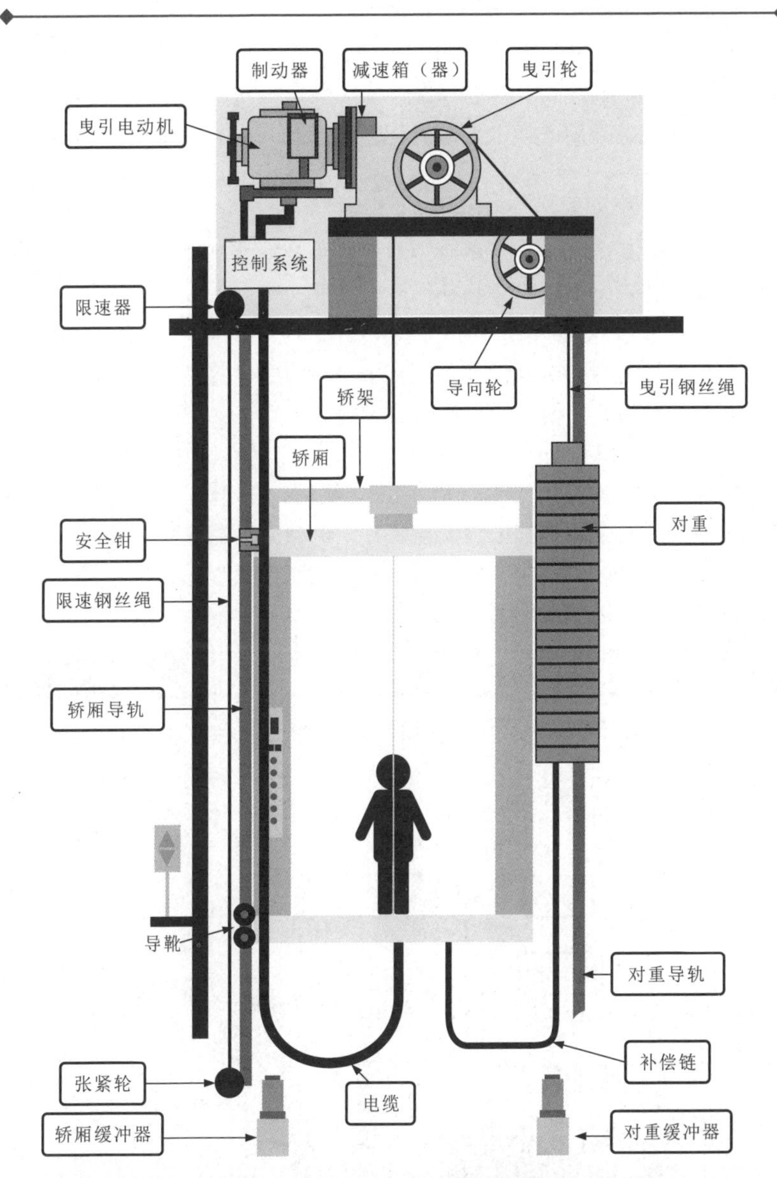

图 14-1　曳引式电梯系统的整体结构

（2）导向系统

导向系统是指限制轿厢和对重活动空间的部件，主要包括导轨和导轨支架。

（3）轿厢系统

轿厢系统是指用来运送乘客或货物的设备，主要包括轿厢、轿架和门系统。

（4）重量平衡系统

重量平衡系统是指相对平衡轿厢重量以及补偿高层电梯中曳引绳长度的影响的装置，包括对重和补偿链。

（5）控制系统

控制系统是指对电梯的运行进行操纵和控制的装置，包括控制柜、平层装置、操纵箱、召唤盒、操作装置等。

（6）安全保护系统

安全保护系统是用于保证电梯安全使用，防止一切事故发生的装置，包括机械安全装置和电气安全装置。机械安全装置主要有限速器和安全钳，起超速保护作用；缓冲器，起冲顶和撞底保护作用；还有起切断总电源的极限保护作用的装置等。

14.1.2　强制驱动式电梯

图14-2为强制驱动式电梯的结构示意图。这种电梯是通过钢丝绳将轿厢与卷筒连接，运行时由电动机带动卷筒旋转，钢丝绳随着卷筒旋转缠绕在卷筒上，通过滑轮来实现另一侧轿厢的升降运动。

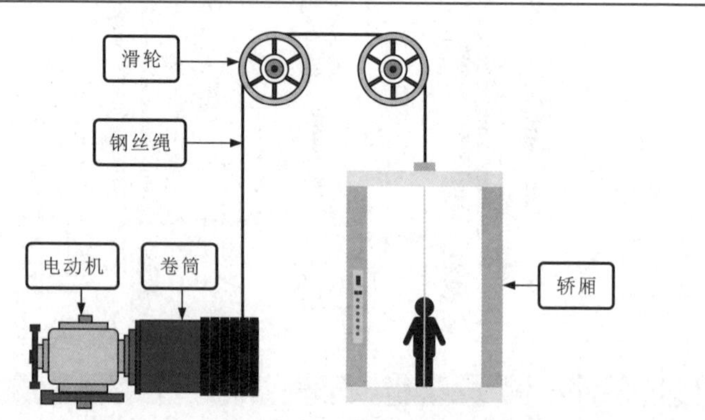

图14-2　强制驱动式电梯的结构

14.1.3 液压式电梯

图 14-3 为液压式电梯的结构示意图。液压式电梯是指依靠液压油缸顶升的方式，实现轿厢的升降运动。这种电梯多应用于低层站或载重大吨位的场所。

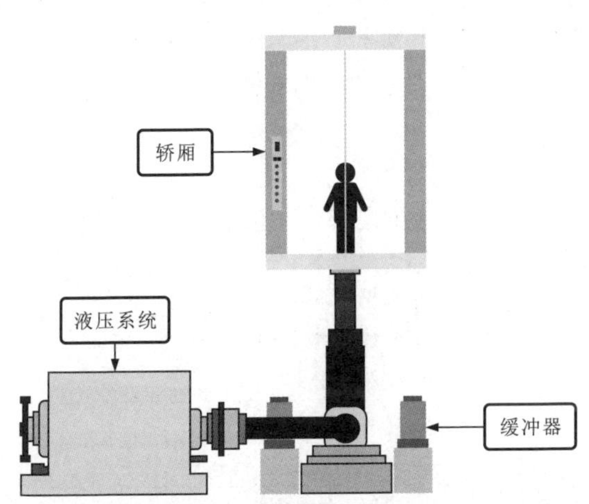

图 14-3 液压式电梯的结构示意图

14.2 电梯的维护检修

14.2.1 电梯的维护保养

电梯作为人们日常使用的代步设备，其安全性关乎人身安全。因此，对电梯的维护保养尤为重要。

为了确保电梯的完好率、使用率及寿命。电梯的维护保养要严格执行年检、月检和日检的常规检查制度。一旦发现异常，应及时处理，并做好详细的记录并存档。

一般来说，电梯的维护保养包括轨道、固定件、滑线、支架、机房及底坑卫生等。具体工作范围见表 14-1。

表 14-1　电梯的维护保养的具体工作范围

保养类别		维护保养项目
机房及传动控制系统	电源盘 控制盘	1. 电源盘
		2. 控制盘的开关，继电器主要导线及其他部件
		3. 限速器（轴及其他部件）
		4. 电器配线（电源线除外）
	电动机 发动机 曳引机	1. 电动机（含线圈、轴、转子）
		2. 电动发动机（含线圈、轴、转子）
		3. 蜗轮、轴承
		4. 蜗杆
		5. 抱闸线圈、闸衬及其他部件
		6. 牵引轮及其他轮
		7. 前项轮的轴
		8. 各部轴承、防振胶垫
轿厢		1. 轿厢上轮及轴
		2. 轿厢导靴或滚轮导靴
		3. 轿厢安全装置
		4. 轿厢操纵盘内部件
		5. 门机及部件
		6. 轿门开关、安全装置及部件
		7. 轿门吊轮架（含门导靴）
		8. 轿厢内位置表示灯、外呼表示灯及其他部件
		9. 风扇或送风机的部件
		10. 轿厢内照明器具（含荧光灯、灯泡）
		11. 警铃、蜂鸣器及部件
		12. 联络装置开关部件（含电缆）
井道内装置		1. 曳引用钢丝绳及限速器钢丝绳
		2. 平衡线
		3. 电缆
		4. 限位开关及部件
		5. 平层开关及部件
		6. 限速指令开关及部件
		7. 极限开关及部件

（续）

保养类别	维护保养项目
井道内装置	8. 各种轴
	9. 缓冲器及部件
	10. 导轨注油及部件
	11. 张紧装置开关及部件
楼层装置	1. 呼梯按钮及部件
	2. 方向表示灯的部件
	3. 位置表示灯的部件
	4. 厅门滑轮及部件
	5. 厅门吊架及门道
	6. 厅门锁及部件
	7. 防振装置及部件

要点说明

电梯的维护保养要严格按照操作规程进行，每个维护保养人员必须正确使用个人的防护用品，且进入现场必须保证至少两人。在维护保养期间，应首先切断电梯主电源，并悬挂“有人作业，严禁合闸”的警示牌。若必须带电作业，操作者应穿戴必要的防护用品，并有专人负责监护。在维护保养期间，严禁无关人员进入现场，维护检修人员应在各层门厅口和轿厢操控盘处明确悬挂“正在维修，暂停使用”的警示牌。另外，在维护保养中需要停电或送电时，应通知所有参与维护保养的人员，待有明确应答，确认全员撤离至安全处后方可实施。

1. 机房及传动控制系统的维护保养

首先，要确保机房卫生，保持地面清洁。然后对传动控制系统进行维护保养。

1）检查曳引轮，确保曳引轮无油污、无灰尘。图 14-4 所示为曳引轮的检查。检查曳引电动机是否有漏油现象。

2）检查电动机轴头油窗是否缺油，若缺油应及时加油。

3）检查曳引电动机是否有异响，螺钉是否松动。

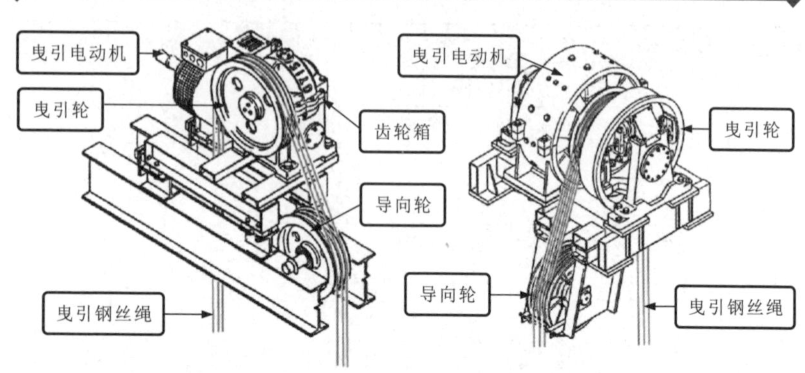

图 14-4 曳引轮的检查

4）检查曳引轮和导向轮的清洁和润滑，确保转动部件灵活，轮槽内不能有油垢。若不符合规范，应及时清洁。

5）检查曳引轮的磨损情况、打滑现象。运行中有无振动和异响。若发现曳引轮磨损严重或变形，应及时更换。

6）如图 14-5 所示，检查减速器（箱），应确保各部位不应有大量漏油现象，尤其是蜗杆轴伸出端的渗油面积不能超过 $2.5cm^2/min$。油温不超过 85℃。

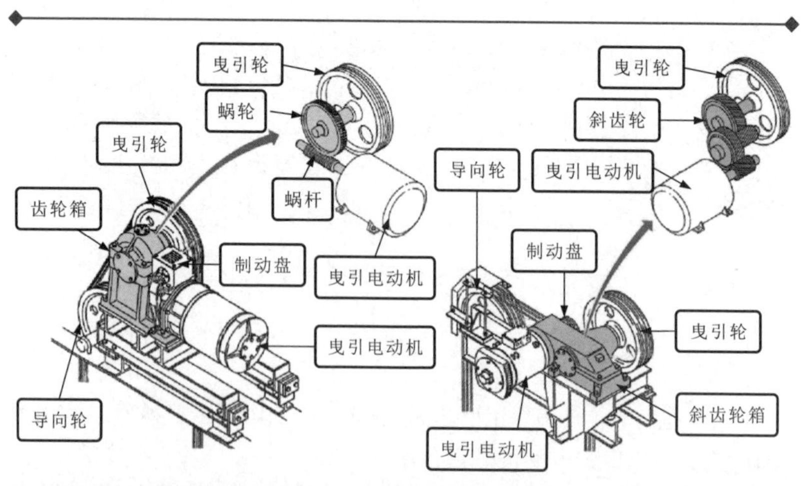

图 14-5 检查减速器（箱）

相关资料

减速器内的润滑油要每年更换一次。应经常检查减速器内的润滑油品质，若发现润滑油中有杂质，应及时更换新油。

7）如图14-6所示，检查制动器，重点是检查制动器的动作是否可靠。开闸时，制动闸瓦不应摩擦制动轮，其与制动轮平均间隙距离不应大于0.7mm。如果制动闸瓦磨损严重（超过其厚度的1/4），应及时更换。

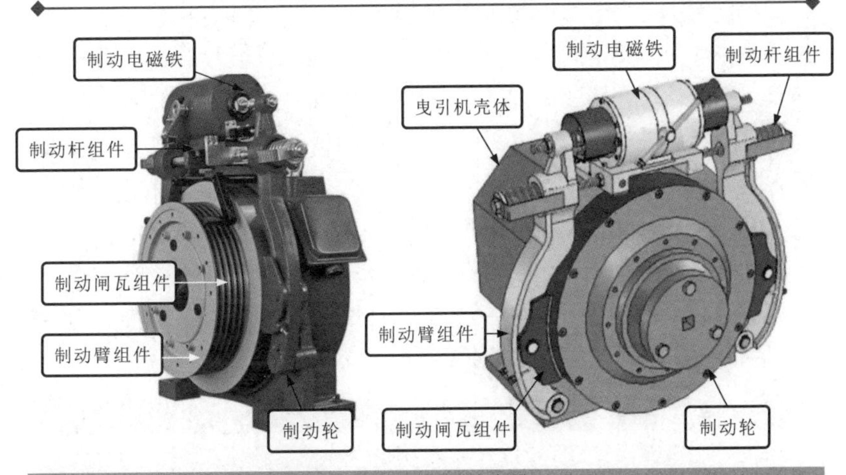

图14-6 检查制动器

要点说明

当拆换整体对重装置，更换曳引绳，拆修蜗轮、蜗杆时，应将轿厢提升到最高层，用足够强度的方木在对重装置底部顶住，用抗拉强度大于轿厢自重的钢丝绳和经检验合格的手拉葫芦配套装置将轿厢吊在承重梁上，要制定防轿厢坠落的措施。

2. 轿厢的维护保养

1）轿厢要定期打扫，保证其干净、卫生，轿厢内应确保应急报警电话的正常使用，轿厢照明保持良好，通风正常。

2）轿厢内的操控按钮要定期检查，如有损坏或接触不良的情况，应及时更换或修复。

3）轿厢顶部也应定期打扫，确保无油垢和杂物。同时，定期检查轿顶各安全开关是否安全可靠。确保安全开关关闭后，电梯不能运行。

要点说明

在进行轿厢顶部的检修保养时，应采用正确的方法进入轿顶。用三角钥匙打开层门时应看清轿厢位置，开启轿顶照明灯，断开轿顶安全开关和轿顶检修开关后方能进入轿顶。

检修或保养完毕后，维修人员应先退出轿顶，合上安全开关和检修开关，关上层门，确认层门锁是否可靠锁紧。

在轿厢顶部维修保养时，严禁开快车。慢车运行时维护保养人员应密切配合，相互呼应方可启动电梯，电梯运行中维护保养人员和工具不得超出轿厢外沿，以防发生危险。停车后应立即断开安全开关或应急按钮，以保证安全。

4）检查电梯门开关的开合情况（特别是内开关与内开关压板的压合量）。

5）检查门开关机构是否灵活，门开关机构的各销轴要定期润滑。

6）电梯轿厢的平层精度应控制在±15mm。如果超出规定值，应调整平层感应器的上下位置或隔磁板的相对位置。

要点说明

门锁发生故障时应及时修复，严禁短接门锁继续使用，维修人员为了检修方便必须短接门锁时，应断开门开关机构电路，不得使厅门、轿门自动打开。

当手动移动轿厢时，首先断开电梯总电源开关，用手动松闸装置松闸，不得采用其他方式松闸。

3. 井道内装置的维护保养

1）检查曳引钢丝绳和限速器钢丝绳的润滑程度，有无机械损伤，有无断丝、爆股，若出现上述情况应及时更换。

要点说明

对钢丝绳进行适度润滑，不仅可以降低绳丝之间的摩擦损耗，也可保护表面不锈蚀。钢丝绳内部有一根油浸麻芯，使用时油逐渐向外渗透，无须再在表面涂油。如果使用时间较长，油浸麻芯油干枯，需要定时上油。上油操作中可均匀涂抹一层薄薄的稀释型钢丝绳脂，使钢丝绳表面有能渗透的轻微润滑，用手摸有油感即可。注意，如果渗油过多需要及时抹去，防止造成打滑。

当钢丝绳磨损或腐蚀达到原来直径的30%以上，或断丝数在一个捻中超过其全部单丝数的10%时，应立即更换新的钢丝绳；当钢丝绳上出现断股时，应立即更换新的钢丝绳。

2）检查对重架上导轮润滑的情况，对重装置、导轨及导靴是否固定可靠。若导轨因断油、停驶而导致其表面锈蚀，或因安全钳动作造成导轨表面损伤，应先修复再使用。

要点说明

轿厢和对重导轨应每周涂润滑剂一次。注意，除了有导轨自动加油器的滚轮导轨外，滚轮导轨不宜涂油类物质。

涂抹润滑剂时，应先清洗导轨表面脏污。维修人员站在轿顶上，并在轿厢从顶层向底层慢速运行的情况下自上而下润滑导轨。

底层导轨的润滑工作应在电梯停止运行的状态下，在底坑内进行。

3）当对重运行到轿厢上部相对位置时，检查对重导靴和注油器的油量是否充足，同时检查对重绳的润滑情况，若发现缺油，要及时补充。

4）检查限位开关和极限开关的灵活性和可靠性，并对其表面进行清洁。限位开关的检查应在低速运行轿厢时，当轿厢到达上端站或下端站时，应在不借助操控的情况下，电梯轿厢自动停止并只能向反方向开动。在轿厢超越楼面规定的距离内（通常在50~200mm），极限开关应动作。

要点说明

禁止在井道内上、下方向同时进行检修作业。当井道或底坑内有人员作业时，作业人员上方不得进行任何操作，机房中也不得进行操作。

5）对井道内的电缆及配线进行检查，并使用软刷清除接线端子表面的灰尘污物。检查井道电缆表面是否有损伤或绝缘不良的情况。若有上述情况，应及时处理。

6）定期对安全钳的传动杠杆进行润滑，检查安全钳联锁触头的功能是否良好。

4. 楼层装置的维护保养

1）检查各楼层厅门是否有破损，门缝是否符合标准（通常，门缝间隙在 4~6mm）

要点说明

注意，在电梯厅门拆除后或厅门安装前，厅门口必须设置合理合格的安全防护，并挂有醒目的防坠落标志。

在施工中严禁站在电梯内、外门之间，防止电梯失控时发生危险。

2）定期对厅门各销轴进行润滑。

3）检查厅门外开门装置是否灵活可靠。若发现滚轮或传动部件有磨损情况，应及时更换。

4）检查各层厅门的呼梯按钮是否接触良好，有无损坏的情况。检查楼层显示屏是否显示正常，若存在故障，应重点检查接插件的连接是否良好，应对接插件处及时进行清理。

5）检查厅门门联锁和副锁是否安全可靠。清理触点上的油污和灰尘。

要点说明

厅门门联锁和副锁正常可靠时，在厅门开启的状态下，电梯不能运行。

5. 底坑的维护保养

1）定期对底坑进行清扫，保持其干净，无杂物堆积。

2）定期擦拭缓冲器表面。对于液压缓冲器柱塞的外露部分要保持清洁，并定期涂抹防锈油脂，以防其锈蚀影响动作。

3）定期对缓冲装置的稳固度进行检查，检查地脚螺栓是否紧固，缓冲装置是否有位置错动，缓冲垫上是否有杂物。

4）定期对底坑的弹簧、缓冲器进行清扫，并涂刷防锈漆。若发现锈蚀，应清除干净再涂刷防锈漆。

5）检查底坑急停开关、缓冲器开关及断绳开关是否安全可靠。确保各开关断开时，电梯不能运行。

6）检查底坑的照明灯、插座性能是否良好。

要点说明

在进入底坑维修前，开启层门后应先打开底坑照明，断开底坑安全开关，借助爬梯进入底坑。若底坑有积水，应及时排除积水，并等待干燥后再进行底坑维修工作。

14.2.2 电梯的故障检修

1. 电梯反复开门故障检修

图 14-7 为电梯反复开门故障的检修方法。

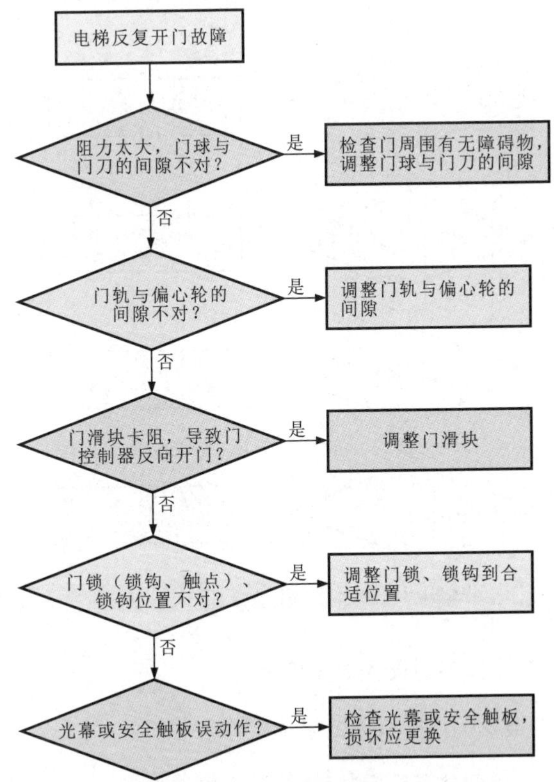

图 14-7 电梯反复开门故障的检修方法

2. 电梯不关门故障检修

图 14-8 为电梯不关门故障的检修方法。

电梯不关门故障

关门到位信号有误？ —是→ 检测控制器部分，排查检测信号

否

开门不到位，一直有开门信号输出？ —是→ 检测开门信号，排查开门控制部分

否

消防信号没有复位？ —是→ 复位消防信号

否

超载信号输入？ —是→ 排除超载原因（如减少荷载重量）

否

电梯处在检修状态？ —是→ 待电梯检修完成后，关闭检修状态设置

否

光幕或安全触板误动作？ → 检查光幕或安全触板，若损坏，应更换

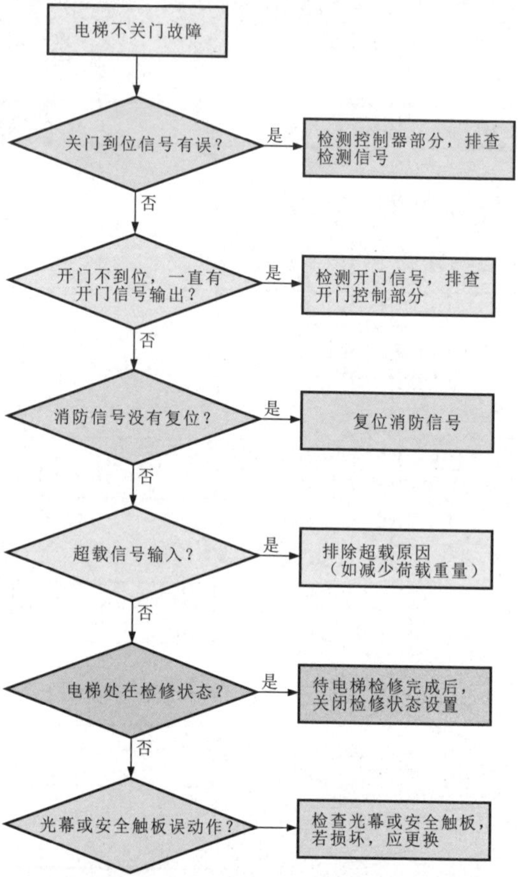

图 14-8 电梯不关门故障的检修方法

3. 电梯关门时夹人故障检修

图 14-9 为电梯关门时夹人故障的检修方法。

4. 电梯到站不开门故障检修

图 14-10 为电梯到站不开门故障的检修方法。

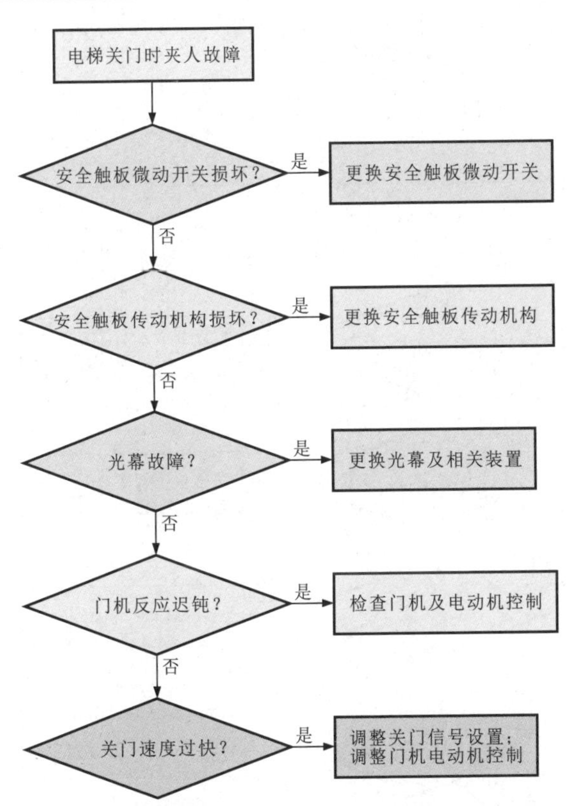

图 14-9　电梯关门时夹人故障的检修方法

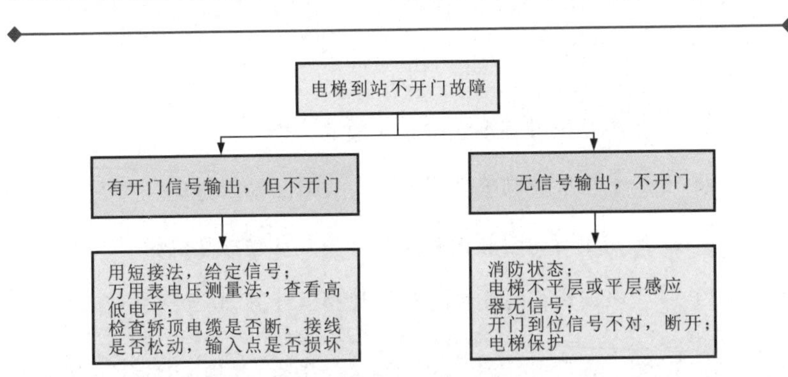

图 14-10　电梯到站不开门故障的检修方法

5. 电梯乱层故障检修

图 14-11 为电梯乱层故障的检修方法。

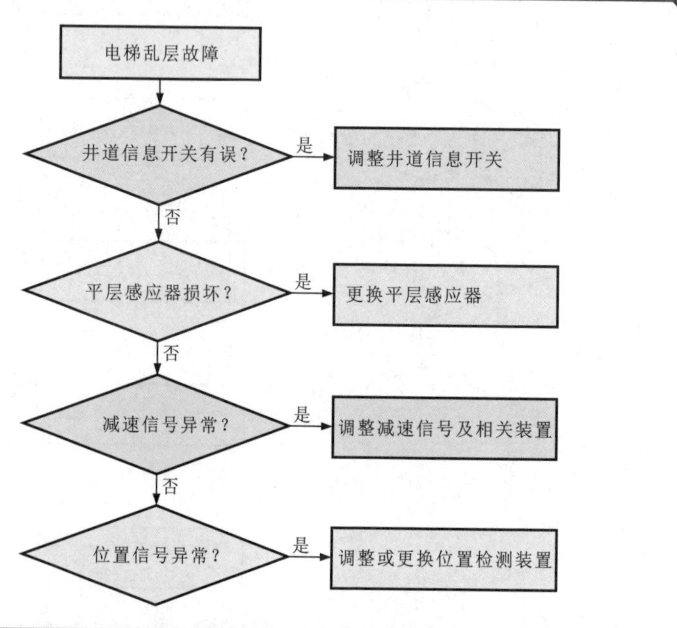

图 14-11 电梯乱层故障的检修方法

6. 电梯平层准确度误差过大故障检修

图 14-12 为电梯平层准确度误差过大故障的检修方法。

7. 电梯运行时轿厢内有异常噪声或振动故障检修

图 14-13 为电梯运行时轿厢内有异常噪声或振动故障的检修方法。

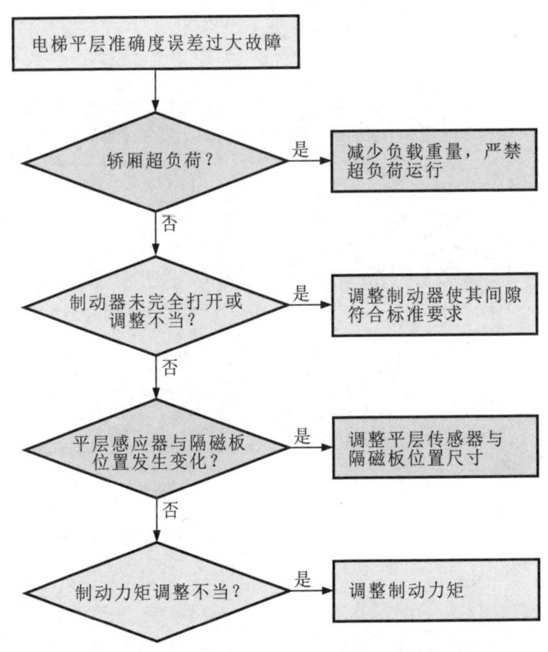

图 14-12　电梯平层准确度误差过大故障的检修方法

8. 电梯启动困难或运行速度明显降低故障检修

图 14-14 为电梯启动困难或运行速度明显降低故障的检修方法。

9. 电梯显示不正常，但运行正常故障检修

图 14-15 为电梯显示不正常，但运行正常故障的检修方法。

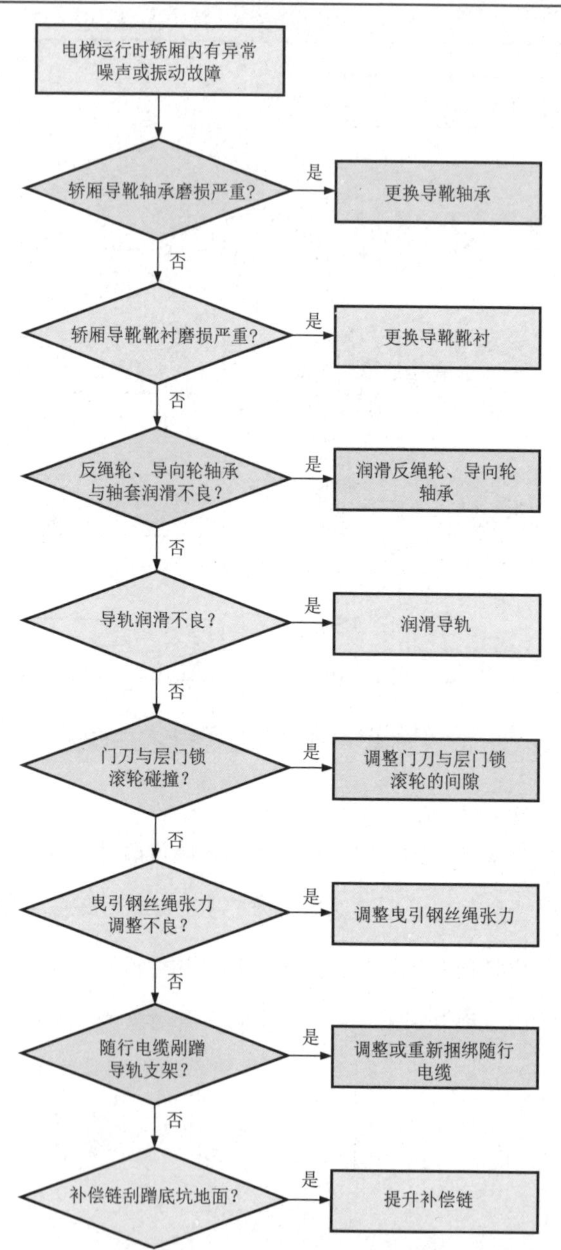

图 14-13　电梯运行时轿厢内有异常噪声或振动故障的检修方法

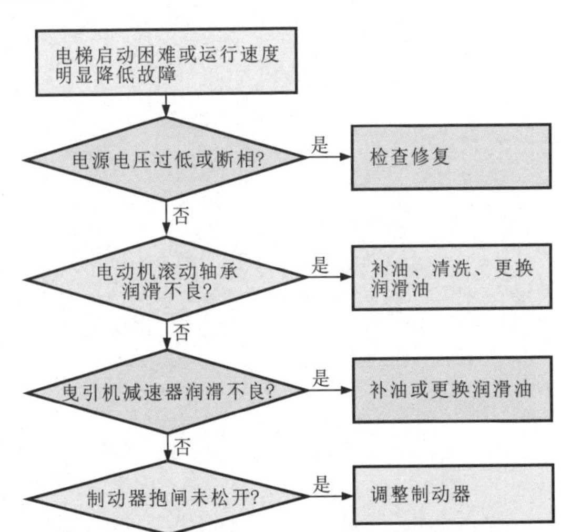

图 14-14　电梯启动困难或运行速度明显降低故障的检修方法

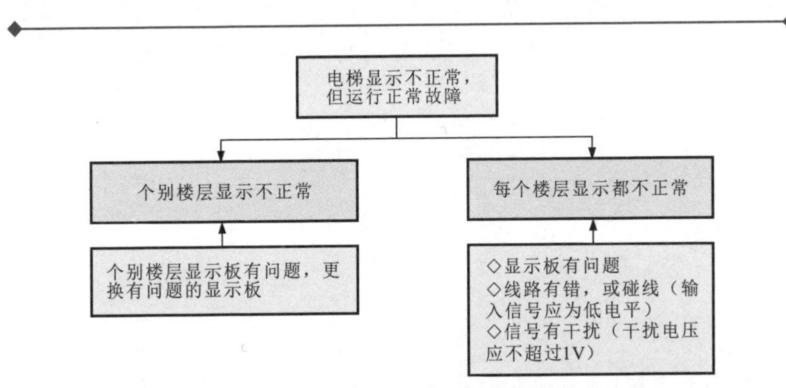

图 14-15　电梯显示不正常，但运行正常故障的检修方法